JN036523

旺文社　小学総合的研究

わかる理科

実験・観察

旺文社

本書の特長と使い方

色がバラバラ，
レインボー!!

レインボーフラワーを作ろう！

▼バラ

にじ色のバラなんて初めて見ました！こんなバラの種類もあるのですか？

このバラはもともと白色だったのよ。

その実験をするときに使うものです。

用意するもの　●白いバラ　●水　●コップ　●食紅　●カッターナイフ

1

白いバラ

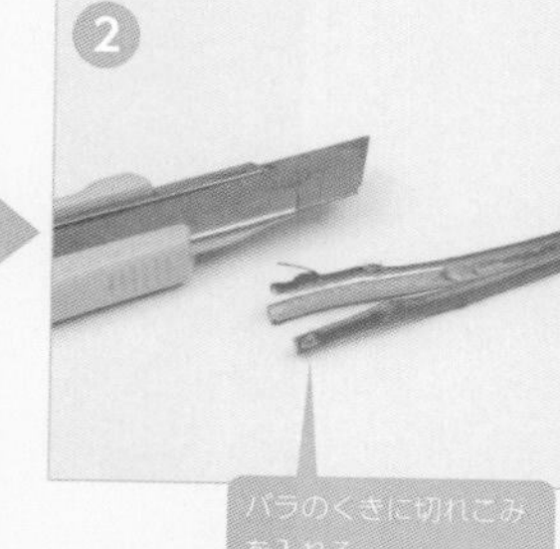

2

バラのくきに切れこみを入れる。

バラは満開になっているものより，五分ざきくらいのものがいいわ。

注意！　手を切らないように気をつける。

実際に実験をするときの注意点です。

生命編　第３章　植物の

本書には，小学校の理科で学習する実験や観察を掲載しています。また，その他にも，学校では学習しない楽しい実験や，理科に関連した面白い話も収録してあるので，理科への興味が深まります。

その項目に関連したトピックが載っています。

▼カーネーション

▼ガーベラ

いろいろな花でレインボーフラワーは作れるのですね。
白い花だったらできるわよ。

3

食紅を水にとかして色水を作り，切ったくきをそれぞれちがう色水につける。

完成

24～48時間後

299

イラストや写真がたくさん使われているので，実際の実験のイメージがつきやすくなっています。

小学総合的研究　実験・観察

もくじ

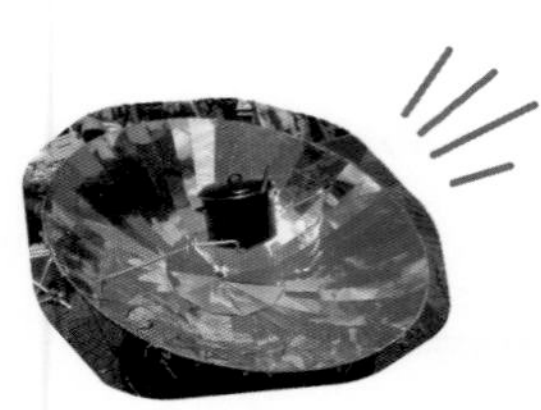

第４章　ものを動かす力

第５章　いろいろな力

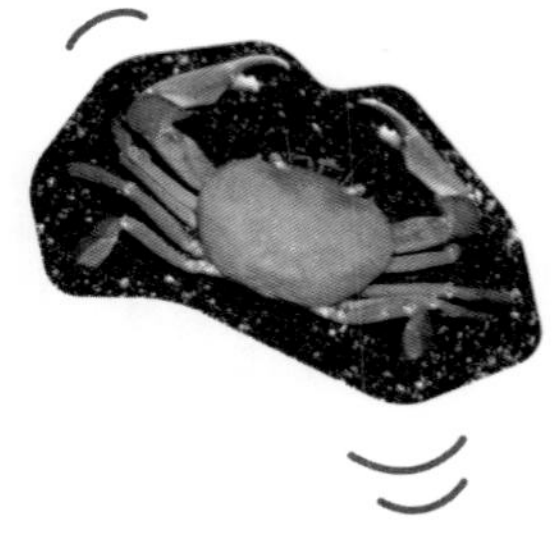

物質編 …………………… 130

第１章　ものの量

第２章　ものの温度

第３章　もののとけ方

第４章　ものの燃え方

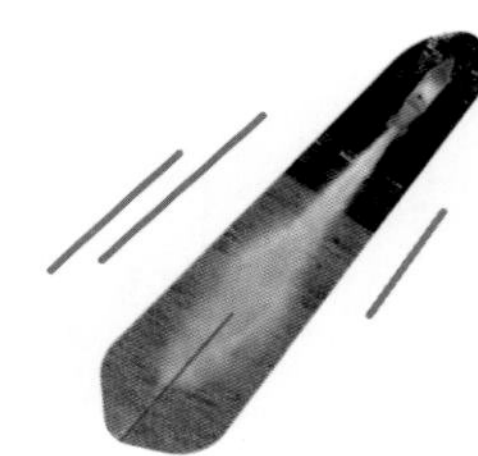

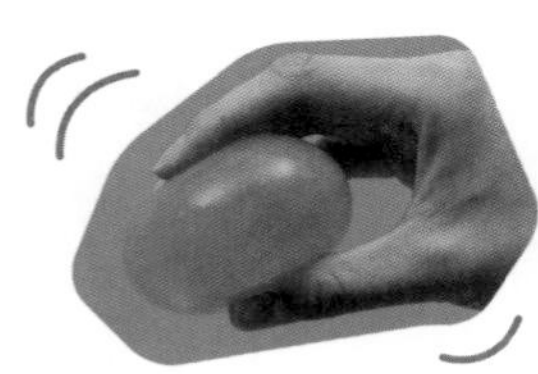

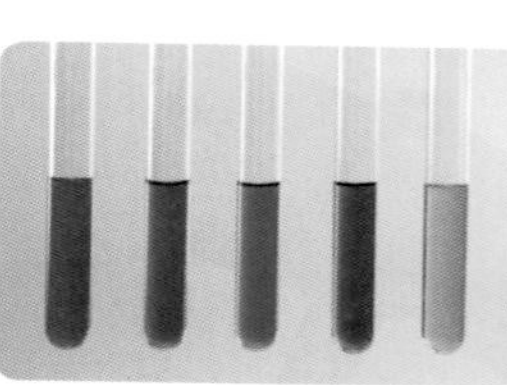

第２章　こん虫

第３章　植物のはたらき

第４章　動物のからだのつくりとはたらき

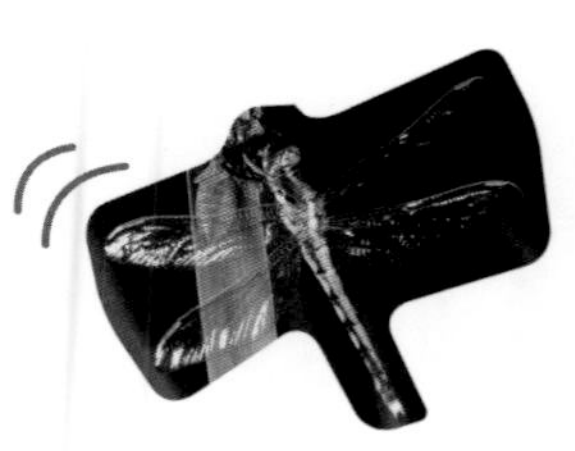

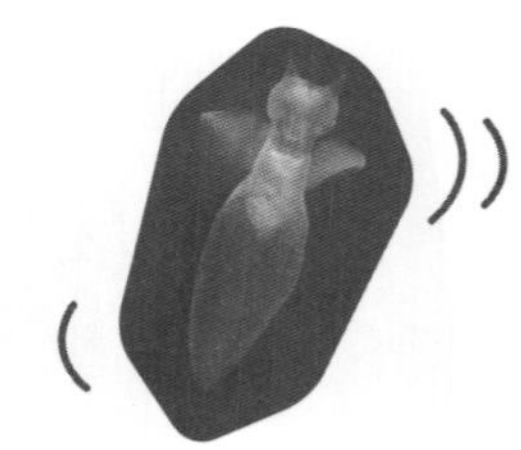

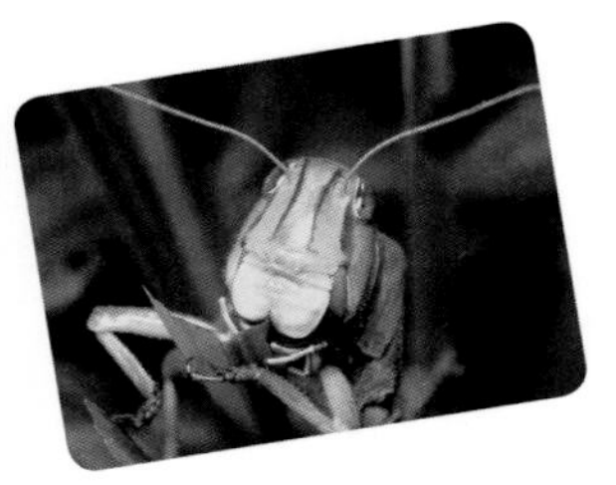

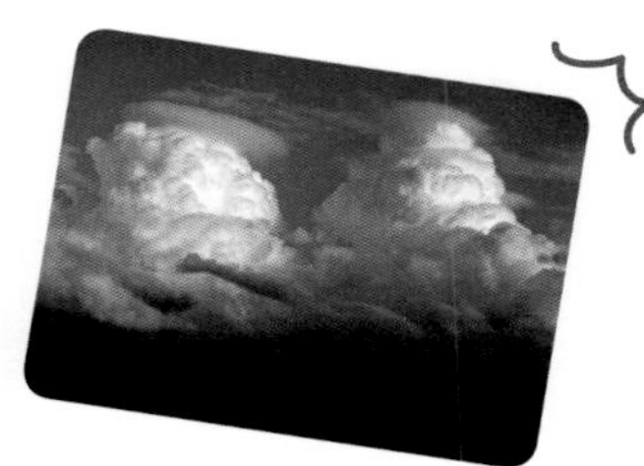

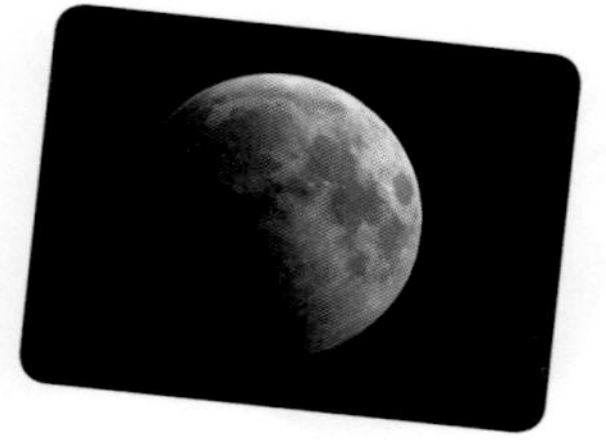

●スタッフ

編集：青木充

執筆編集協力：有限会社マイプラン

校正：平松元子・山﨑真理・株式会社ぷれす

装丁デザイン：株式会社ウエイド　稲村穣

本文デザイン：株式会社ウエイド　木下春圭，森崎達也，土屋裕子

イラスト：長内佑介・株式会社ウエイド

写真協力：OPO，アフロ，コーベット・フォトエージェンシー，アマナイメージズ，ピクスタ，有限会社　佐野商会，鍛冶屋　吉光，三菱電機，トヨタ自動車，ヤマハ発動機，パナソニック，山村紳一郎，ニベア花王，気象庁

組版：株式会社ウエイド

実験(じっけん)ではこんなところに気をつけよう!

長いかみの毛は
しばっておく。

実験は立って行おう!
イスは机(つくえ)の下に入れておく。

上着のジッパー
やボタンはしめ
ておく。

あとかたづけ

試験管(しけんかん)やビーカーを洗(あら)うときは,力を入れすぎて割(わ)らないように気をつけて!
すべりやすいので落とさないようにしよう!

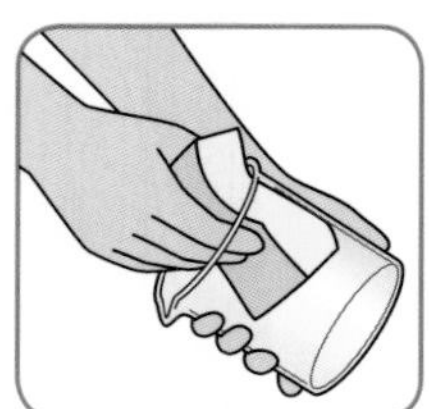

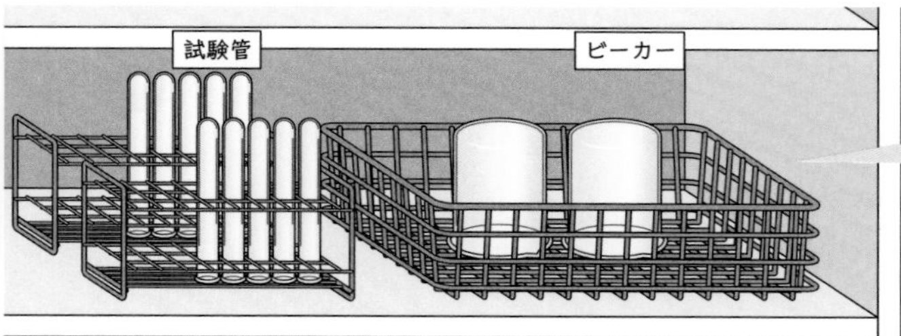
試験管
ビーカー
洗いおわったら,
カゴにかぶせて
かわかす。

使った器具(きぐ)は,とり出す前と同じように,決められたところにかたづける。

火を使うときには…

実験器具は机の真ん中あたりに置く。
火のまわりに燃えやすいものは置かないように。
加熱をやめた直後は，器具も熱くなっているので，しばらくしてからさわるようにする。
ぬれたぞうきんを用意しておく。

ほのおの色に注意（ガスバーナーやカセットコンロ）

空気の量が不足している。

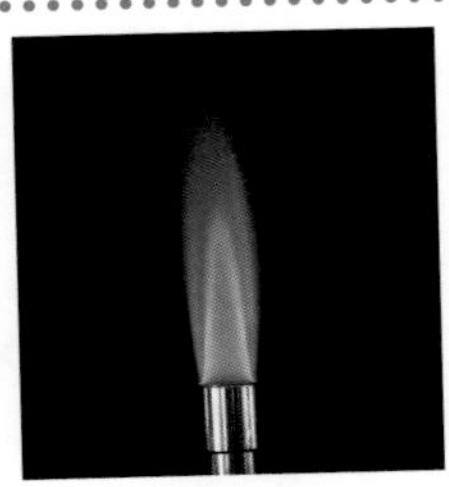
ちょうどよい。

空気の量が多すぎる。

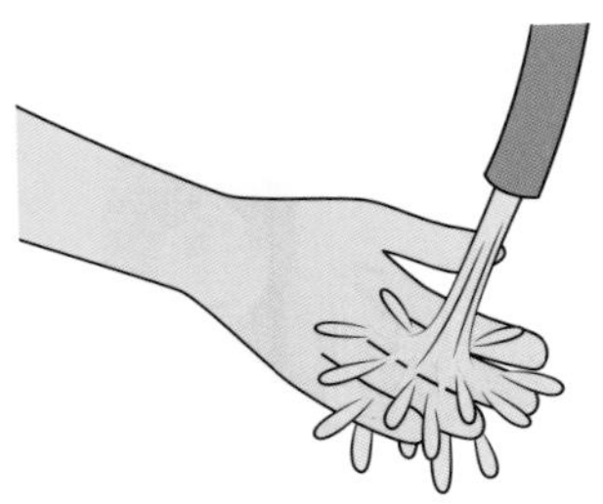
やけどしたときは，すぐに水で冷やす。

気体が発生したときは，窓を開けて空気を入れかえる。

観察ではこんなところに気をつけよう!

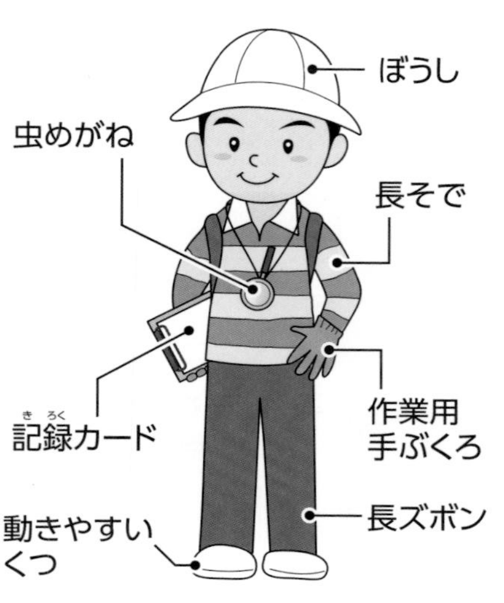

ぼうし
虫めがね
長そで
記録カード
作業用
手ぶくろ
長ズボン
動きやすい
くつ

- 林や野原での観察は，長そで，長ズボンを着用する。
- 運動ぐつなど動きやすいくつをはく。
- ぼうしをかぶって外に出る。

観察するときは外に出るので，そのための準備をするのですね。

▲スズメバチ

毒やとげのある生き物もたくさんいるよ! むやみにさわったりしないようにしよう!

チャドクガの幼虫▶

▲ウルシ

動かした石などはもとにもどしておこう!

先生の注意をよく守り，危険なことをしてはいけません。

星や月の観察などで夜に出歩くときは…

注意! 必ず大人の人といっしょに行く。

自然観察などで川や森に行くときは…

注意!

- 必ず大人の人といっしょに行く。
- 水の事故や転落に注意する。

✕ 立ち入り禁止の場所に入らない!

立入禁止

✕ 1人で行動しない!

先生～!
大変です!!

友達がいれば助けを呼びに行ってくれるね。

エネルギー編

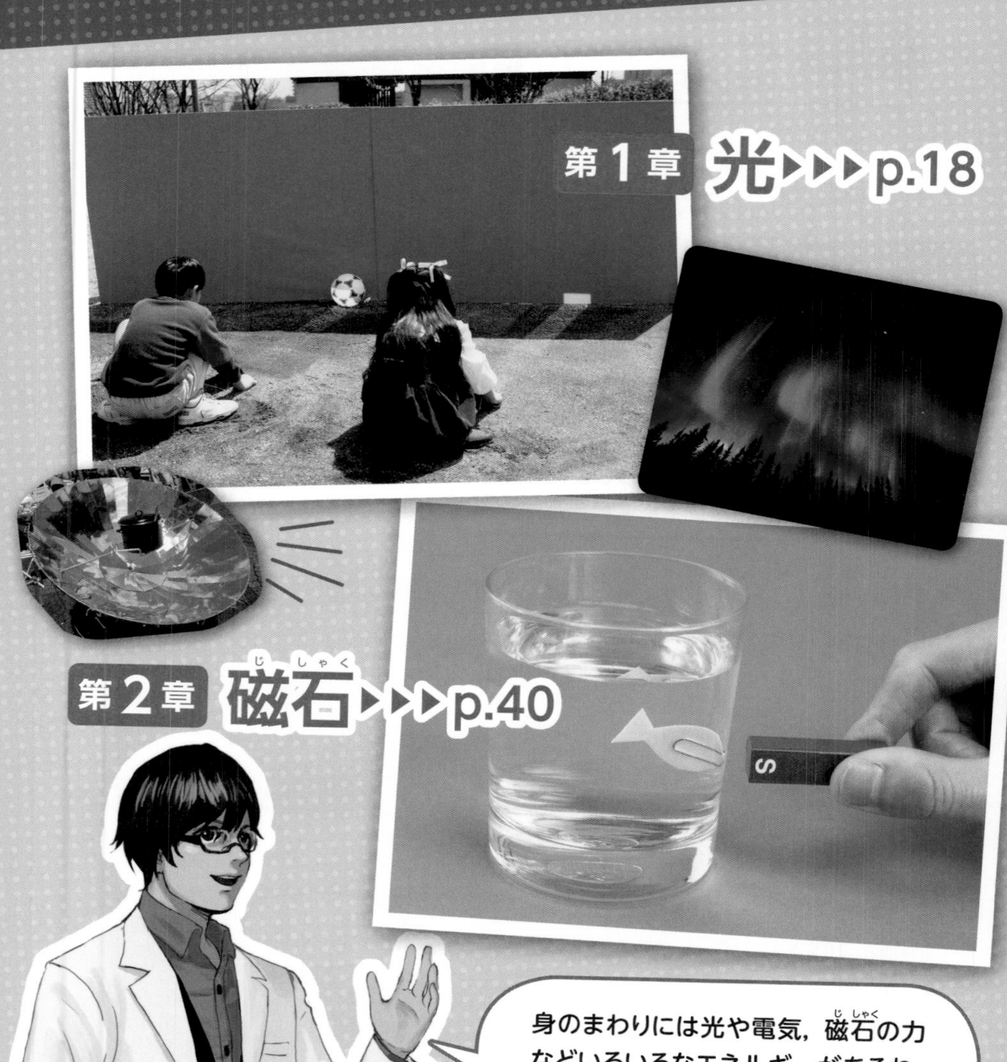

S

身のまわりには光や電気，磁石の力などいろいろなエネルギーがあるね。ここでは，それらのエネルギーに関係した実験などを見ていくよ。

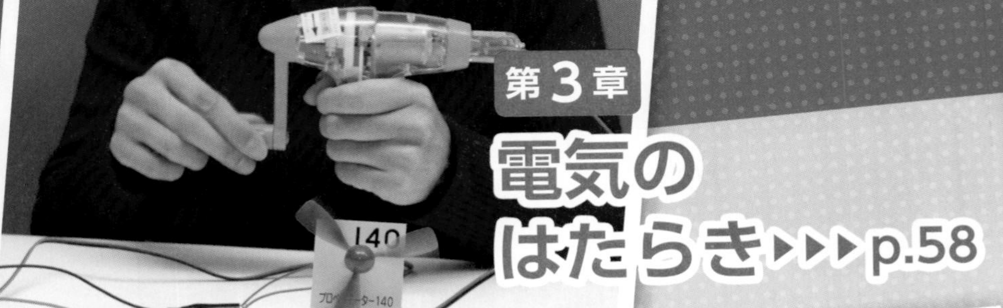
140

第3章

電気のはたらき

▶▶▶p.58

第4章

ものを動かす力

▶▶▶p.102

第5章

いろいろな力

▶▶▶p.124

光とか電気は，ふだんの生活でよく使うので，どんなことが見れるか楽しみです！

ミラーを見ら〜！

鏡(かがみ)ではね返した光はどう進む？

用意するもの　●鏡

注意！ 鏡ではね返した光を顔に当ててはいけない。

★鏡ではね返した光の道すじが地面にうつるようにして，光の進み方を調べてみよう！

光はまっすぐ進むんですね。

鏡にものがうつるのはなぜ？

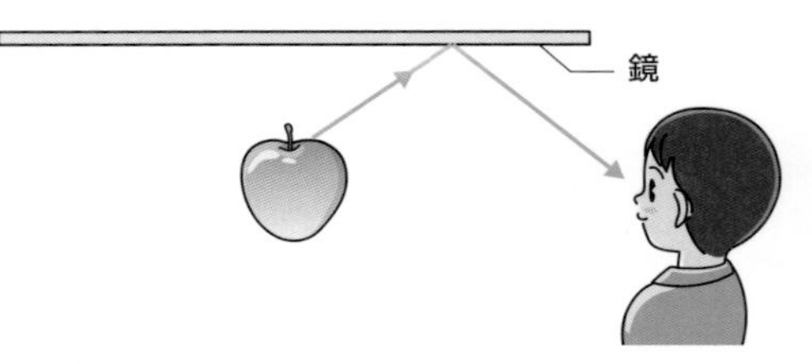
鏡

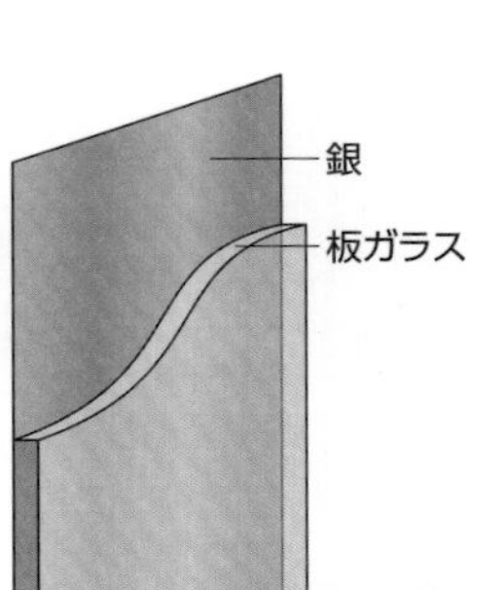
銀
板ガラス

鏡は，板ガラスに銀がうすくはられてできています。まっすぐ進んで鏡に当たった光は，この銀のまくにぶつかってはね返ります。はね返った光もまっすぐ進みます。鏡にうつったもののすがたは，鏡ではね返った光なのです。

光がまっすぐ進むことで，鏡にもののすがたがそっくりうつるんだよ。

★光の道すじを別の鏡でつないで，光の進み方を調べてみよう！

光はどのように進んでいるかな？
光はまっすぐ進んでいます！ 鏡で光をはね返しても，光はまたまっすぐ進みます！

全身をうつすことができる鏡の大きさは？

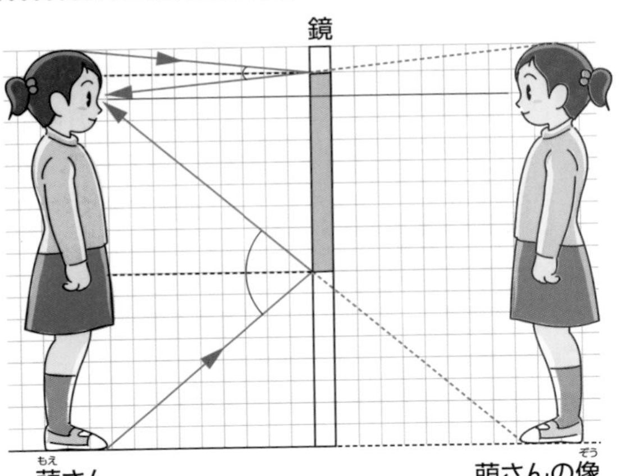
鏡
萌さん
萌さんの像

身長の半分の長さの鏡があれば，全身を鏡にうつすことができます。

鏡に近いところに立っても遠いところに立っても全身をうつすことができる鏡の大きさは変わりません。

太陽
あったかいよう♪

光をたくさん当てるとあたたかい？

光が当たったところは明るくてあたたかいですね。光をたくさん集めたらもっと明るくあたたかくなるのでしょうか？

太陽の光は同じなのに，どうして夏は暑いのかな？

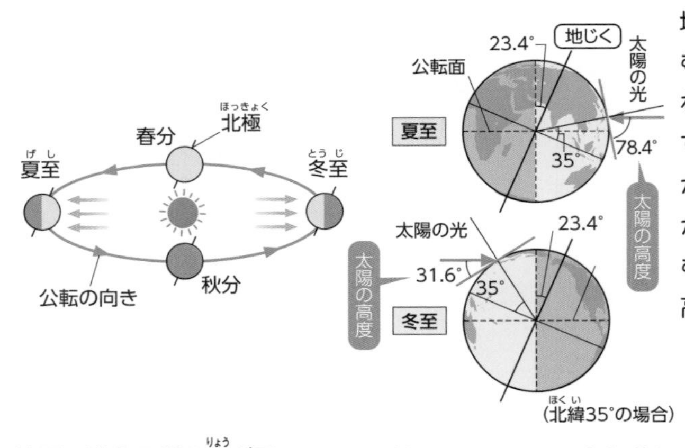
北極
春分
夏至
冬至
秋分
公転の向き
23.4°
地じく
公転面
太陽の光
夏至
35°
78.4°
太陽の高度
太陽の光
23.4°
31.6°
35°
太陽の高度
冬至
(北緯35°の場合)

地球は地じくをかたむけたまま太陽のまわりを公転しています。そのため，北半球が夏の間は，北半球が太陽の方向にかたむいていて，太陽の高度が高くなります。

地面に当たる光の量が同じとき，太陽の高度が高くなると，光が当たる範囲がせまくなり，地面が受けとる熱の量が多くなります。そのため，気温も高くなるのです。

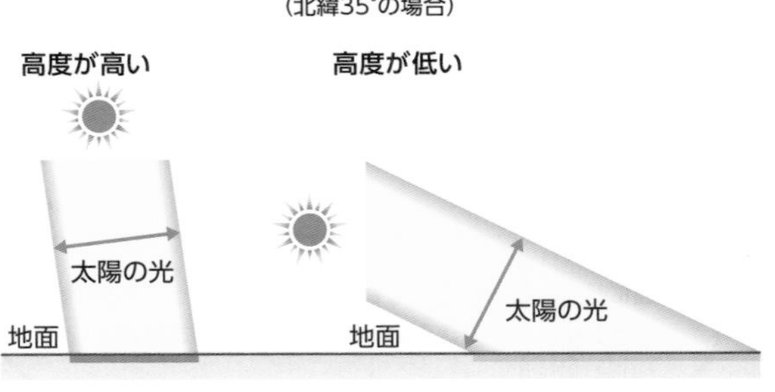
高度が高い
高度が低い
太陽の光
地面
太陽の光
地面

用意するもの　●鏡　●段ボール　●温度計

★下のような装置を作って，鏡を1枚，2枚，3枚と使って，はね返した光をひとつに集めて，明るさや温度を比べてみよう。

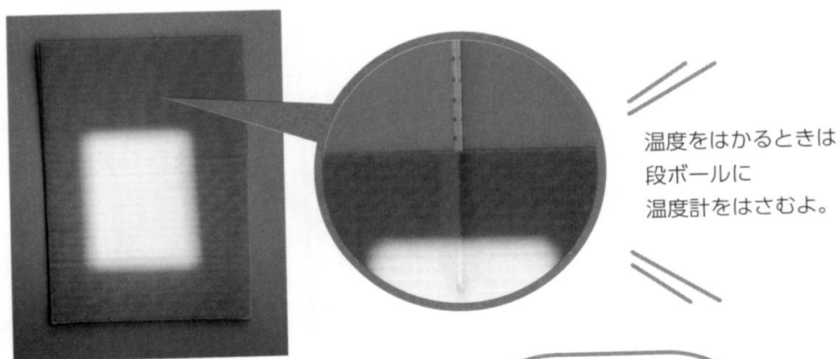
温度をはかるときは
段ボールに
温度計をはさむよ。

▲ 鏡 1 枚

▲ 鏡 2 枚

▲ 鏡 3 枚

鏡で光をたくさん集めるほど，明るくあたたかくなるんだ！

あたたかくない光がある!?

太陽の光があたたかいのは赤外線という目に見えない光があるからです。赤外線をほとんどふくまない発光ダイオードの光は集めると明るくなりますが，ほとんどあたたかくはなりません。発光ダイオードの光を集めて温度を調べてみましょう。（発光ダイオードについて→ p.90，91）

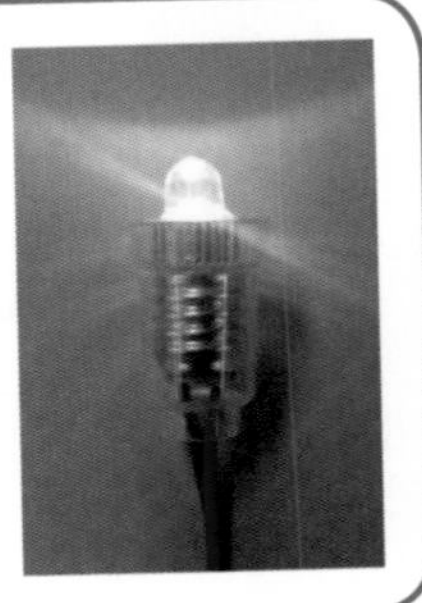

レンズがずれん!

虫めがねで光を集めてみよう!

用意するもの
●虫めがね　●紙

虫めがねで光を集めると，明るく，あたたかくなりました!

虫めがねを動かして，より明るく，あたたかくする方法を考えてみよう!

虫めがねを動かして，光の集まる部分を小さくすると，より明るく，あたたかくなるね。

注意!
- ●光を集めた部分をさわらない。
- ●集めた光を人に向けない。
- ●虫めがねで太陽を見ない。
- ●けむりが出たら光を集めるのをやめる。

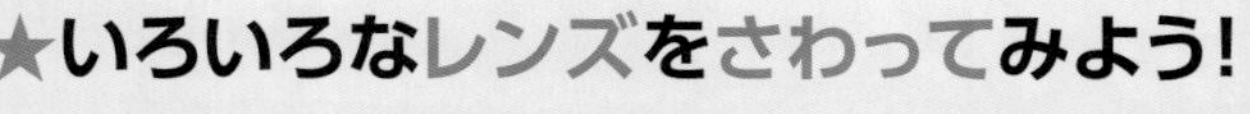

★いろいろなレンズをさわってみよう!

虫めがねは真ん中がふくらんでいます!
近視用めがねは,真ん中がへこんでいるよ!

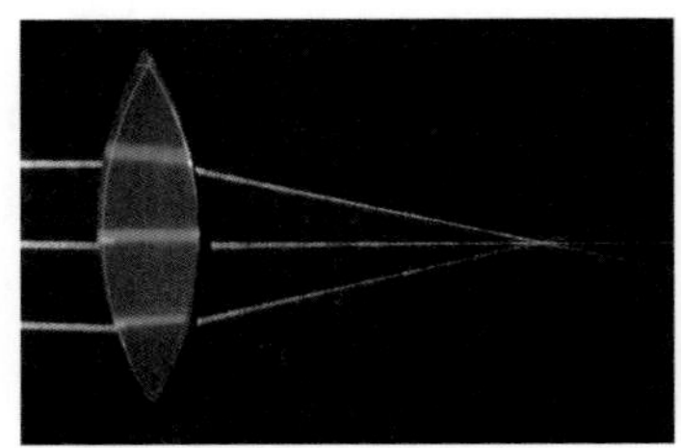

虫めがねや遠視用めがねのレンズは真ん中がふくらんだとつレンズです。

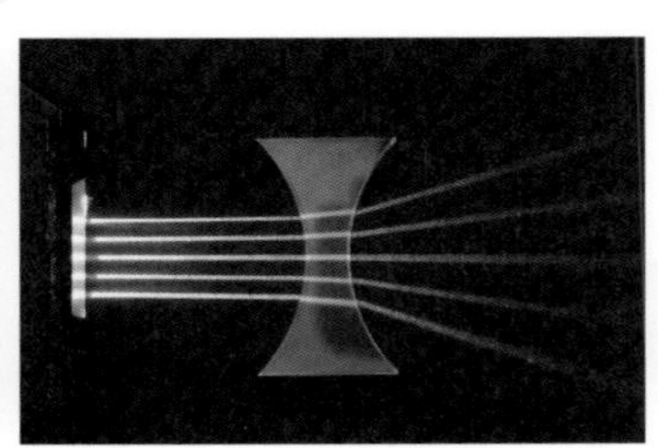

近視用めがねのレンズは真ん中がへこんだおうレンズです。

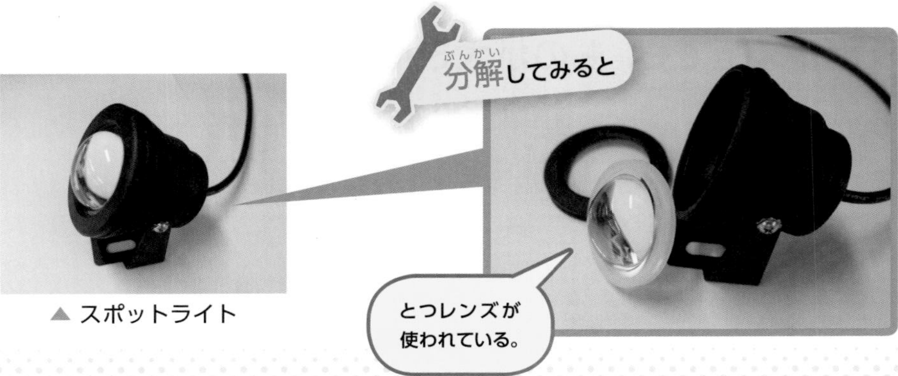
分解してみると
とつレンズが使われている。

▲ スポットライト

微生物の美声♪

ガラス玉けんび鏡で見てみよう！

レーウェンフックのけんび鏡

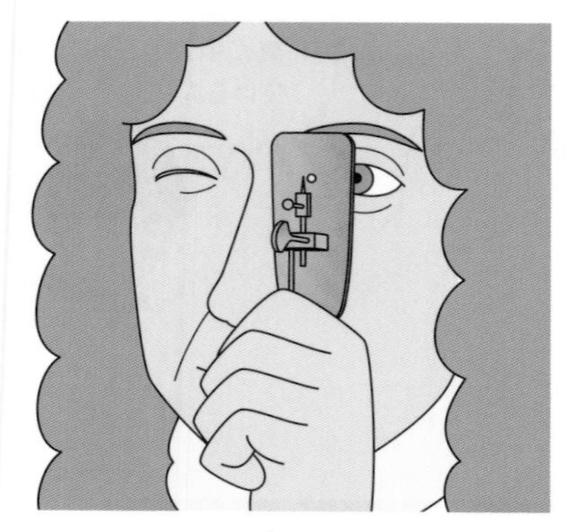

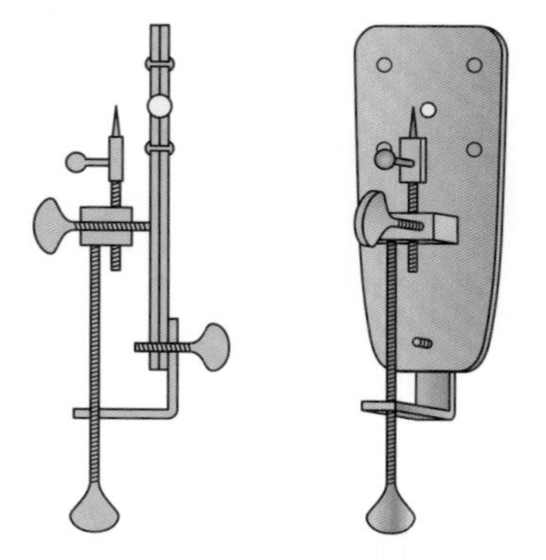

アントニ・ファン・レーウェンフックは，オランダの商人で，自分で作ったけんび鏡で微生物を発見したそうだよ。

板にとりつけた小さな針に見たいものをつけ，ねじでしょう点を合わせます。レンズは板の真ん中にうめこまれた１個だけです。

★ガラス玉でも，ものが大きく見えるしくみ

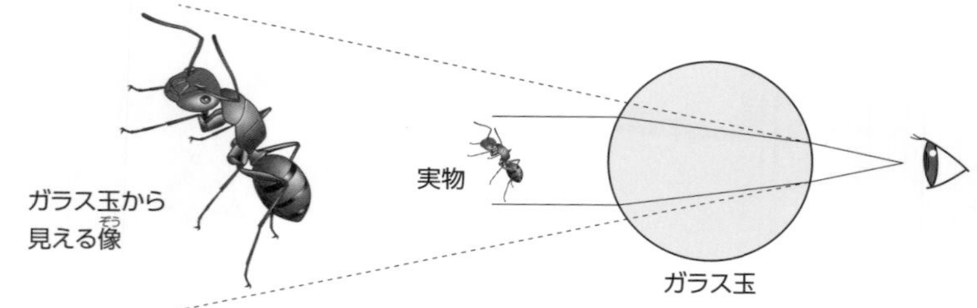
ガラス玉から
見える像
実物
ガラス玉

レーウェンフックのけんび鏡を参考に，身近なものでけんび鏡を作って観察してみよう。

用意するもの

- ペットボトル
- セロハンテープ
- きり
- ガラス玉（直径 2mm）
- カッターナイフ

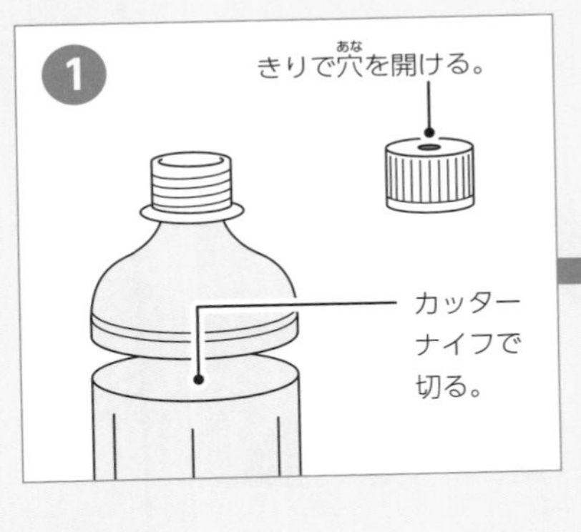
1
きりで穴を開ける。
カッターナイフで切る。

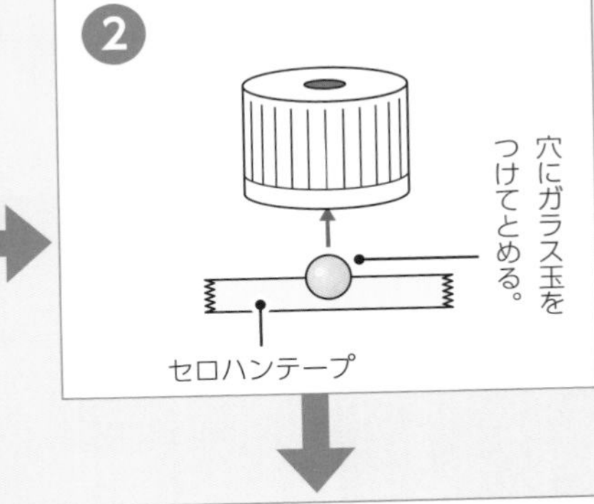
2
穴にガラス玉をつけてとめる。
セロハンテープ

3
見たいものをセロハンテープにつけてペットボトルの口に置く。

4
明るいほうへ向け、穴をのぞきながらふたを回して、ピントを調節する。

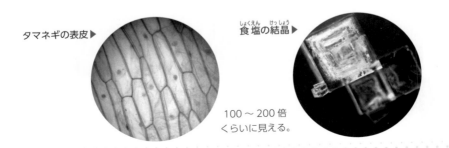

タマネギの表皮▶

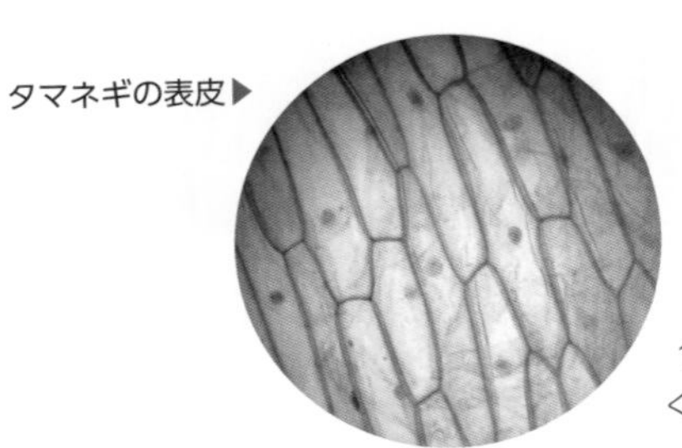

食塩の結晶▶

100～200 倍くらいに見える。

太陽の光であたためたいよう

太陽の光で水をあたためてみよう!

★太陽の光の当たるところに置く!

ペットボトルに水を入れる。

日なたに置く。

日なたに長い時間置けば，水はあたたかくなります。
「太陽熱温水器」はこのことを利用しておふろをわかしています。

太陽熱温水器は太陽の光を何に変えているかわかるかな?

水があたたまるから，太陽の光を熱に変えているのですね。

用意するもの

●水を入れたペットボトル　●鏡　●アルミニウムの板　●真っ白い紙

★光を集めて，よりはやくあたためる！

光をはね返すものを使って光を集めれば，もっとはやく水をあたためることができます。

注意！

- 集めた光を人に向けない。
- 水を入れたペットボトルで太陽を見ない。
- けむりが出たら光を集めるのをやめる。

アルミニウムの板で囲む。

真っ白い紙を使って光を集める。

鏡を使って光を集める。

黒い紙では光は集められないのですか？

白色は光をはね返すけど，黒色は光を吸収してしまうんだ。

そーら，
料理ができそーだ!!

ソーラークッカーを作ろう！

太陽の光を集めて，水をあたためることができたね。光をうまく集めることで，料理ができる装置を「ソーラークッカー」というよ。

▼ボックス型

▼パネル型

▼パラボラ型

ソーラークッカーには，ボックス型・パネル型・パラボラ型の3種類がありました。どれもアルミニウムのシートを使っていますね。

用意するもの

●アルミニウムのシート　●黒いなべ　●ステープラー

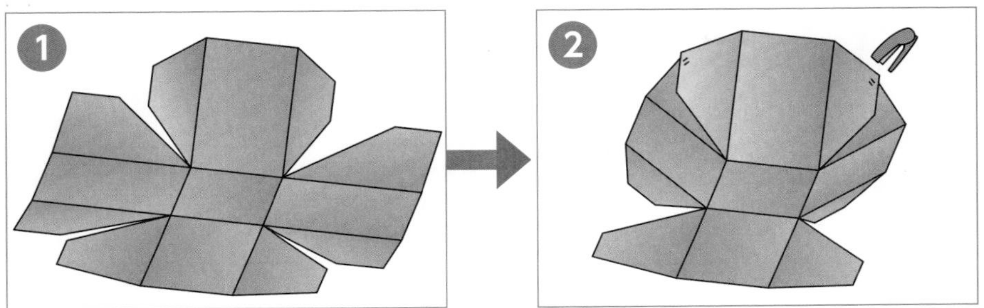
1
2

アルミニウムのシートを折り曲げる。　　アルミニウムのシートをステープラーでとめる。

なぜ黒いなべを使うのですか？

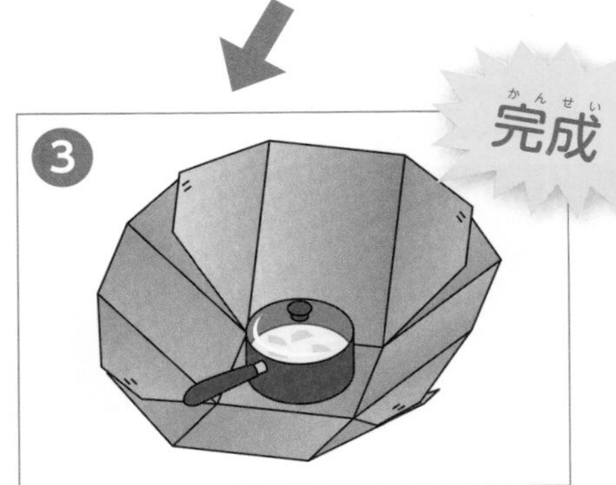
3
完成

黒色は熱を吸収するのではやくあたためることができるんだよ。

夕焼けはなぜ赤い？？

太陽の光は，いろいろな色の光が混じってできています。夕方は太陽の光が地上に届くまでに空気の層を通るきょりが長くなるので，遠くまで光の届く赤色だけが見えて，夕焼けの色になります。

赤色は光が
遠くまで届く。

虫めがねを無視!

丸い氷で火をおこそう!

用意するもの

- 丸い氷
- 新聞紙
- 手ぶくろ

注意!

- 集めた光を人に向けない。
- 丸い氷で太陽を見ない。
- 火を使うので必ず大人と一緒に行う。

表面がつるつるした丸い氷をつくる。

新聞の黒い部分に光を集める。

太陽の光を集めたところに火がつく。

なぜ氷の表面はつるつるしていたほうがよいのですか?

光を1つの場所に集めるために，氷の表面はつるつるのほうがいいんだよ。

★なぜ丸い氷で火をおこすことができるの？

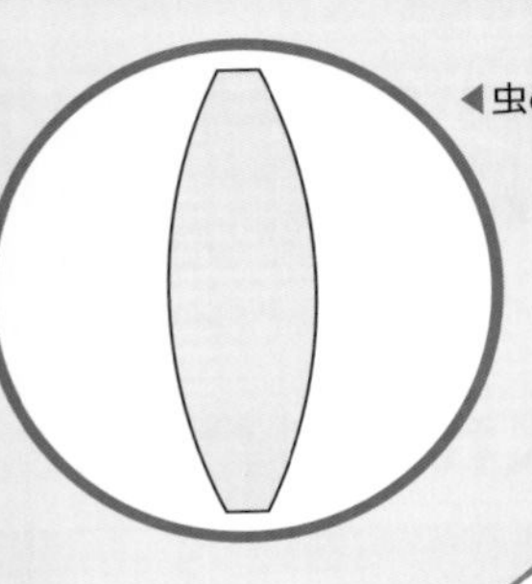

◀虫めがねのレンズ

虫めがねは光を集めることができたね。虫めがねのレンズのように丸くて透明なものは光を集めることができるんだよ。

▼光を集めることができるもの

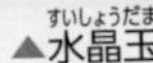
▲水晶玉

▲ビー玉

丸い氷は何を使って 作るの？

「氷さく」という商品を使うと，表面がつるつるとしていて，とう明な丸い氷を作ることができます。

氷さく

◀本体を分解したようす

丸い氷の作り方はこちらを参考にしてください。 https://www.hyosaku.com/

おわん，におわん!

光は水中でどう進む?

★湯飲みに入れたコインがういた!

??

光は，水のあるところと，ないところの境目で折れ曲がるので，コインが見えたり，消えたりするよ。

ストローを入れたコップに水を入れて上からのぞくと，ストローが折れ曲がって見えたことはないかな?
これも光が折れ曲がったためにおこったんだよ。

用意するもの　●湯飲み　●コイン　●水　●コップ

★コップの下に置いたコインが消えた!

??

コインが見えなくなりました!

太陽の光はにじの色!

光は色によって折れ曲がる角度がちがいます。
太陽の光をプリズムに当てて曲げてみると，いろいろな色が見えます。にじは太陽の光が空気中の水のつぶに当たって曲がり，いろいろな色に分かれてできます。

忍法！分身の術！？

金魚が水面の上にうつる？

あれ!? 金魚が水面の上にもう1ぴきいます！

それは，光が水面ですべてはね返って，鏡のようになったからだよ。これを全反射というんだ。鏡にうつったもののように上下が反対に見えるね。水そうの上や下，横などいろいろなところから金魚を見てみよう。水面より下から見たときだけ全反射したもう1ぴきの金魚が見えるね。

▼全反射のしくみ

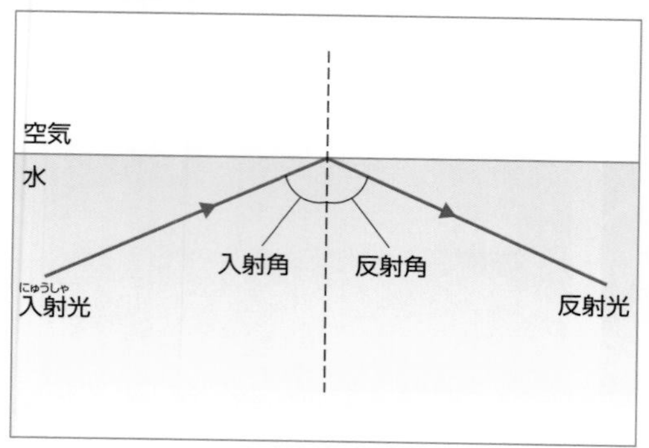
空気
水
入射角
反射角
入射光
反射光

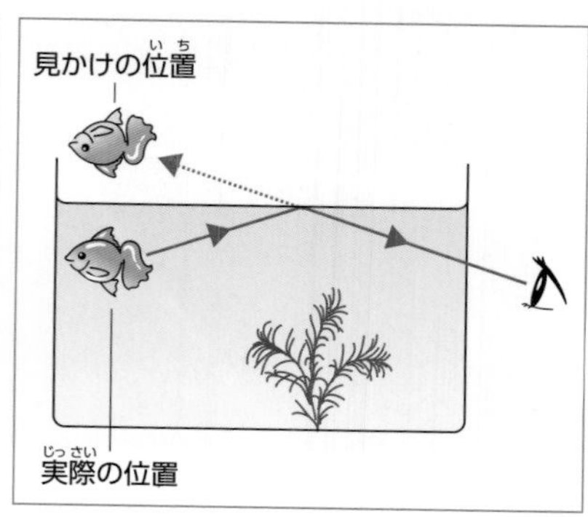
見かけの位置
実際の位置

全反射で光を曲げる!

「光はまっすぐ進む」とわかったね。
では，光は曲げられないかな?
全反射を使うと光は自由に曲げて遠くまで伝えることができるんだ。
これが光ファイバーだよ。

▼光ファイバー

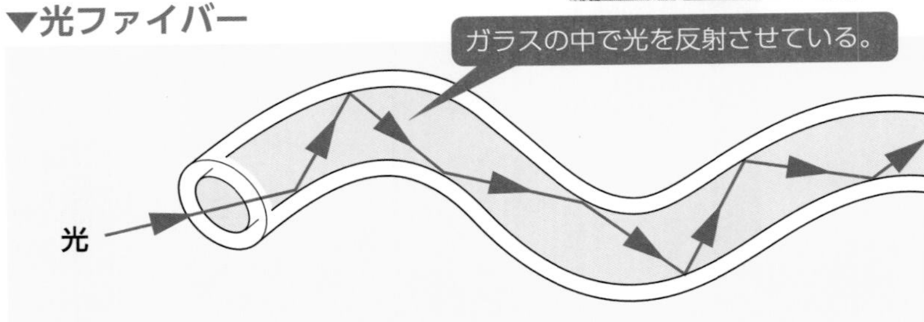
ガラスの中で光を反射させている。
光

最近ではインターネット通信でも光ファイバーが使われていて，パソコンでメールを送るとき，データ（電気）を光に変えて相手に送っているんだよ。相手のパソコンに届くと光をまた電気に変えるからメッセージを見ることができるんだね。

光ファイバーは，光を自由に曲げて遠くまで運べるので，インターネット通信や望遠鏡，胃カメラなどに利用されています。

▲光ファイバーを利用したライト

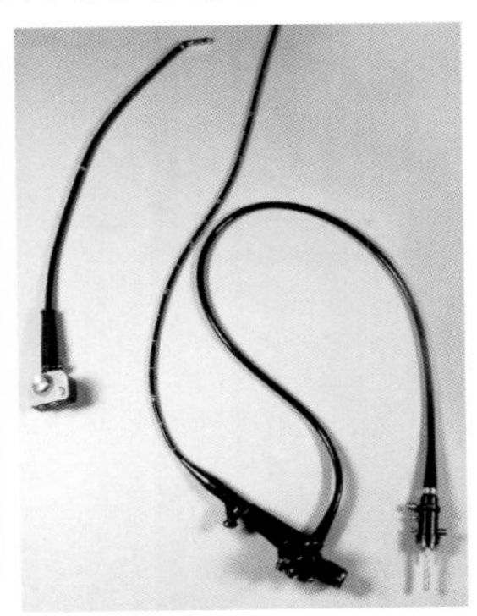

▲胃カメラ

しんきろう，どうだろう？

身のまわりの光の現象

このように，地上の物体がうき上がって見える現象を「しんきろう」というよ。あたたかい空気と冷たい空気が混ざっていないところを光が通って，その光が折れ曲がることによってういて見えるんだよ。

太陽の光が雪の面ではね返っているよ。

いろいろな光の現象があるんですね。

あたたかい空気と冷たい空気が混ざっていないところを光が通って，その光が折れ曲がることによって水面に太陽の一部分がうつっているよ。

水面で光があちこちにはね返っているよ。
これを乱反射というんだ。

果物によりたくさんの光を当てて，あまくするためのくふうだよ。太陽の光をはね返すシートを地面にしいて太陽の光が果物にたくさん当たるようにしているんだ。

カメラだぞう〜

牛乳(ぎゅうにゅう)パックと虫めがねで簡単(かんたん)カメラを作ろう！

用意するもの
●牛乳パック　●虫めがね　●セロハンテープ　●トレーシングペーパー
●黒い画用紙　●カッターナイフ

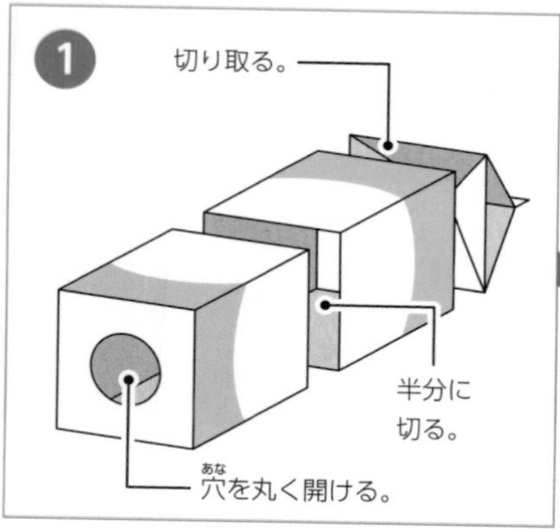

①
切り取る。
半分に切る。
穴(あな)を丸く開ける。

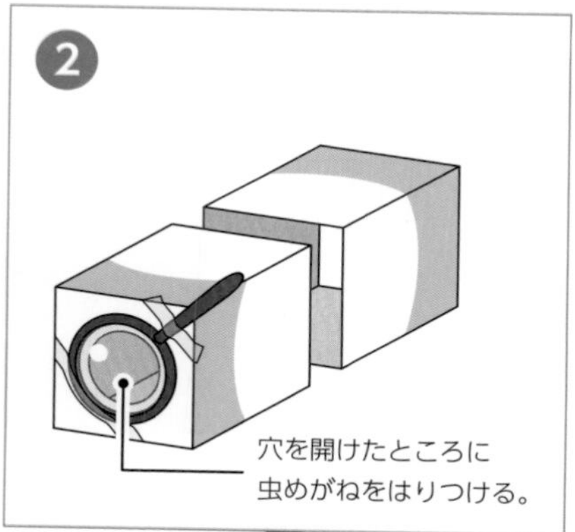

②
穴を開けたところに虫めがねをはりつける。

③
トレーシングペーパーをはる。

このトレーシングペーパーの部分がスクリーンになるんだよ。

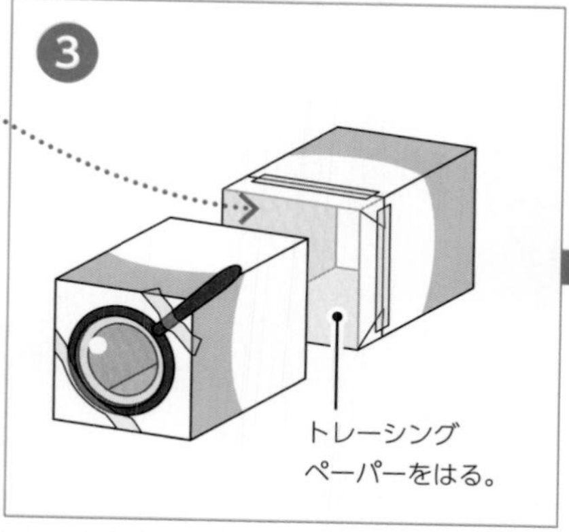

エネルギー編

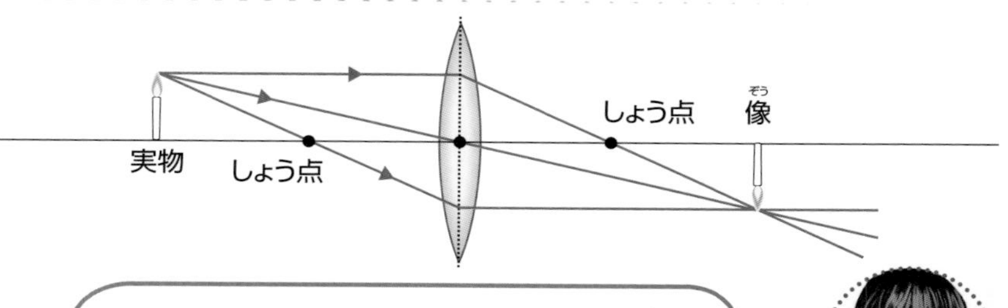
実物
しょう点
しょう点
像

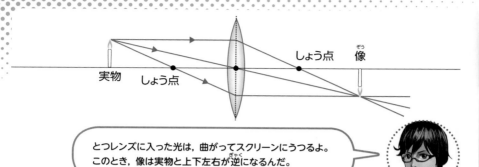

とつレンズに入った光は，曲がってスクリーンにうつるよ。このとき，像は実物と上下左右が逆になるんだ。

カメラのスクリーンにうつる像は？

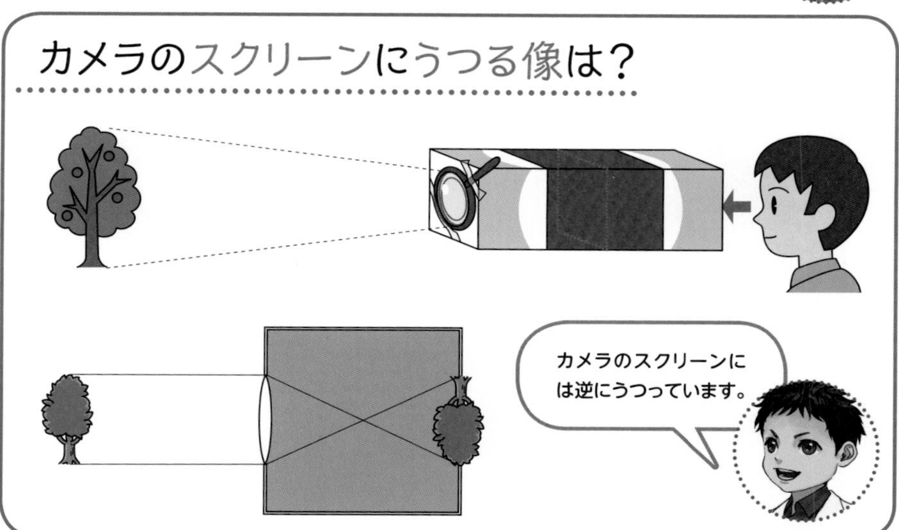
カメラのスクリーンには逆にうつっています。

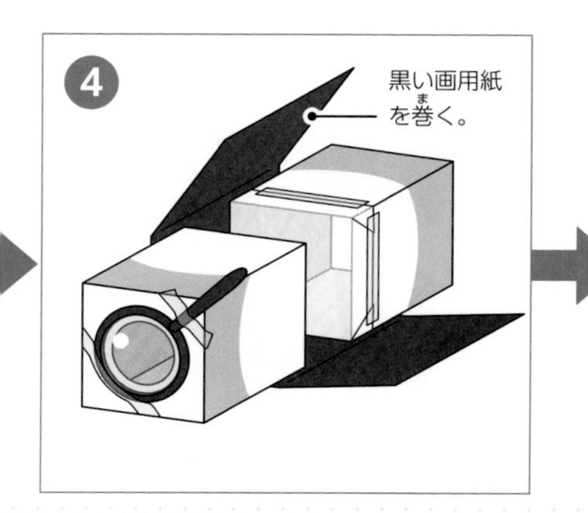
4
黒い画用紙を巻く。

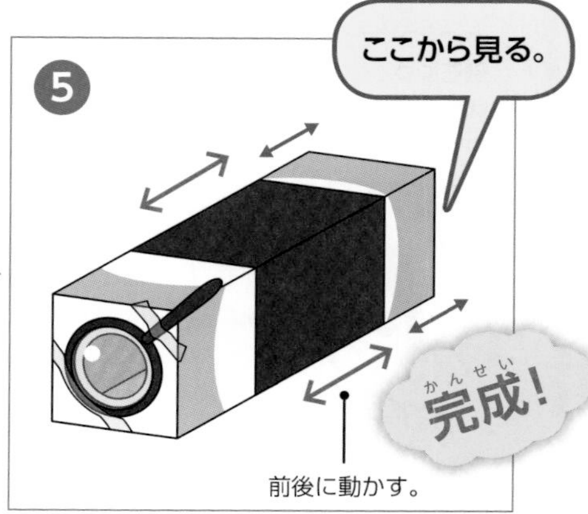
5
ここから見る。
完成！
前後に動かす。

物質編
生命編
地球編

アルミかんは
磁石につかん!

磁石(じしゃく)につく?

S
N

いろいろなものに 磁石を近づけてみよう!

磁石につくもの

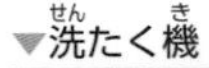

▼洗(せん)たく機(き)

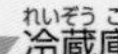

▼冷蔵庫(れいぞうこ)

▼使い捨(す)てカイロ

▼スチールかん

▼黒板

▼はさみ

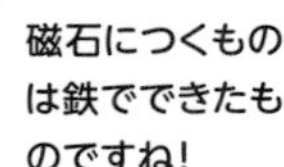

磁石につくものは鉄でできたものですね!

はさみは，磁石につきますか?

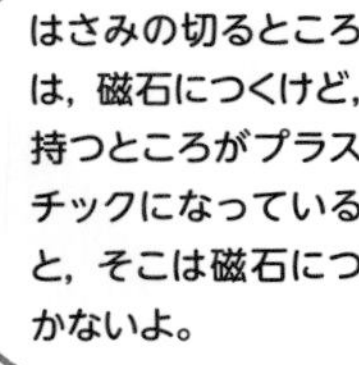

はさみの切るところは，磁石につくけど，持つところがプラスチックになっていると，そこは磁石につかないよ。

磁石につかないもの

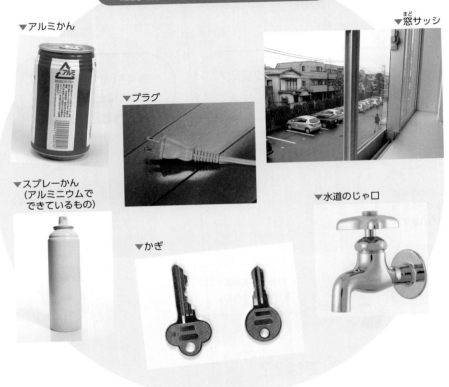

▼アルミかん

▼プラグ

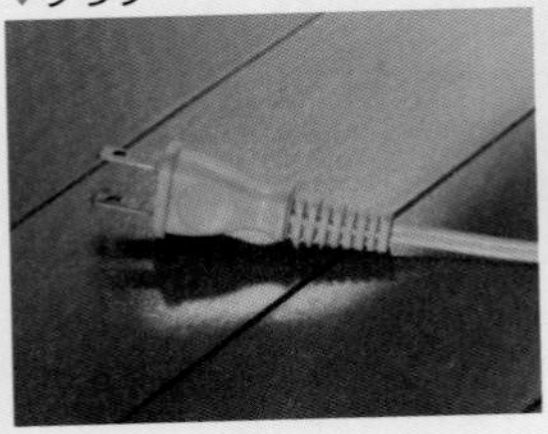

▼窓サッシ

▼スプレーかん
（アルミニウムで
できているもの）

▼かぎ

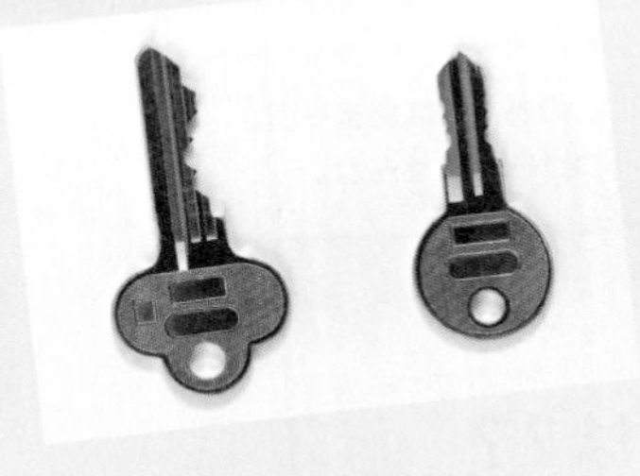

▼水道のじゃ口

磁石をつけてはいけない！

磁気カードの黒い線になったところには表面に小さな磁石がついています。この磁石の力（磁気）を利用して，さまざまな情報が記録されています。磁気カードに磁石を近づけると，この磁気がこわれてしまって情報がなくなってしまうことがあります。

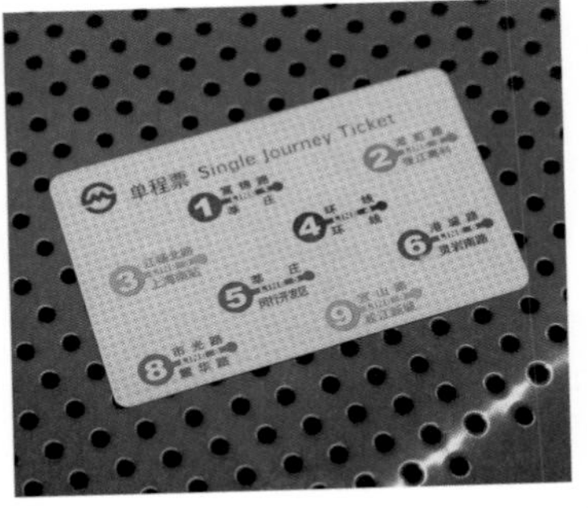
単程票 Single Journey Ticket

強くよくつく
極につく!

磁石(じしゃく)がよく引きつけるところはどこ?

磁石の色々なところにクリップをゆっくり近づけてみよう!

強く引きつけられるところはどこだろう?

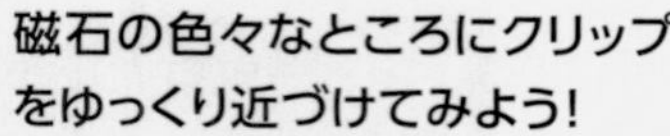

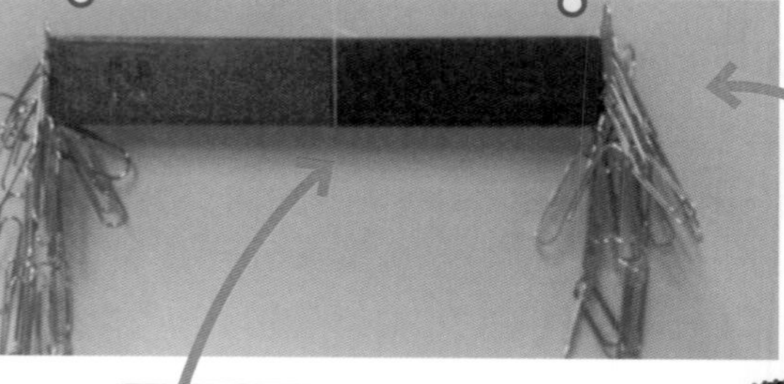

このあたりは強く引きつけられます!

このあたりも強く引きつけられます!

このあたりはあまり引きつけられませんね。

★U字形磁石では??

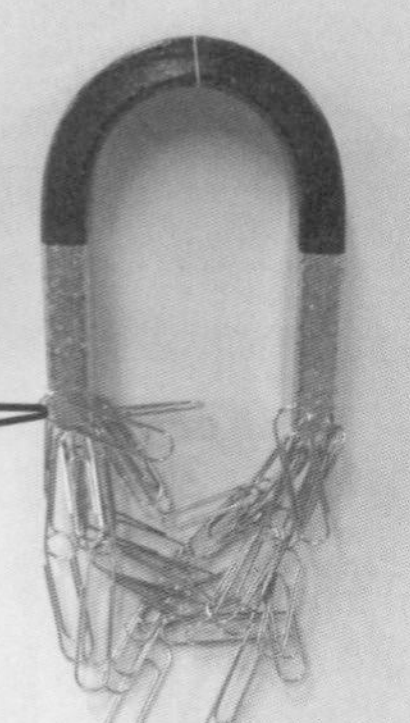

U字形磁石もN極(きょく)とS極の近くに多くのクリップが引きつけられているよ!

磁石の力が強いのは,クリップがよく引きつけられるところです。N極とS極の近くがいちばん磁石の力が強いのです。

用意するもの　●磁石　●クリップ

★N極・S極の近くが磁石の力が強いのはなぜ？

棒磁石の中には，小さな磁石が向きをそろえて並んでいる。

S
N

S
S N S N S N S N
S N S N S N S N
N

S極とN極がとなり合っているところでは磁石の力が打ち消されている。

磁石はどうやって作られるのかな？

磁石も作られているんですね!

原料を熱してドロドロにとかしたり，混ぜたりする。

↓

強い磁力をあたえながら形を整える。その後，焼き固める。

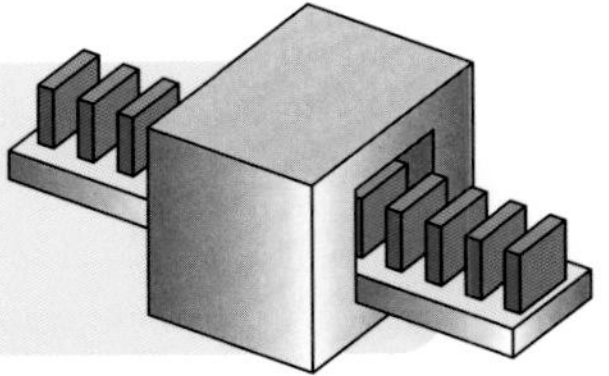

↓

コイルの中に置き，コイルに強い電流を流して，磁力をあたえる。

↓

磁石の完成
S
N

Nには Sしか
いない…♥

2つの磁石の極を近づけるとどうなる？

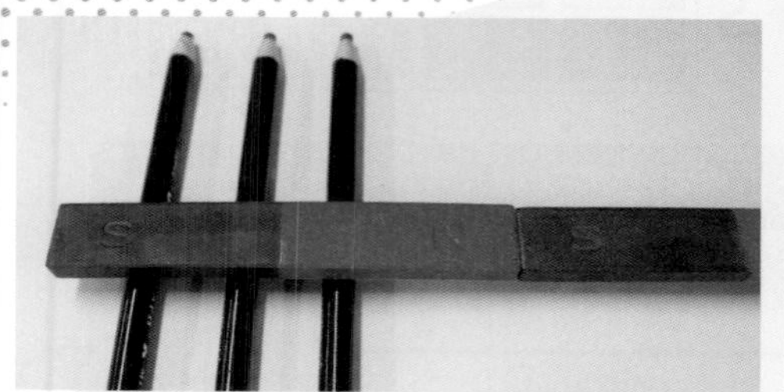

磁石は引き合うときと，しりぞけ合うときがあるんですね。

磁石の同じ極どうしはしりぞけ合い，ちがう極どうしは引き合うんだよ。

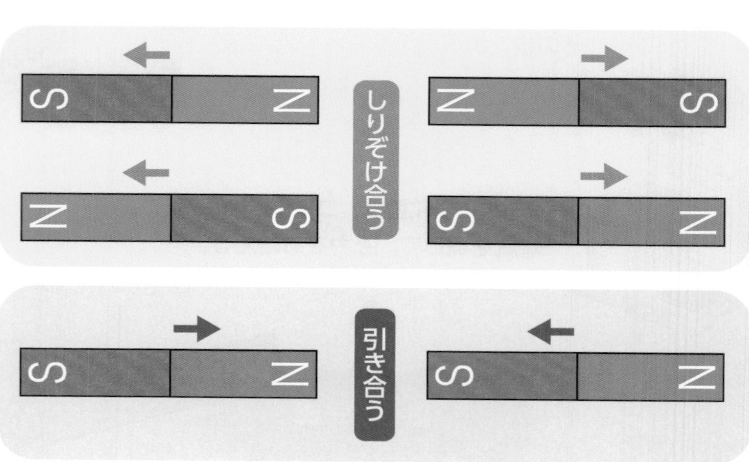
S
N
N
S
しりぞけ合う
N
S
S
N
S
N
引き合う
S
N

用意するもの
●磁石　●ストロー　●方位磁針

★磁石の極の見分け方

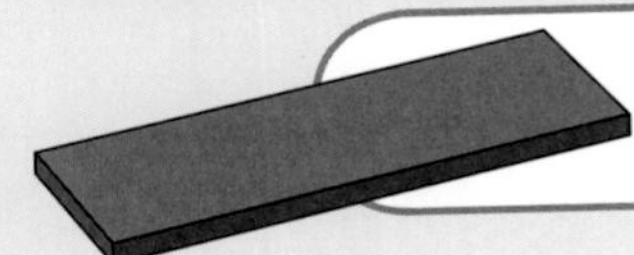

この磁石は，どっちが
N極なのでしょうか？

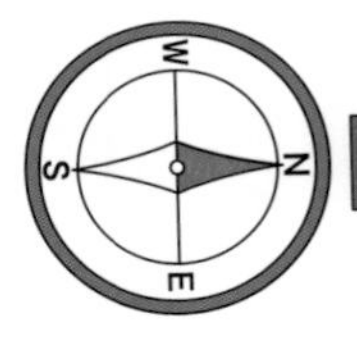
W
S
N
E
S

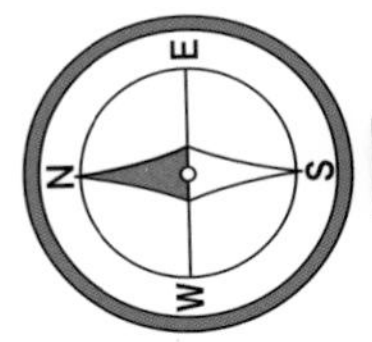
E
N
S
W
N

方位磁針のN極が引きつけられればS極，
S極が引きつけられればN極だね。

南極に方位磁針を持って行くと…？

地球全体は大きな磁石になっていて，北極の近くにＳ極，南極の近くにＮ極があります。そのため方位磁針のＮ極は北極のＳ極と引き合い，北を向くのです。では，南極に方位磁針を持って行くとどうなるでしょう。南極大陸からややはなれた海の上にある磁南極（磁石の南極）に行くと，方位磁針のＳ極は真下を向きます。

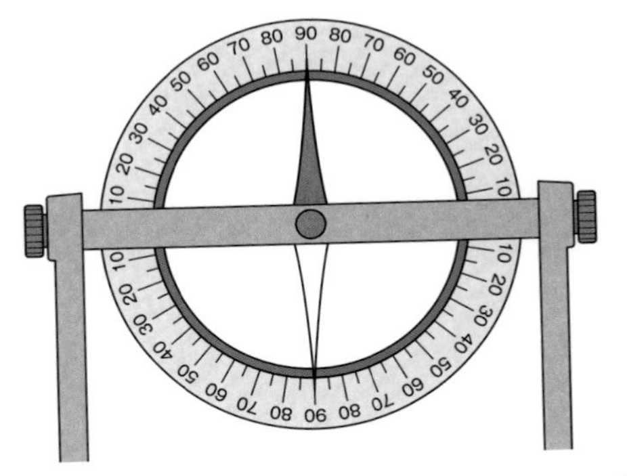

クリップが
タイムスリップ！

はなれていても クリップ(鉄)は磁石(じしゃく)につく？

用意するもの　●磁石　●クリップ　●コップ　●水　●魚の形に切った紙　●糸　●セロハンテープ

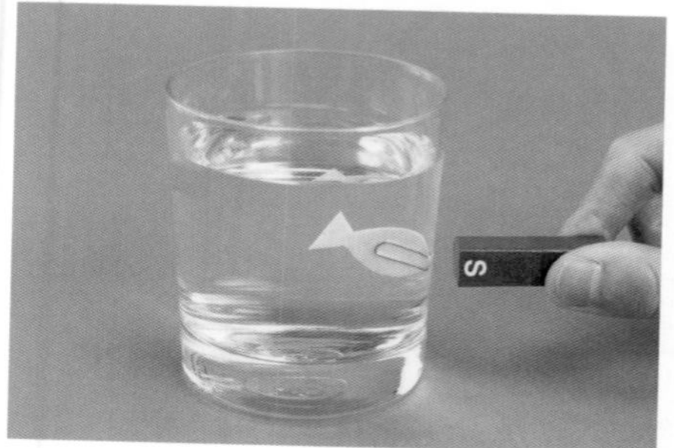

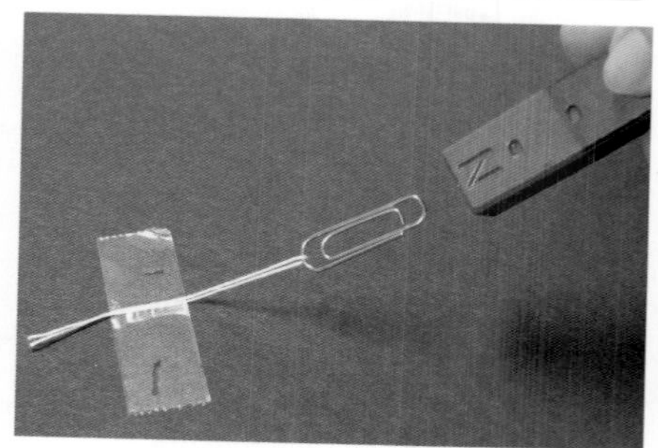

どちらもクリップが引きつけられました！

磁石は，はなれていても鉄を引きつけ，磁石と鉄の間に磁石につかないものがあっても鉄を引きつけるんだよ。

電子レンジのしくみ

電子レンジは，マイクロ波を出して食べ物の中の水分を振動(しんどう)させ，その振動であたためています。そのマイクロ波を出す部品に，磁石が使われています。

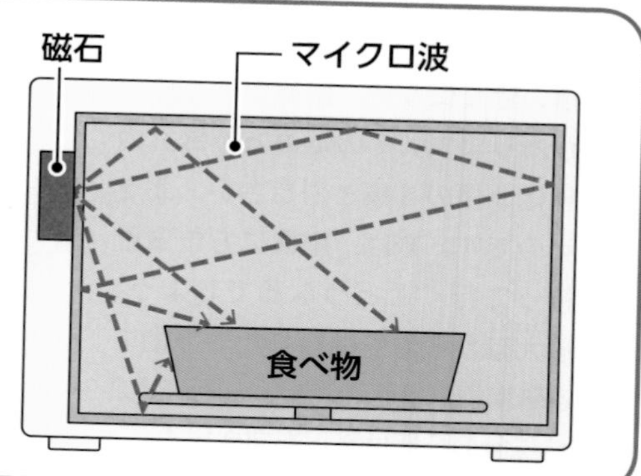
磁石
マイクロ波
食べ物

用意するもの
●磁石　●時計皿　●洗面器　●発ぽうポリスチレンの板　●水

★磁石が止まる向きを調べてみよう!

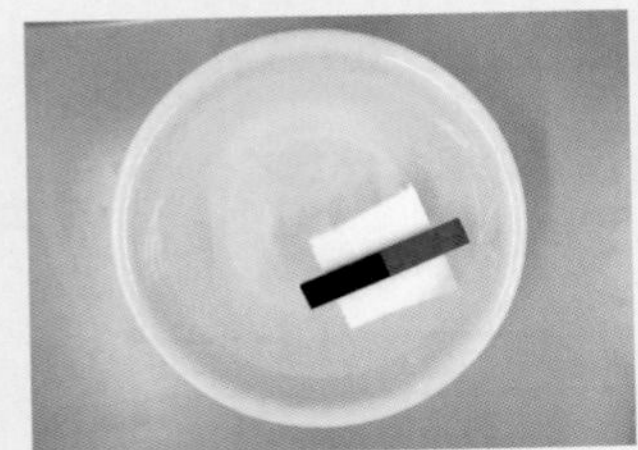

磁石を自由に動くようにして調べる。

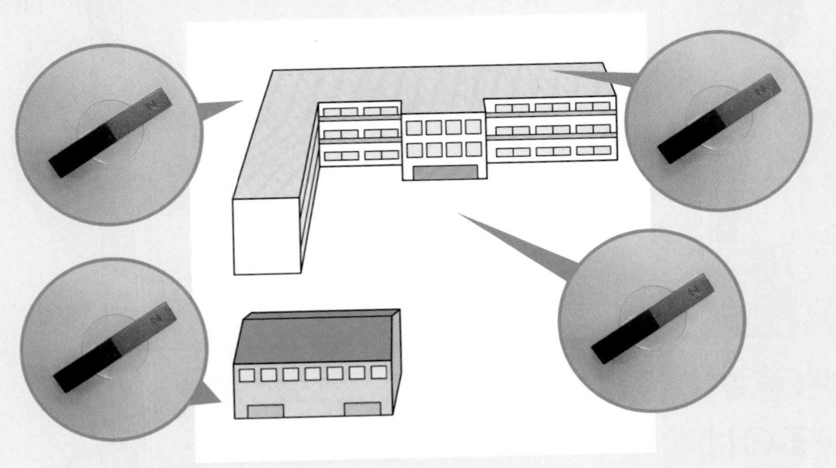

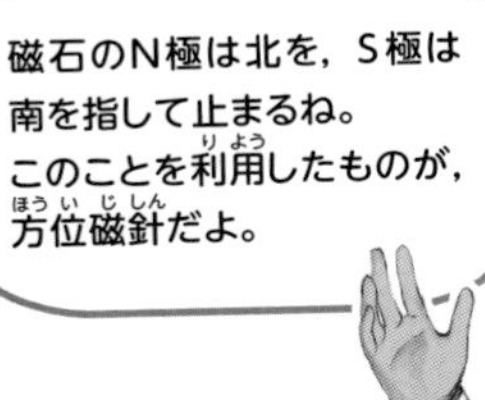
磁石のN極はすべて同じ方向を向いていますね。

磁石のN極は北を，S極は南を指して止まるね。このことを利用したものが，方位磁針だよ。

土星は銅製!?

地球もひとつの大きな磁石!

方位磁針のN極が北を指すのはなぜだろう?
どこかに磁石があるのですか?

実は地球自体が1つの大きな磁石になっているんだよ。

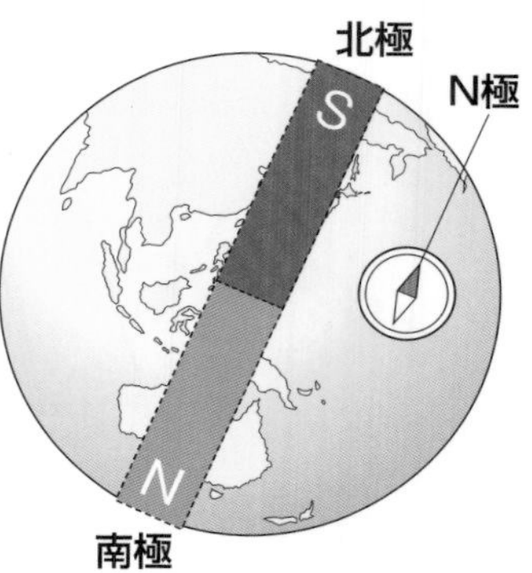
北極
N極
S
N
南極

地球が磁石になっているのはなぜ?

鉄に導線を巻いて電気を流すと磁石ができるように，磁石と電気には深いつながりがあります。地球は自転しているので，とけた金属でできた中心部分も回転をしています。金属は電気の流れのもとになるもの（電子といいます）をたくさんふくんでいるので，回転することで磁石になります。

地球はここをじくに1日に1回まわっています。
北極
地球
中心部分は鉄などの金属がとけたものでできています。
南極

★地球以外の惑星や太陽も磁石の力をもっている!

▼太陽

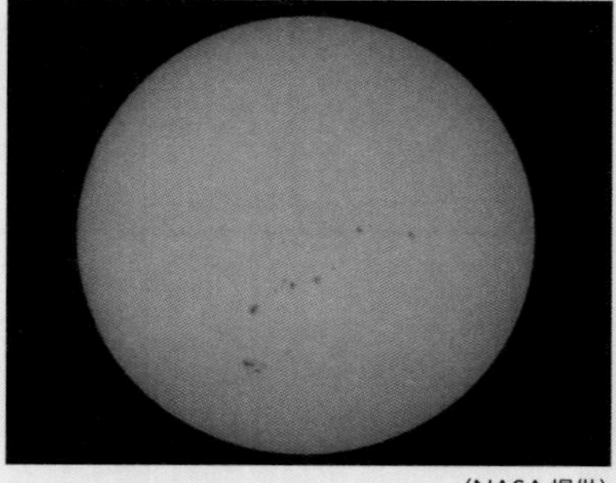

（NASA 提供）

▼木星

（NASA 提供）

▼土星

（NASA 提供）

磁石の力をもっているのは地球だけではないんですね。

北極や南極の近くでオーロラが見られるのはなぜ？

太陽から出た電気を帯びたつぶが，速いスピードで地球に届きます。このつぶが空気中の酸素やちっ素にぶつかって光るのがオーロラです。このつぶは地球の磁石の力が強いところに引きよせられます。磁石の力が強いのは，北極や南極の近くなので，この場所でオーロラが見られるのです。

徹夜で砂鉄集め

砂鉄を集めてみよう!

砂鉄って何??

磁石のもとである岩石にふくまれる磁鉄鉱が，雨や風にさらされ，長い時間をかけて細かい砂のようになったものを砂鉄といいます。海岸や砂場の砂などにふくまれていて，黒っぽい色をしています。

◀磁鉄鉱をふくむ岩石

用意するもの　●磁石　●ポリエチレンのふくろ

★海岸や公園の砂場で砂鉄を集めてみよう!

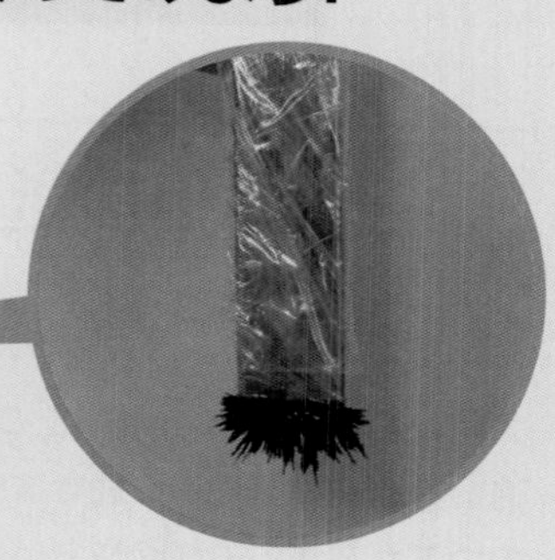

粉のような細長いものが磁石につきました!

それが砂鉄だよ。

砂鉄を使って鉄を作る

▼たたら製鉄

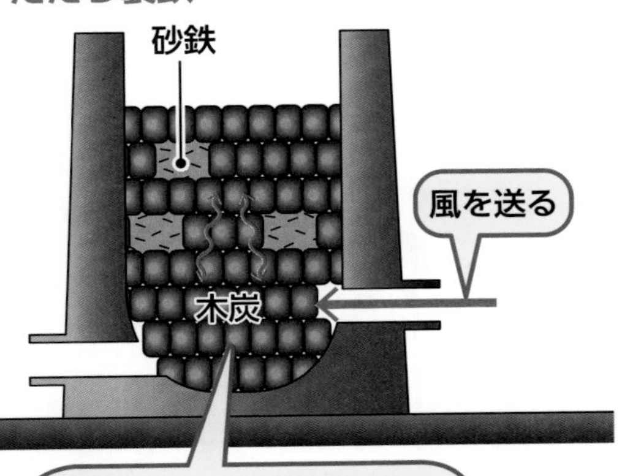
砂鉄
風を送る
木炭
砂鉄と木炭を高温で燃やして鉄を作り出す。

不純物が少ない鉄はやわらかくて加工しやすく，包丁などが作られます。

炭素が多くふくまれている鉄はかたく，マンホールのふたや，門のとびらなどが作られます。

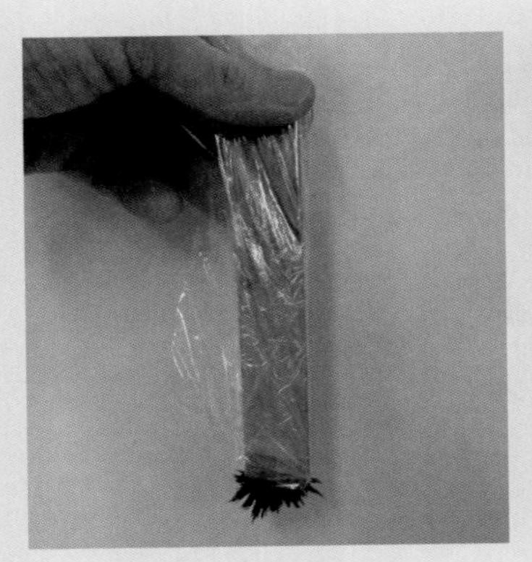

磁石に直接砂鉄がつくと，とるのが大変だね。磁石と鉄の間にものがあっても磁石の力がはたらくことを利用して，集め方をくふうしてみよう。

忍法!
変わり身の術!

鉄を磁石に変えられる?

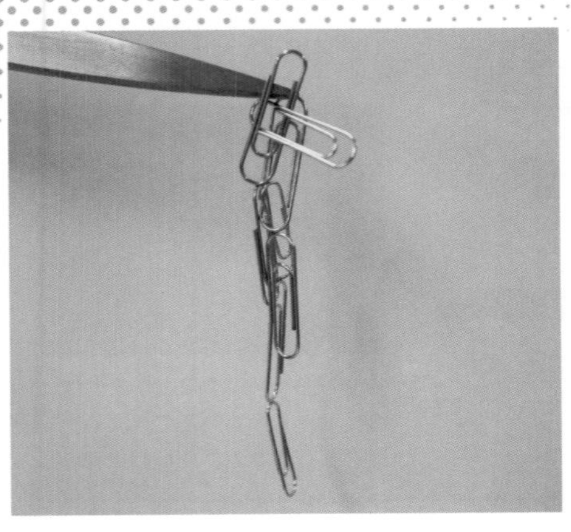

クリップが，はさみにくっつきました! 磁石でないのになぜですか?

磁石に近づけたクリップは，磁石の性質をもつんだ。確かめてみよう。

用意するもの

●磁石　●クリップ　●まち針　●方位磁針　●洗面器　●水　●容器

★磁石に近づけておいたクリップに，鉄でできたものを近づけてみよう!

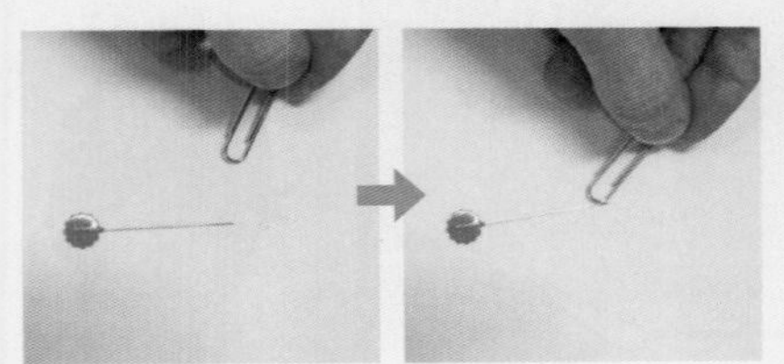

まち針がくっついたり，方位磁針のＮ極を引きつけたり，という磁石の性質が確かめられました!

★鉄くぎを磁石に変えてみよう!

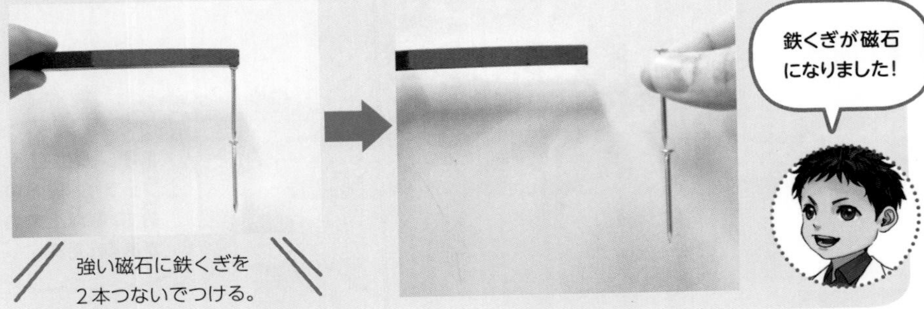

強い磁石に鉄くぎを
２本つないでつける。
鉄くぎが磁石
になりました!

★磁石になった鉄くぎの極を調べてみよう!

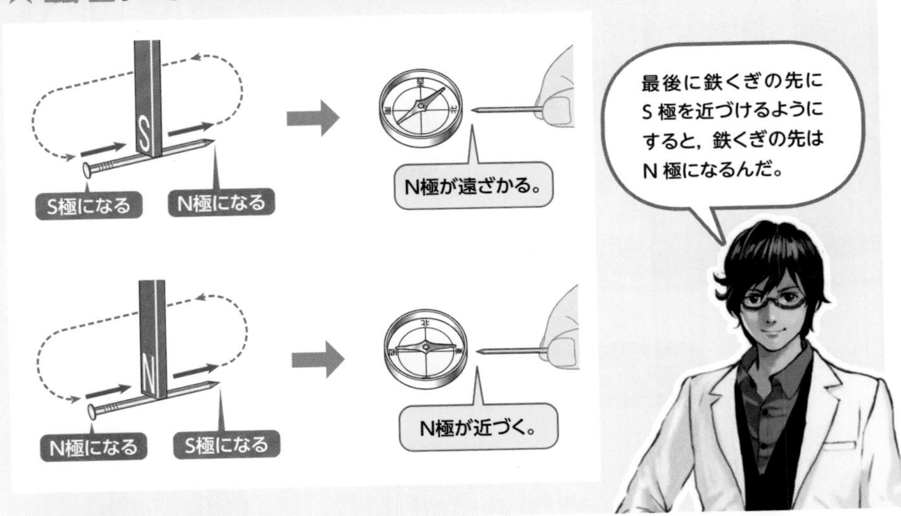

S
S極になる
N極になる
N極が遠ざかる。
N
N極になる
S極になる
N極が近づく。
最後に鉄くぎの先に
S 極を近づけるように
すると，鉄くぎの先は
N 極になるんだ。

鉄が磁石になるのはなぜ？

鉄は自由に動く小さな磁石が集まってできています。ここに磁石を近づけると，小さな磁石が同じ方向を向き，全体が１つの磁石になるのです。

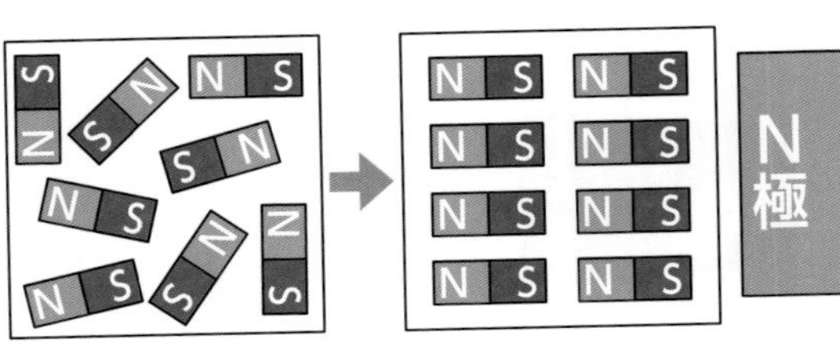

N S
N極

アルニコ磁石
ある? 2個!

いろいろな磁石

ネオジム磁石

磁石の中で，磁石の力がいちばん強い磁石。

ネオジム磁石は，フェライト磁石の約 10 倍以上の力があるんだよ。

このモーターにネオジム磁石が使われている。

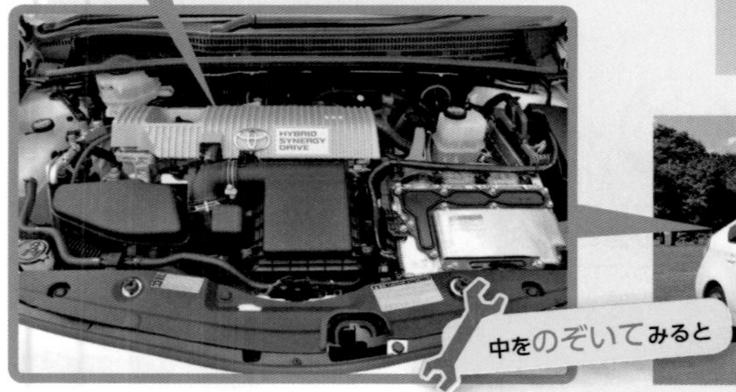
HYBRID SYNERGY DRIVE

中をのぞいてみると

フェライト磁石

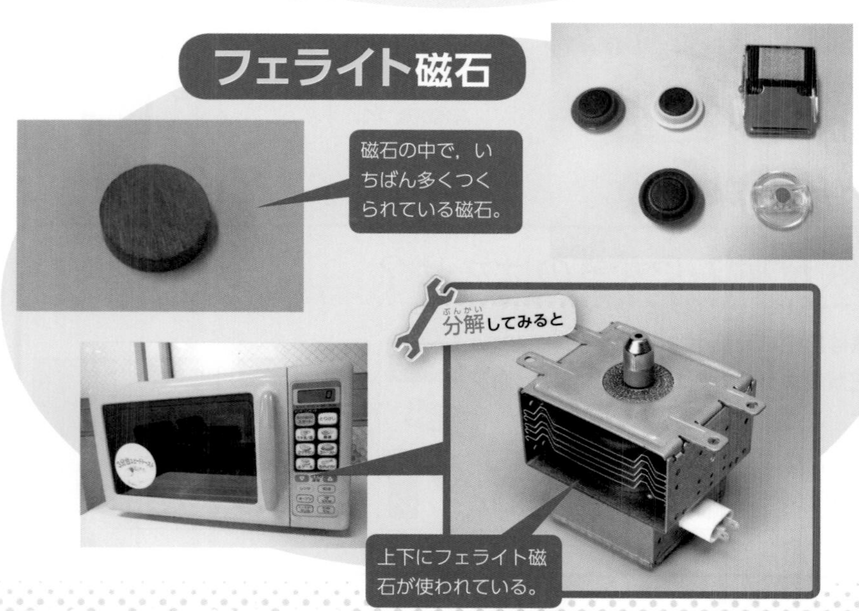
磁石の中で，いちばん多くつくられている磁石。
分解してみると
上下にフェライト磁石が使われている。

サマリウムコバルト磁石

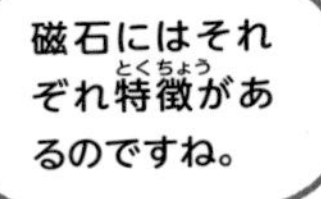
磁石にはそれぞれ特徴(とくちょう)があるのですね。

エネルギー編

熱(ねつ)に強い磁石なので，高温でも使用できる。

アルニコ磁石

温度変化(へんか)に強く，高温でも使用できる。

ゴム磁石

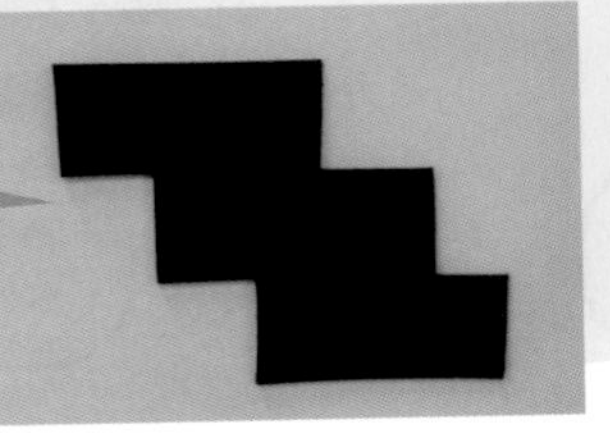

形を自由に変(か)えることができるので加工(かこう)しやすい。

ここにゴム磁石が使われている。

永久磁石(えいきゅうじしゃく)って何？

フェライト磁石やアルニコ磁石のように，自ら磁石の力をもっている磁石を永久磁石といいます。一方，電気を通したときだけ磁石になるものが電磁石です。(電磁石について→p.74)

ドッキドキ!
ひかれあう
NとS

磁石を半分に切っても磁石?

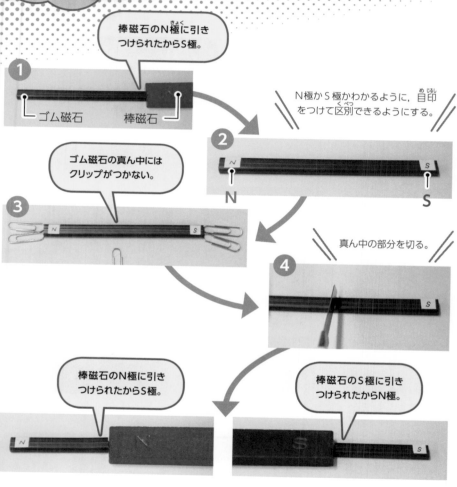

棒磁石のN極に引きつけられたからS極。

1

ゴム磁石　棒磁石

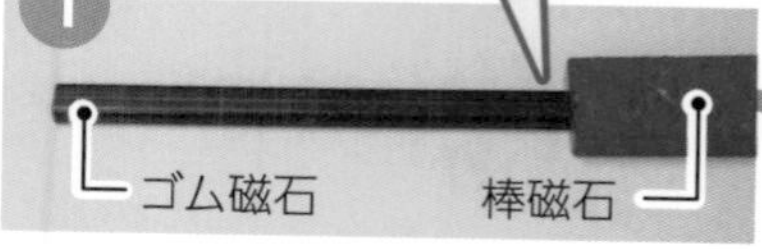

N極かS極かわかるように，目印をつけて区別できるようにする。

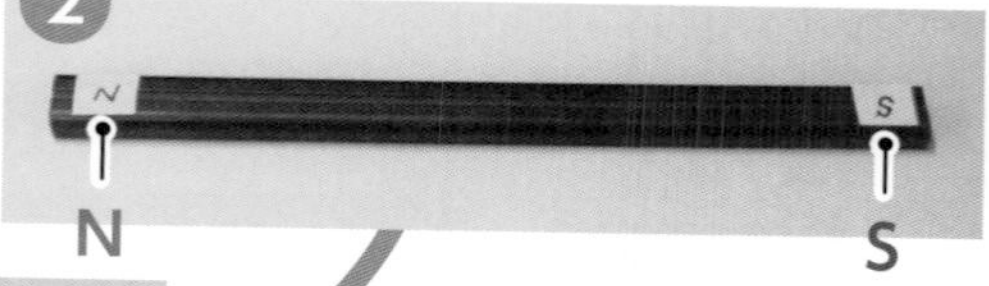

2

N　S

ゴム磁石の真ん中にはクリップがつかない。

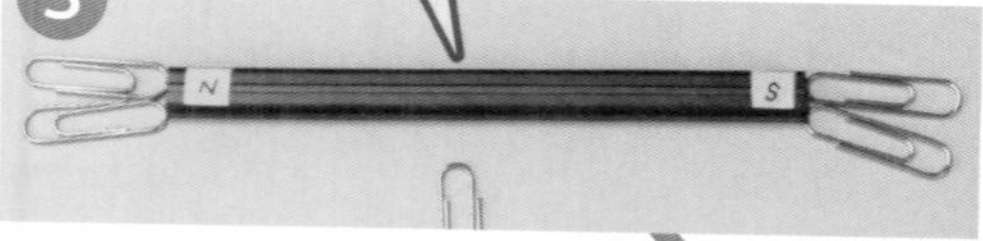

3

真ん中の部分を切る。

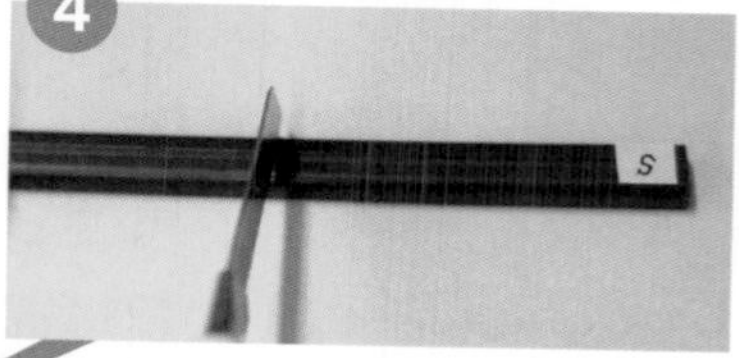

4

棒磁石のN極に引きつけられたからS極。

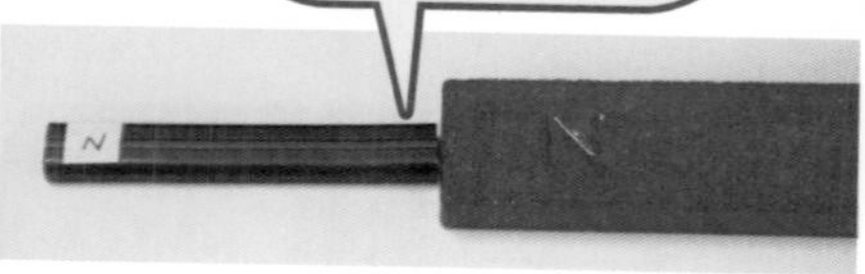

棒磁石のS極に引きつけられたからN極。

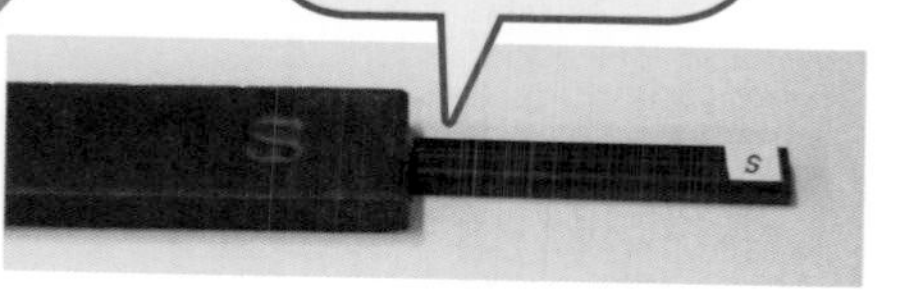

ゴム磁石を半分に切ると，N極とS極のある2つの磁石になります。磁石を切る前はクリップがつかなかった真ん中も，磁石を切るとクリップがつくようになります。

用意するもの
●ゴム磁石　●クリップ　●棒磁石　●シール　●カッターナイフ　●ペン

★磁石は小さく切っても磁石！

磁石を切ってもN極とS極があるのはなぜ？

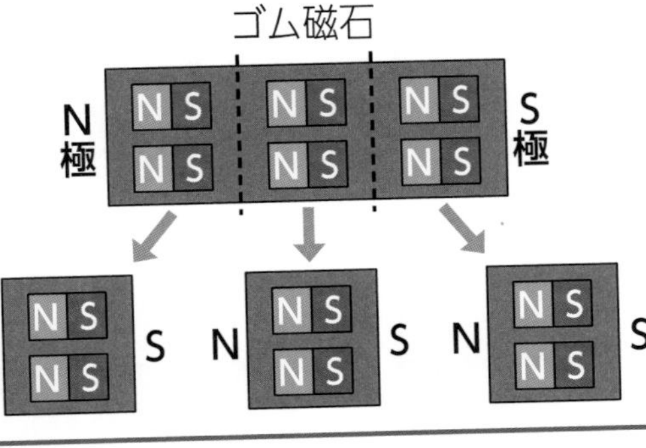
ゴム磁石
N極
S極
NS
N
S

磁石は非常(ひじょう)に小さな磁石が同じ向きに並(なら)んでできています。小さな磁石のS極とN極は引き合っているため磁石の力は消えていますが，切ると切り口の部分に新しい極ができます。

N極だけの磁石は作れますか？

磁石を切っても，切り口の部分に新しいN極とS極が出ててくるので，N極やS極だけの磁石を作ることはできないのですよ。

豆電球は
マメなヤツ!

豆電球はつく?

★豆電球がつくつなぎ方

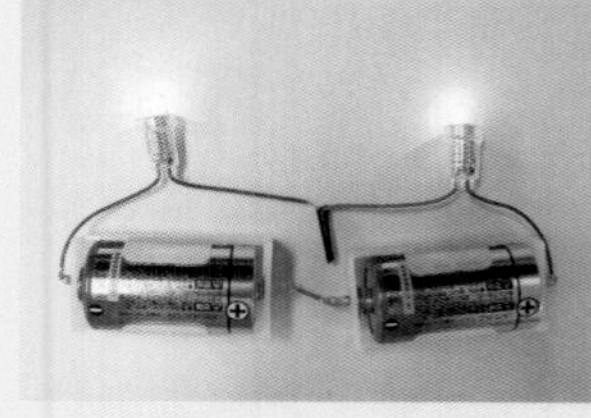

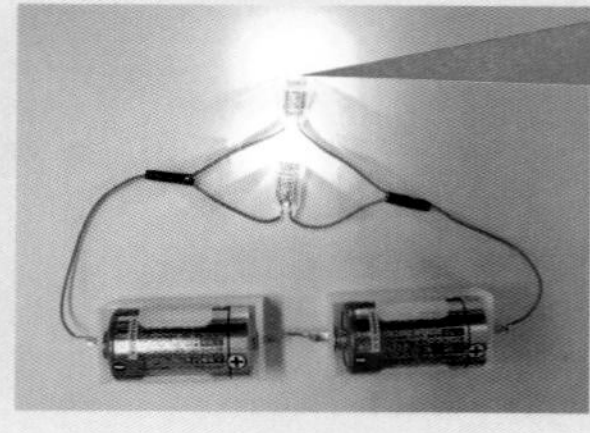

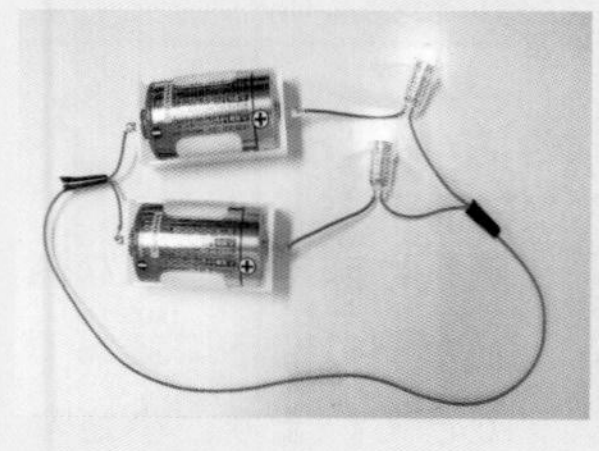

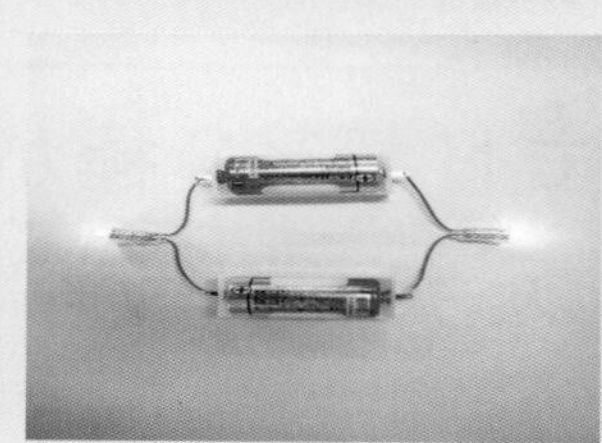

電気の通り道が1つの輪(わ)になっていると明かりがつきますね。

ここに電球が使われている。

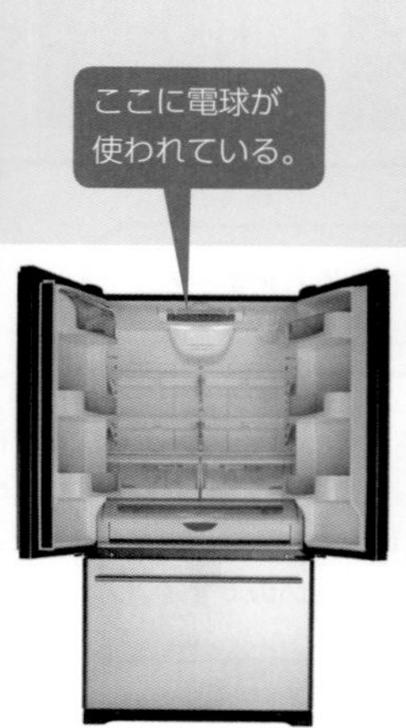

ここに電球が使われている。

ここに電球が使われている。

用意するもの　●豆電球２個　●かん電池２個　●導線

★豆電球がつかないつなぎ方

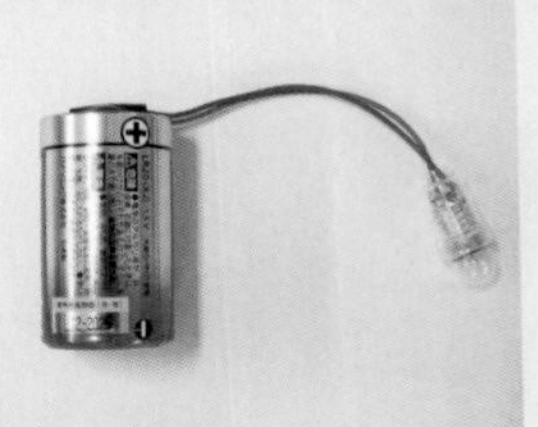

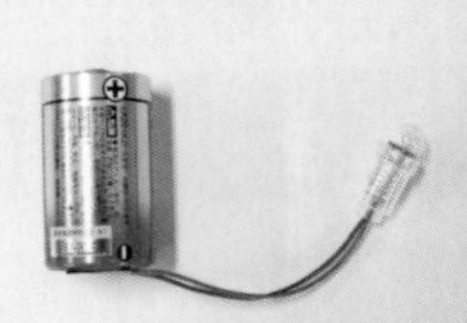

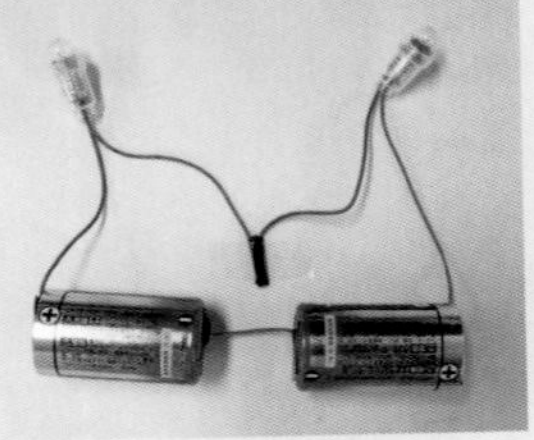

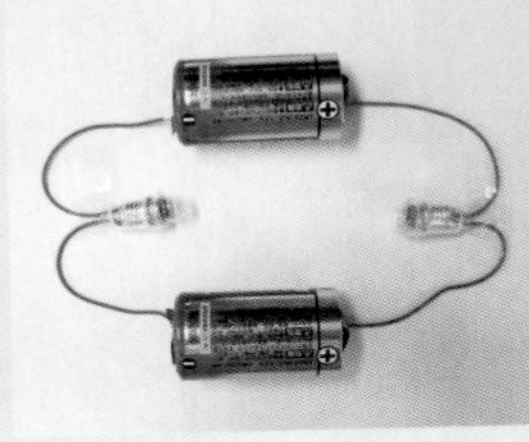

かん電池の向きを変えるだけで明かりがつかなくなるのはなぜですか？

かん電池から出た電流は＋極から－極へ流れるね。上の写真だとこの流れの向きとは逆になっているところがあるから明かりがつかないんだよ。

コンセントにはどのように電気が流れているのだろう？

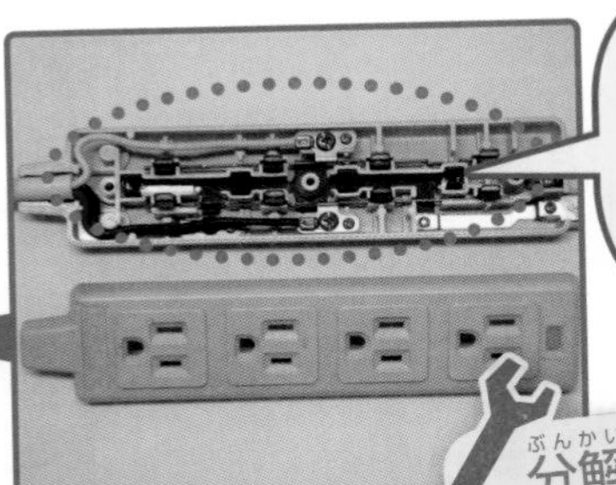

家庭用のコンセントは並列につながっていることがわかる。

分解してみると

流され続けて
60年…。

電気を通すものは？

電気を通すもの

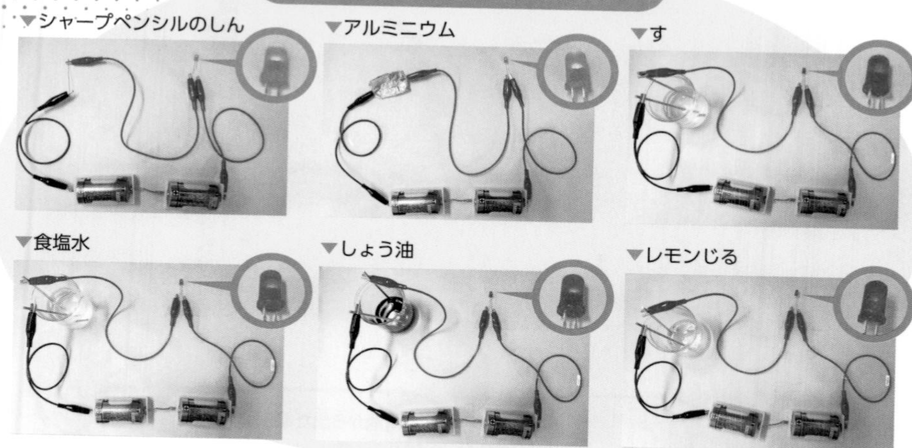
▼シャープペンシルのしん
▼アルミニウム
▼す
▼食塩水
▼しょう油
▼レモンじる

レモンじるに導線をつないでも発光ダイオードは光るのですね！ ほかの果物や野菜も電気を通すのでしょうか？

レモン以外にも，トマト，りんご，バナナなども電気を通すんだよ。
キュウリやナスもわずかだけど電気を通すよ。

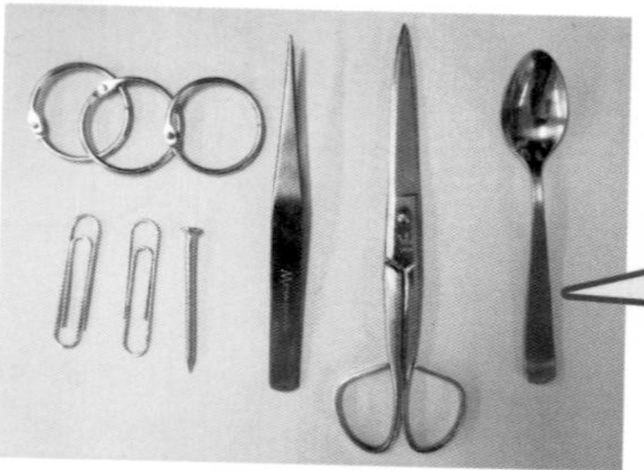

金，銀，銅，アルミニウム，鉄など金属はすべて電気を通す。

用意するもの

●発光ダイオード　●かん電池　●導線　●シャープペンシルのしん　●消しごむ
●レモン　●す　●食塩水（しょくえんすい）　●砂糖水（さとうすい）　●サラダ油　●しょう油　●アルミニウム

電気を通さないもの

▼消しごむ

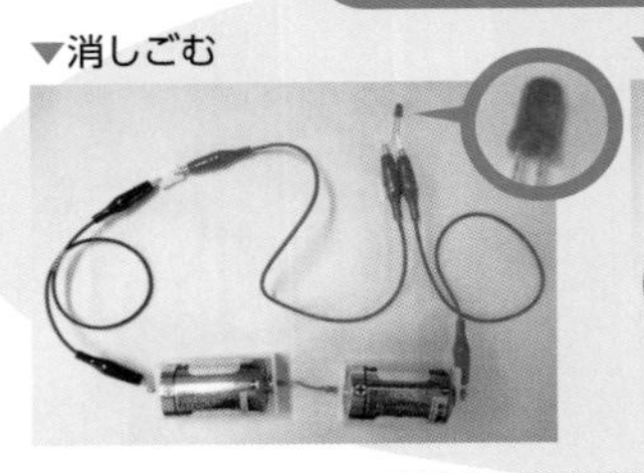

▼砂糖水

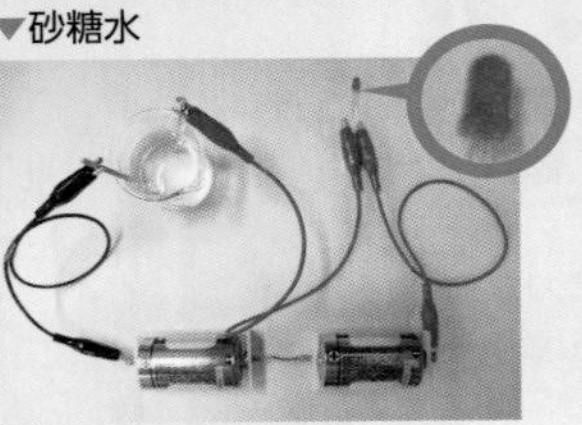

▼サラダ油

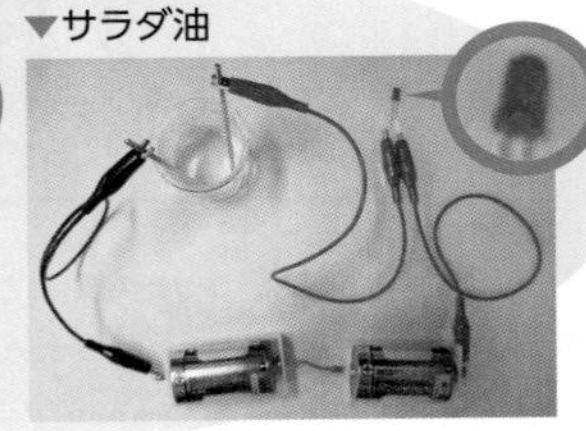

食塩水は電気を通すけど砂糖水は電気を通さないのは不思議（ふしぎ）ですね。

食塩は水にとけると＋の電気をもつ小さなつぶと，－の電気をもつ小さなつぶ（イオン）に分かれるから電気を通すんだよ。

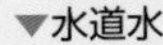

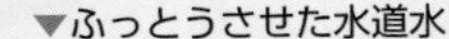

★水は電気を通すか調べよう！

▼水道水

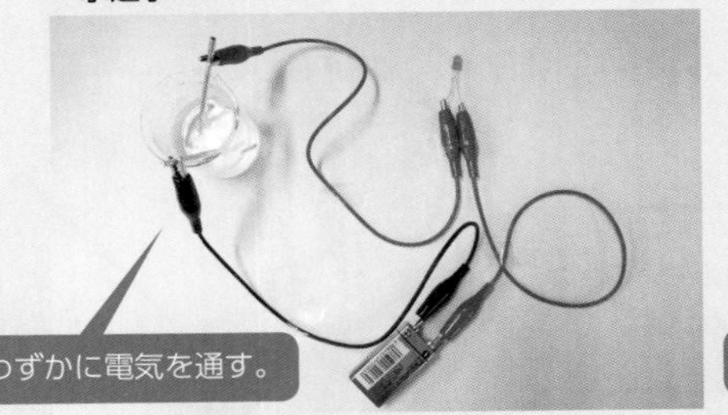

わずかに電気を通す。

▼ふっとうさせた水道水

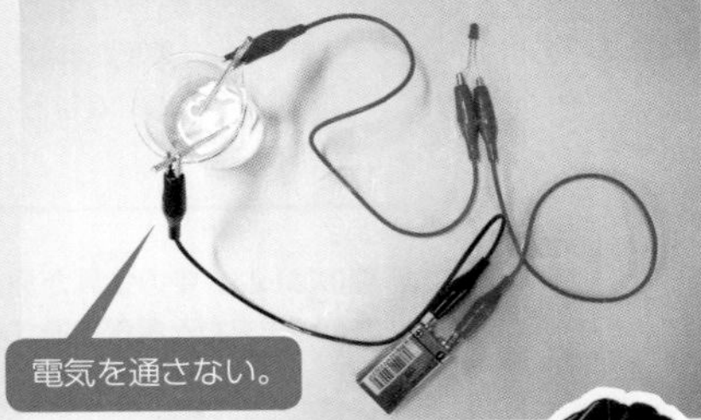

電気を通さない。

水道水をふっとうさせると，電気を通さなくなるのはなぜですか？

水道水には殺菌（さっきん）のための塩素（えんそ）が入っていて，それが水にとけて，＋や－の電気をもつつぶができているけど，ふっとうさせるとそれがなくなるので電気を通しにくくなるんだよ。

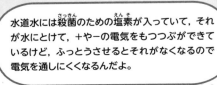

スイッチを作ろう！

スイッチ(1)，ニー(2)，サン(3)，シー(4)！

部屋の電気をつけたり消したりするときに使うスイッチはどんなしくみになっているのでしょうか？

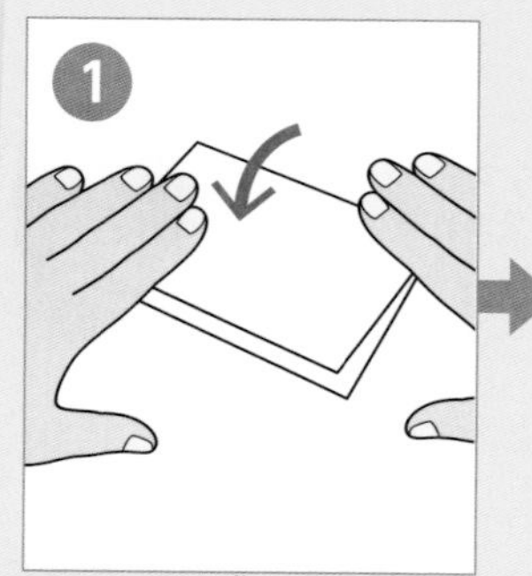

厚紙は半分に折(お)る。

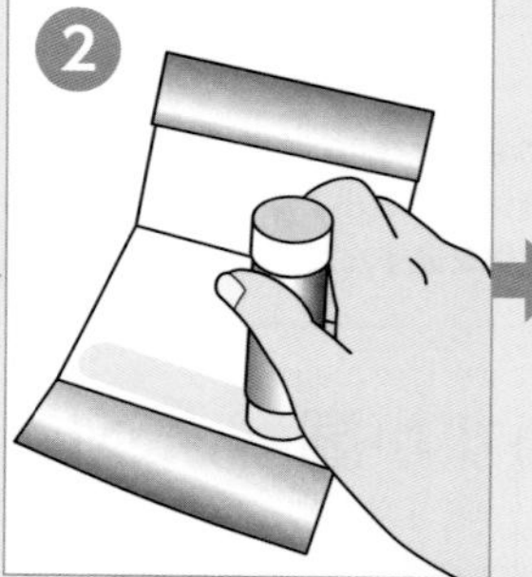

厚紙の両はしにアルミニウムはくをはりつける。

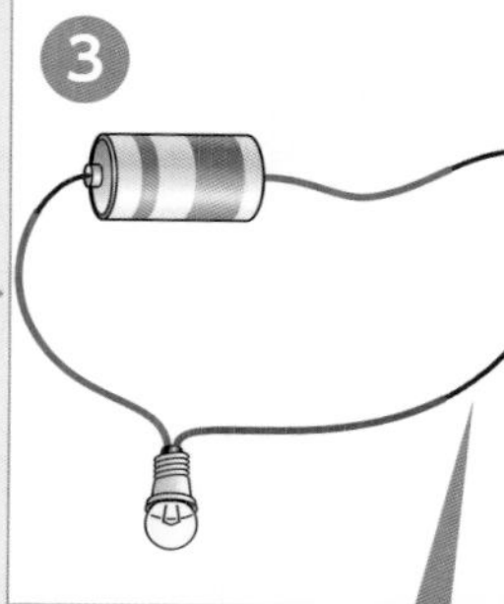

導線のはしのビニルをとる。

導線のはしは，中の金属(きんぞく)が見えているかな？ビニルのままだと電気を通さないよ。

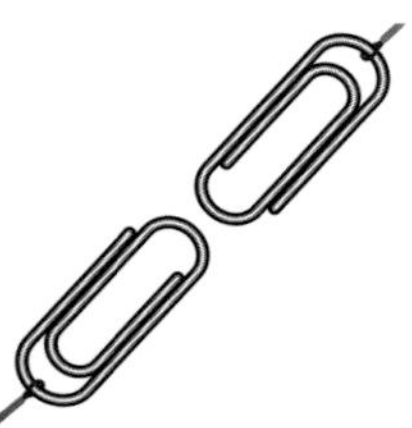

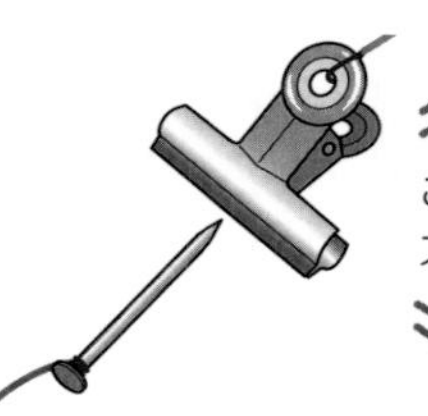

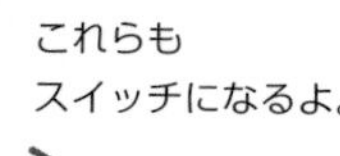

これらもスイッチになるよ。

用意するもの
●厚紙（あつがみ） ●アルミニウムはく ●導線（どうせん） ●セロハンテープ ●豆電球
●かん電池 ●のり

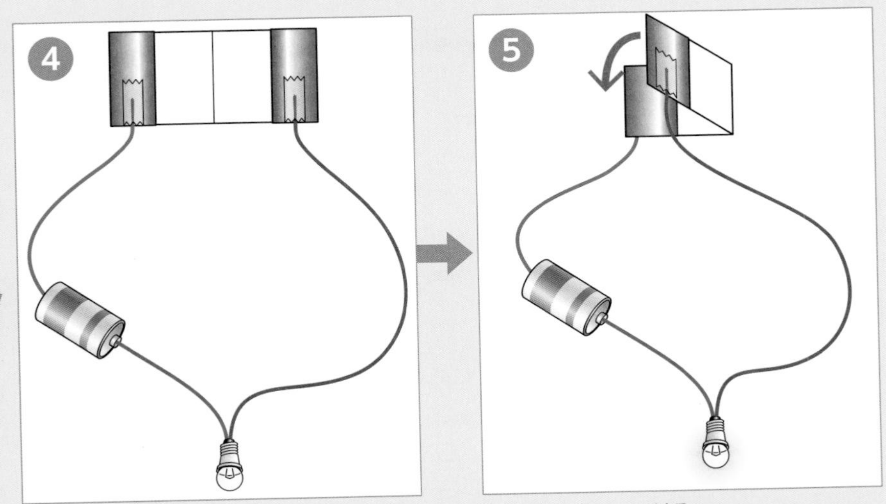

④ アルミニウムはくに導線をセロハンテープでとめる。

⑤ 厚紙のはしをくっつける。

厚紙のはしをくっつけると明かりがついて，はなすと明かりが消えました。

スイッチにもいろいろな形のものがあるんだよ。

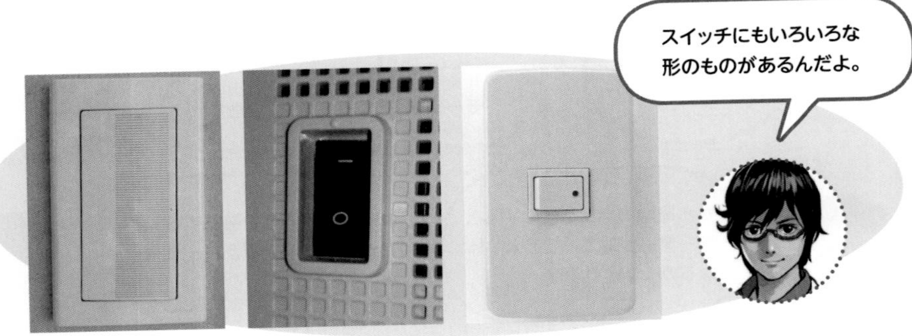

モーターカー
走ってもーたか？

かん電池の向きを逆(ぎゃく)にすると モーターの回る向きはどうなる？

用意するもの
●モーター　●かん電池　●スイッチ　●導線(どうせん)　●かん電池ホルダー

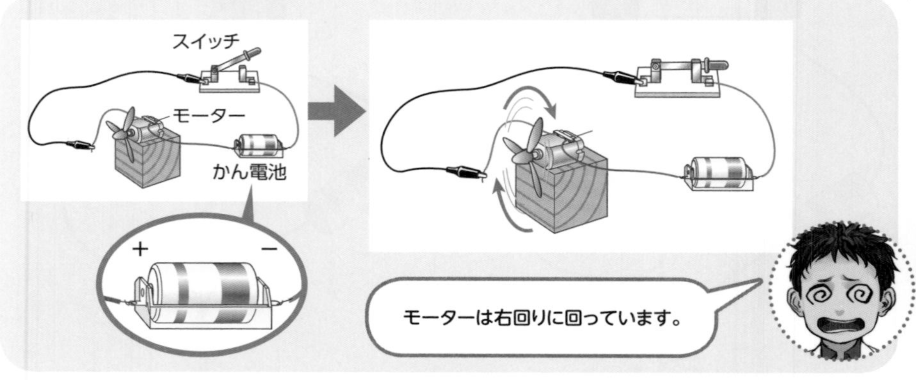

スイッチ
モーター
かん電池
+
−
モーターは右回りに回っています。

★かん電池を逆につないでみよう！

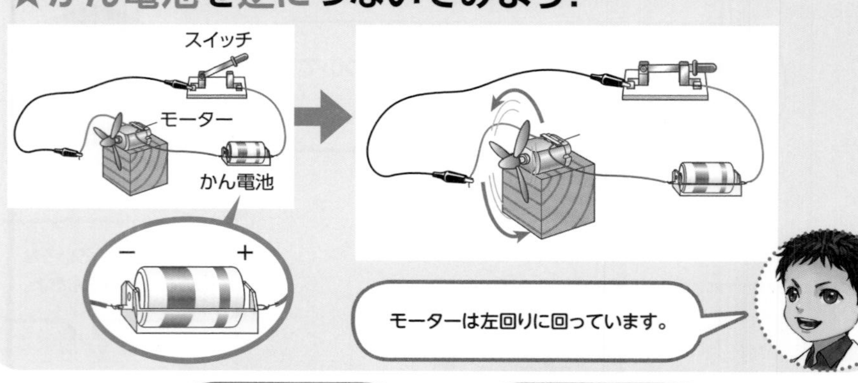

スイッチ
モーター
かん電池
−
+
モーターは左回りに回っています。

かん電池の向きを逆にすると，モーターが回る向きが反対になるのはなぜですか？

かん電池の向きを逆にすると，電流の流れる向きが反対になるからだよ。

用意するもの　●モーター　●かん電池　●かん電池ホルダー　●台車
●スイッチ　●輪(わ)ゴム　●導線

★モーターカーを作ろう!

台車にモーター，かん電池ホルダー，スイッチ，輪ゴムをつける。

導線でつなぎ，かん電池をつける。

かん電池を逆につなぐ。

スイッチを入れる。

かん電池の向きを逆にするとどうなるのですか?

かん電池の向きを逆にすると，電流の流れる向きが逆になるから，モーターカーは逆向きに動き出すよ。

導線どうすんの?

簡易検流計(かんいけんりゅうけい)で電流の大きさを調べよう！

最初は検流計のスイッチを「電磁石(でんじしゃく)(5A)」のほうにたおす。

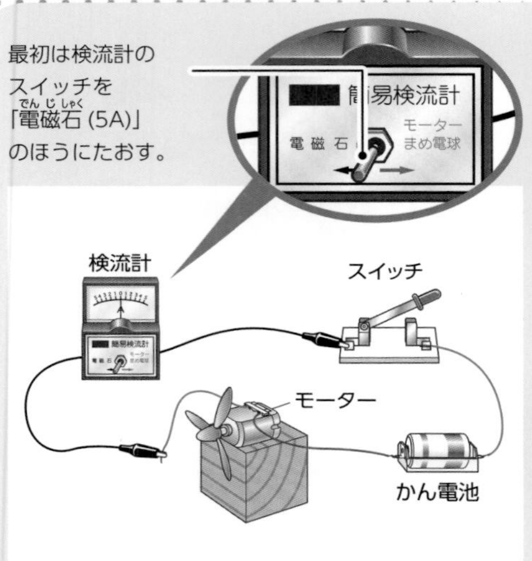
簡易検流計
電磁石
モーター
まめ電球
検流計
スイッチ
モーター
かん電池

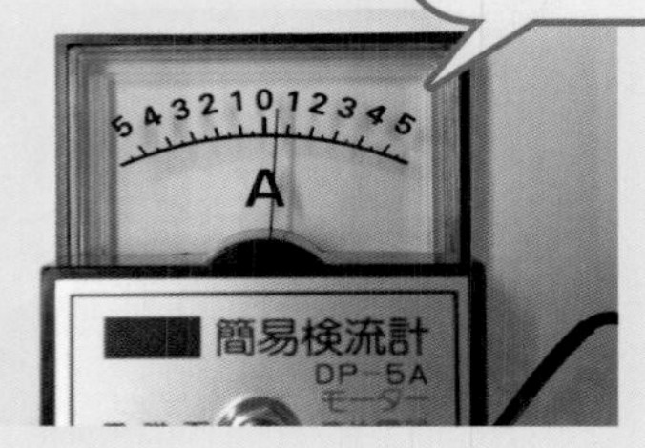
針(はり)のふれが小さい
5 4 3 2 1 0 1 2 3 4 5
A
簡易検流計
DP−5A
モーター

注意！

● 検流計はかん電池だけをつなぐとこわれることがあるので，かん電池だけをつながない。

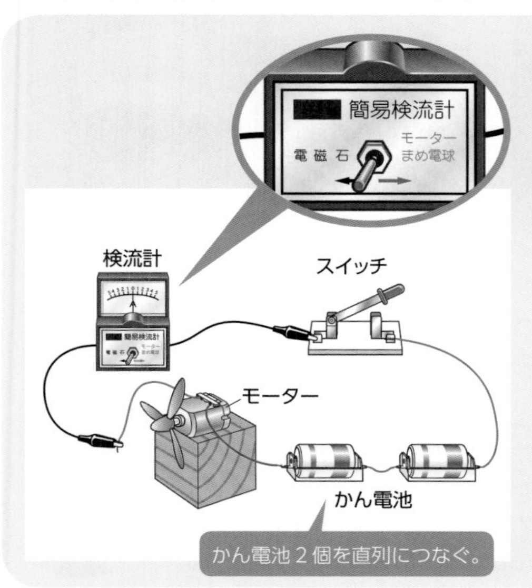
簡易検流計
電磁石
モーター
まめ電球
検流計
スイッチ
モーター
かん電池

かん電池２個を直列につなぐ。

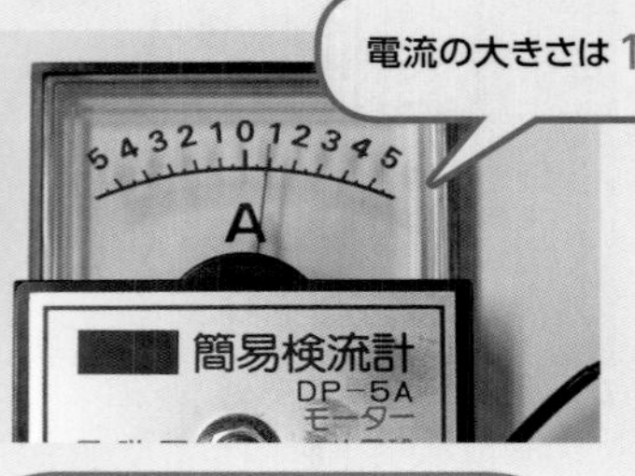
電流の大きさは 1.0
5 4 3 2 1 0 1 2 3 4 5
A
簡易検流計
DP−5A
モーター

かん電池２個(こ)を直列につなぐと，かん電池１個をつないだときより，電流は大きいですね。

用意するもの

●検流計　●モーター　●スイッチ　●導線　●かん電池　●かん電池ホルダー

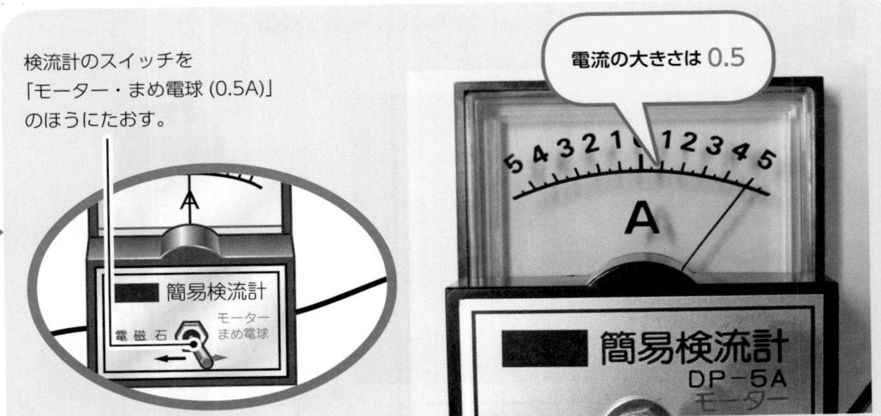
検流計のスイッチを
「モーター・まめ電球 (0.5A)」
のほうにたおす。
電流の大きさは 0.5
簡易検流計
電磁石
モーター
まめ電球
DP−5A

かん電池２個を並列につなぐと，電流の大きさはどうなるのですか？

かん電池２個を並列につないだときは，かん電池１個と電流は同じ大きさになるんだよ。

分解してみると

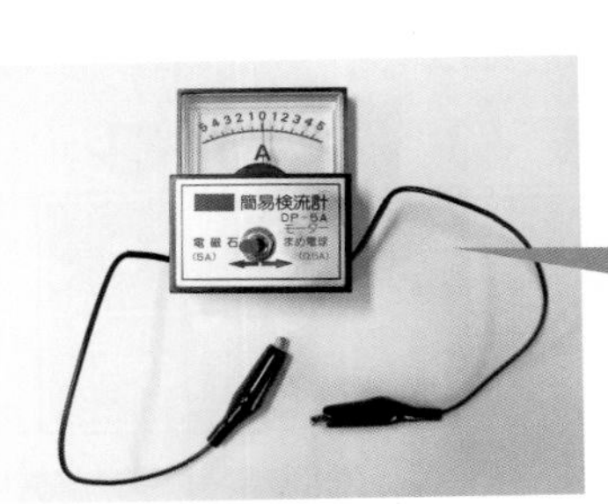
簡易検流計
DP−5A
電磁石
(5A)
まめ電球
(0.5A)

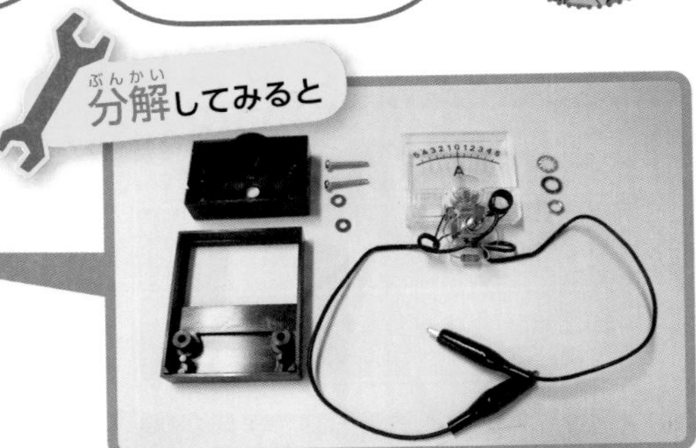

かん電池だけを検流計につないではいけないのはなぜ？

かん電池だけを検流計につなぐと，たくさんの電流が流れて，スイッチやつなぎ目にたくさんの熱が発生し，やけどする危険があるからです。また，たくさんの熱が発生することにより，検流計がこわれることもあります。

日光
にっこにこ!

光を強く当てると電流の大きさはどうなる?

光電池は太陽の光を電気に変える装置だよ。黒い部分に光が当たると，電気をとり出すことができるんだ。

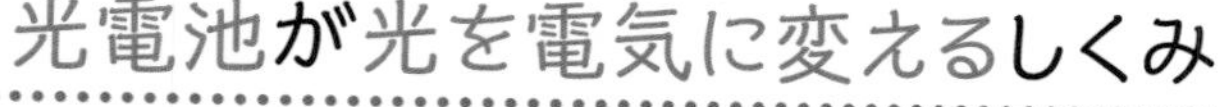
光電池が光を電気に変えるしくみ

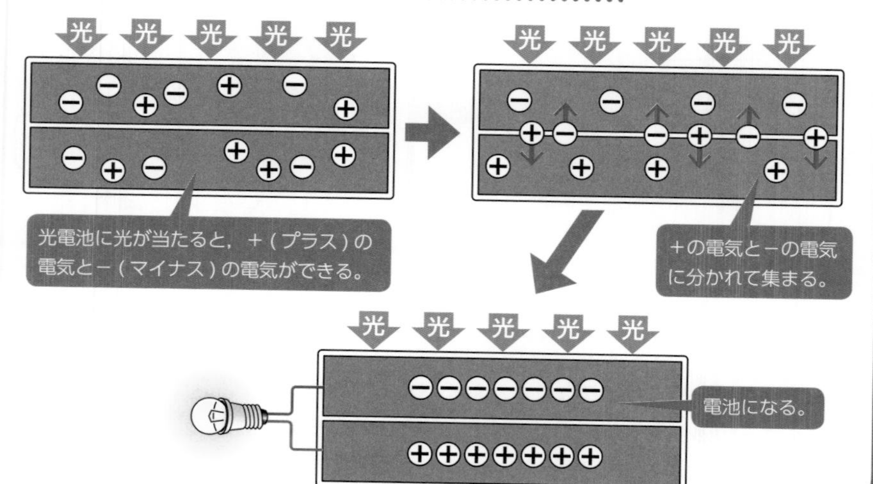
光
光電池に光が当たると，＋（プラス）の電気と－（マイナス）の電気ができる。
＋の電気と－の電気に分かれて集まる。
電池になる。

用意するもの
●光電池　●検流計（けんりゅうけい）
●モーター　●スイッチ
●導線（どうせん）　●厚紙（あつがみ）

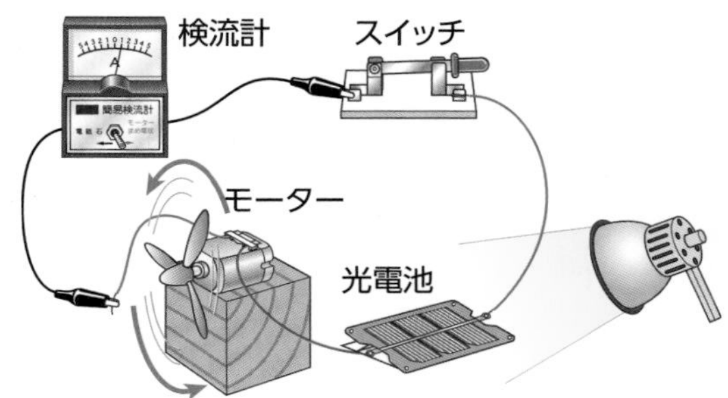
検流計
スイッチ
モーター
光電池

★光電池をかたむけてみよう!

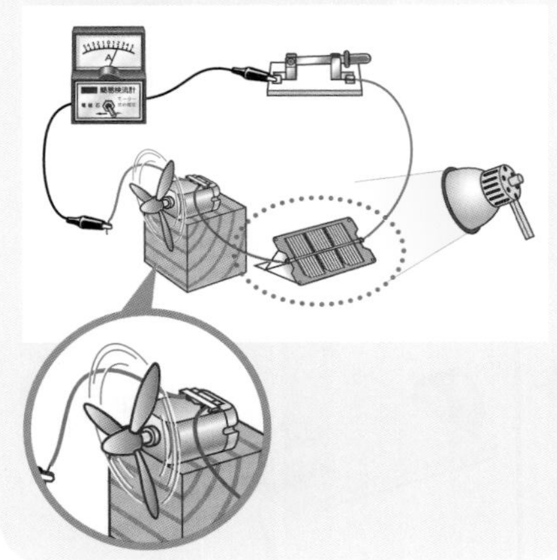

★光電池に当てる光をさえぎってみよう!

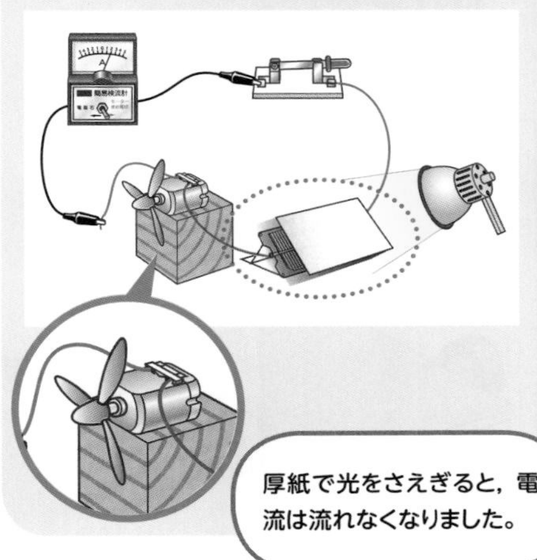

厚紙で光をさえぎると，電流は流れなくなりました。

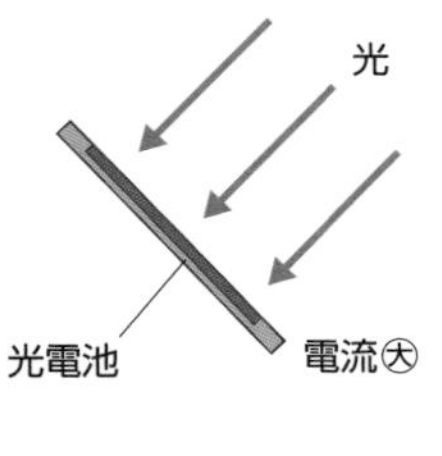
光
光電池
電流㊀

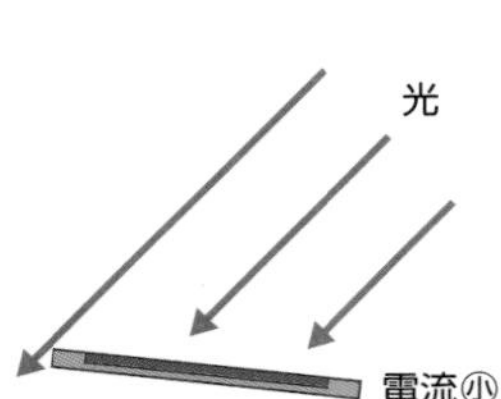
光
電流㊁

光を受ける量（りょう）が多いほうが電流は大きくなるんだよ。

ソーラーカー
作れそーかー？
CSK

ソーラーカーを作ろう！

用意するもの

●段ボール　●竹ひご　●導線　●面ファスナー　●タイヤ　●針金　●光電池
●ガムテープ　●モーター　●ゴム管

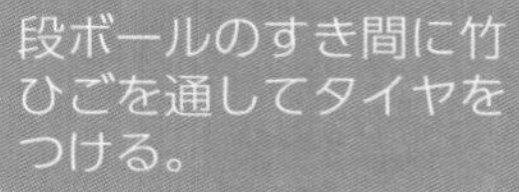
段ボールのすき間に竹ひごを通してタイヤをつける。

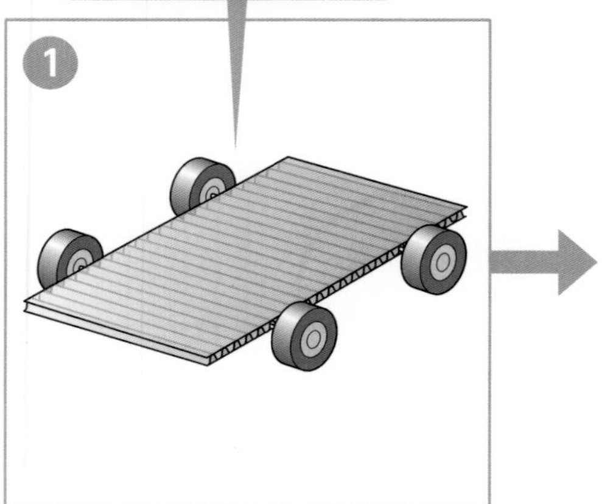
1

モーターと段ボールを面ファスナーでつける。

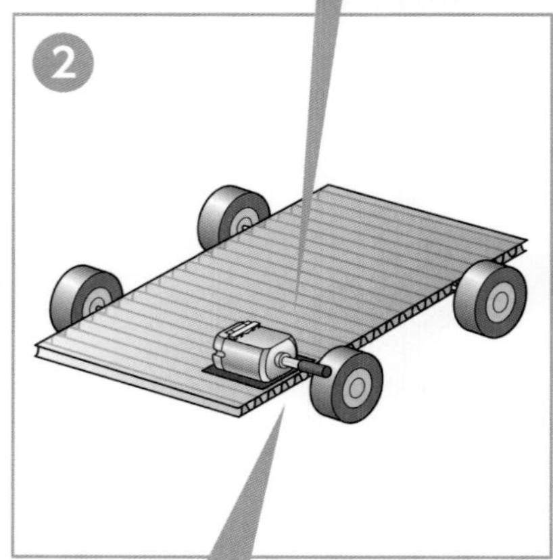
2

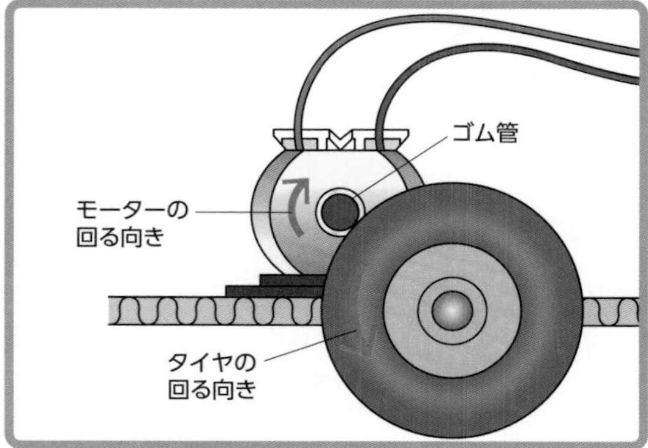
ゴム管
モーターの回る向き
タイヤの回る向き

オーストラリアを北から南に 3000km 走るソーラーカーレースがあるそうですよ。

なぜ針金をつける
のですか？

針金を曲げると，光電池のかたむきを
変えることができるんだよ。

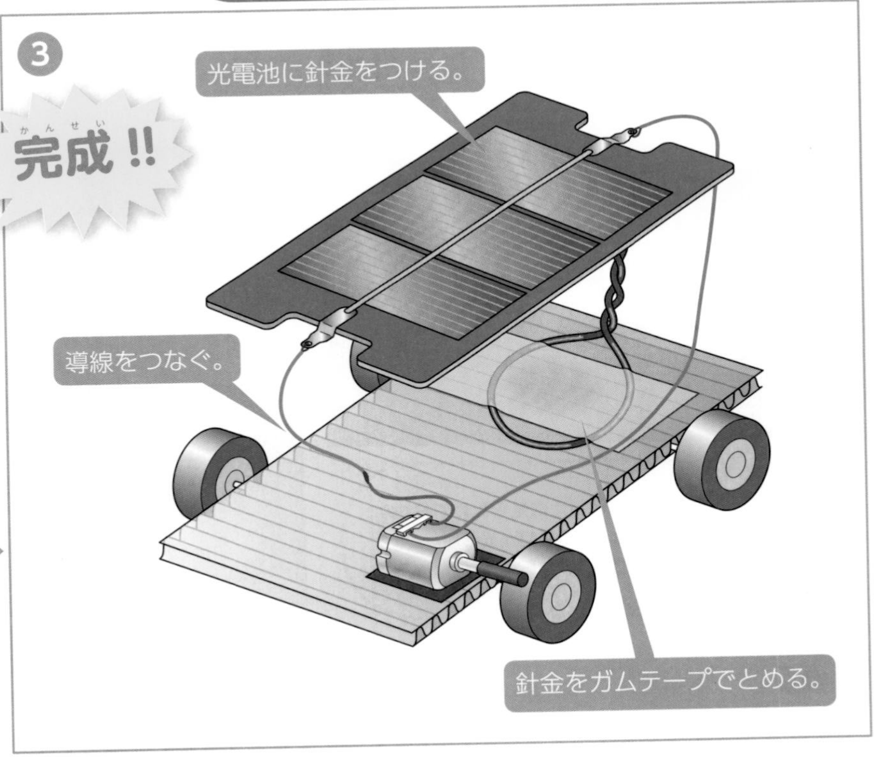

③

光電池に針金をつける。

完成(かんせい)!!

導線をつなぐ。

針金をガムテープでとめる。

鏡(かがみ)で光を集めて光電池に
当てると，進む速さは速
くなるよ。

うちゅうに夢中♥

身のまわりの光電池

▼時計

太陽の光を電気に変えて，時計を動かしている。

光電池でつくった電気をためておくので，夜になると街路灯が光るんだ。停電のときもこれなら安心だね。

▼太陽光発電

▼街路灯

▼国際うちゅうステーション

光電池が使われている。

▼人工衛星

光電池が使われている。

うちゅうには，くもりの日がないから，太陽の光がよく当たりますね。

かん電池やバッテリーなどはすぐに交かんが必要だよね。うちゅうステーションや人工衛星のように，交かんしづらくても長時間電気が必要な場所では光電池が大変役立っているんだ。

電磁石の極は
右手使て～

電磁石の極の向きを調べよう！

用意するもの　●電磁石　●かん電池　●方位磁針　●導線

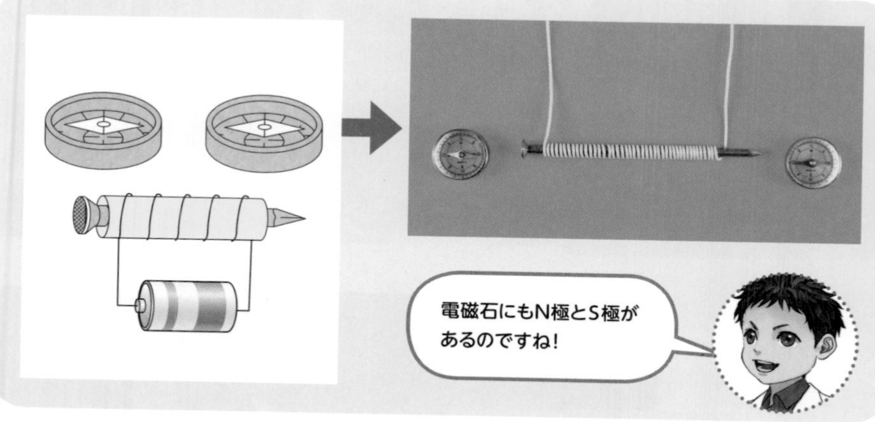
電磁石にもN極とS極が
あるのですね！

電磁石の利用―リニアモーターカー

コイル
電流を流すと電磁石になる。
S
N
N
S
N
S

リニアモーターカーの車体には強い磁石がついています。また，線路にはコイルが並べられていて，電流を流すと，線路のコイルが電磁石になります。

N極の向きは右手でわかる

右手の親指を立てて軽くにぎります。右手の４本の指を電流の向きに合わせると，親指の指す方向がN極になります。

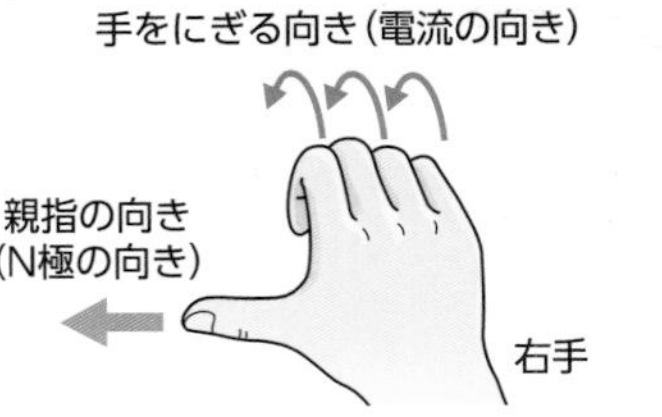

手をにぎる向き（電流の向き）
親指の向き
（N極の向き）
右手

★かん電池をつなぐ向きを逆にしてみよう！

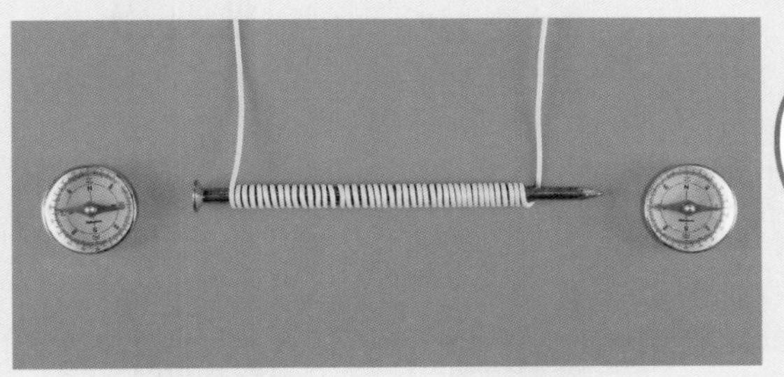

電流の向きを反対にすると，電磁石のN極とS極も反対になるよ。

注意！ 電流を流したままにするとコイルが熱くなるので実験するときだけ電流を流す。

リニアモーターカーはどうやって進んでいるのですか？

車体の磁石と線路の電磁石が引き合ったりしりぞけ合ったりすることで，車体をうかせて進んでいるよ。
愛知高速交通東部丘陵線（Linimo）は日本で初めて実用化したリニアモーターカーなんだよ。

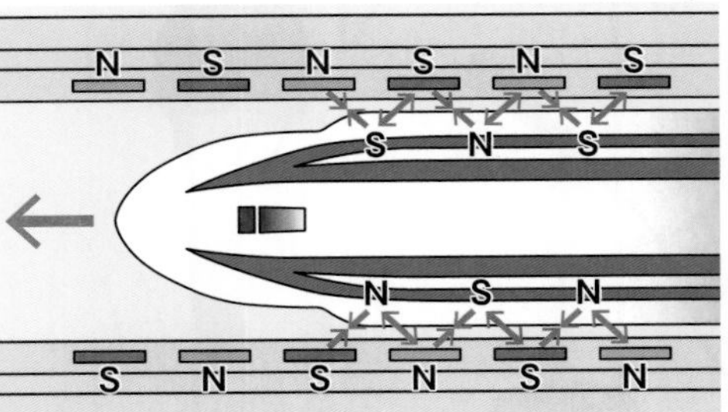

N S N S N S
S N S
N S N
S N S N S N

▼ Linimo

マイク
持ったまま行く?

電流の大きさを変えて強い電磁石を作ろう!

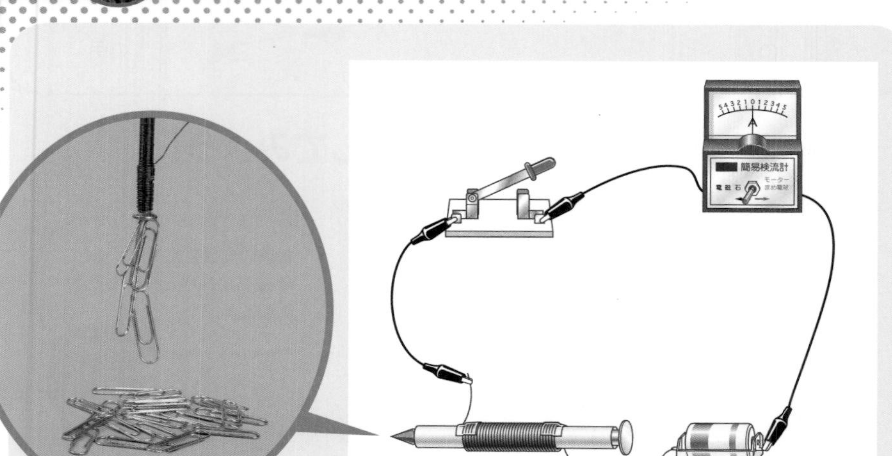
簡易検流計
電磁石
モーター

注意!
- 検流計のスイッチは「電磁石 (5A)」のほうにたおす。
- 電流を流したままにすると，コイルが熱くなるので，実験するときだけ電流を流す。

マイクにコイルが使われているのですか?

コイルが振動して，音を電気に変えているんだよ。

用意するもの

●電磁石　●かん電池　●かん電池ホルダー　●スイッチ　●導線　●エナメル線
●検流計　●クリップ

★かん電池 2 個を直列につないでみよう!

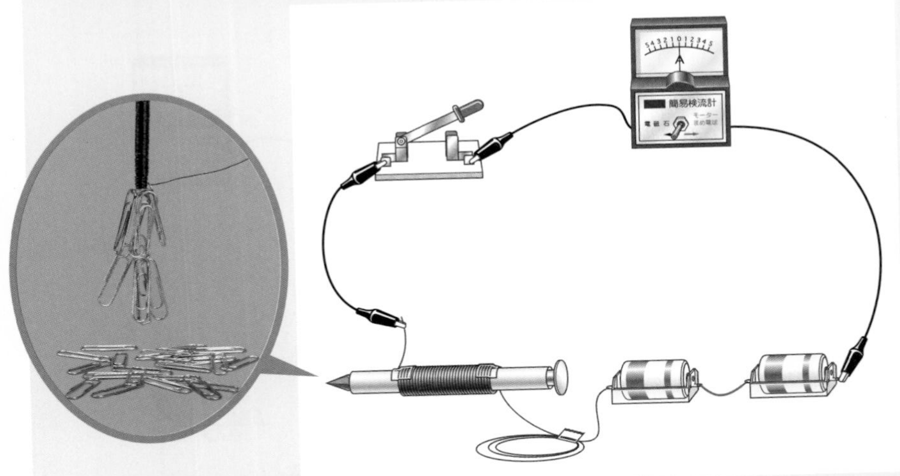
簡易検流計

かん電池 1 個のときより
クリップが多くつきました。

かん電池を直列に 2 個つなぐことによって,
かん電池 1 個のときより電流が大きくなって,
電磁石が強くなったんだよ。

スピーカーは，マイクとは逆に,
コイルが振動することによって,
電気を音に変えているんだ。

コイルいる?

コイルのまき数を変えて強い電磁石を作ろう!

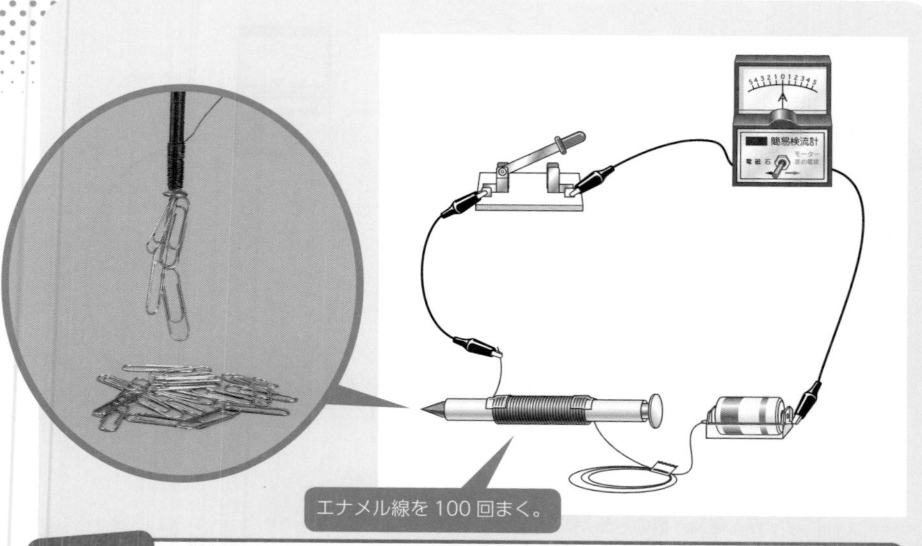
簡易検流計
電磁石
モーター
豆電球
エナメル線を 100 回まく。

注意!

- 検流計のスイッチは「電磁石 (5A)」のほうにたおす。
- 電流を流したままにすると，コイルが熱くなるので，実験するときだけ電流を流す。

鉄を回収するために，電磁石が使われているよ。こうやって分別しているんだね。

用意するもの
●電磁石　●かん電池　●かん電池ホルダー　●スイッチ　●導線（どうせん）　●エナメル線
●検流計　●クリップ

★エナメル線を 200 回まいて実験してみよう！

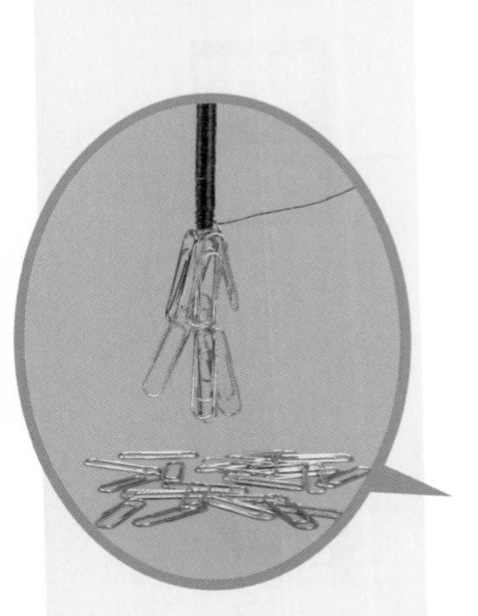

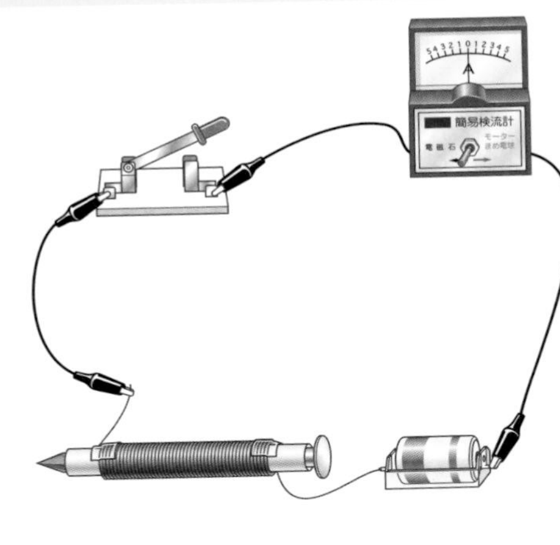
簡易検流計
電磁石
モーター
豆電球

コイルのまき数が 100 回のときよりクリップが多くつきました。

コイルのまき数をふやすことによって，コイルのまき数が 100 回のときより電磁石が強くなったんだよ。

電磁石を使うと，電流を流しているときだけ，ごみを持ち運ぶことができるから便利（べんり）なんだ。

導線どうもせん!

導線の太さを変えて強い電磁石を作ろう!

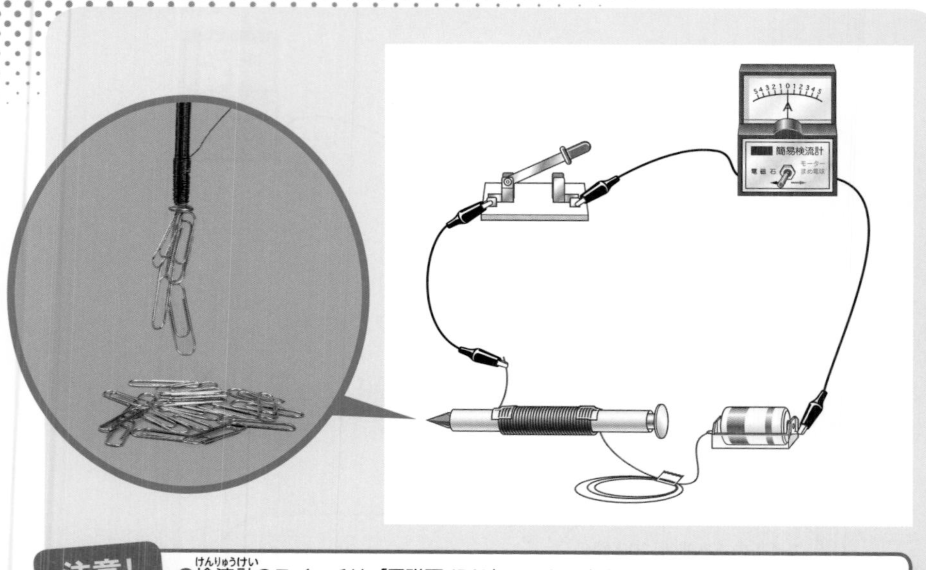
簡易検流計
電磁石
モーター
まめ電球

注意!

- 検流計のスイッチは「電磁石 (5A)」のほうにたおす。
- 電流を流したままにすると，コイルが熱くなるので，実験するときだけ電流を流す。

コイルにまく線（エナメル線）の太さと電流の大きさ（線の長さは同じ）

細い導線
↓
電流が流れにくい。

太い導線
↓
電流が流れやすい。

用意するもの
●電磁石　●かん電池　●かん電池ホルダー　●スイッチ　●導線　●エナメル線
●検流計　●クリップ

★導線を太くして実験してみよう!

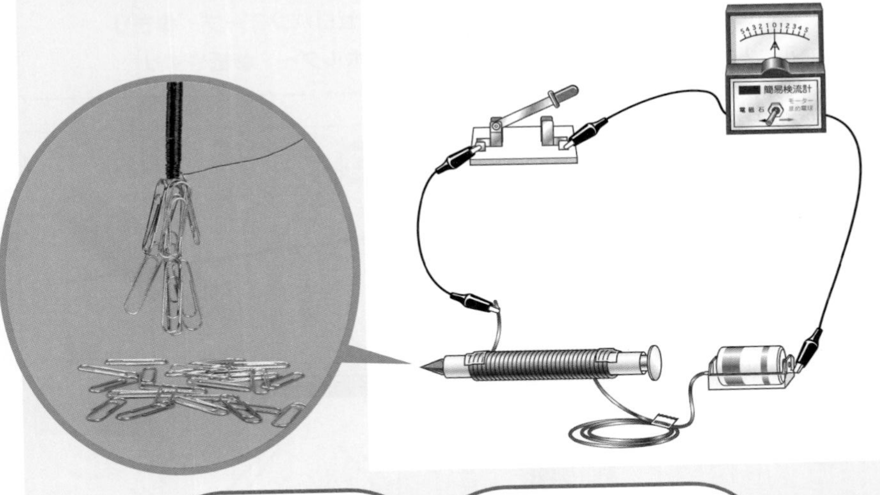
簡易検流計
電磁石
モーター

導線が太いときのほうがクリップが多くつきました。

導線を太くすることによって，流れる電流が大きくなって，電磁石が強くなったんだよ。

強い電磁石を作るには，
●コイルにまく導線（エナメル線）を太くする
●電流を大きくする
●コイルのまき数をふやす
などの方法があるよ。

モーター
作ってもーたー!

モーターを作ろう!

用意するもの　●エナメル線　●クリップ　●セロハンテープ　●きり　●ペットボトル　●磁石(じしゃく)　●かん電池　●かん電池ホルダー　●紙やすり

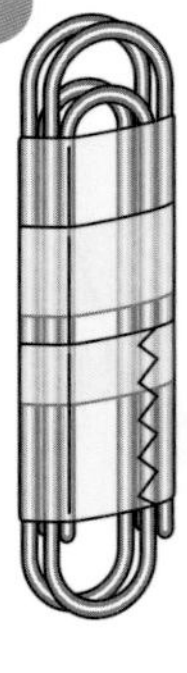

1 クリップ2個(こ)をテープでとめる。

2 エナメル線を同じ方向にまく。

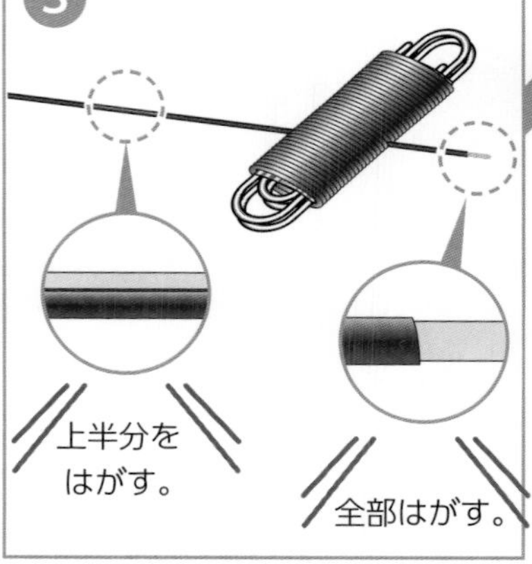

3 紙やすりでエナメルをはがす。

上半分をはがす。

全部はがす。

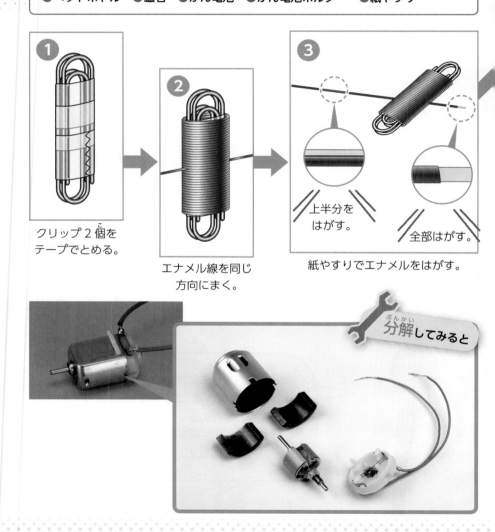

分解(ぶんかい)してみると

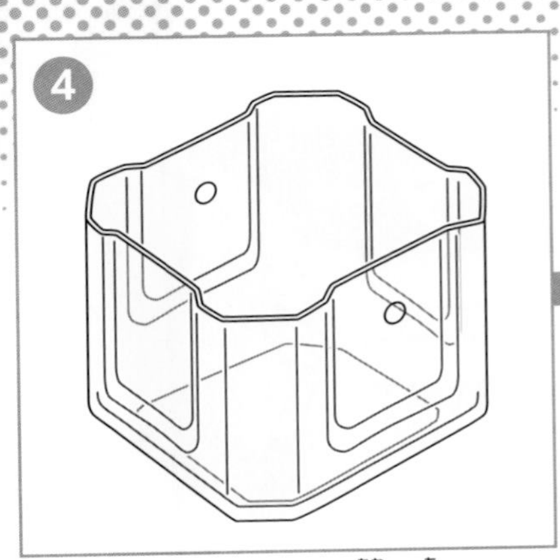
4

ペットボトルを切って穴を開ける。

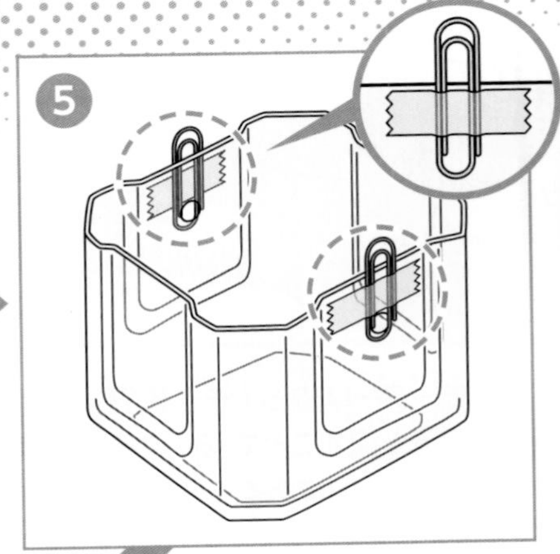
5

ペットボトルに
クリップをはりつける。

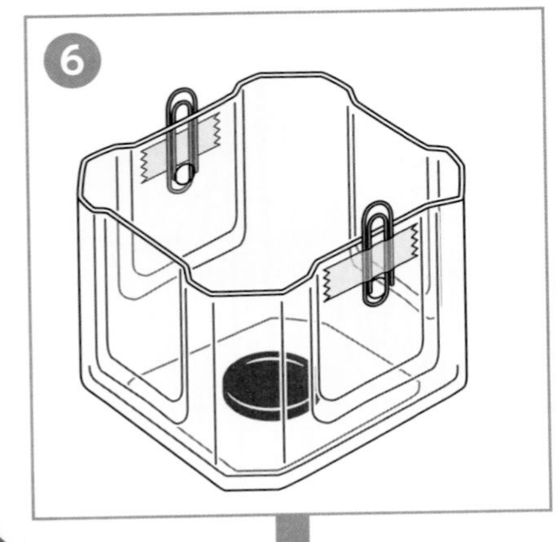
6

ペットボトルの底に
磁石を置く。

モーター

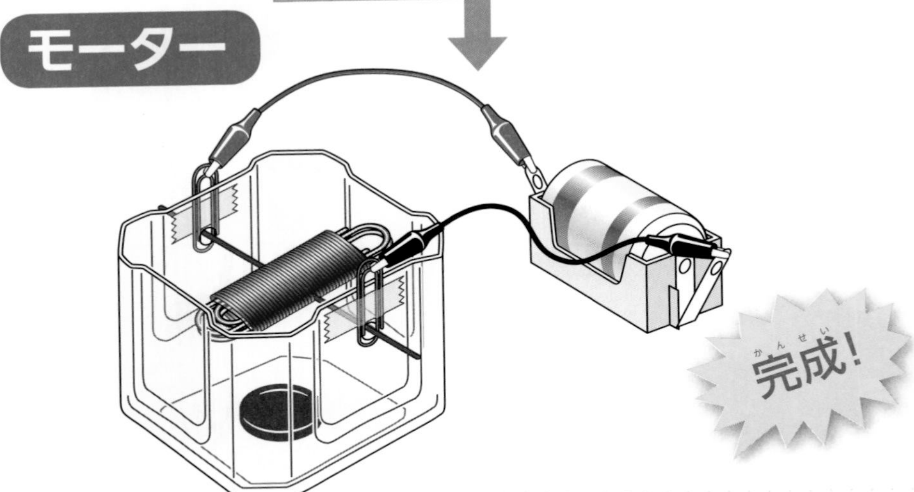
完成!

モーター探してもーたー！

身のまわりのモーター

モーターは磁石（永久磁石）と電磁石を組み合わせて電流を流すことで回転するしくみになっているよ。身のまわりにあるモーターを探してみよう。

ここにモーターが使われている。
分解してみると

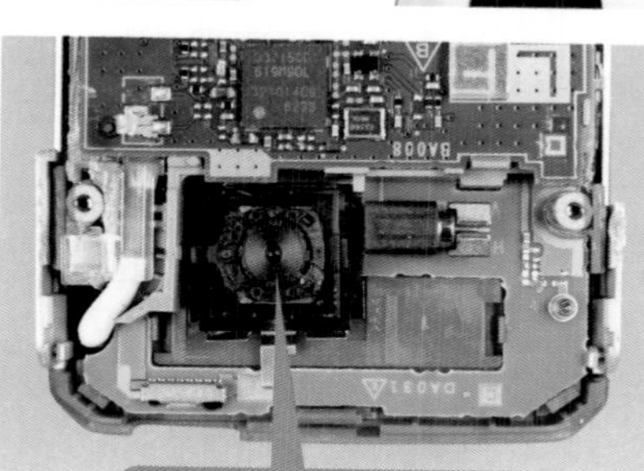

スマートフォンは，ここにモーターが使われている。

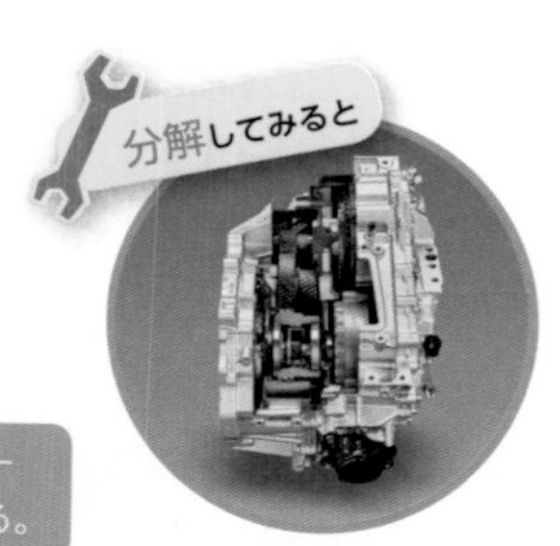

分解してみると

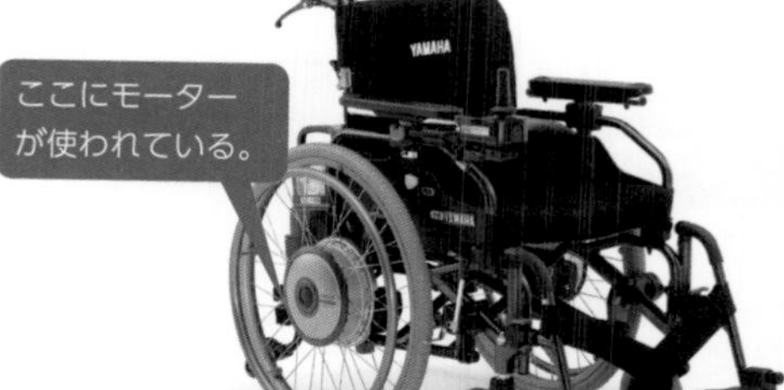

ここにモーターが使われている。

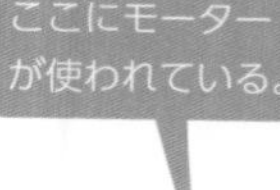

ここにモーターが使われている。

分解してみると

方位磁針には
自信がある!
N
S

磁石の力を見よう!

磁石や電磁石の上にプラスチックの板を置き,鉄粉をうすくまいて板を軽くたたくと,模様ができるよ。

磁石

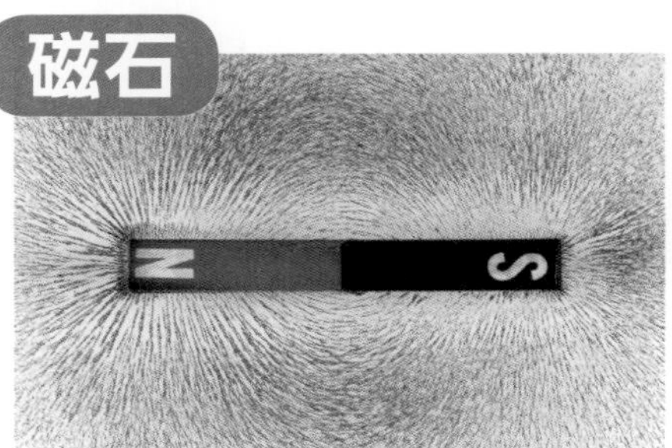
N
S

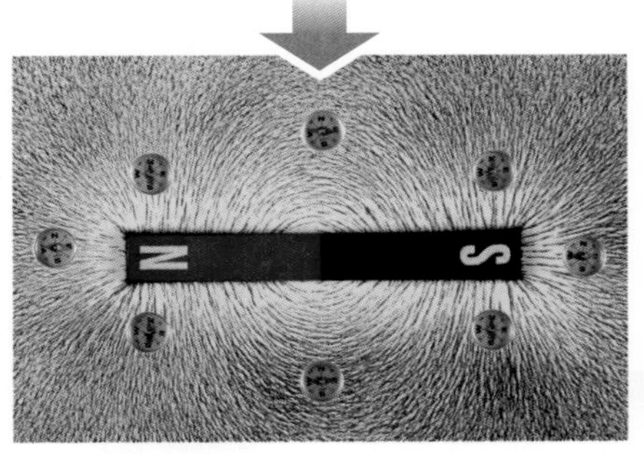
N
S

電磁石

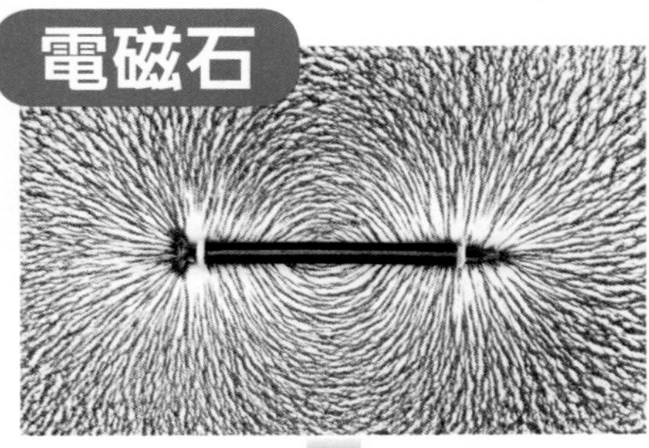

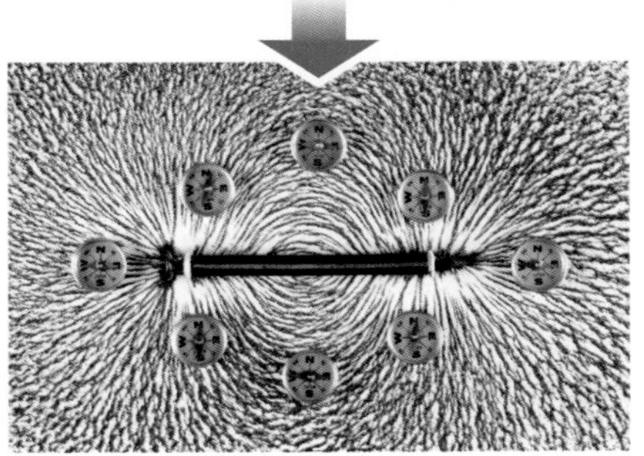

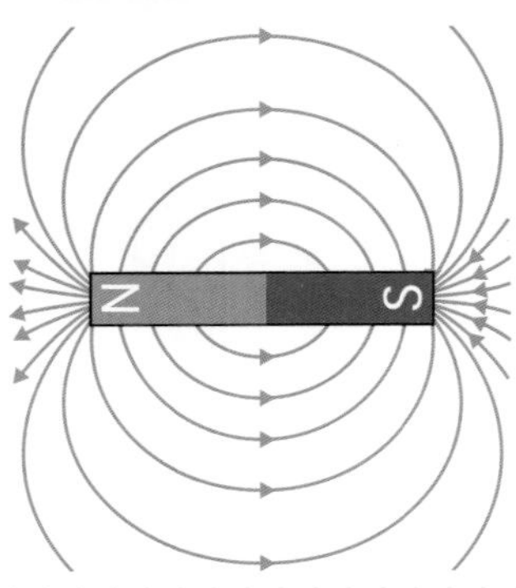
N
S

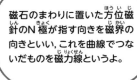

磁石のまわりに置いた方位磁針のN極が指す向きを磁界の向きといい,これを曲線でつないだものを磁力線というよ。

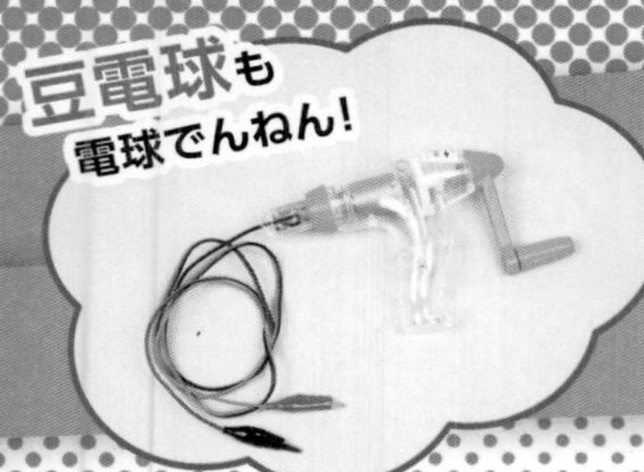
豆電球も
電球でんねん!

手回し発電機で発電しよう!

★手回し発電機に豆電球をつないでみよう!

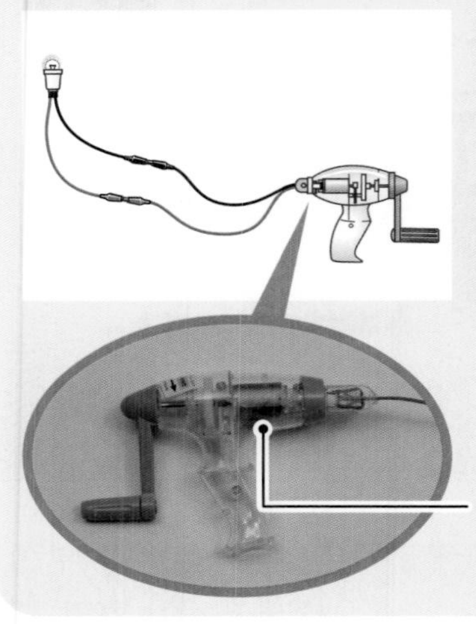

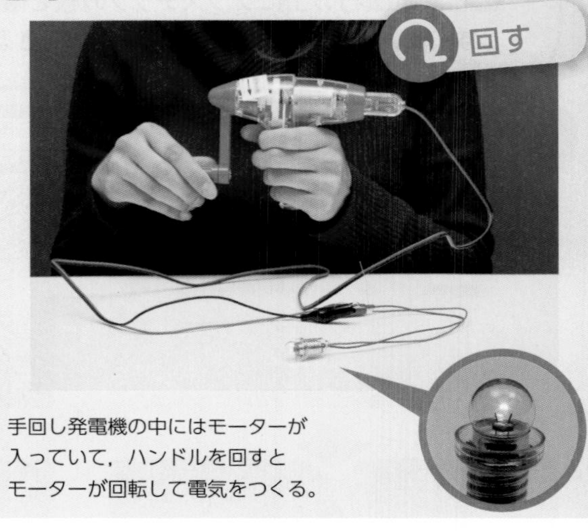
回す

手回し発電機の中にはモーターが入っていて，ハンドルを回すとモーターが回転して電気をつくる。

★手回し発電機にモーターをつないでみよう!

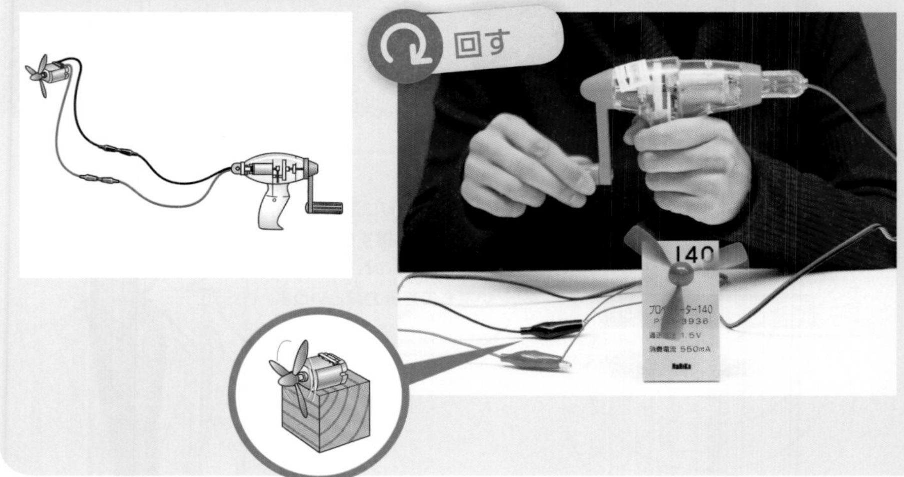
回す
140
1.5V
550mA

用意するもの
●手回し発電機　●導線（どうせん）つきソケット　●豆電球　●モーター

手回し発電機を速く回すと大きい電流が流れるから明るく光るよ。

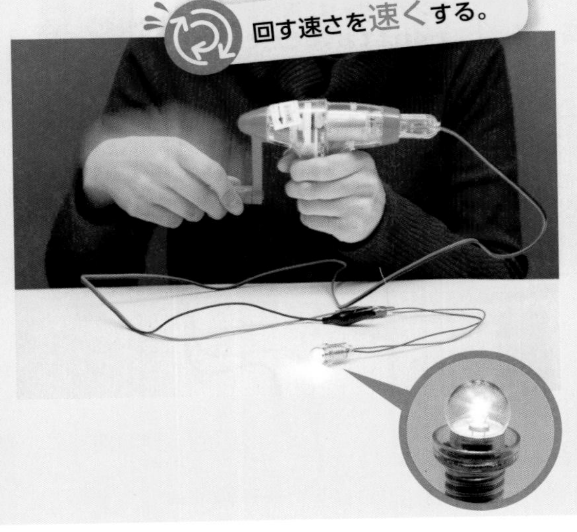
回す速さを速くする。

▼手回し発電ラジオ

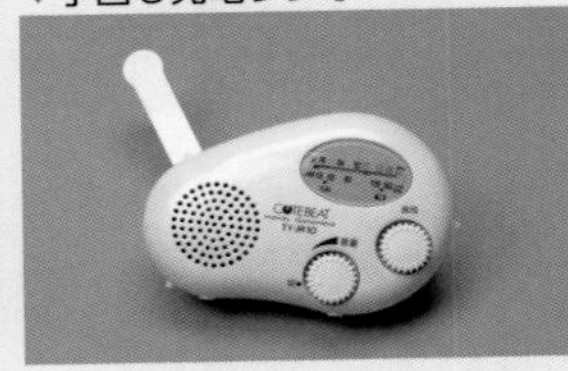

▼手回し発電ライト

中のモーターが回転して電気がつくられ，ライトがつく。

回す速さを速くする。
速く
回っている！
140
プロペラモーター140
手回し発電機の回す向きを反対にするとどうなりますか？
モーターの回る向きが反対になるよ。

電気をためコンデンサー!!

コンデンサーを使って豆電球に明かりをつけよう!

用意するもの
- ●コンデンサー　●手回し発電機
- ●豆電球　●導線つきソケット

コンデンサーは，電気をたくわえておくことができる装置だよ。

分解してみると
▼コンデンサー
電気
コンデンサー
手回し発電機
2枚の金属のシートの間に，絶縁シートがはさまれたものが，ぐるぐるまきになって入っています。この金属のシートに電気がたまります。
短いほうが
－たんし
手回し発電機の－極につなぐ。
長いほうが
＋たんし
手回し発電機の＋極につなぐ。
30回くらい回す

▼鉛蓄電池

RECHARGEABLE
SEALED LEAD-ACID BATTERY
PB-3
バッテリー

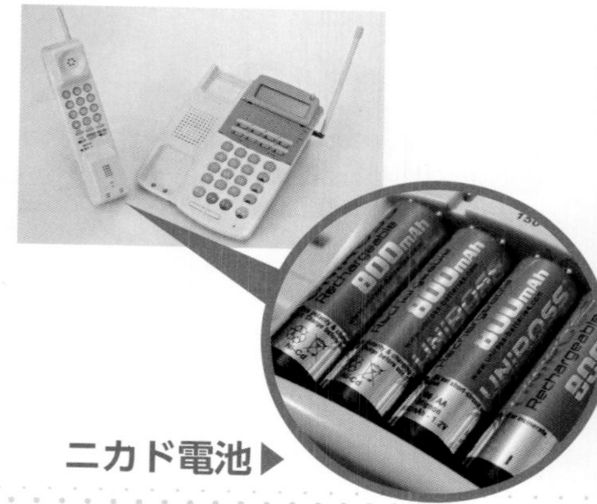
800mAh
UNIROSS
Rechargeable

ニカド電池▶

エネルギー編

電気をためて使うことができる電池にはいろいろな種類があるんですね!

▼ニッケル水素電池

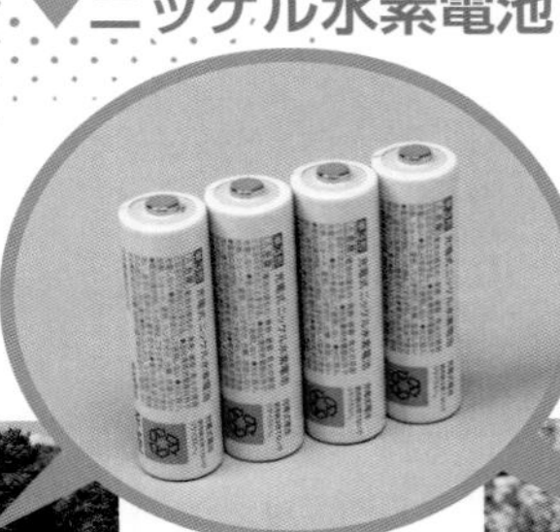

光

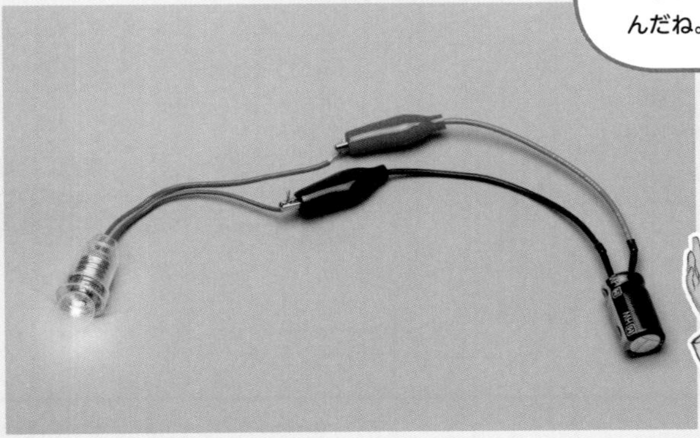

電気をためたコンデンサーにつないだから豆電球は光ったんだね。

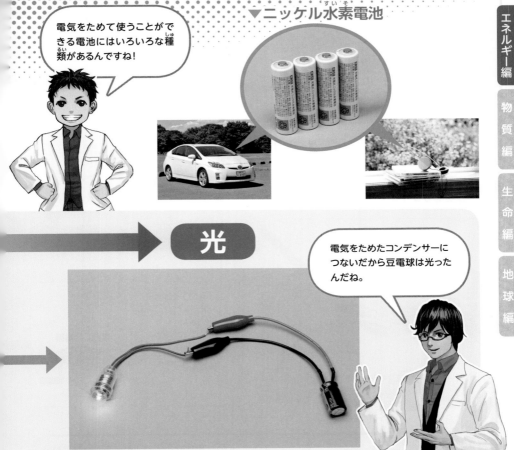

▼リチウムイオン電池

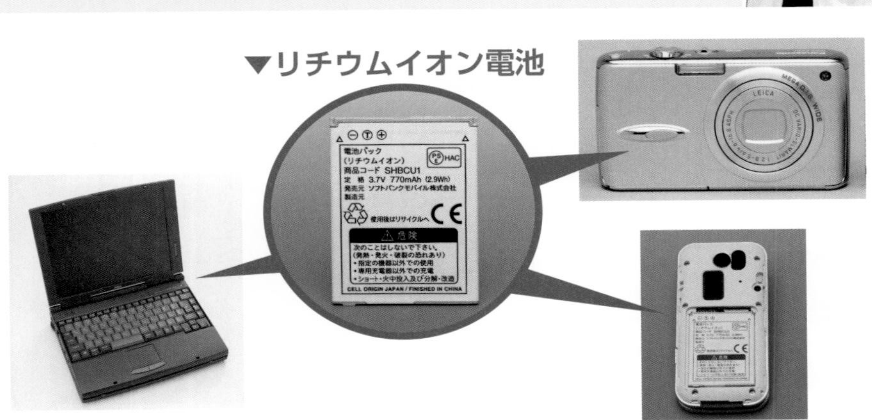
電池パック
(リチウムイオン)
商品コード SHBCU1
定 格 3.7V 770mAh (2.9Wh)
発売元 ソフトバンクモバイル株式会社
製造元
使用後はリサイクルへ
危険
次のことはしないで下さい。
(発熱・発火・破裂の恐れあり)
・指定の機器以外での使用
・専用充電器以外での充電
・ショート・火中投入及び分解・改造
CELL ORIGIN JAPAN / FINISHED IN CHINA
LEICA

光っている時間が長いのはどっち？

発光ダイオードの大王!

用意するもの
- 手回し発電機(はつでんき)　●コンデンサー
- 豆電球　●導線(どうせん)つきソケット
- 発光ダイオード

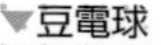
▼豆電球

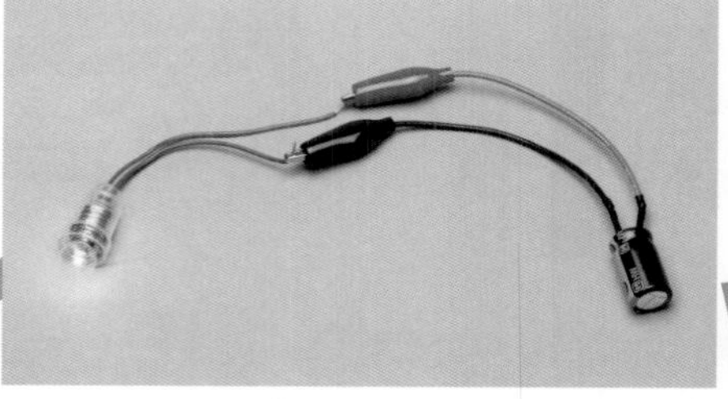

15秒後

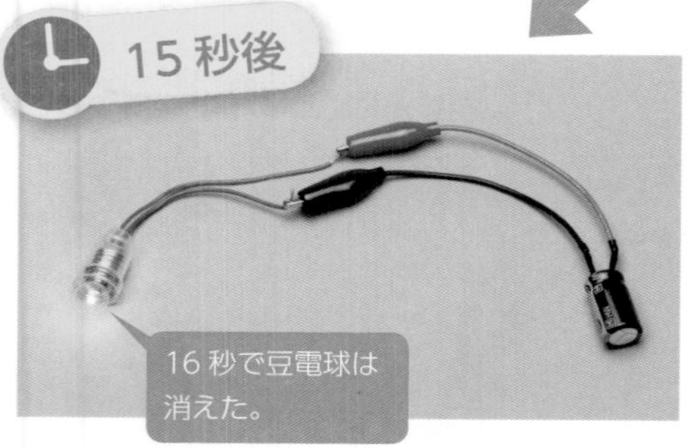

16秒で豆電球は消えた。

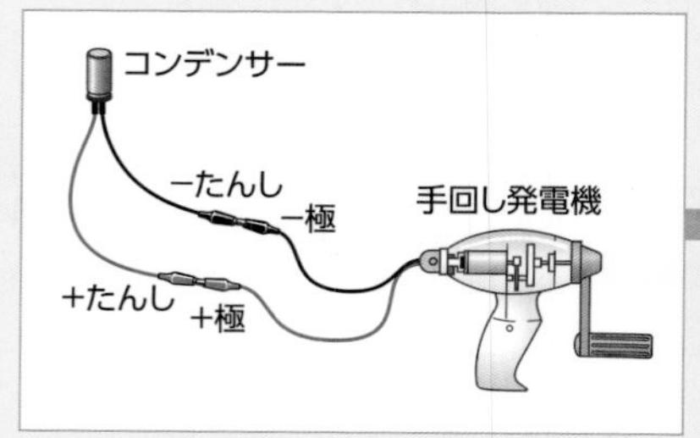

コンデンサー
−たんし
−極
手回し発電機
+たんし
+極

白熱電球(はくねつでんきゅう)と発光ダイオード

白熱電球は，光をつけると，電球が熱(あつ)くなります。

白熱電球は，電気を光に変える器具(きぐ)だけど，一部は熱(ねつ)にも変(か)えてしまうんだ。
そのため，発光ダイオードよりも電気を多く使うよ。

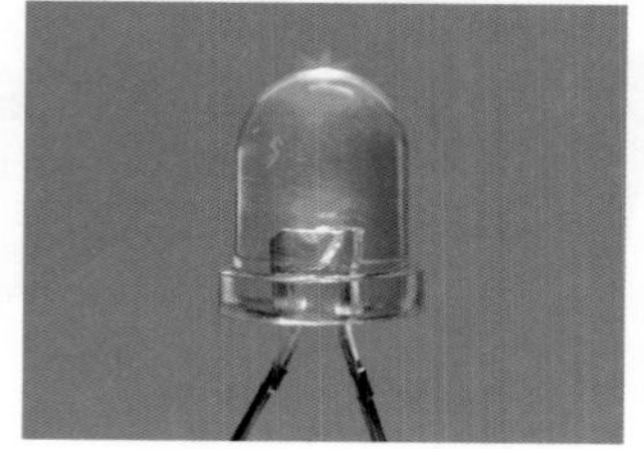

発光ダイオードは，長いほうから電流が流れたときだけ光るんだ。

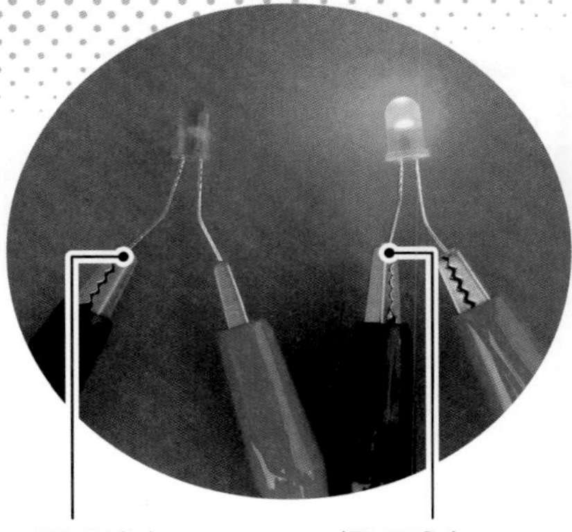

長いほうを－極につなぐ。　　短いほうを－極につなぐ。

▼発光ダイオード

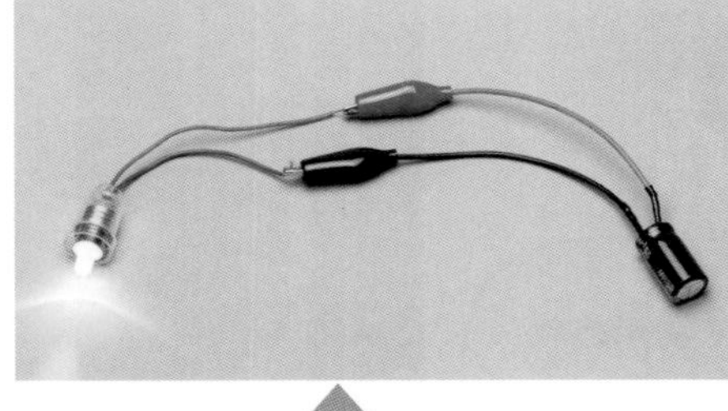

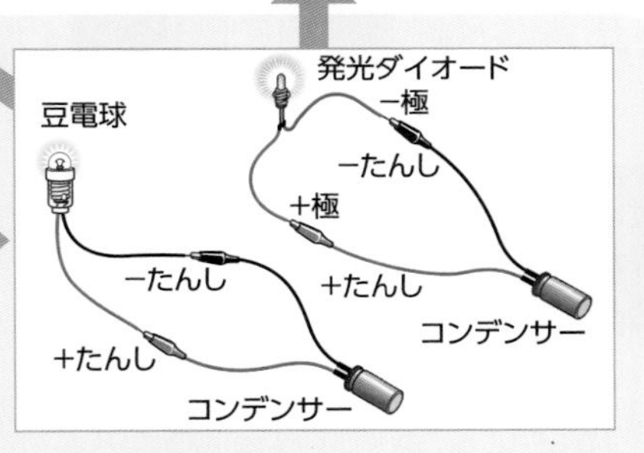
豆電球
発光ダイオード
－極
－たんし
＋極
－たんし
＋たんし
コンデンサー
＋たんし
コンデンサー

15 秒後

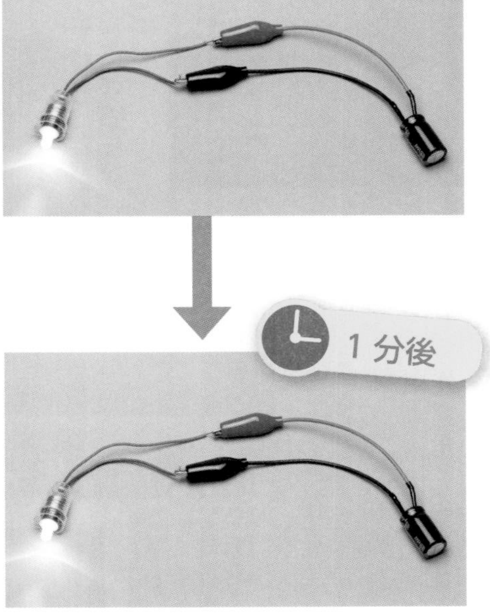
1 分後

発光ダイオードのプラスチックの部分をこわすと，形のちがう金属が出てくる。

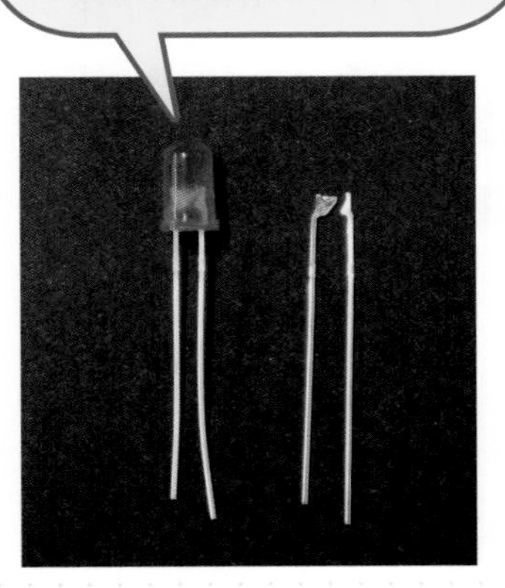

電気を送る?
そうでんな～

電気を何に変え(か)ている?

電気のまま

AED
NIHON KOHDEN

照明(しょうめい)として利用(りよう)されているものが多いね。

電気を光に変える

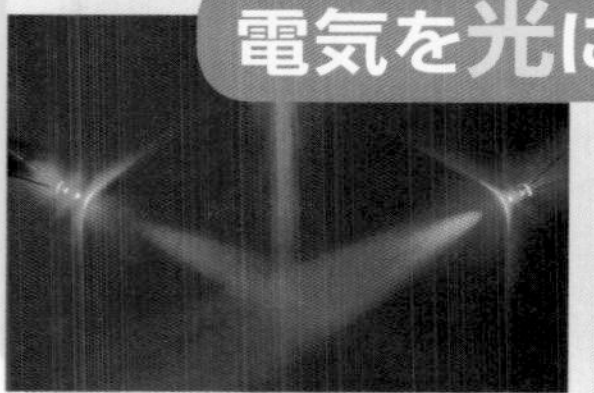

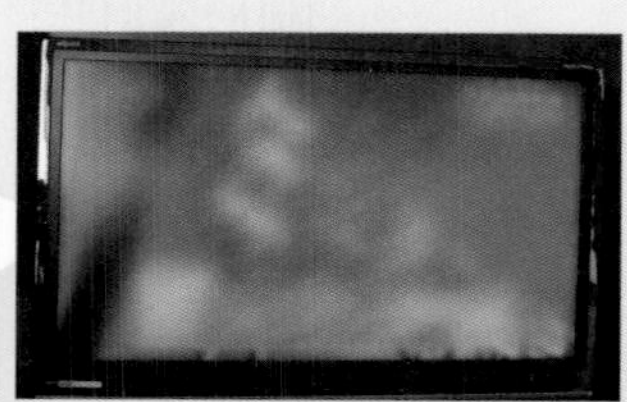

電気を音に変える

電気を熱(ねつ)に変える

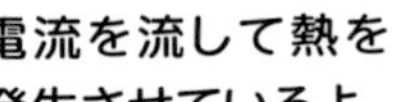
電流を流して熱を
発生させているよ。

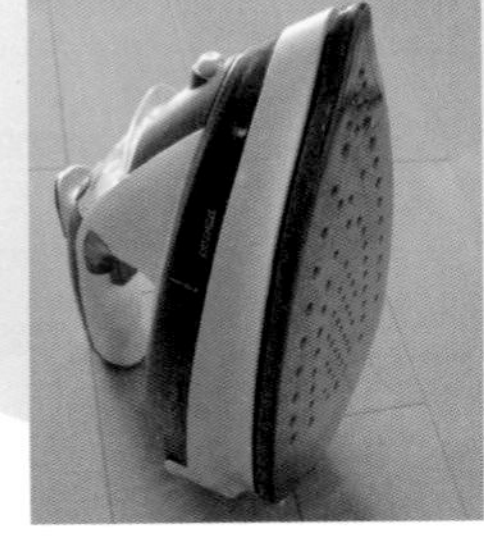

Panasonic

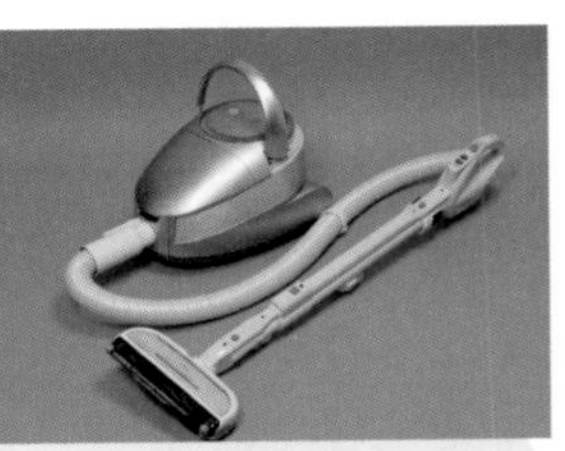

電気を動きに変える

ポリスチレンやめられれん!

電熱線に電流を流そう!

▼オーブントースター

赤くなっているところが電熱線ですね!

用意するもの

- ●電熱線
- ●電源装置
- ●発ぽうポリスチレン
- ●クリップつき導線
- ●金具

電気

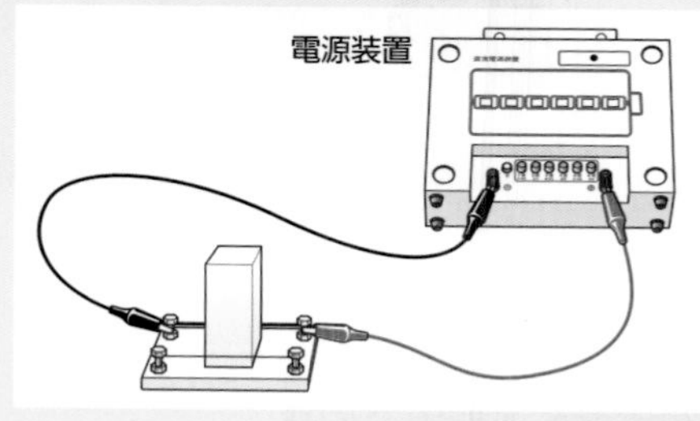
電源装置

導線と電熱線のちがい

▼導線

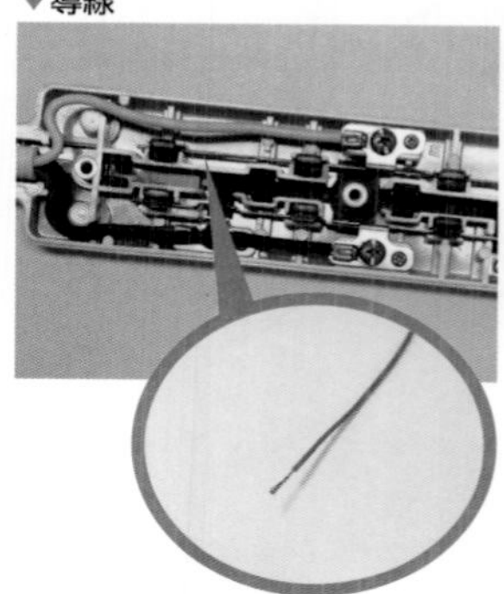

電流を通しやすい。
➡ **発熱が**小さい。

▼電熱線

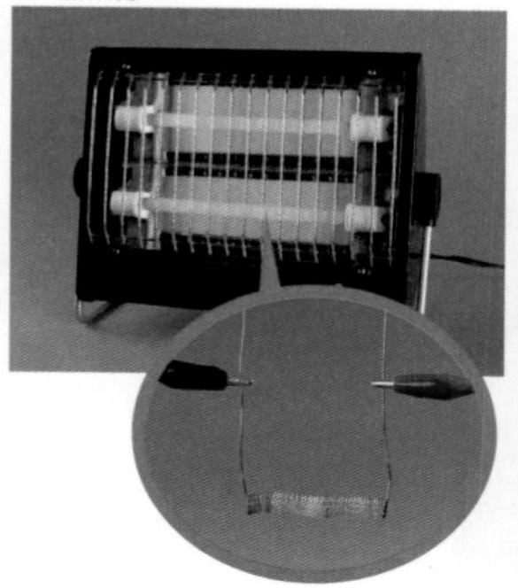

電流を通しにくい。
➡ **発熱が**大きい。

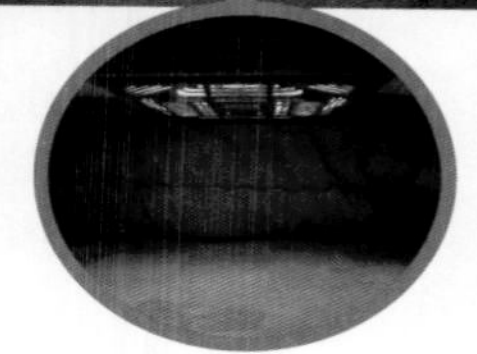

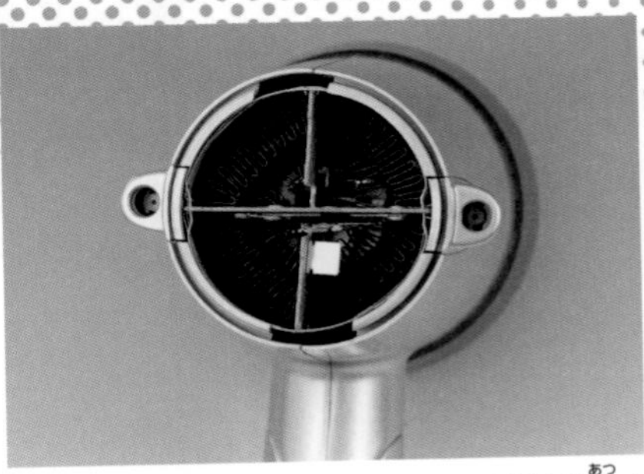

ドライヤーに電流が流れると，中の電熱線が熱(あつ)くなる。そこにモーターによって回転したはねから空気が送られ，温風が出る。

▲よう接

大きな電流を流し，金属(きんぞく)をとかして金属どうしをくっつけている。

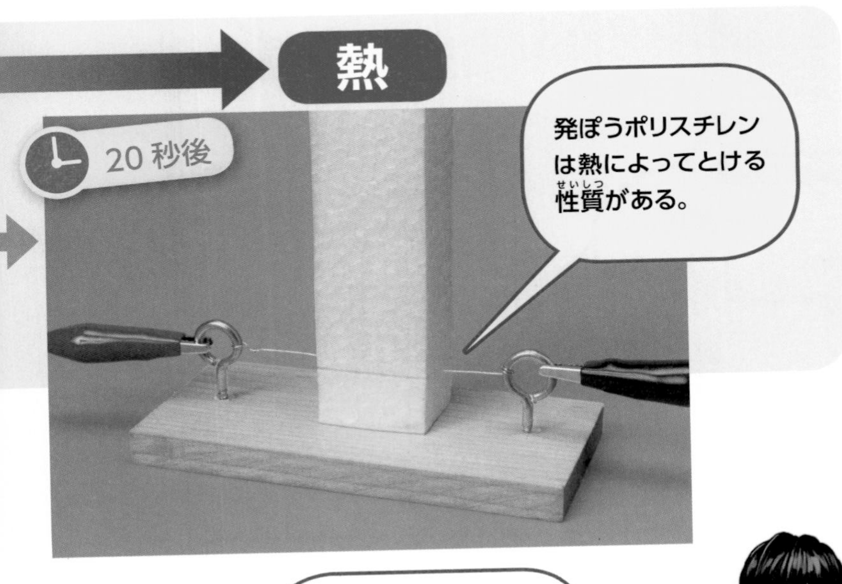
熱
20 秒後
発ぽうポリスチレンは熱によってとける性質(せいしつ)がある。

発ぽうポリスチレンはなぜ切れたのですか？
電熱線に電流を流したことで電熱線が発熱したからだよ。

電熱線でんねん!

電熱線を太くすると発熱はどうなる?

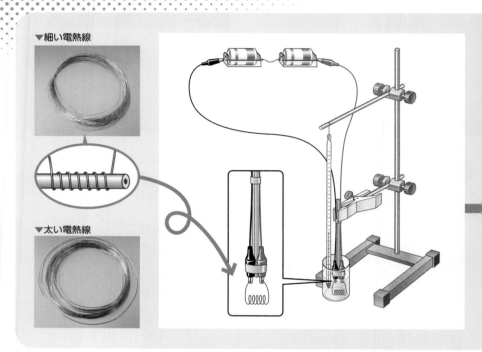

▼細い電熱線

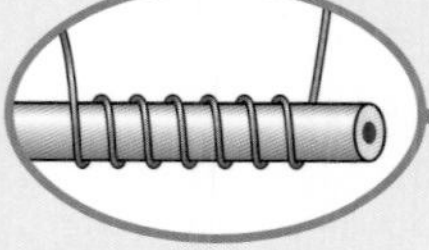

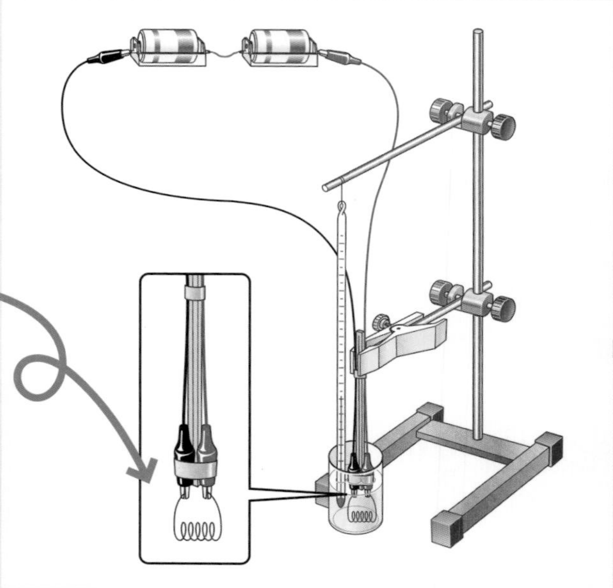

▼太い電熱線

電熱線と電流

▶電熱線の太さと電流

流れにくい → 流れやすい

▶電熱線の長さと電流

流れにくい → 流れやすい

電熱線から発生する熱の量は，電流が流れやすく，流れる電流が大きいほど多くなります。

用意するもの

●電熱線（太さ 0.2㎜と 0.4㎜） ●かん電池 ●かん電池ホルダー ●スタンド ●クリップつき導線 ●温度計 ●カップ ●水

太い電熱線のほうが温度が高いですね。

実験から，太い電熱線のほうがよく発熱するということがわかるね。

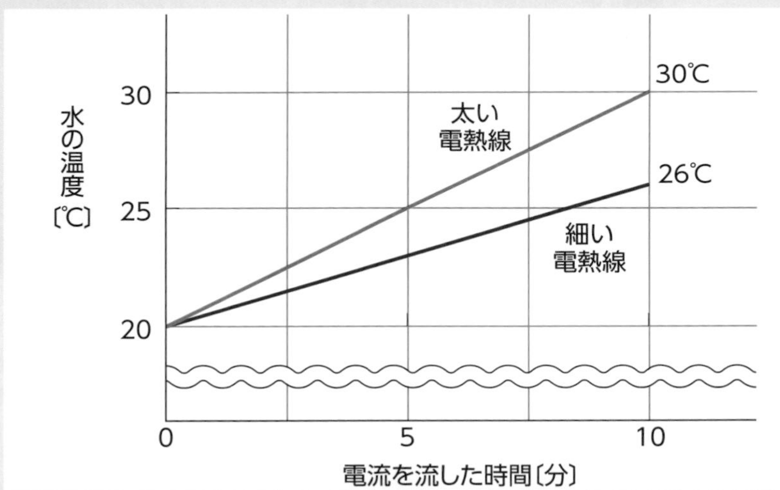
水の温度〔℃〕
30
25
20
0
5
10
電流を流した時間〔分〕
30℃
太い電熱線
26℃
細い電熱線

電力は表示を見ればわかる！

発生する熱の量は電力に関係している。電力が大きいほど発生する熱の量も多い。

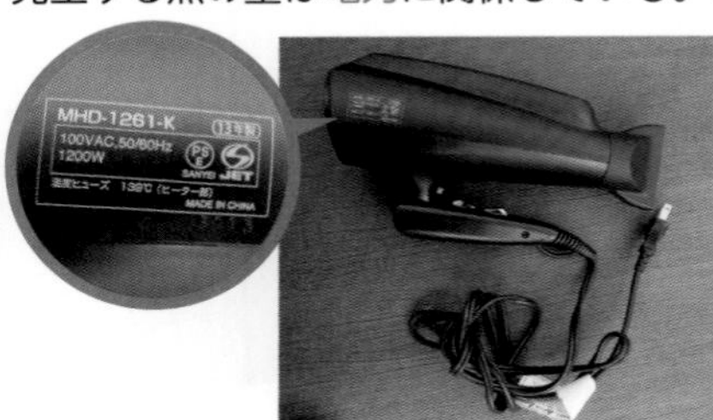
MHD-1261-K
100VAC.50/60Hz
1200W
MADE IN CHINA

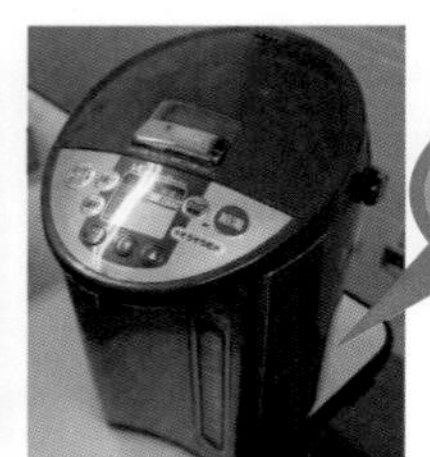

PSE
100V 905W

発光ダイオードが発酵!?

身のまわりの発光ダイオード

クリスマスのイルミネーションの光には発光ダイオードが使われている。

発光ダイオードは電球より消費する電力が少なく，電球に比べて電気料金が安いよ。
また，二酸化炭素の削減にも効果があり，かんきょうにもやさしいんだ。

発光ダイオード

電球

時刻表示板にも発光ダイオードが使われているんですね。

14:45

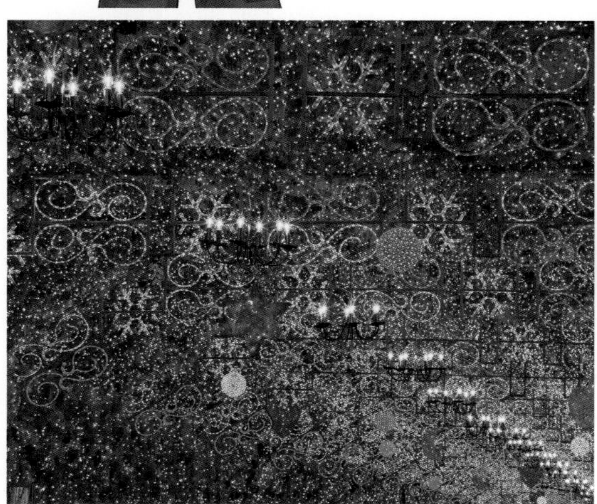

▼光の３原色

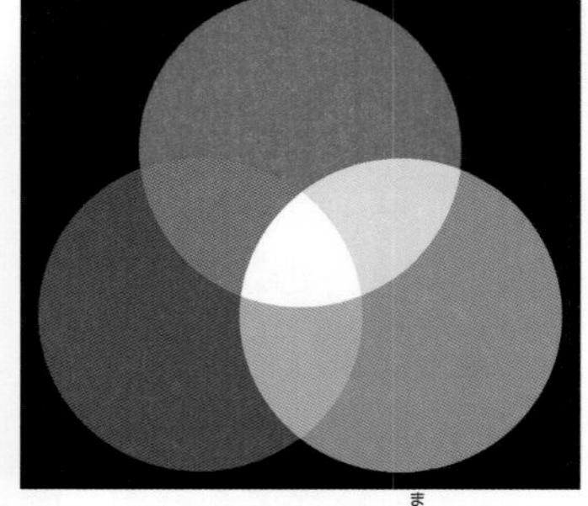

赤色，緑色，青色の３色を混ぜ合わせると，さまざまな色をつくり出すことができる。

青色の発光ダイオードが開発されたことで，さまざまな色を出すことができるようになったんだよ!

静電気の力を調べよう!

静電気のせいでんねん!

用意するもの
- ●ポリプロピレンのひも
- ●長い風船
- ●ティッシュペーパー
- ●空気ポンプ

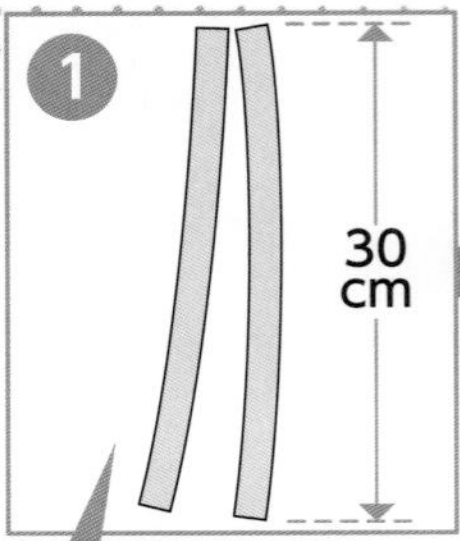

1 30cm

ポリプロピレンのひもを30cmくらいに切る。

2 上をしばる。

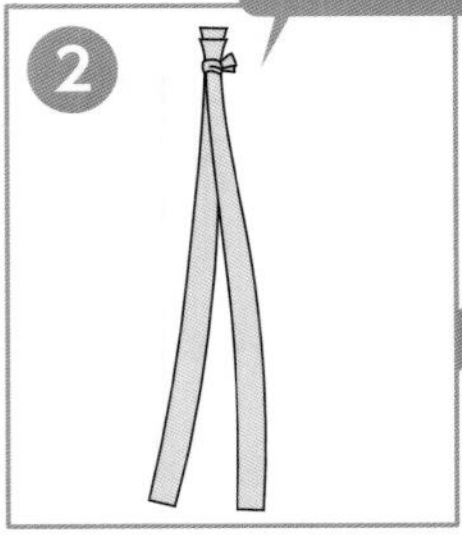

静電気パワー

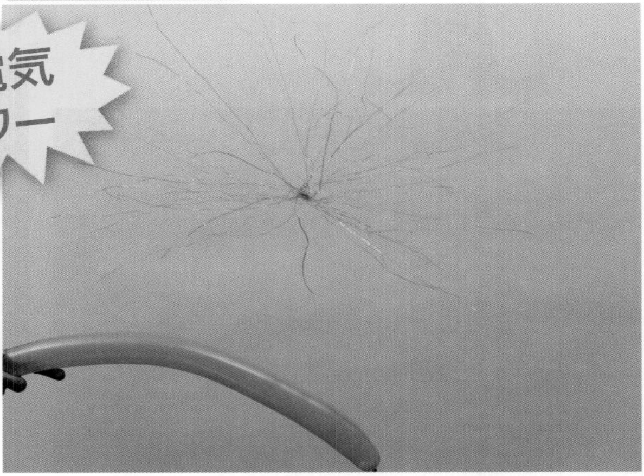

9 ひもを投げたら風船を近づける!

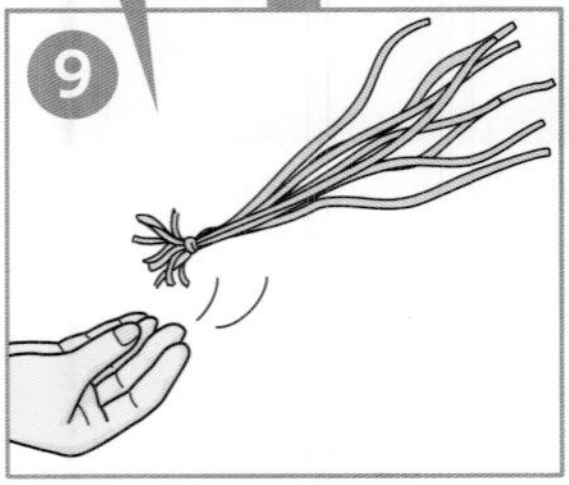

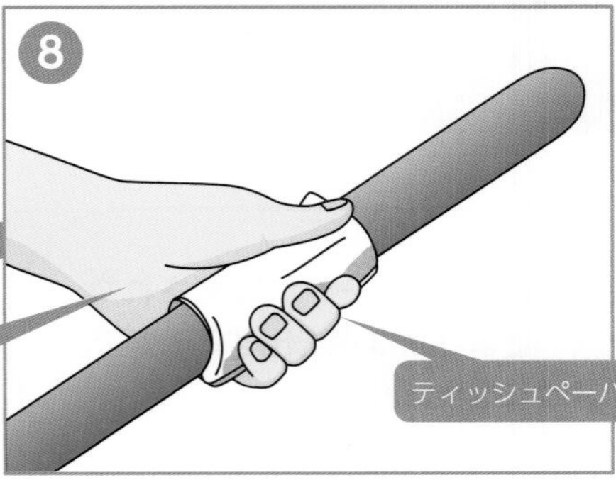

8 風船がわれないように気をつけて強くこする。

ティッシュペーパー

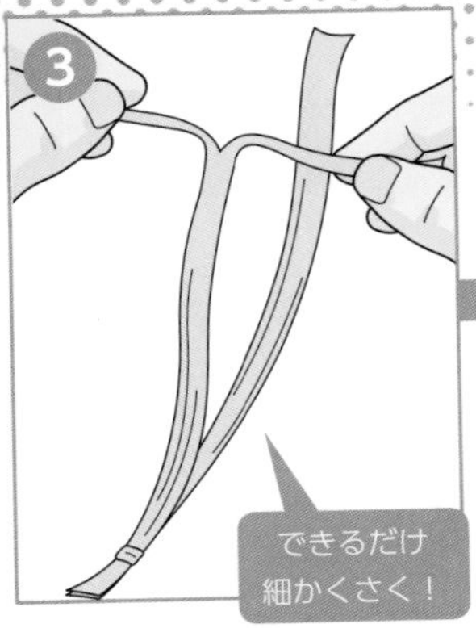

エネルギー編

3
できるだけ
細かくさく！
4
5
長い風船
6
空気を入れる。
7
ティッシュペーパー
上から下に
強くこする。

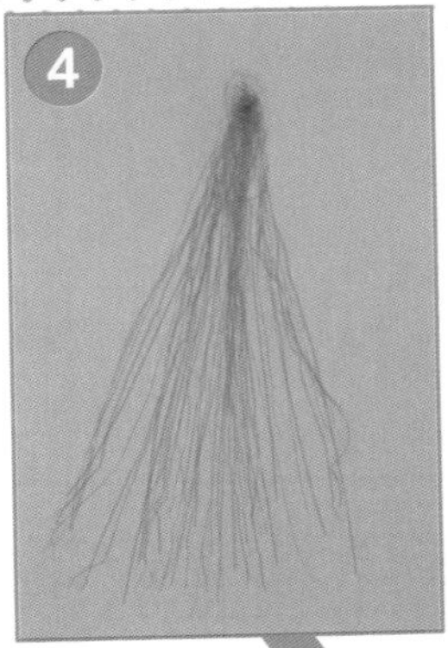

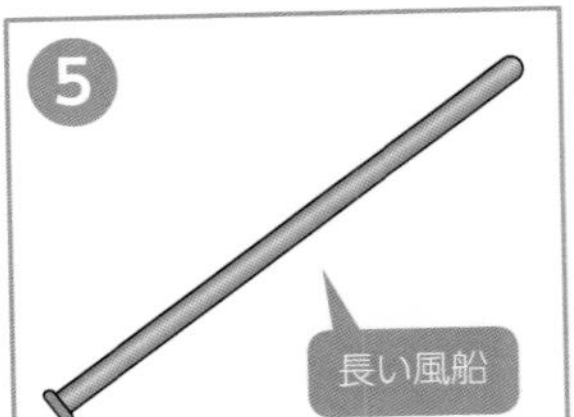

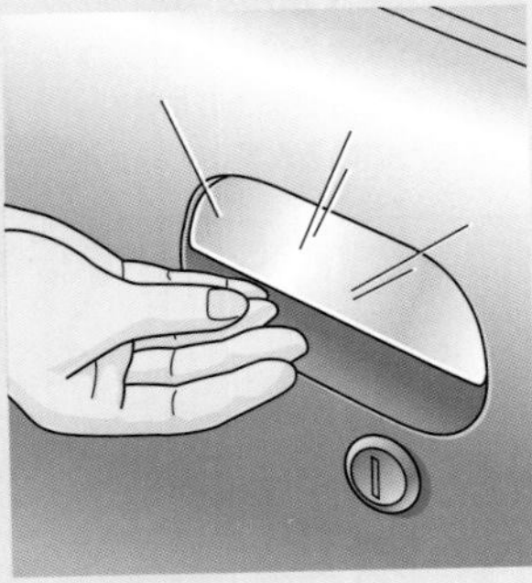

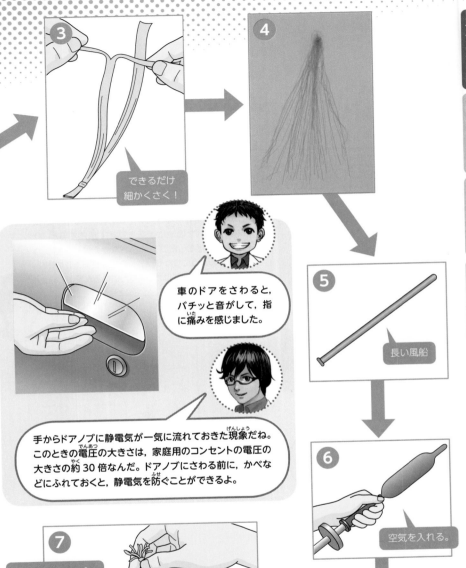

車のドアをさわると，バチッと音がして，指に痛(いた)みを感じました。

手からドアノブに静電気が一気に流れておきた現象(げんしょう)だね。このときの電圧(でんあつ)の大きさは，家庭用のコンセントの電圧の大きさの約(やく) 30 倍なんだ。ドアノブにさわる前に，かべなどにふれておくと，静電気を防(ふせ)ぐことができるよ。

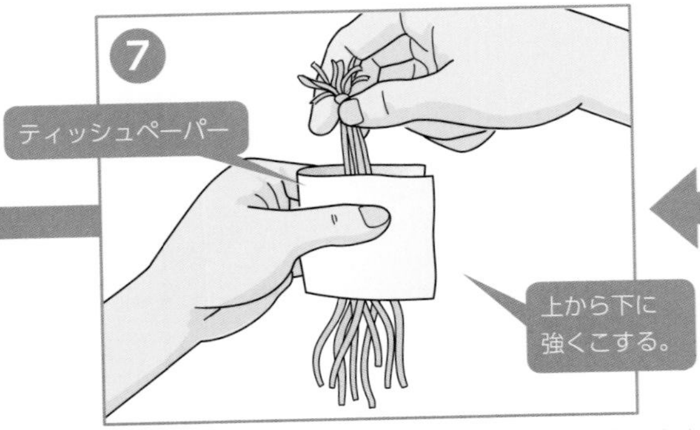

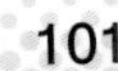

ゴムはなぜのびる?

輪ゴムがのびても心配ご無用!

ゴムはこうしてのび縮みする!

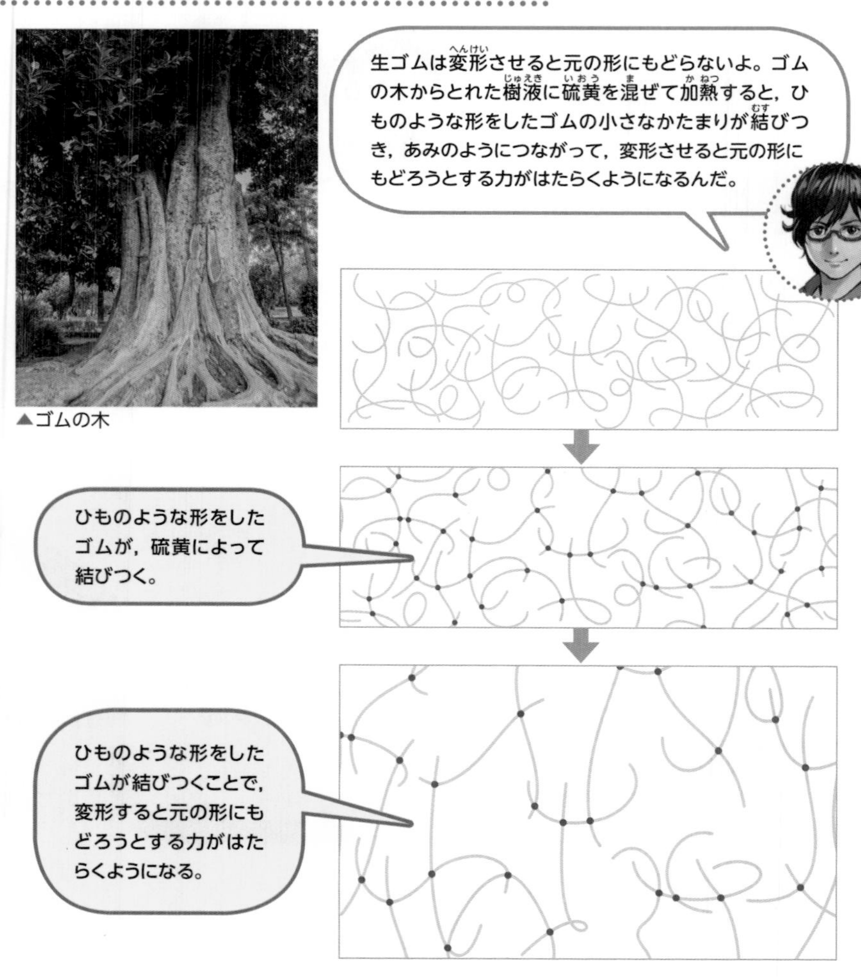
生ゴムは変形させると元の形にもどらないよ。ゴムの木からとれた樹液に硫黄を混ぜて加熱すると，ひものような形をしたゴムの小さなかたまりが結びつき，あみのようにつながって，変形させると元の形にもどろうとする力がはたらくようになるんだ。
ひものような形をしたゴムが，硫黄によって結びつく。
ひものような形をしたゴムが結びつくことで，変形すると元の形にもどろうとする力がはたらくようになる。

▲ゴムの木

用意するもの
●台車　●輪ゴム　●ものさし　●目玉クリップ

★ゴムを使って台車を動かそう!

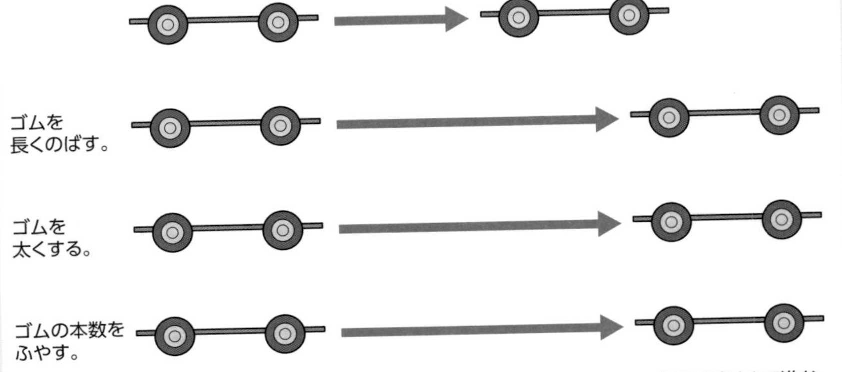
ゴムを
長くのばす。
ゴムを
太くする。
ゴムの本数を
ふやす。
台車は遠くまで進む。

ここにゴムが
使われている。

ここにゴムが
使われている。

ゴムはいろいろ
なところに使わ
れているんだよ。

ヨットによっといで〜!

風を強くすると動かす力はどうなる?

★風でものが動かせる!

▼風でたおれた木

ヨットは風下にしか進めないのでしょうか?

ヨットの帆を風に平行にすると，風上にも進むことができるんだよ。

★風で台車を動かそう!

用意するもの
- 台車
- 送風機
- ものさし
- 厚紙

注意!
- 指を送風機の中に入れない。
- 台車の走る先に，人がいないことを確認する！

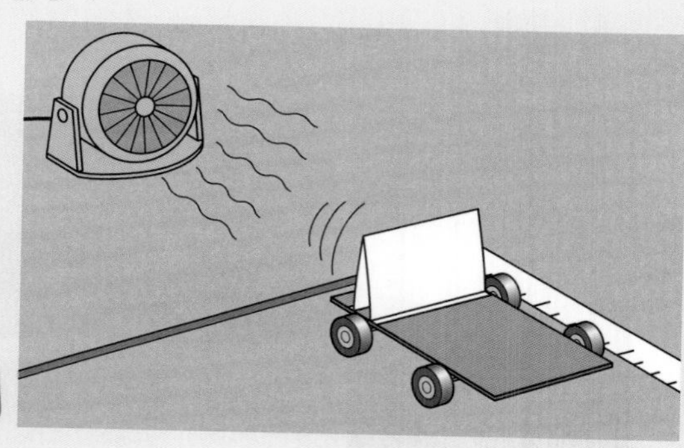

風の力にはすごく大きいものもあるのですね。
東口
栄町市場
川商店

▲風でたおれた鉄とう

▲風でたおれた屋根

▼たつまき

▼風の強さと車が走ったきょり

弱い風のとき	強い風のとき
2.5m	4m

強い風のほうがものを動かす力が大きいから，
強い風のほうが遠くまで台車が走るよ。

ペラペラのプロペラ

今も昔も活やくする風車！

★オランダ型風車

しくみを見てみよう。
しくみを見ると
風を受ける。
歯車にはねの動きを伝える。
小麦粉をうすでひいたり，水をくみ上げたりすることに使われてきた。

★プロペラ型風車

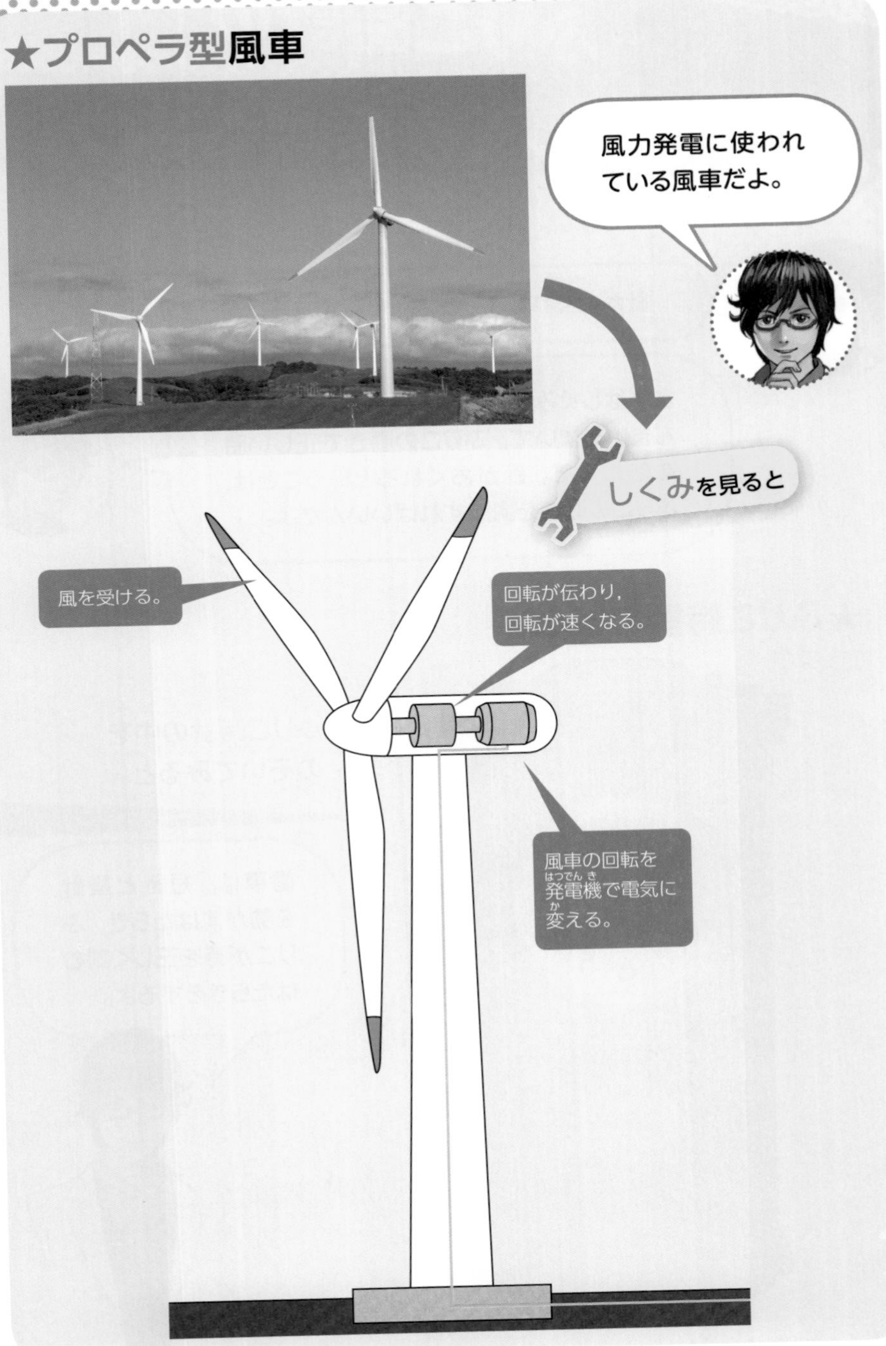
風力発電に使われている風車だよ。
しくみを見ると
風を受ける。
回転が伝わり，回転が速くなる。
風車の回転を発電機（はつでんき）で電気に変（か）える。

ふりこをどけい!!

ふりこ時計のしくみを調べよう!

針がおくれるふりこ時計を直す方法はありますか?

まずはしくみを知ろう。ふりこ時計は，ぜんまいをまいて，ふりこの動きで正しい時を刻むんだ。針がおくれるということは，ふりこの動きを調節すればいいんだよ。

★ふりこ時計のしくみ

TAKEDA

ふりこ時計の中をのぞいてみると

歯車は，短針と長針を動かすはたらき，ふりこが時を正しく刻むはたらきをするよ。

中をのぞいてみると

歯車
歯車を組み合わせて，2本の針をそれぞれ動かす。

ふりこがふれて，歯車を同じ速さで回す。

★ふりこが動くしくみ

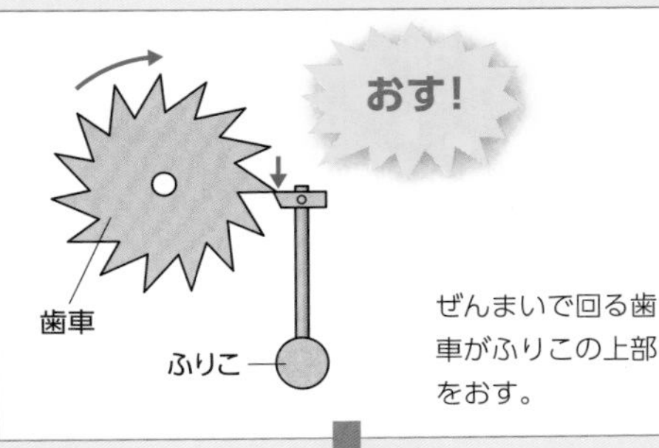
おす！
歯車
ふりこ

ぜんまいで回る歯車がふりこの上部をおす。

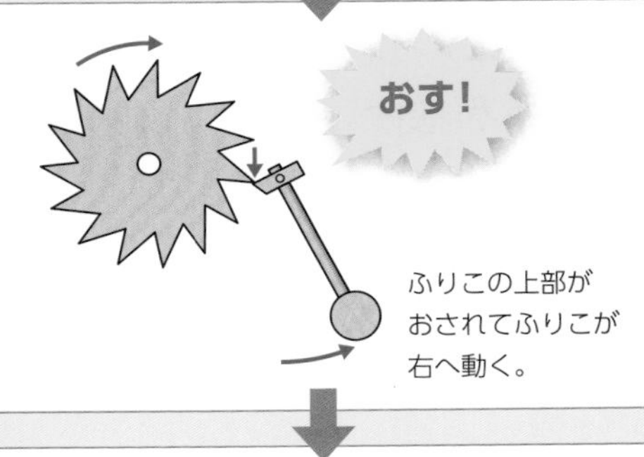
おす！

ふりこの上部がおされてふりこが右へ動く。

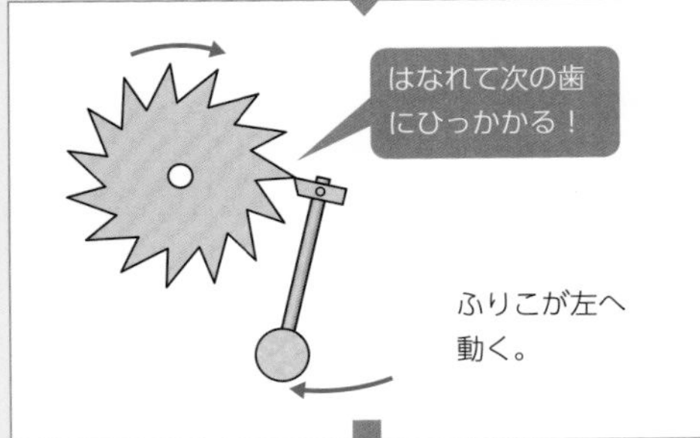
はなれて次の歯にひっかかる！

ふりこが左へ動く。

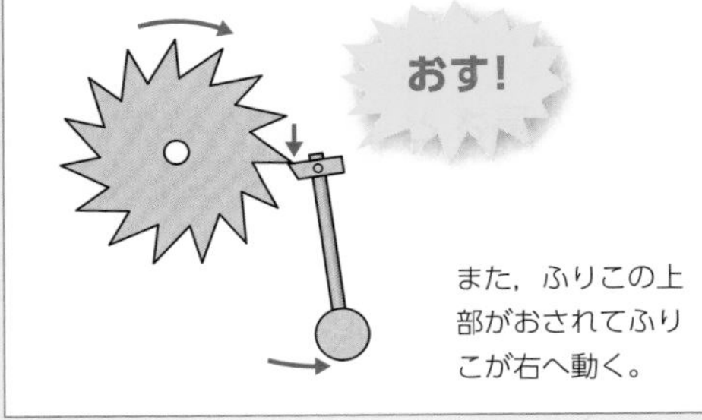
おす！

また，ふりこの上部がおされてふりこが右へ動く。

ふりこを振り込んだ!

ふりこが1往復する時間を変えるには?

用意するもの
● 20gのおもり2個　● 25cmのひも　● 50cmのひも

★ふりこの長さと1往復するのにかかる時間の関係を調べよう!

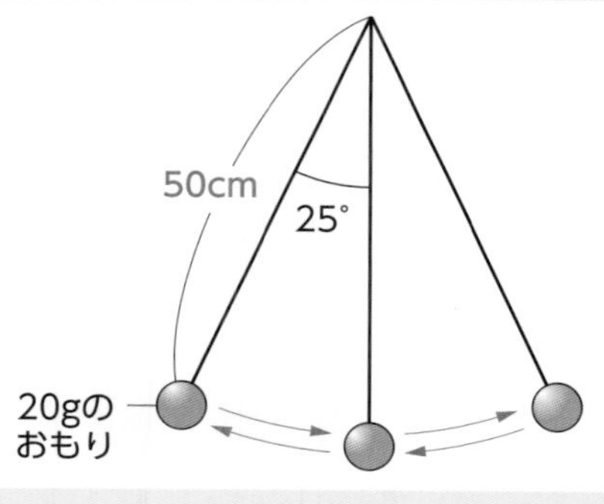
50cm
25°
20gのおもり

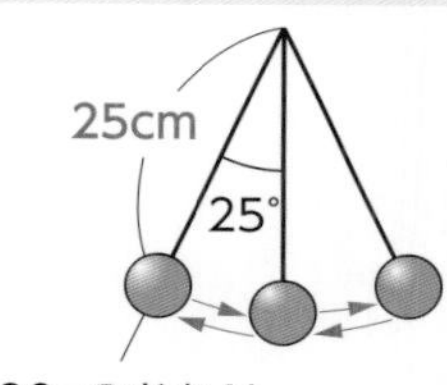
25cm
25°
20gのおもり

変える条件…○，変えない条件…×
○ ふりこの長さ
× おもりの重さ
× ふれはば

①まず，10往復する時間を3回はかって，平均を出す。
②次に，平均÷10を求める。
↓
1往復にかかる時間が求められるよ。

▼ふりこの長さと1往復するのにかかる時間の関係

		10往復の測定結果(秒)				1往復にかかる時間(秒)
		1回目	2回目	3回目	平均	
ふりこの長さ	25cm	10.2	10.1	10.3	10.2	約1.0
	50cm	15.2	15.5	15.2	15.3	約1.5

変化あり!

用意するもの
● 50cm のひも 2 本　● 10 g のおもり 1 個　● 20g のおもり 1 個

★おもりの重さと 1 往復するのにかかる時間の関係を調べよう!

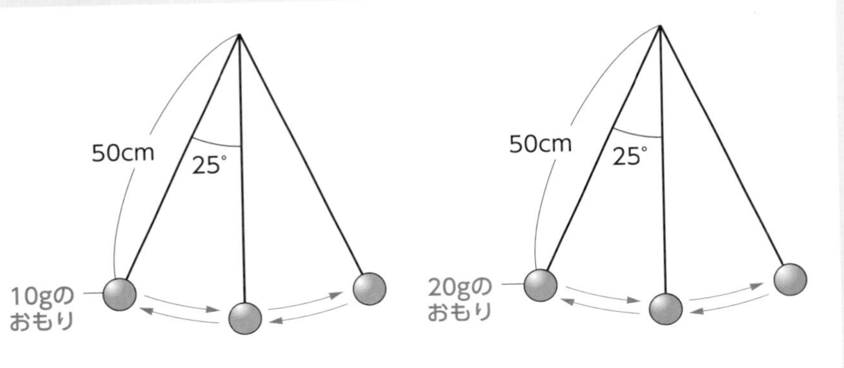
50cm
25°
10gの
おもり
50cm
25°
20gの
おもり

変える条件… ○，変えない条件… ×

× ふりこの長さ
○ おもりの重さ
× ふれはば

ブランコは人がおもりとなっているね。

▼ふりこの重さと 1 往復するのにかかる時間の関係

		10 往復の測定結果（秒）				1 往復にかかる時間（秒）
		1 回目	2 回目	3 回目	平均	
おもりの重さ	10g	15.4	15.5	15.3	15.4	約 1.5
	20g	15.1	15.5	15.3	15.3	約 1.5

変化なし!

フリフリのふりこ!

ふりこのふれはばを変(か)えると時間はどうなる?

用意するもの
● 20g のおもり 2 個(こ)　● 50cm のひも 2 本

★ふりこのふれはばと 1 往復するのにかかる時間の関係(かんけい)を調べよう!

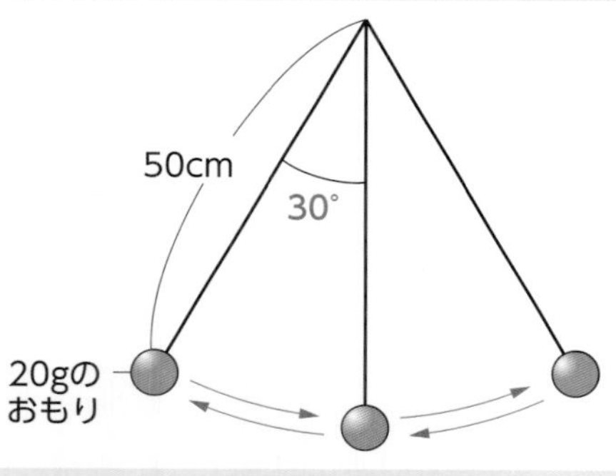

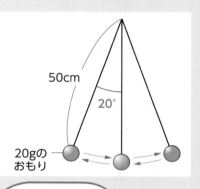

50cm
30°
20gの
おもり
50cm
20°
20gの
おもり

変える条件(じょうけん)…○，変えない条件…×
× ふりこの長さ
× おもりの重さ
○ ふれはば

ふりこのふれはばが
変わっても1往復に
かかる時間は変わらな
いですね!

▼ふりこのふれはばと 1 往復するのにかかる時間の関係

		10 往復の測定結果 (秒)				1 往復にかかる時間 (秒)
		1 回目	2 回目	3 回目	平均	
ふれはば	20°	15.2	15.5	15.5	15.4	約 1.5
	30°	15.4	15.3	15.2	15.3	約 1.5

変化なし!

ふりこ時計の針を速く進める方法は?

おもりを上に動かすのでしょうか?
それとも下に動かすのでしょうか?

TAKEDA

1往復にかかる時間を短くしたいので，ふりこの長さを短くすればいいよ。だから，おもりを上に動かせばいいんだ。

ねじがある!

ここがカギだ!

ねじを動かすとおもりも動く!

メトロノーム
見てたら目トローン

身のまわりのふりこ

★メトロノームのしくみ

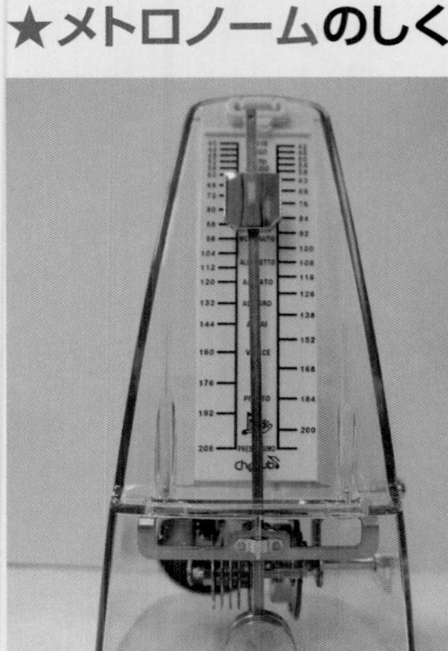

おそい

おもりの位置

速い

おもりでテンポを調節する。

ふりこが動く。

ぜんまいをまく。

分解してみると

底から開けてみた。

これはふりこを利用した乗り物だよ。人がたくさん乗っているときと，あまり乗っていないときとでは，動く速さはどうなると思う？

どちらかが速くなるのでしょうか？

ふりこの動く速さ（1往復する時間）に関係あるのは「ふりこの長さ」だね。この乗り物は，ふりこの長さは変わらないことから考えよう。

人数（重さ）はふりこの動きには関係ないから，何人乗っても速さは同じですね！

てこ入れをするてこ!

てこの力を調べよう!

60kg のおもりを 30kg の力で持ち上げるにはどうしたらよいと思う?

体重 30kg
力点

★小さな力で持ち上げる方法を調べよう!

①力点・支点は変えずに,
作用点を,㋐～㋒に変えて,手ごたえを調べる。
②作用点・支点は変えずに,
力点を㋓～㋕に変えて,手ごたえを調べる。

用意するもの
●砂ぶくろ ●棒
●棒をのせる台

作用点
力をはたらかせる点
支点
棒を支える点
力点
棒に力を加える点
㋐ ㋑ ㋒
㋓ ㋔ ㋕
砂ぶくろ
注意!
棒のまわりに人がいないか確認する。

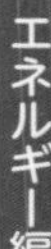
エネルギー編

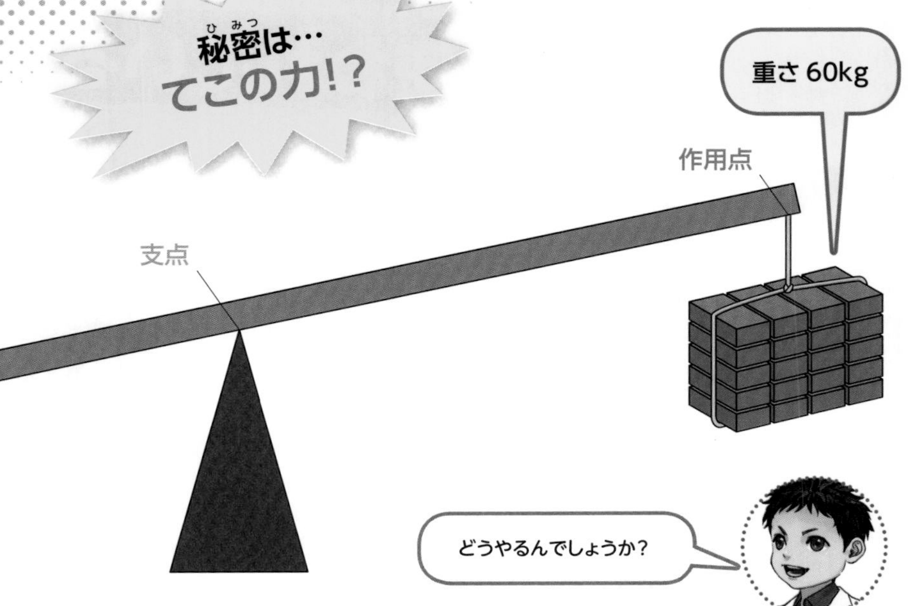
秘密は…
てこの力!?
重さ 60kg
作用点
支点

どうやるんでしょうか?

▼手ごたえが小さくなる砂ぶくろの位置とおす位置

1 砂ぶくろを㋒の位置にしたとき

2 棒を㋕の位置でおしたとき

㋐ ㋑ ㋒ ㋓ ㋔ ㋕

砂ぶくろ

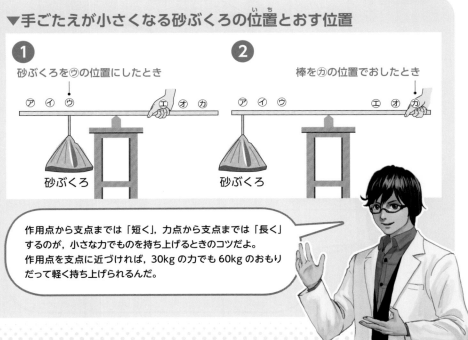

作用点から支点までは「短く」，力点から支点までは「長く」するのが，小さな力でものを持ち上げるときのコツだよ。
作用点を支点に近づければ，30kg の力でも 60kg のおもりだって軽く持ち上げられるんだ。

てこは人気者ってこと!

「てこ」はこんなにたくさん使われている!

はさみはどこを使うと，より小さな力で切ることができますか?

支点と作用点の長さが短いほど，加えた力がより大きくなってあらわれるよ。

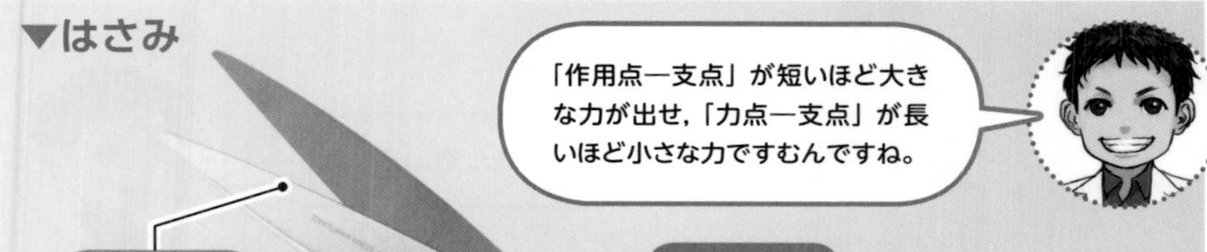

▼はさみ

「作用点―支点」が短いほど大きな力が出せ，「力点―支点」が長いほど小さな力ですむんですね。

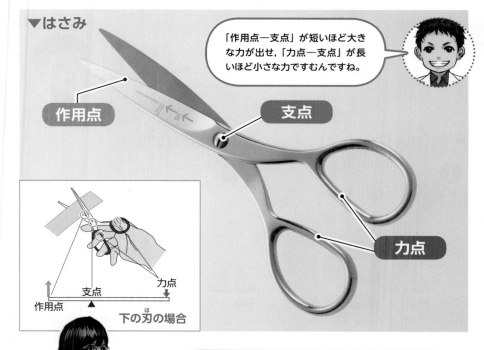

作用点
支点
力点
力点
支点
作用点
下の刃の場合

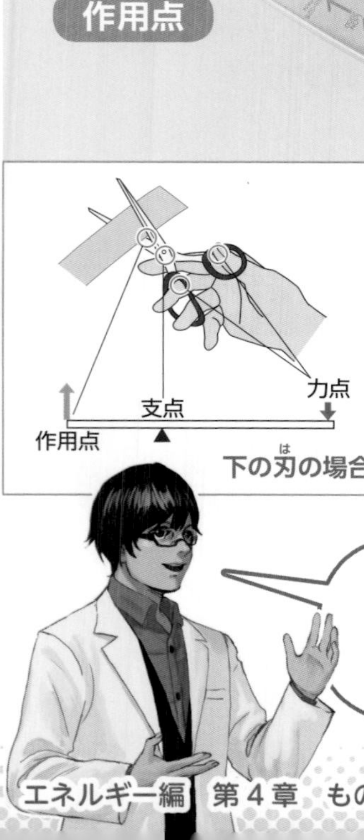

支点から力点のきょりに比べ，支点から作用点の長さが短いところ（刃元）で切ると，小さな力で切ることができるよ。

★支点ー力点ー作用点の順に並(なら)んでいる

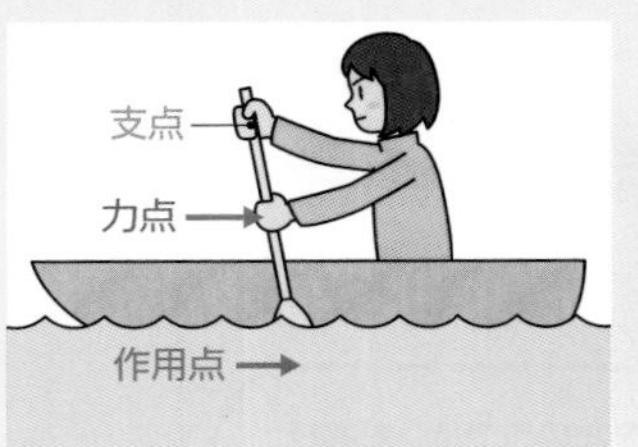
支点
力点
作用点

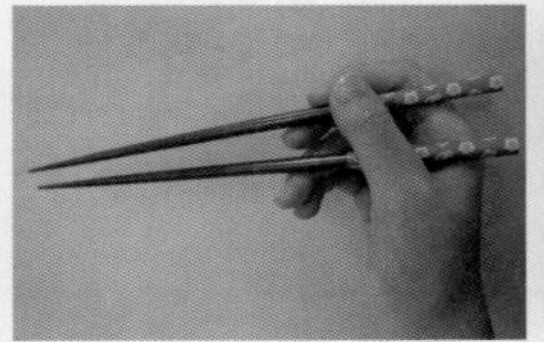
▲はし

▲カニのはさみ

★力点ー支点ー作用点の順に並んでいる

支点
作用点
力点

▲井戸(いど)

▲プルタブ

★支点ー作用点ー力点の順に並んでいる

支点
力点
作用点

◀穴(あな)あけパンチ

★回転するてこ

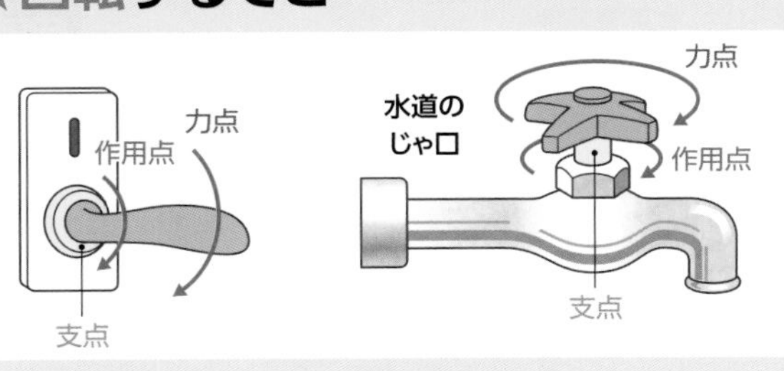
作用点
力点
支点
水道の
じゃ口
力点
作用点
支点

てこには，
①力点が支点と作用点の間にあるもの
②支点が力点と作用点の間にあるもの
③作用点が支点と力点の間にあるもの
の３種類(しゅるい)があるよ。

てこのコツ 使ってこー!

てこをつり合わせるにはコツがある!

1個10gのおもりを使って，おもり3個を左のうでに，おもり2個を右のうでにつるして，てこをつり合わせましょう。

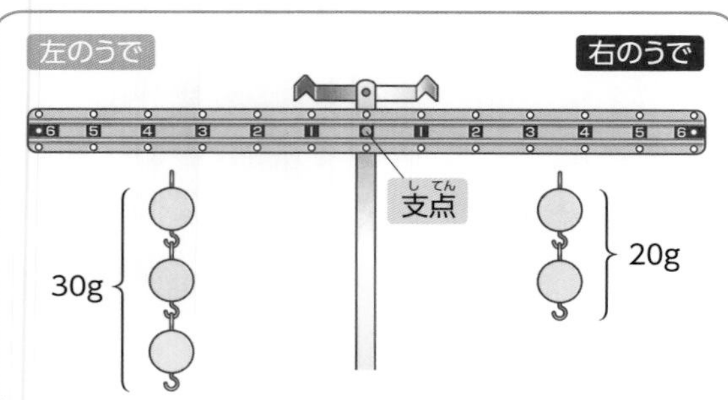

左のうで
右のうで
支点
30g
20g

左のうでと右のうでのそれぞれどこにおもりをつければいいのでしょうか?

左にかたむく。

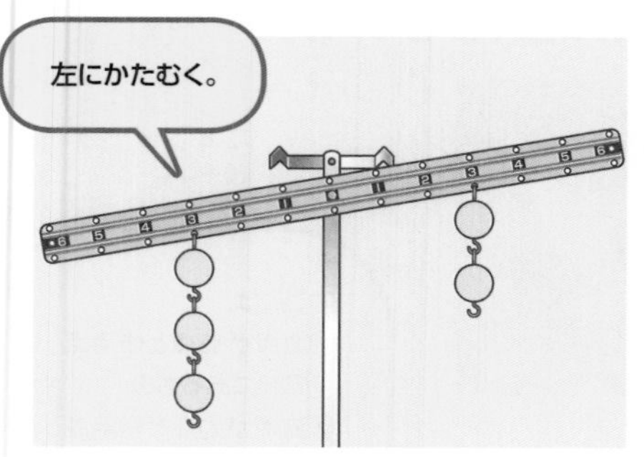

右にかたむく。

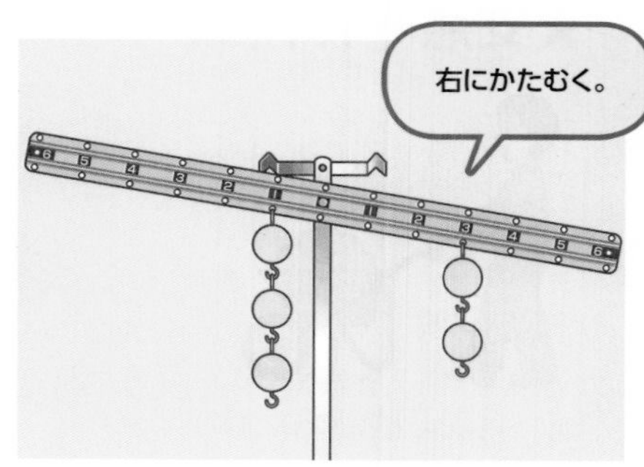

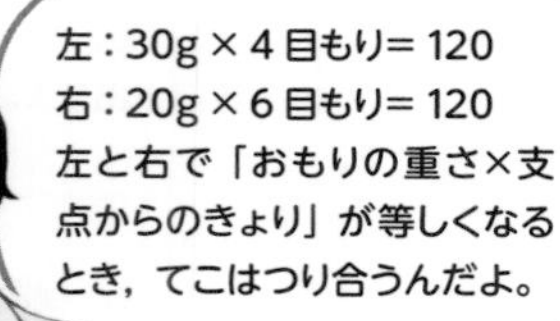

左：30g × 4 目もり= 120
右：20g × 6 目もり= 120
左と右で「おもりの重さ×支点からのきょり」が等しくなるとき，てこはつり合うんだよ。

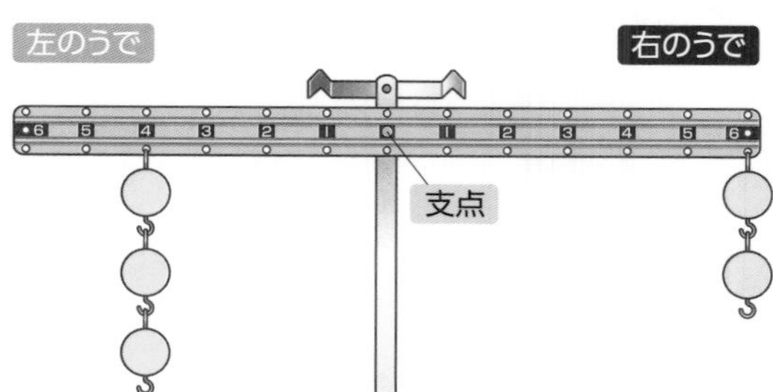

左のうで
右のうで
支点

★同じ荷物を持ち上げよう!

重い…。

軽い!

同じ荷物なのに，重いと感じる場合と軽いと感じる場合でちがいがあるのはなぜですか?

人の関節は，てこの性質を利用している代表的な部分なんだ。かたを支点と考えると，左の図のほうが作用点までのきょりが長いので，持ち上げるのに必要な力は大きくなるんだ。

遮断桿って何?

遮断桿

踏切にある棒を「遮断桿」といいます。
「桿」にはてこに使う棒という意味があります。
確かに遮断桿の動きはてこっぽいですね。

臨時の輪じく
さおばっかり!

さおばかりと輪じくもてこ!

棒，ひも，皿，おもりだけでできているはかりを「さおばかり」というよ。

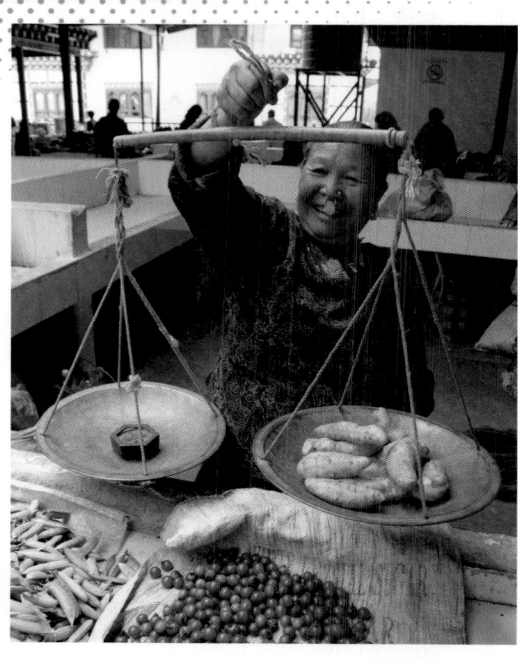

★さおばかりを作ろう!

用意するもの
- 棒
- かん電池
- 糸
- 皿
- 10g のおもり 2個

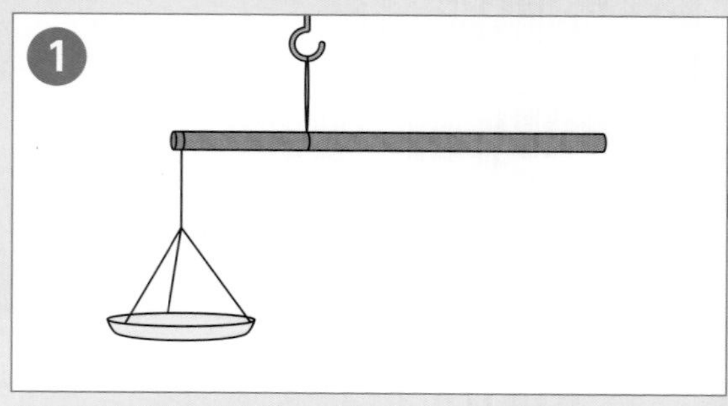
1

皿をつけた棒をつるして，つり合うところにひもをつける。

★ドライバーは小さな力で回しても，大きな力でねじがしまる！

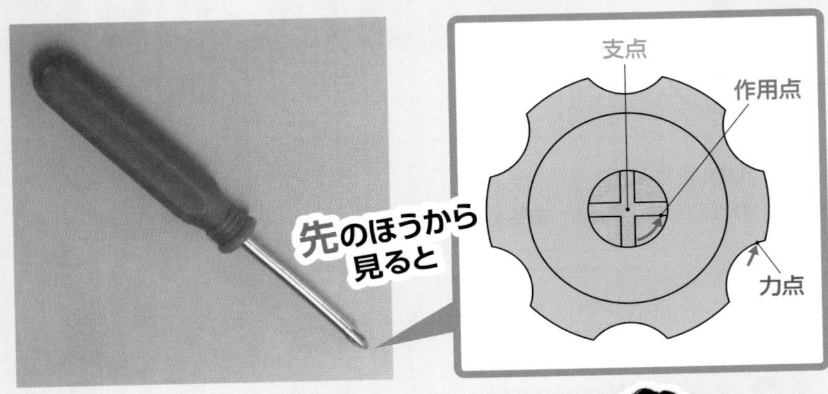

先のほうから見ると
支点
作用点
力点

半径の大きな力点に加えた力が，半径の小さなじくの先の作用点ではたらくとき，大きな力になってねじを回すんだよ。

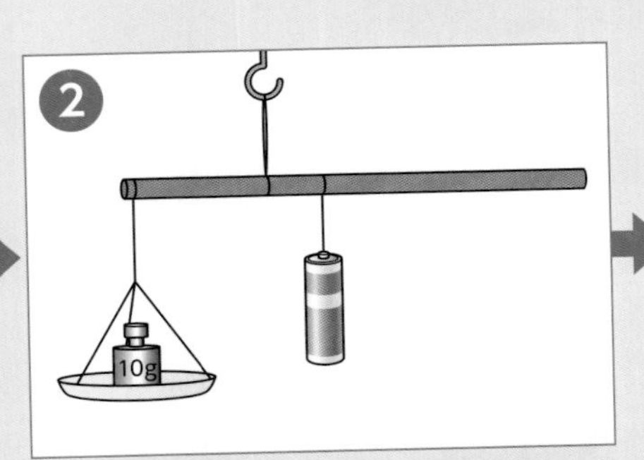

2
10g

皿に 10g のおもりをのせ，かん電池でできたおもりをつるしてつり合わせる。棒に「10g」の目もりをつける。

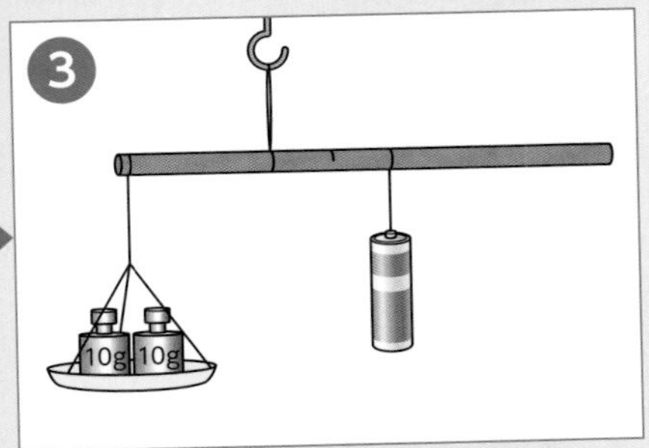

3
10g
10g

皿に 20g のおもりをのせ，おもりをずらしてつり合うところを探す。つり合ったら，「20g」の目もりをつける。

おもりが重いと
ばねねばる!

ばねにおもりをつるしてみよう!

用意するもの
●ばね　●おもり　●ものさし

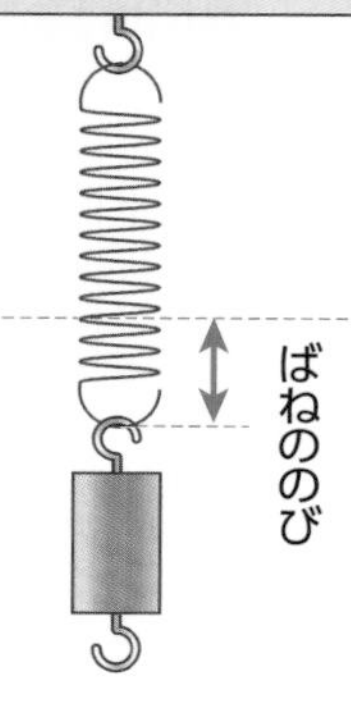
ばねののび

おもりをたくさんつるすと，ばねもたくさんのびています。手で引っ張ってもばねはのびますね。

おもりの数を2個，3個…とふやすと，ばねののびは2倍，3倍…となる。比例の関係だね。これをフックの法則というよ。

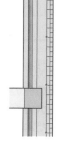

ばねが使われているもの

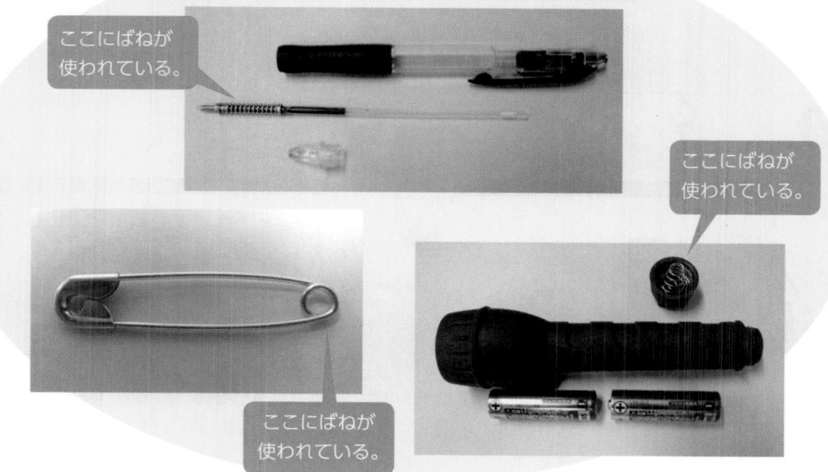
ここにばねが
使われている。
ここにばねが
使われている。
ここにばねが
使われている。

地球が引っ張る力

地球の中心

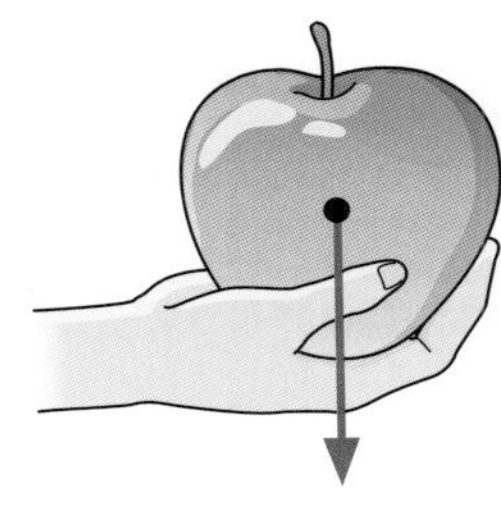

地球は回っていますが，地球が逆さまになっても落ちないのはなぜですか？

地球上のすべてのものは，地球の中心に向かって引っ張られているから，逆さまになっても落ちないんだよ。この力を重力というよ。

うちゅうでは，地球に引っ張られないので，ものは落ちないよ。これが無重力だね。

太陽にも重力はあるの？

太陽にも重力はあるよ。太陽の重力はほかの天体より大きく，地球の重力の約28 倍の大きさなんだよ。

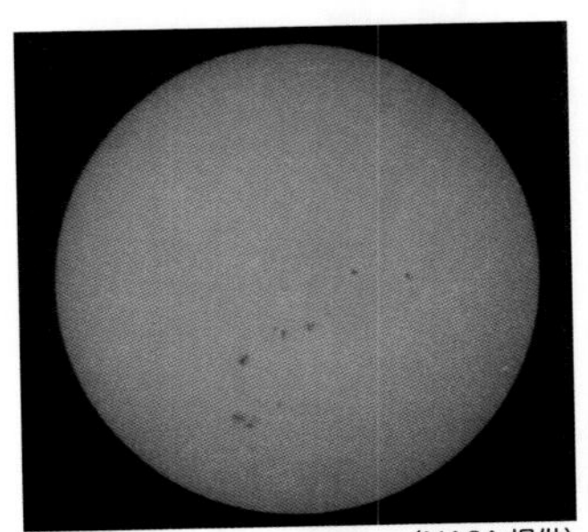

(NASA 提供)

水圧アツイっす!

水中の力を体験してみよう!

ポリエチレンのふくろが手にはりつきましたね。

水の中に手を入れると，手にまわりの水からおされるような力がはたらくよ。これを水圧というよ。水圧で手とふくろの間にあった空気がおし出されて，ふくろが手にはりついたんだね。

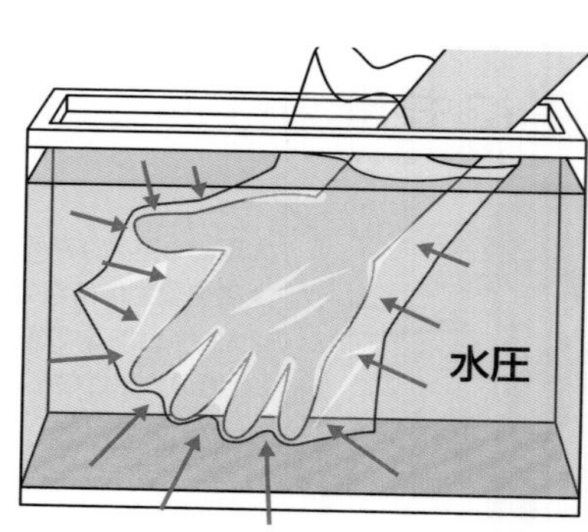
水圧

用意するもの

●ポリエチレンのふくろ　●水そう　●水　●ペットボトル

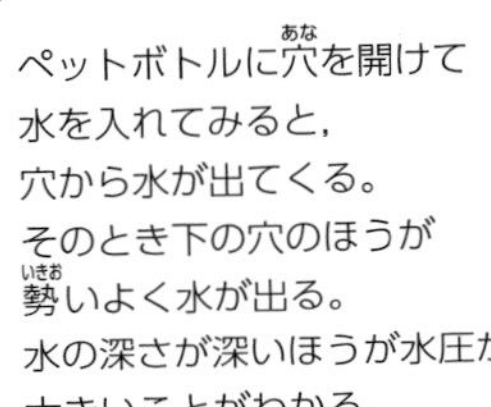

ペットボトルに穴(あな)を開けて水を入れてみると，穴から水が出てくる。そのとき下の穴のほうが勢(いきお)いよく水が出る。水の深さが深いほうが水圧が大きいことがわかる。

どんどんもぐるとつぶれる？

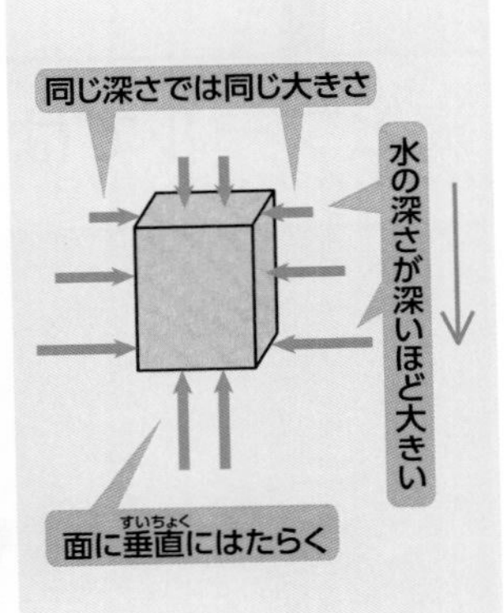
同じ深さでは同じ大きさ
水の深さが深いほど大きい
面に垂直(すいちょく)にはたらく

水の深さが深くなると，水圧も大きくなるから，人がそのままでどんどんもぐると（深さ約(やく)30m以上）水圧で肺(はい)などがつぶれてしまう危険(きけん)があるよ。深い海を調べる潜水艦(せんすいかん)は，じょうぶな構造(こうぞう)で中の人が水圧を受けないようになっているんだね。

水中でスイスイでちゅ♪

水中でからだがうくのはなぜ？

水中にあるものには，上向きにはたらく力（浮力(ふりょく)）がはたらいているよ。1cm³あたりの重さによってういたりしずんだりするよ。

海とプールではどちらがからだがうく？

◀アラビア半島にある死海

死海(しかい)の水は海より 10 倍も塩分(えんぶん)がふくまれています。食塩水は水よりも同じ体積の重さが重いので，より浮力が大きくなります。塩分が濃(こ)くなるほど，浮力もより大きくなります。

プールより海のほうがうくのはなぜですか？

海の水に塩分があるからだよ。

用意するもの

●おもり　●プラスチックの容器　●水そう　●水

おもりだけでは水中にしずむのに，おもりをプラスチックの容器に入れるとうくのはなぜですか？

重くてしずむおもりも，おもりを入れる容器を大きくすると，おしのける水の体積が大きくなるから，浮力が大きくなってうくんだよ。

★食塩水と水では，どちらに入れた卵がよりうくか試してみよう!

▼食塩水

▼水

物質編

水は，冷やすと氷になったり，熱すると水蒸気になったりするわね。水以外のものも，燃えたり，水にとけたりして，いろいろすがたを変えるのよ。ここでは，そんなものの変化を見ていきましょう。

第4章

ものの燃え方▶▶▶p.190

第5章

気体の発生▶▶▶p.206

なんか，やわらかい
ボールみたいなもの
もありますね。あれ
はなんでしょう…。

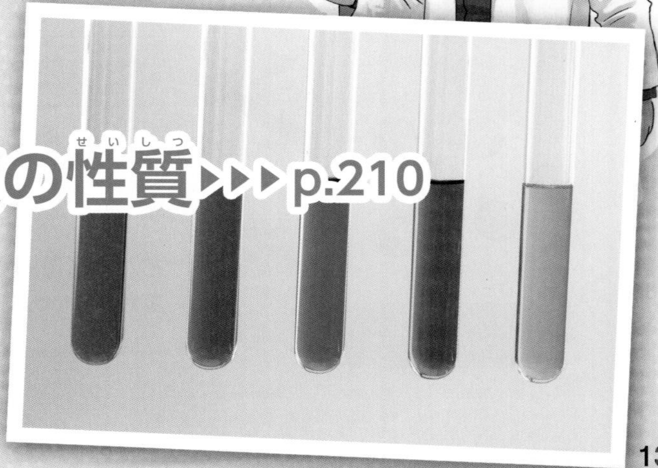

第6章

水よう液の性質▶▶▶p.210

ねん土やねん，どう?

ものの形が変わると重さはどうなる？

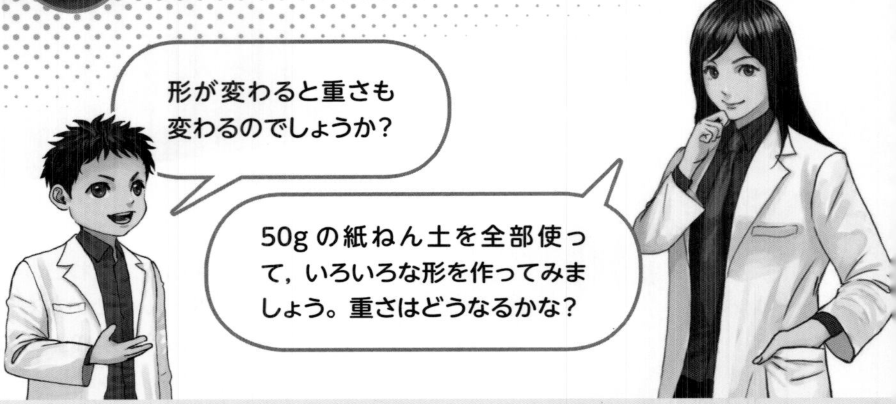

形が変わると重さも変わるのでしょうか？

50g の紙ねん土を全部使って，いろいろな形を作ってみましょう。重さはどうなるかな？

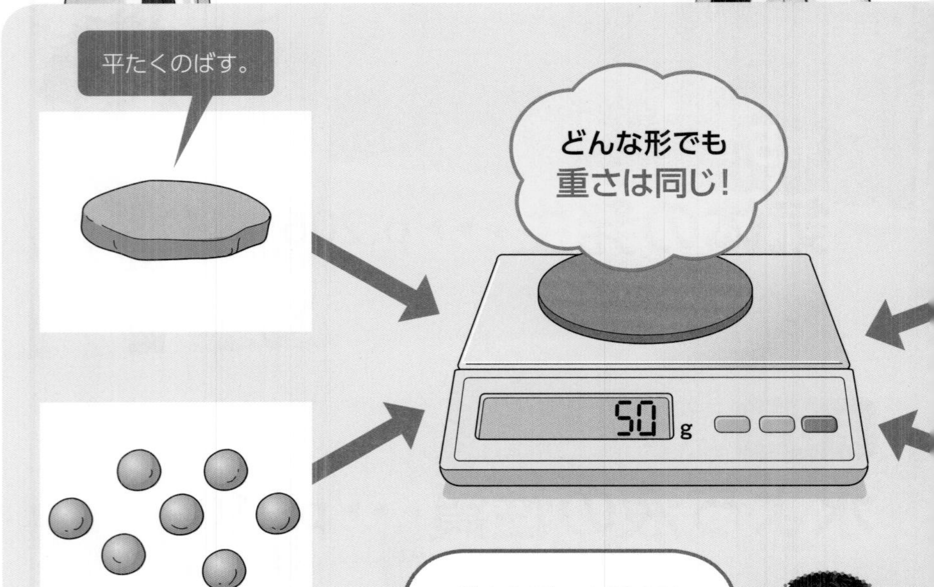

平たくのばす。

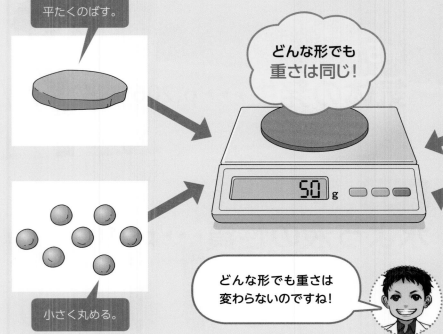

どんな形でも重さは同じ！

50 g

小さく丸める。

どんな形でも重さは変わらないのですね！

★電子てんびんを使ってみよう!

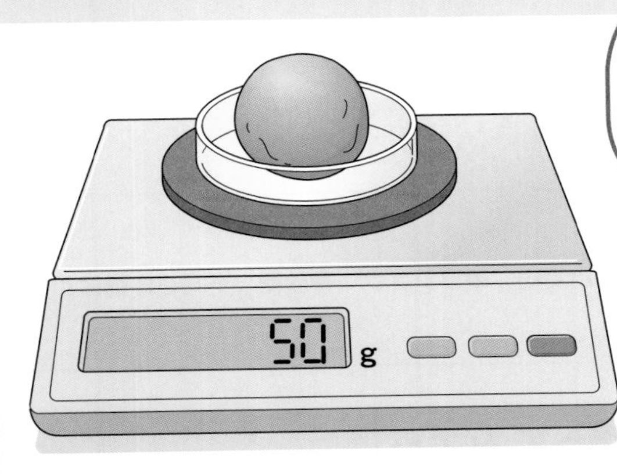
50
g

電子てんびんは，ものの重さをはかる道具なの。はかるものの重さを電気信号に変えて，デジタル表示しているのよ。

ものをのせる前に入れものを置いて数字を0に合わせる。

ゾウを作る。

細くのばす。

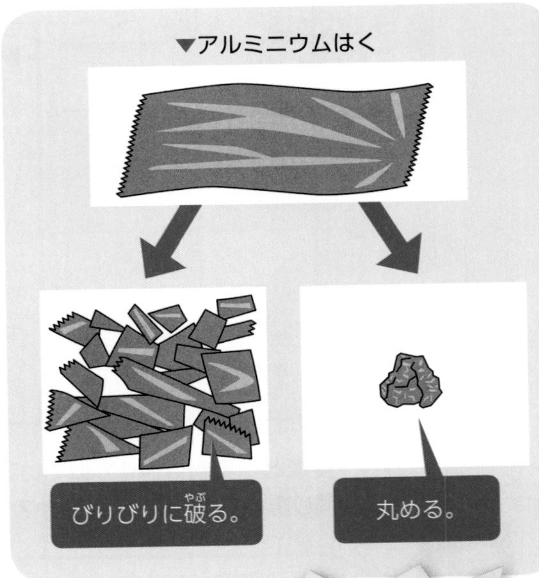
▼アルミニウムはく
びりびりに破る。
丸める。

形を変えても重さは変わらない!

同じ体積で種類がちがうものの重さを調べよう!

食塩重いの!?
ショック，エーン

用意するもの

●砂　●水　●灯油　●食塩　●小麦粉　●コショウ　●砂糖　※同じ体積にする。
●上皿てんびん

★上皿てんびんを使ってみよう!

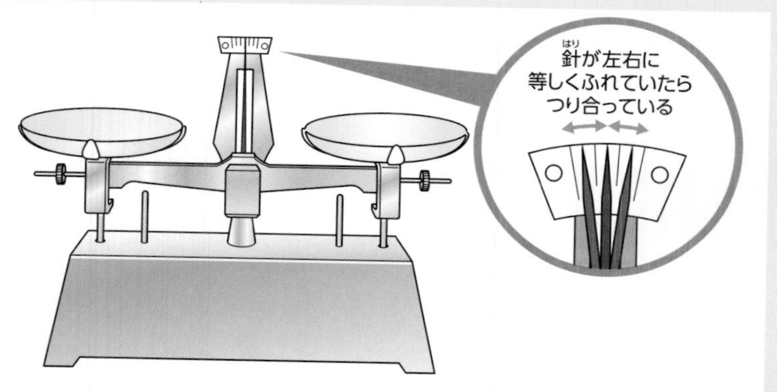

針が左右に
等しくふれていたら
つり合っている

ものをのせる前は水平にする。のせたあとは重いほうが下に下がり，軽いほうが上に上がる。針が左右に等しくふれているとき，つり合っている。

食塩と小麦粉は白くて似ているから同じ重さではないでしょうか？

同じ入れ物にいろいろなものを入れて重さを比べてみよう!

水と砂を比べると

砂のほうが重い。

食塩と砂を比べると

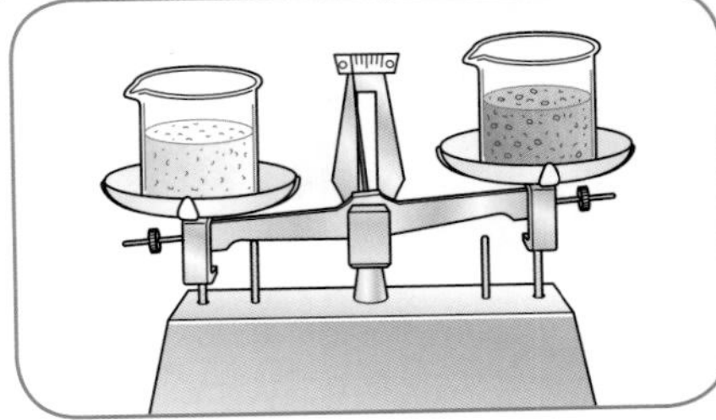

食塩のほうが重い。

食塩と小麦粉を比べると

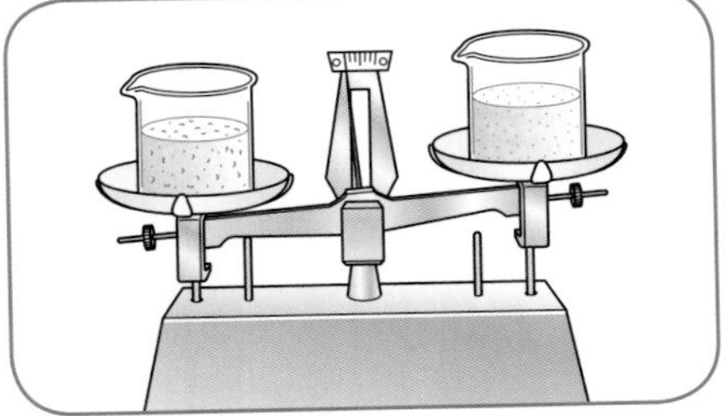

食塩のほうが重い。

水と灯油を比べると

水のほうが重い。

食塩とコショウを比べると

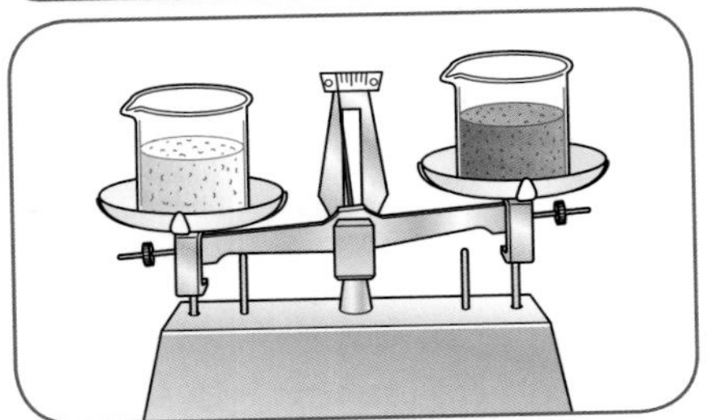

食塩のほうが重い。

食塩と砂糖を比べると

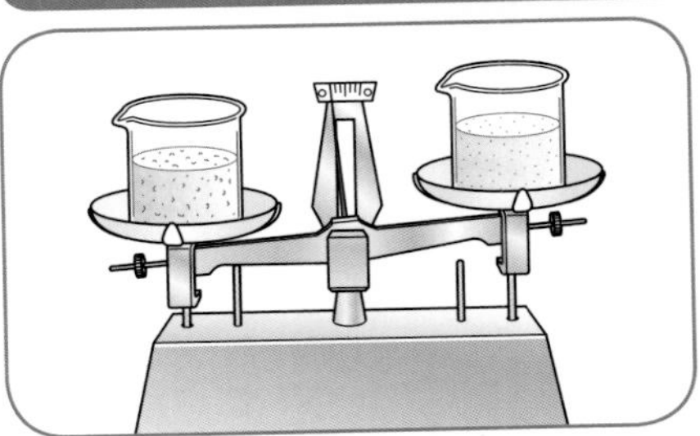

食塩のほうが重い。

同じ体積でも重さはそれぞれちがうのですね！

バル〜ン，
がんばる〜ん

空気は小さくなるの？

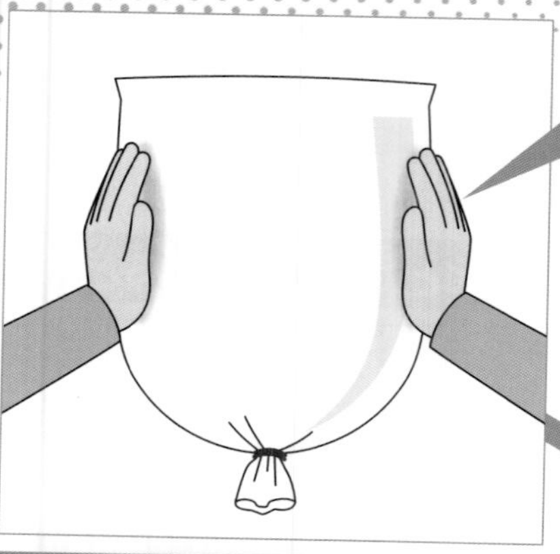

空気を入れたふくろを手でおしてみるとふくろはへこむ。

さらに強くおすとふくろはもっとへこむ。

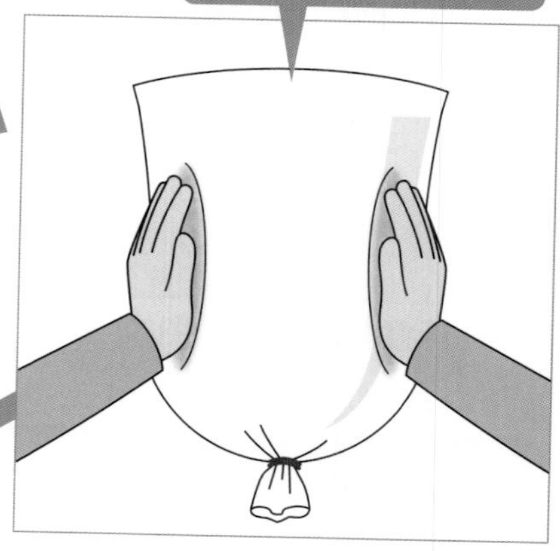

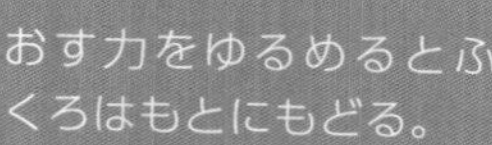
おす力をゆるめるとふくろはもとにもどる。

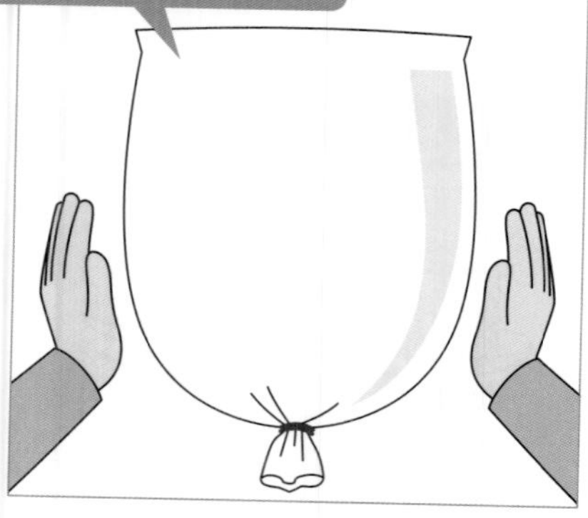

ふくろを強くおすほど手ごたえは大きくなりますね。

閉じこめた空気は
- **おし縮めることができる!**
- **もとの体積にもどろうとする!**

★ふくろの中の空気はこうなっている!

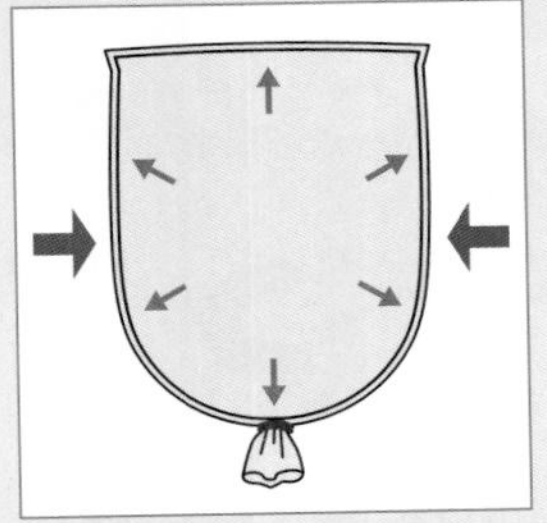

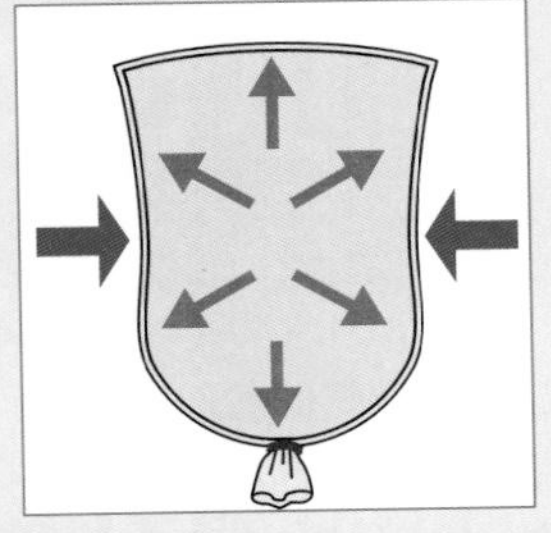

ふくろの外から力が加わると，ふくろの中の空気が動き回れる空間が小さくなるので，空気がふくろにぶつかる割合(わりあい)が大きくなる。これが手ごたえが大きくなる理由なのよ。

電車やバスには空気バネが使われている!

空気の性質(せいしつ)を利用(りよう)した空気バネを使うことによって，走行中に感じるゆれを少なくしている乗り物もあります。また，路線バスでは，乗り降(お)りするときは空気バネの中の空気をぬいて車両の高さを低(ひく)くして乗り降りしやすくしているものもあります。

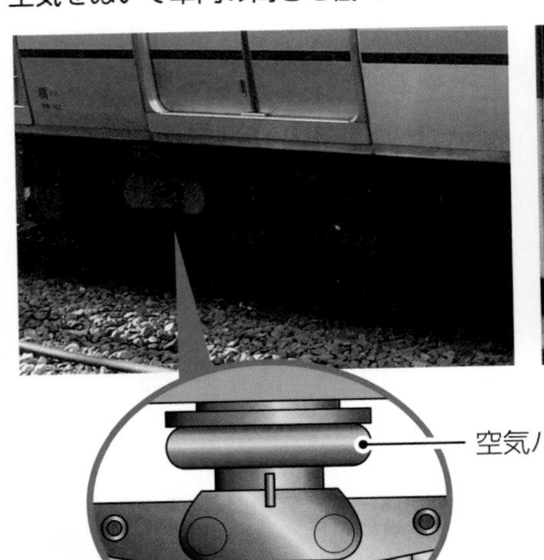

入口
S-4479

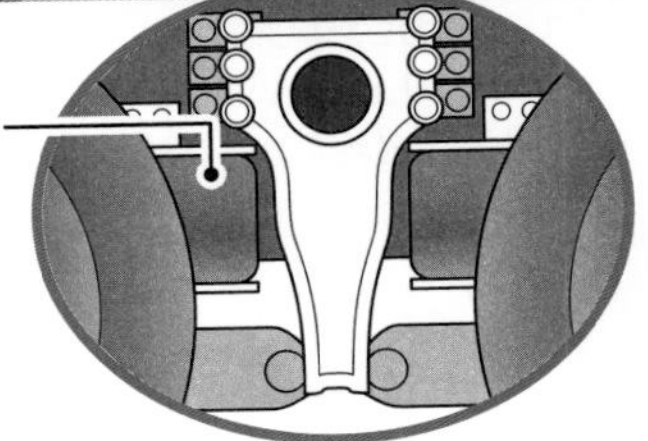

空気バネ

おしっ！縮めるぞ！

水は小さくなるの？

閉じこめた空気はおし縮めることができたね。じゃあ，水はどうかしら？

水も空気と同じようにおし縮めることができると思います。

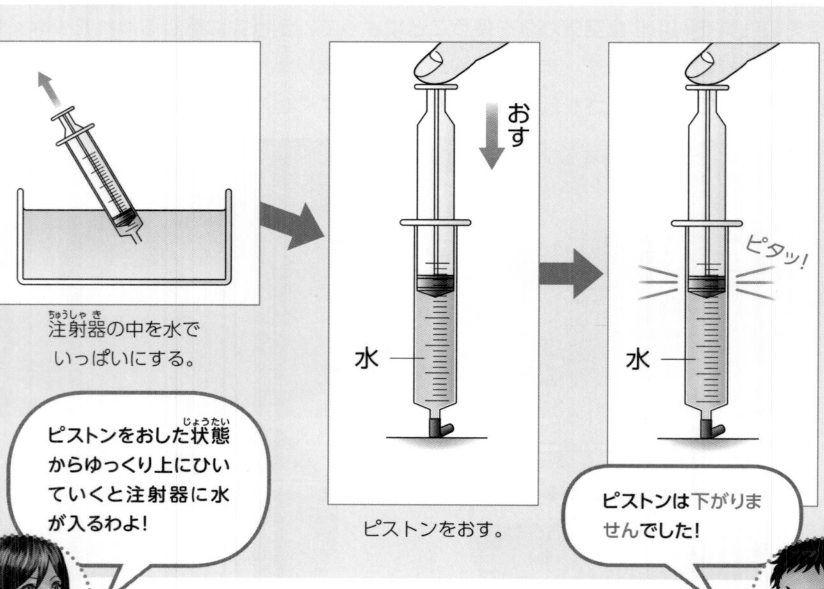

おす
ピタッ！
水
水

注射器の中を水でいっぱいにする。

ピストンをおす。

ピストンをおした状態からゆっくり上にひいていくと注射器に水が入るわよ！

ピストンは下がりませんでした！

ピストンが下がらなかったということは…

水はおし縮めることができない!!

空気はおし縮められて，

水はおし縮められないのはなぜ??

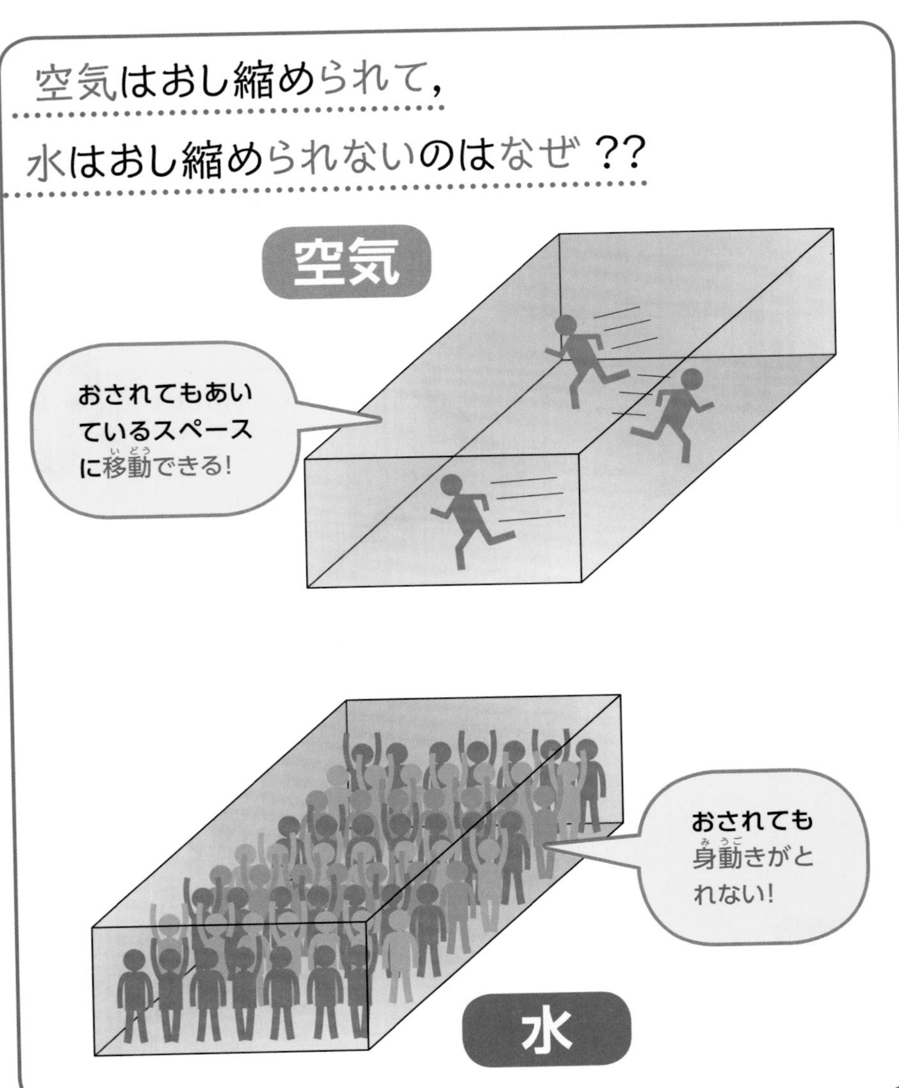
空気
おされてもあいているスペースに移動できる!
おされても身動きがとれない!
水

空気でポーン!

空気でっぽうを作ろう!

用意するもの

- おし棒（つつより長く，つつより細いもの）
- つつ（両はしをあける）
- 輪ゴム
- ティッシュペーパー
- 水

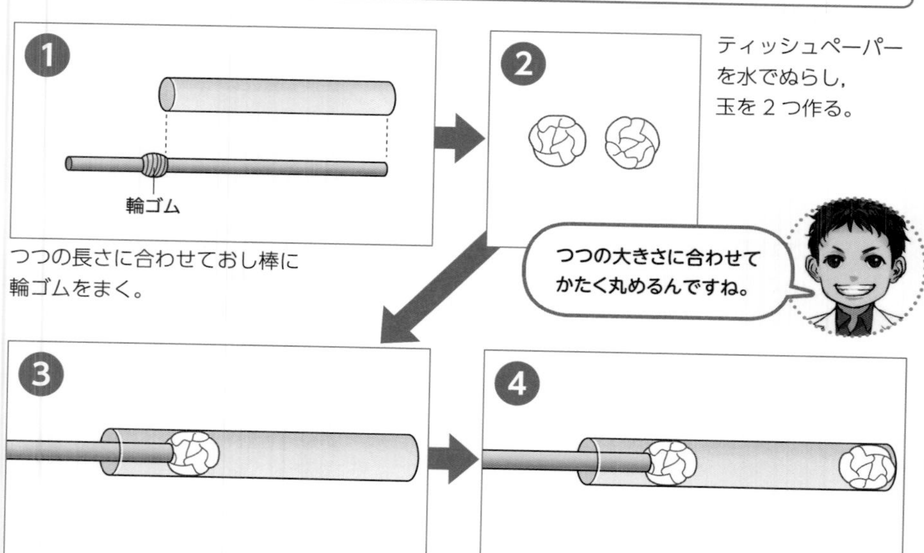
1
輪ゴム
2
3
4
つつの大きさに合わせてかたく丸めるんですね。

1. つつの長さに合わせておし棒に輪ゴムをまく。
2. ティッシュペーパーを水でぬらし，玉を２つ作る。
3. つつに玉を１つつめておし棒で位置を調節する。
4. もう１つの玉をつつの先たんにつける。

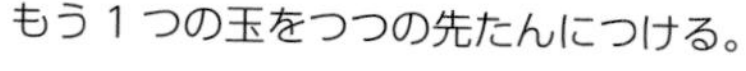

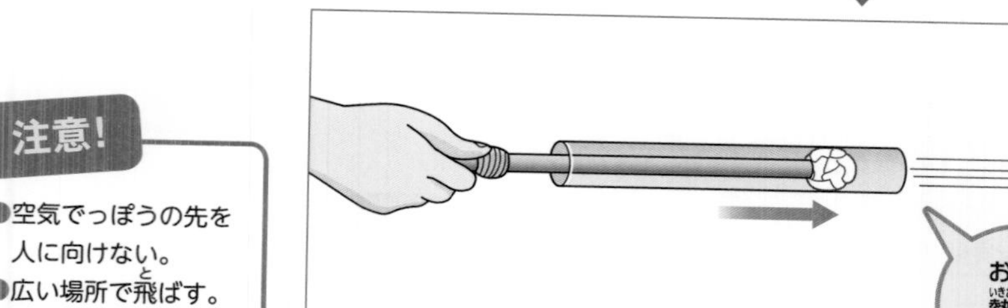
おし棒で玉を勢いよくおして前に飛ばす。

注意!

- 空気でっぽうの先を人に向けない。
- 広い場所で飛ばす。

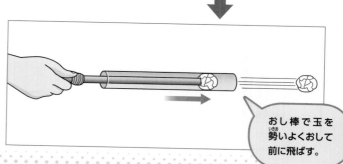

★空気でっぽうをもっと遠くに飛ばそう!

▼玉と玉の間をはなす。

玉と玉の間をはなすと，おし縮（ちぢ）められる空気の体積（たいせき）が大きくなるから遠くに飛ぶのよ。

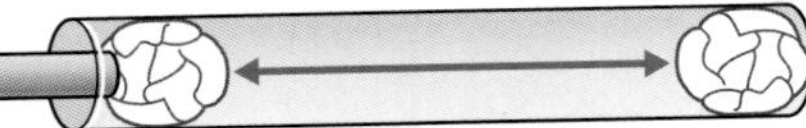

▼おし棒をすばやくおす。

おし棒をすばやくおすと，閉（と）じこめられた空気がいっきにおし縮められるので，遠くに飛ぶのですね。

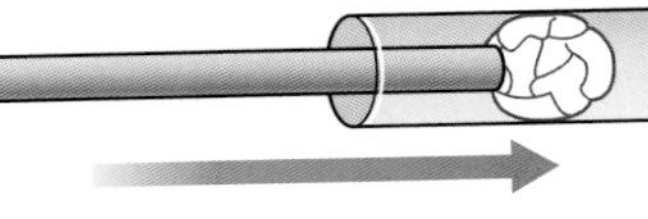

▼玉を厚（あつ）くする。

玉を厚くすると，つつの中の空気がよりおし縮められるので遠くに飛ぶのよ。

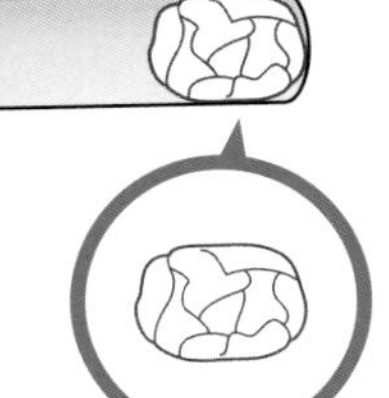

ロケット、
飛んでいけっと!!

ペットボトルロケットを作ろう!

用意するもの

● 1.5L ペットボトル（炭酸飲料用）2個　●カッターナイフ　●ビニールテープ
●ポリエチレンのキャップ　●自転車用空気入れ　●水　●発射台　●発射レバー

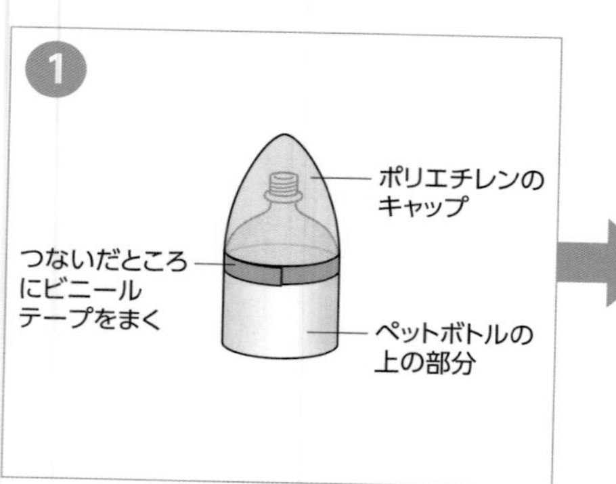
1
ポリエチレンのキャップ
つないだところにビニールテープをまく
ペットボトルの上の部分

ペットボトルの上の部分を切り取り，ポリエチレンのキャップをかぶせる。

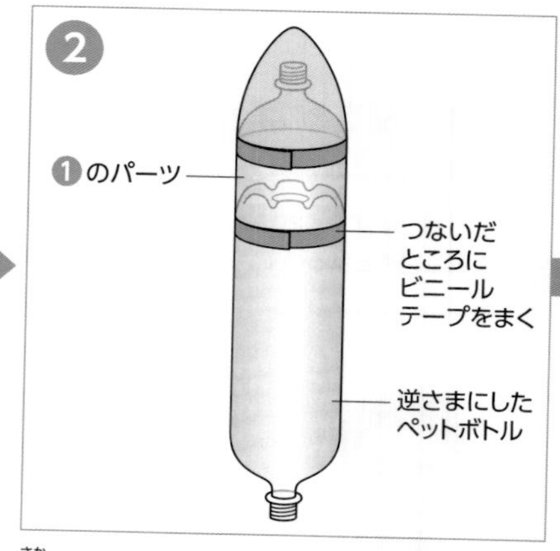
2
1のパーツ
つないだところにビニールテープをまく
逆さまにしたペットボトル

逆さまにしたペットボトルにつなぐ。

ペットボトルロケットのしくみ

ペットボトルロケットに空気をできるだけたくさん入れることにより，ペットボトルに入れた空気が水をおし出します。

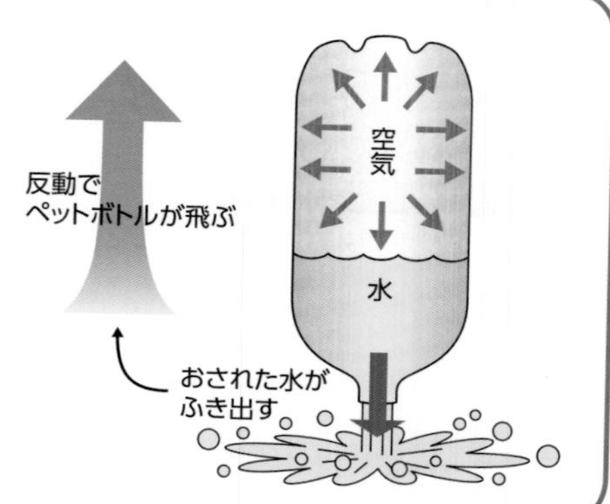
空気
水
反動でペットボトルが飛ぶ
おされた水がふき出す

注意!

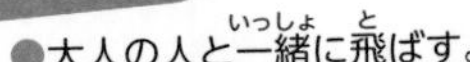

●大人の人と一緒(いっしょ)に飛(と)ばす。
●広い場所でまわりに人がいないか確認(かくにん)して飛ばす。

発射!!

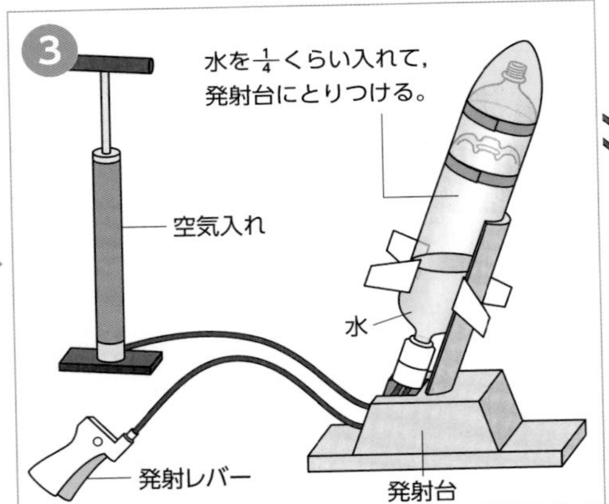
3
水を$\frac{1}{4}$くらい入れて，
発射台にとりつける。
空気入れ
水
発射レバー
発射台

空気入れでペットボトルの中に空気を十分に入れて発射レバーをにぎり，ロケットを飛ばす。

ペットボトルを遠くに飛ばすには，水の量(りょう)が大事！

ペットボトルからふき出る水はペットボトルを飛ばす力になります。水の量が多すぎても少なすぎてもペットボトルを遠くに飛ばすことができません。

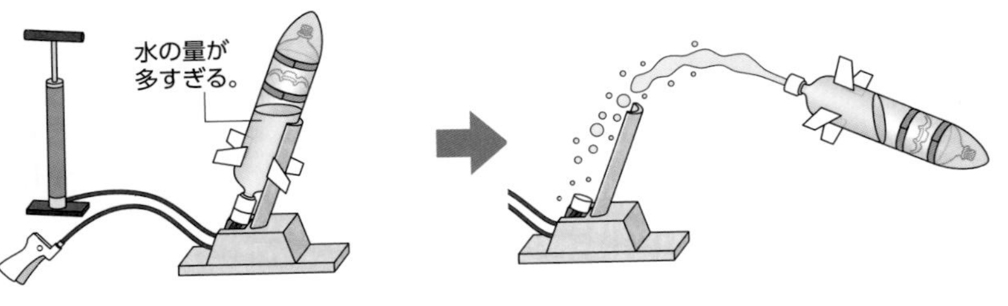
水の量が
多すぎる。

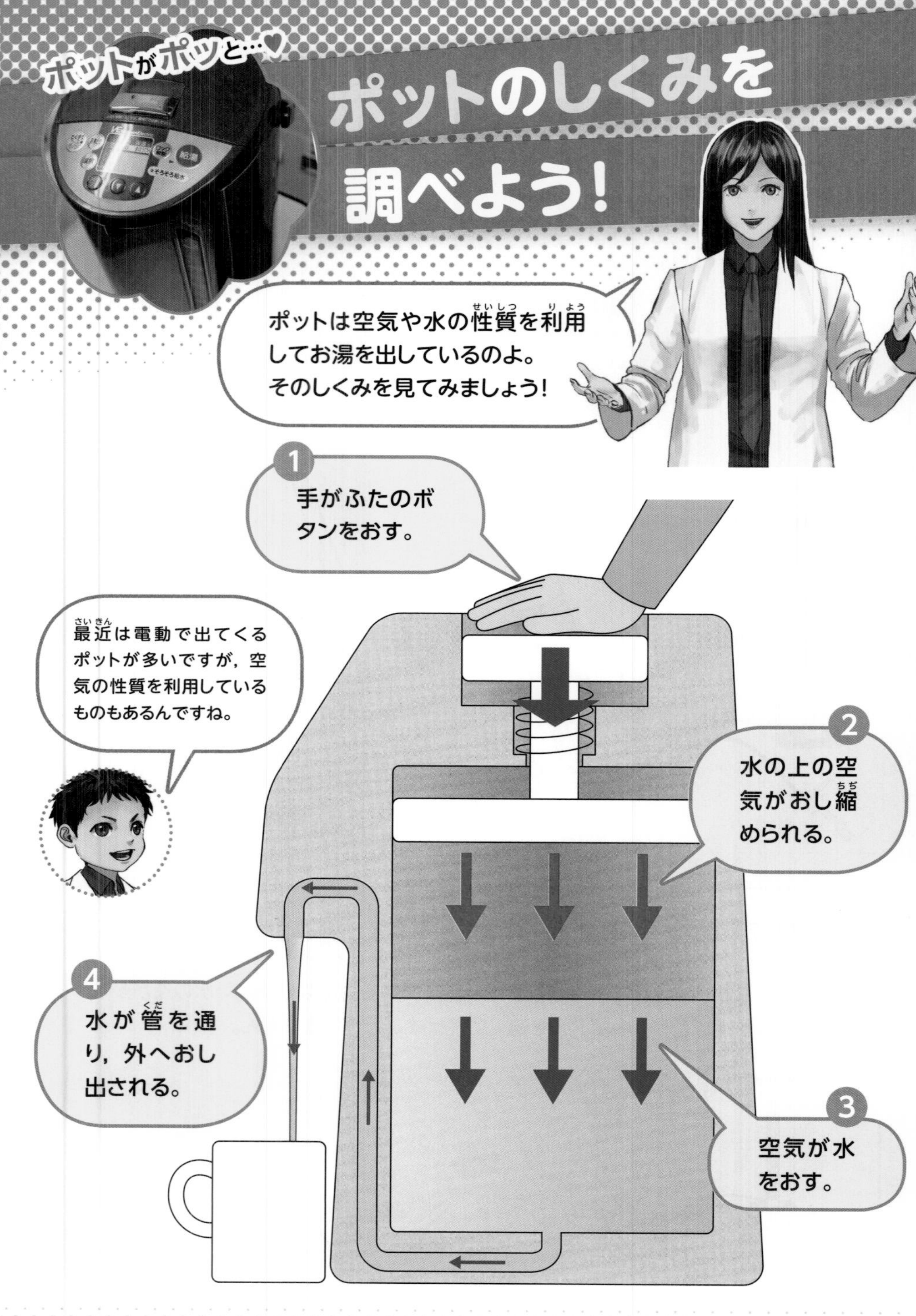
ポットがポッと…♥
ポットのしくみを調べよう!
ポットは空気や水の性質を利用してお湯を出しているのよ。そのしくみを見てみましょう!
1
手がふたのボタンをおす。
最近は電動で出てくるポットが多いですが，空気の性質を利用しているものもあるんですね。
2
水の上の空気がおし縮められる。
4
水が管を通り，外へおし出される。
3
空気が水をおす。

おこらないで
こおらせて♥

氷が水にうくのはなぜ？

★入れ物に水を入れてこおらせてみよう！

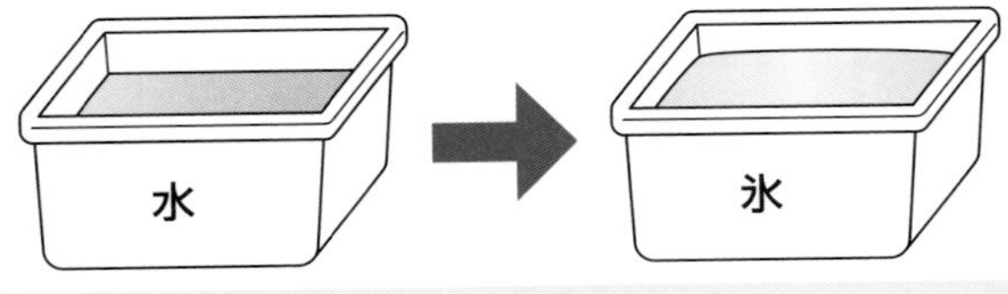
水
氷

氷になると体積が大きくなりました！

重さは同じだけど体積はちがう！

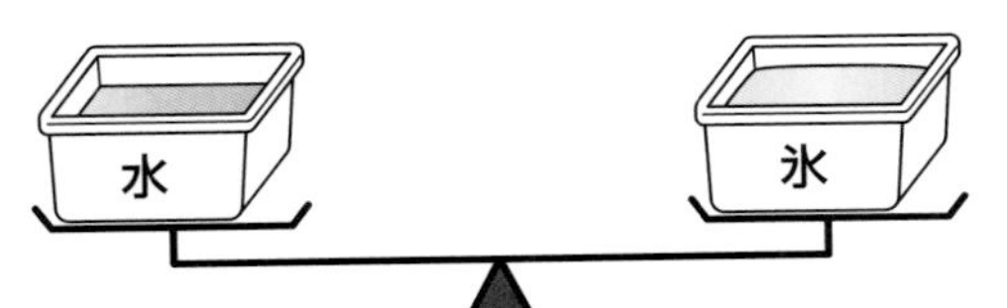
水
氷

氷のほうが軽いから水にうくのよ。

同じ体積だと水より氷のほうが軽い！

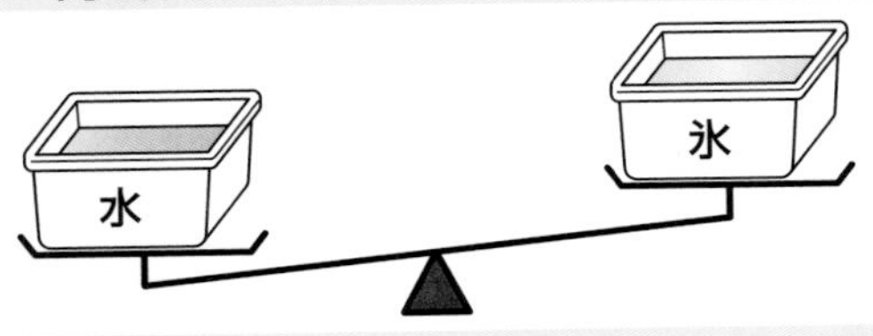
水
氷

氷山ってどんなもの？

南極や北極にある氷山は水がこおったものです。水面から出ているのはほんの一部で，海の中には氷山の 85 ～ 90%がかくれています。

フランスで買った
フラスコ

あたためると体積(たいせき)はどうなるの？

用意するもの
●丸底(まるぞこ)フラスコ　●ガラス管(かん)　●ゴムせん　●容器(ようき)　●色水　●水
●湯（60～70℃）　●金属(きんぞく)の玉　●輪(わ)　●ガスバーナー

★空気をあたためてみよう！

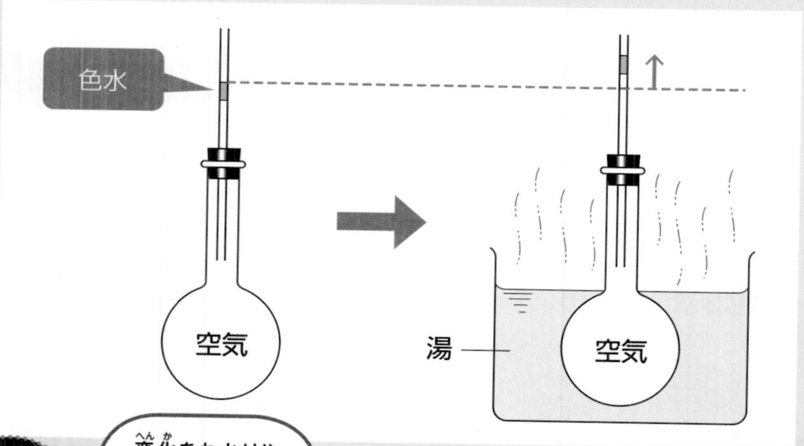

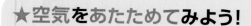

色水
空気
湯
空気

変化(へんか)をわかりやすくするために，色水を使うわよ。

あたためると色水が上に動きました。空気の体積が大きくなったんですね！

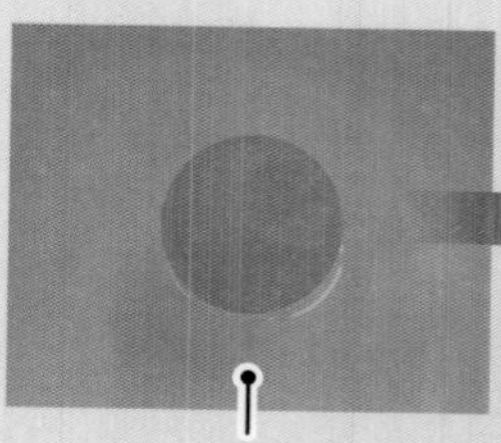

湯

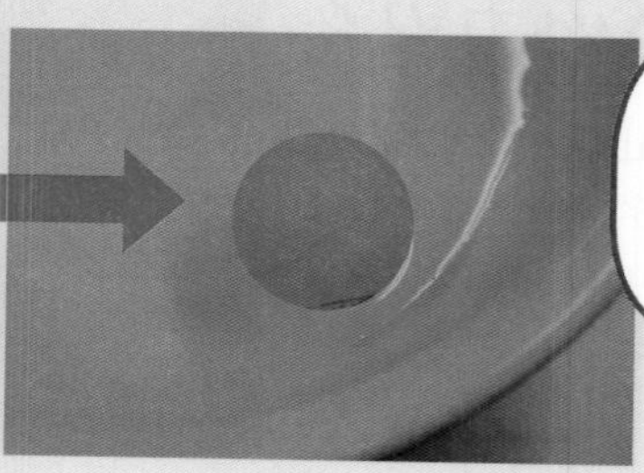

つぶれてへこんでしまったピンポン玉を湯であたためると，へこみがなくなりました！

★水をあたためてみよう!

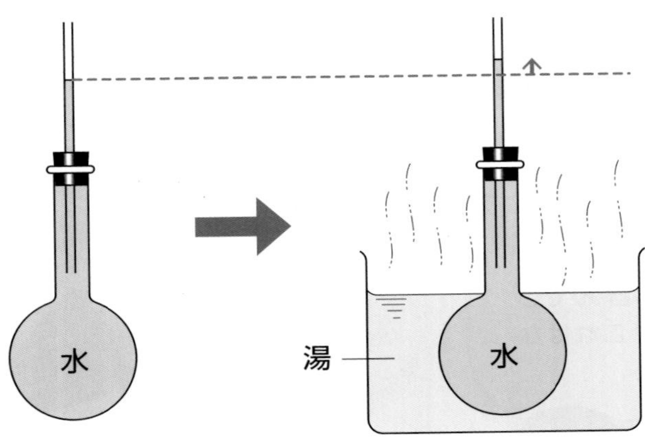

水
湯
水

水面が上がったけど，空気のときより変化が小さいですね。

水面の変化は丸底フラスコに空気を入れたときより小さいね。それは，空気より水のほうが温度による体積の変化が小さいからなのよ。

★金属をあたためてみよう!

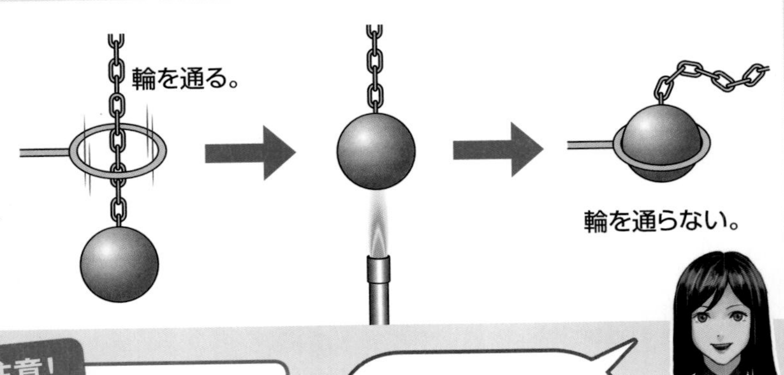

輪を通る。
輪を通らない。

注意!

熱(ねっ)した金属の玉は熱(あつ)くなっているので，さわらないようにする。

金属の体積もあたためると大きくなることがわかったわね。

ビーチボールがしぼんでしょぼーん

温度による空気や水の体積の変化

砂浜に置いていたビーチボールを海水につけると，少ししぼんでしまいました。これはなぜですか？

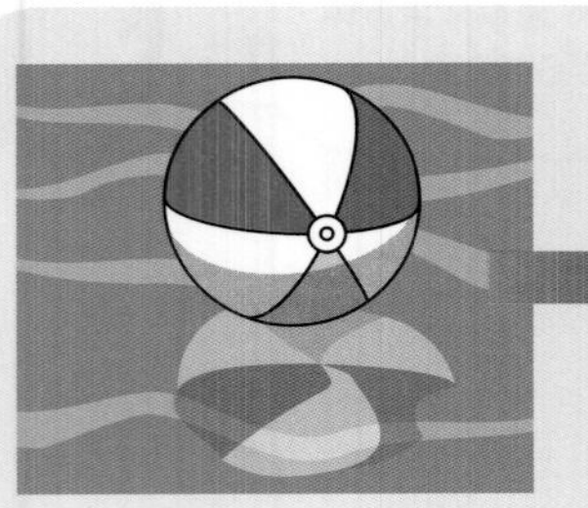

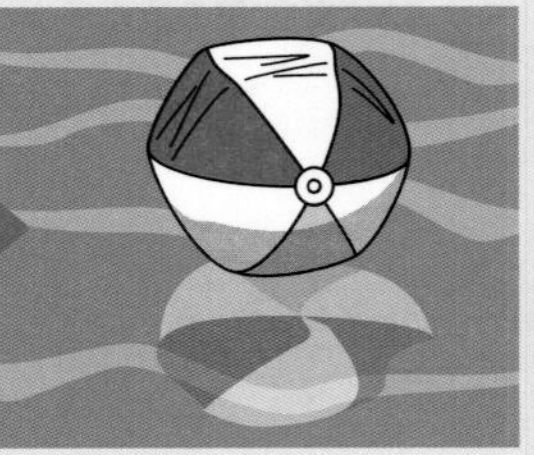

ビーチボールの中の空気が冷やされて体積が小さくなったからしぼんだのよ！

砂浜に置くと…

今度はビーチボールの中の空気があたためられて体積が大きくなったのですね。

ビーチボールに空気をいっぱいに入れて砂浜にしばらく置いておくと，穴があいたり破れつしたりする場合があるから，空気の入れすぎには注意してね。

やかんに水をいっぱいに入れてわかすと，やかんからお湯がふき出しました。これはなぜですか？

ふっとうしているときに出るあわや，水の体積が大きくなることでお湯があふれてしまったのよ。

温度計はどうやって温度をはかっているの？

温度計の液だめは管とつながっており，液だめには灯油などに色をつけた液が入っています。液だめがあたたまると，体積が大きくなり管の中の液が上がります。また，液だめが冷えると，体積が小さくなり管の中の液が下がります。このようにして，温度計は温度をはかっています。

温度計は，液体の温度による体積の変化を利用しているのですね。

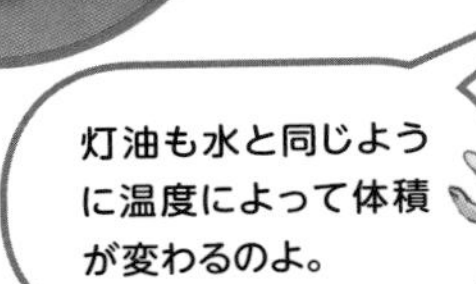
灯油も水と同じように温度によって体積が変わるのよ。

レールがならべられーる!

温度によって金属の体積は変わるの？

▼8月

▼12月

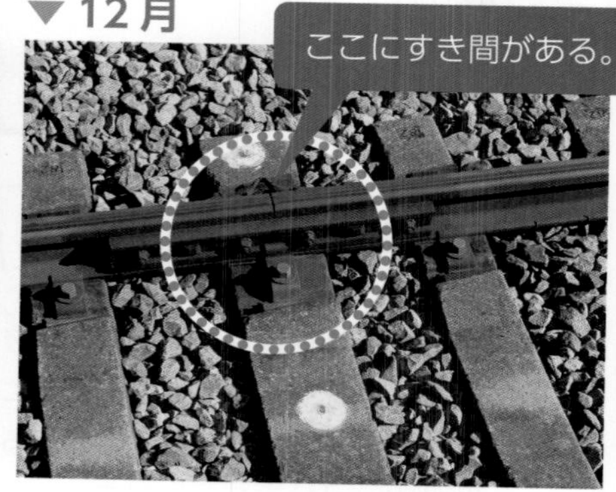
ここにすき間がある。

鉄道のレールは冬のとき，すき間があいていますね。夏のときはあいていなかったのになぜですか？

鉄道のレールは金属でできているの。温度による金属の体積変化が関係しているのよ。

鉄道のレールは，ほとんど鉄でできています。そのため，夏に直射日光でレールがあたためられると，レールはのびて長くなります。レールとレールの間がせまいと，おたがいにおし合って，ずれたり曲がったりして脱線事故の原因となってしまいます。だから，夏にレールがのびることを考え，レールはすき間をあけて並べられています。

レールにあるこのすき間を通るときにガタンゴトンと音がするのですね。

びんのふたが開かなく
なってしまいました。
どうしたらいいですか？

びんを冷蔵庫に入れておくと，ふたが縮んで開きにくくなることがあります。

縮む

びんのふたは金属でできているから，湯であたためると体積が大きくなって開きやすくなるのよ。

あたためてみた
ら開きました！
よかった〜。

線こう，においませんこう

ものはどのようにあたたまるの？

用意するもの
●線こう　●電熱器　●金属の板　●ろうそく
●ガスコンロ　●スタンド　●試験管　●ふっとう石
●水　●示温テープ　●プラスチックの板

注意！
やけどしないように気をつける。

★空気のあたたまり方を調べよう！

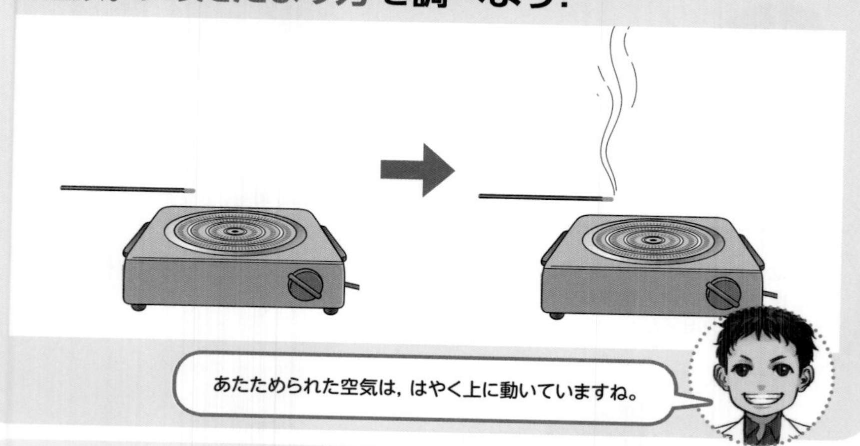

あたためられた空気は，はやく上に動いていますね。

★金属のあたたまり方を調べよう！

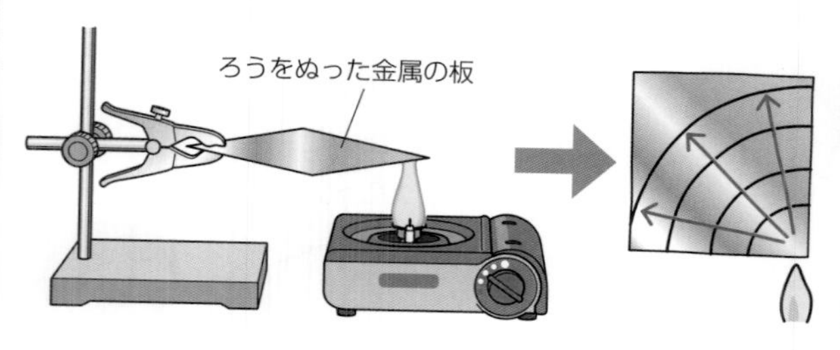
ろうをぬった金属の板

金属は，熱したところから順にあたたまっていくのよ。

★水のあたたまり方を調べよう！

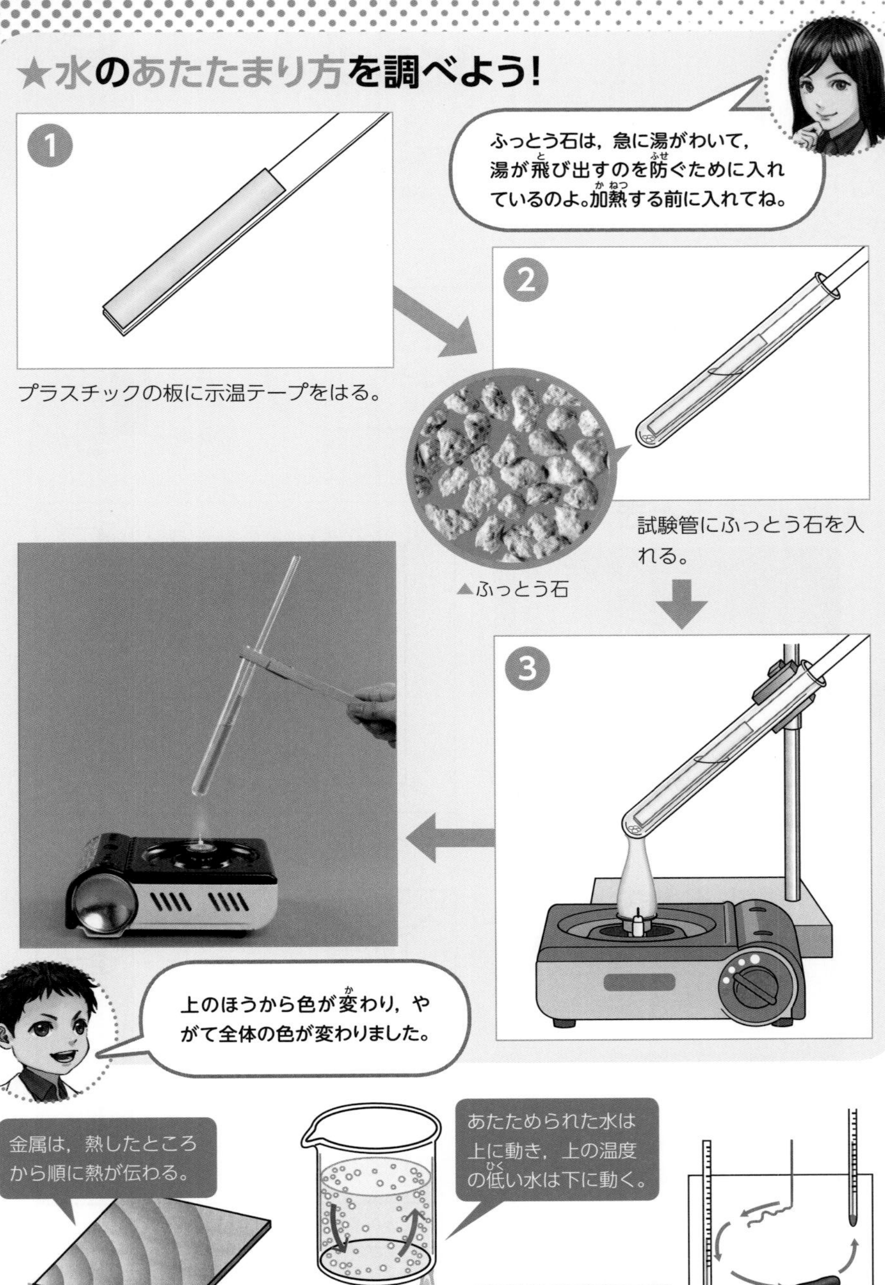
ふっとう石は，急に湯がわいて，湯が飛び出すのを防ぐために入れているのよ。加熱する前に入れてね。
1
2
3
上のほうから色が変わり，やがて全体の色が変わりました。
金属は，熱したところから順に熱が伝わる。
あたためられた水は上に動き，上の温度の低い水は下に動く。
あたためられた空気は上のほうに動く。
炭火

プラスチックの板に示温テープをはる。

試験管にふっとう石を入れる。

▲ふっとう石

気球に
胸キュン♥

空気はどのようにあたたまるの？

エアコンで部屋の温度を調節するには，ふき出し口をどの向きにすればよいか考えてみよう！

★暖房するとき

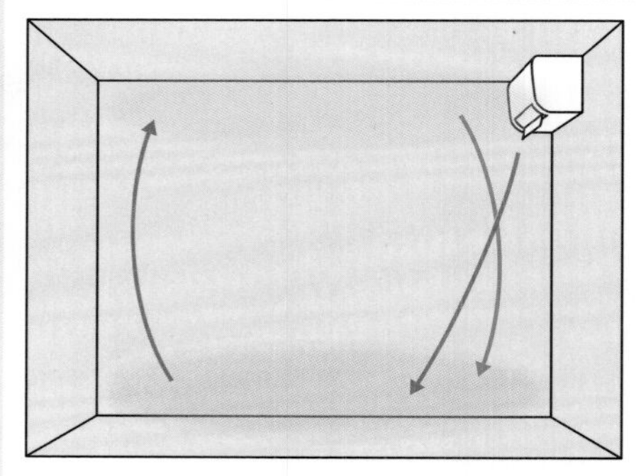

あたためられた空気は上に動くのでしたね！

★冷房するとき

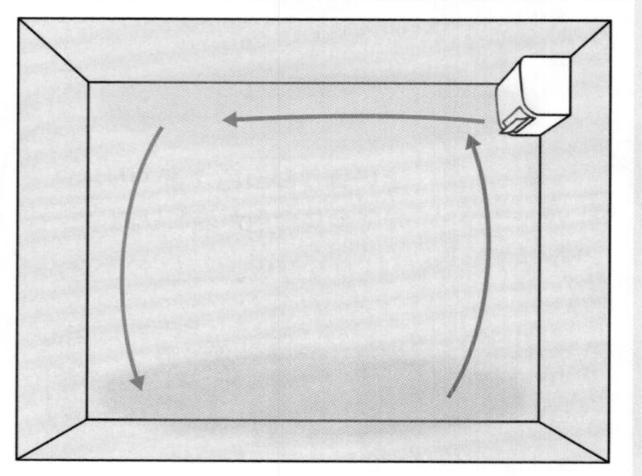

冷やされた空気は重いので，下のほうに動くのよ。

暖房するときはふき出し口を下向きに，冷房するときはふき出し口を上向きにすればいいんだ。

★熱気球のしくみを調べよう!

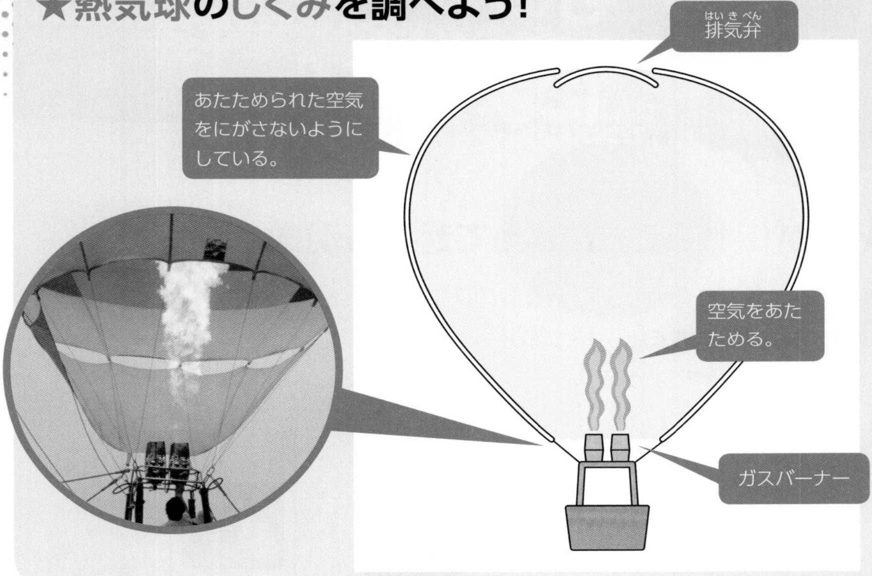

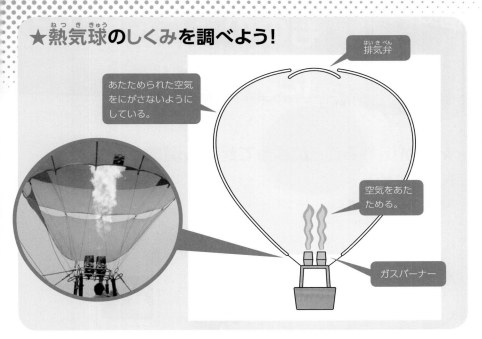

排気弁

あたためられた空気をにがさないようにしている。

空気をあたためる。

ガスバーナー

熱するのをやめると少しずつ下がるのよ。

熱気球は，あたためられた空気が上に動く性質を利用しています。気球の中の空気を熱すると空気があたたまって気球は上がります。下がるときは，気球の上にある排気弁を開いて，あたたかい空気をにがします。

飛ぶ高さはどのように調節するのですか?

空気をあたためたり，あたためた空気をにがしたりして調節しているのよ。

変化しまへんか？

もののあたたまり方による変化

★熱が伝わることによって起こる現象

熱い飲み物を入れたカップに金属製のスプーンを入れたままにしておくと，持つ部分も熱くなります。これは飲み物によってスプーンがあたためられ，はしまで熱が伝わったからです。

なべやフライパンも熱すると，熱していないところも熱くなるわね。

★サーモスタット

サーモスタットはスイッチを自動的に開閉する装置です。サーモスタットには，バイメタルという２種類の金属をはり合わせたものが使われています。金属には温度が高くなるとのびる性質があります。バイメタルに使われている２種類の金属は，こののびる度合いが異なるため，一定の温度以上になると，片側の金属のほうののびが大きくなって曲がり，スイッチが切られます。スイッチが切れて冷えると，バイメタルはもとにもどり，スイッチが入ります。

▼バイメタルのしくみ

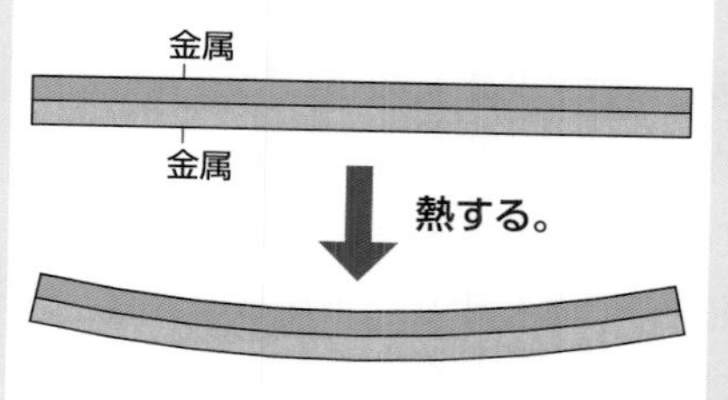
金属
金属
熱する。

▼オーブントースターのサーモスタット

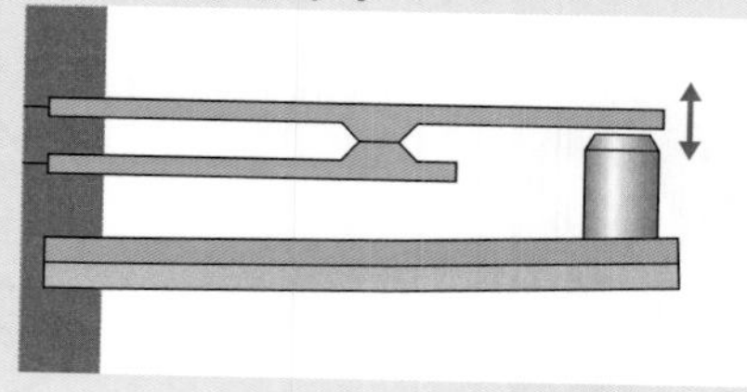

★示温シール

示温シールは，温度によって色が変化するシールです。これを金属板にはって加熱すると，熱の伝わり方を色の変化で確かめることができます。

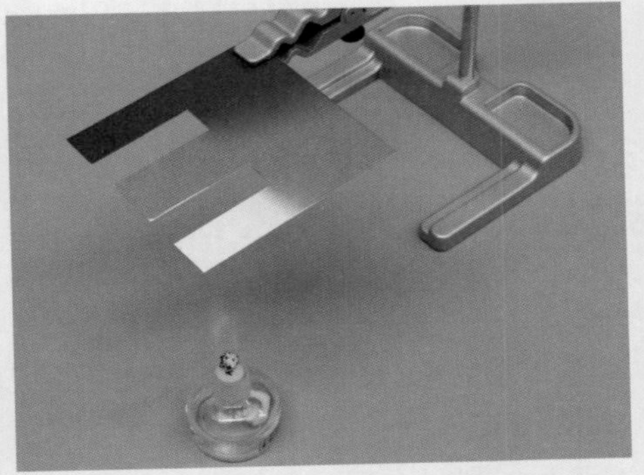

暗紫→（30℃）→紫→（45℃）→赤→（60℃）→白

★示温インク

示温インクは，温度によって色が変化するインクです。示温インクを混ぜた水を熱すると，水のあたたまり方を色の変化によって知ることができます。

示温インクは40℃以下で青色，40℃以上でピンク色になります。

★消せるボールペン

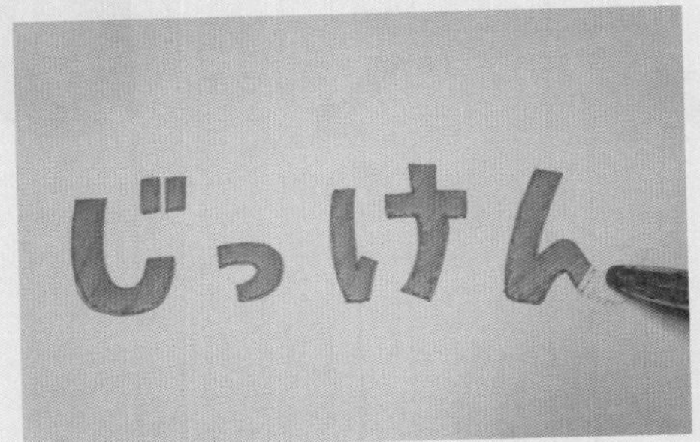
じっけん

消せるボールペンは，温度によって色が変化するインクを使用しています。消せるボールペンのインクの多くは，65℃以上で色が消え，－20℃以下で色が再び出るしくみになっています。

熱せられるのは
こおりごり

氷は熱するとどうなるの？

用意するもの

- 氷
- ビーカー
- ふっとう石
- ストップウォッチ
- ガスコンロ
- 温度計
- スタンド

注意！

- 温度計の先をビーカーの底につけない。
- 湯がふき出すと危険なので，熱しているときにビーカーを上からのぞきこまない。
- 実験器具は冷めるまでさわらない。

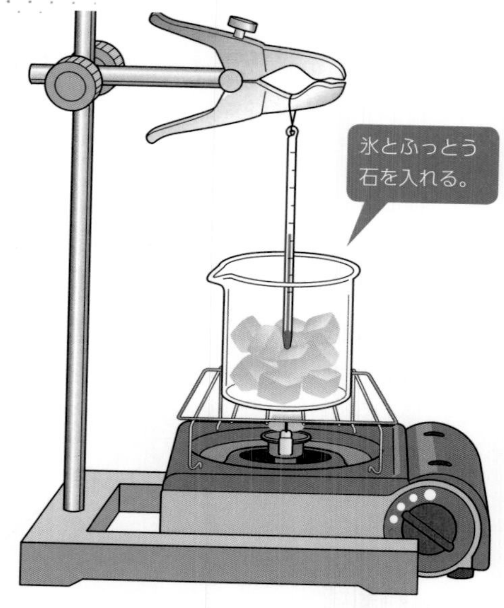
氷とふっとう石を入れる。

氷がとけ始めて水になってきている。

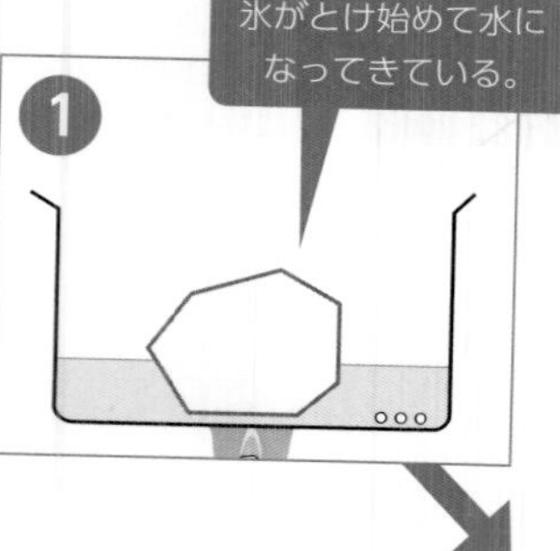
1

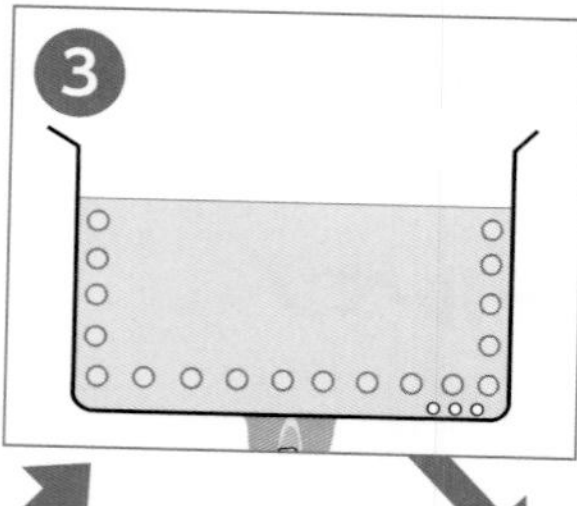
3

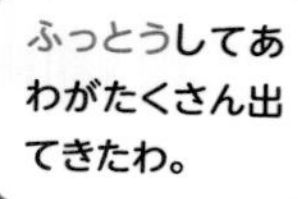
ふっとうしてあわがたくさん出てきたわ。

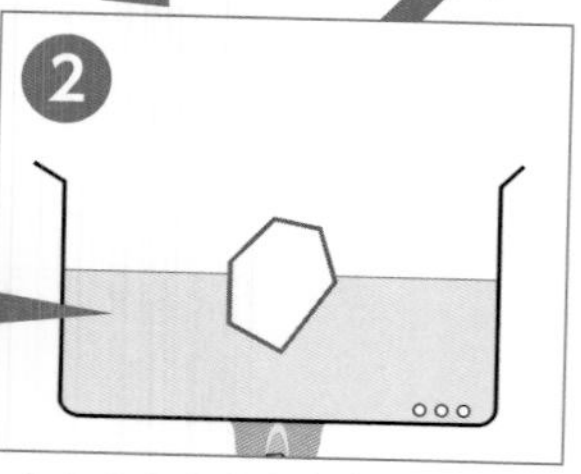
2

だんだん氷が小さくなって水が多くなっている。

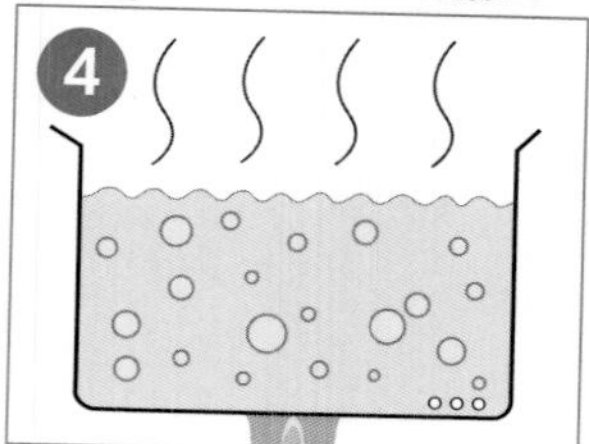
4

★氷を熱したとき

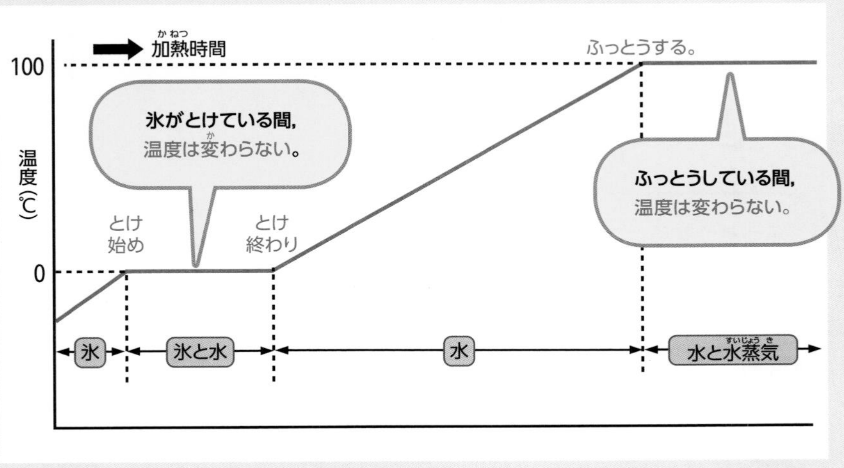

加熱時間
100
0
温度(℃)
ふっとうする。
氷がとけている間，
温度は変わらない。
ふっとうしている間，
温度は変わらない。
とけ
始め
とけ
終わり
氷
氷と水
水
水と水蒸気

氷がとけ始める温度は 0℃で，水がふっとうし始める温度は100℃と決まっているの。

水を冷やしていったときは下のようになりました！

★水を冷やしたとき

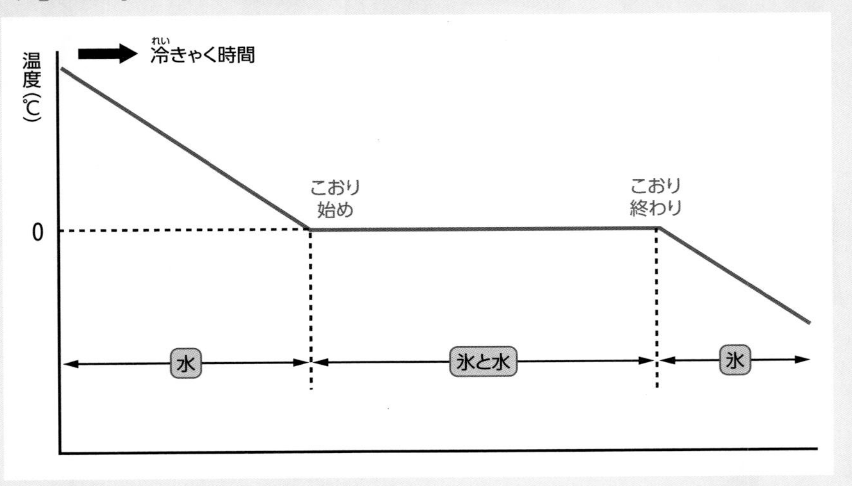

冷きゃく時間
温度(℃)
0
こおり
始め
こおり
終わり
水
氷と水
氷

ふっとうした水が
人気ふっとう！

身のまわりのものの すがたの変化

ふっとうするときの温度は，物質によって決まっているのですね。

▼物質がふっとうするときの温度

酸素	－183℃
エタノール	78℃
塩化ナトリウム（食塩）	1413℃
鉄	2863℃

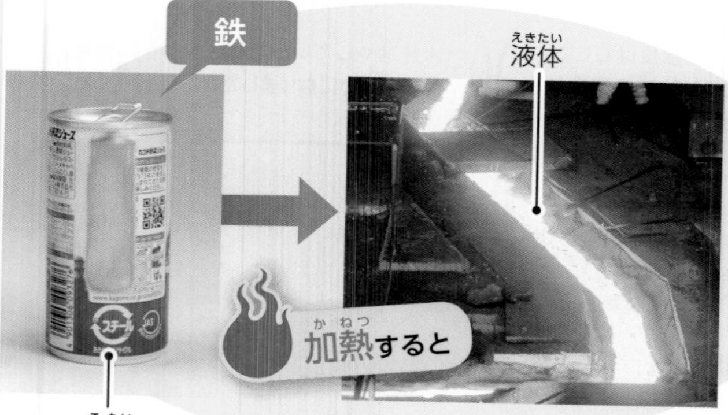
鉄
液体
加熱すると
固体

空きかんを再利用するときは，鉄をとかして液体にするのよ。

身のまわりでは気体の酸素やちっ素も，冷やせば液体になるのよ。

酸素

ちっ素

★液体ちっ素を使って実験してみよう!

身のまわりでは気体になってしまい保管できないので，保存容器に入れている。

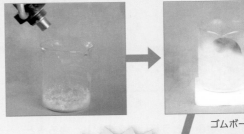

ゴムボールを液体ちっ素に入れる。

ゴムボールが
粉々になる。

液体ちっ素の温度は－196℃以下なので，物質の温度を一瞬で下げてしまうの。ゴムボールはこおったからたたくと粉々になったのよ。液体ちっ素をあつかうときは直接ふれないように気をつけてね。

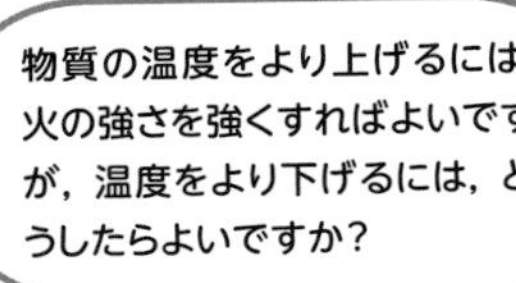

物質の温度をより上げるには，火の強さを強くすればよいですが，温度をより下げるには，どうしたらよいですか？

氷で温度を下げるときは，氷に食塩を入れればより温度を下げることができるのよ。

氷に食塩を混ぜると，なぜ温度が下がる？

氷だけでは試験管の水をこおらせることはできません。氷に食塩と水を混ぜたものを加えると，－20℃くらいまで温度を下げることができます。氷はとけるとき，まわりから熱をうばい温度を下げます。氷に食塩を混ぜると，氷がとける速さがまし，まわりからどんどん熱をうばいます。また，水に食塩がとけるときにもまわりから熱がうばわれるので，温度は0℃以下になります。

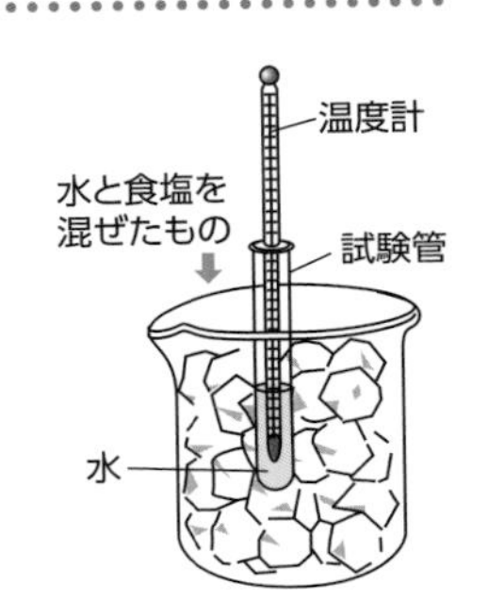
温度計
水と食塩を混ぜたもの
試験管
水

あわが出るけど
あわてるな！

ふっとうする水から出るあわの正体は何だろう？

用意するもの

- ビーカー
- ふっとう石
- スタンド
- ろうと
- ガスコンロ
- 金あみ
- ポリエチレンのふくろ
- 輪ゴム
- 水

注意！

ポリエチレンのふくろがとけてしまうので，ふくろをほのおに近づけないようにする。

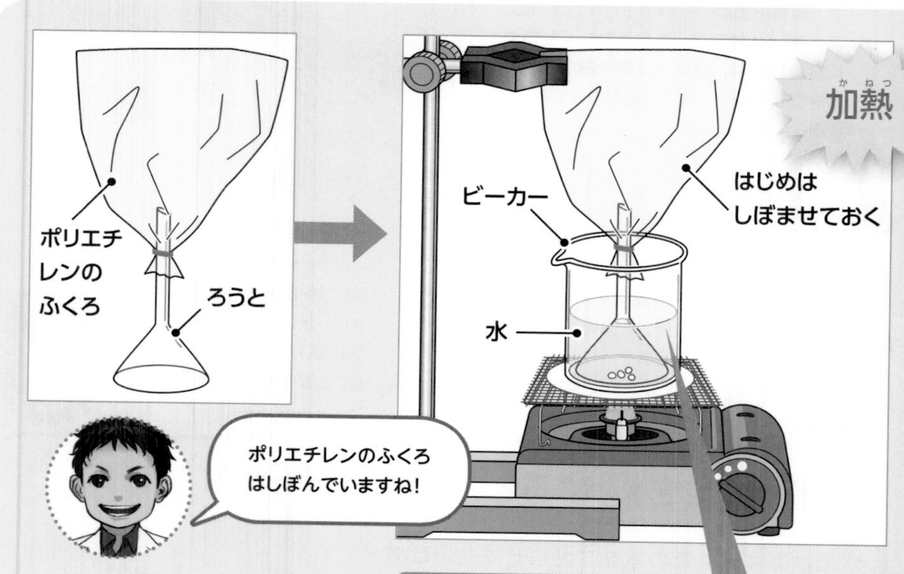

ポリエチレンのふくろ
ろうと
ビーカー
水
加熱
はじめはしぼませておく
ポリエチレンのふくろはしぼんでいますね！

熱する前のビーカーの水面の位置に印をつけると，加熱後，水の量がどうなるかわかりやすくなる。

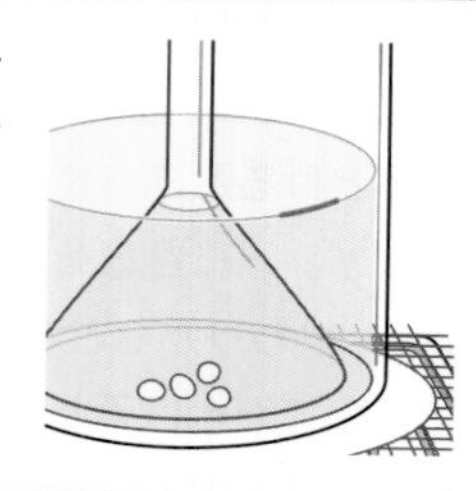

ふっとう中

加熱をやめると…

くもる。

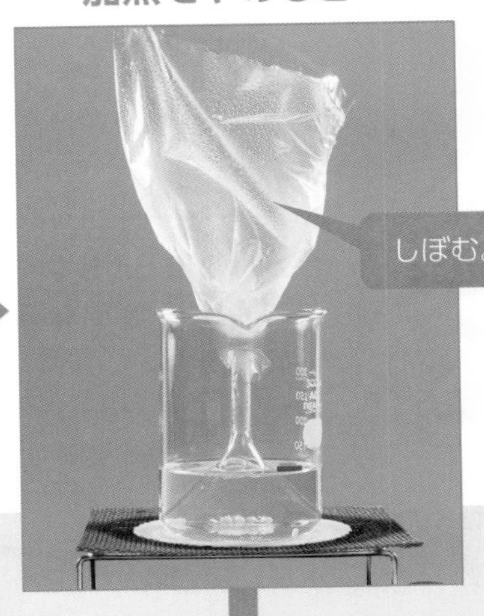
しぼむ。

ビーカーの水が減って，ポリエチレンのふくろの中には水がたまっていました!

ふくろの中に残ったものは…

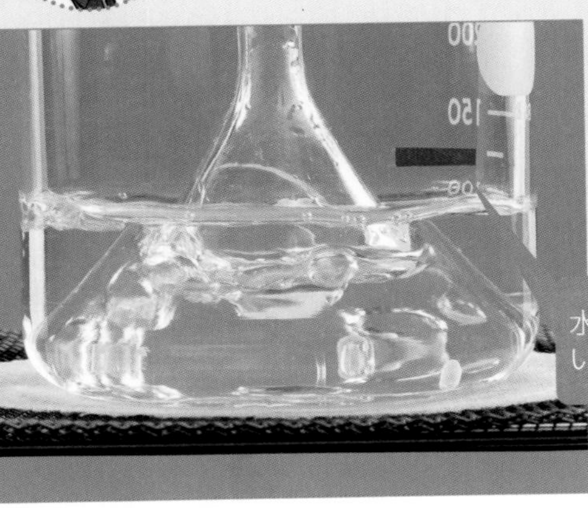
水が減っている。

ふっとうする水から出るあわの正体は「水」が気体にすがたを変えたもの（水蒸気）なの。

蒸発するじょ～!

水の蒸発とかんしつ計のしくみ

水はふっとうしなくても水蒸気になるのですね。

水が水蒸気になることを蒸発というのよ。

「せんたくものがかわく」「水たまりの水がいつの間にかなくなっている」のも，水がその表面から蒸発し，空気中に出て行ったために起こる現象です。

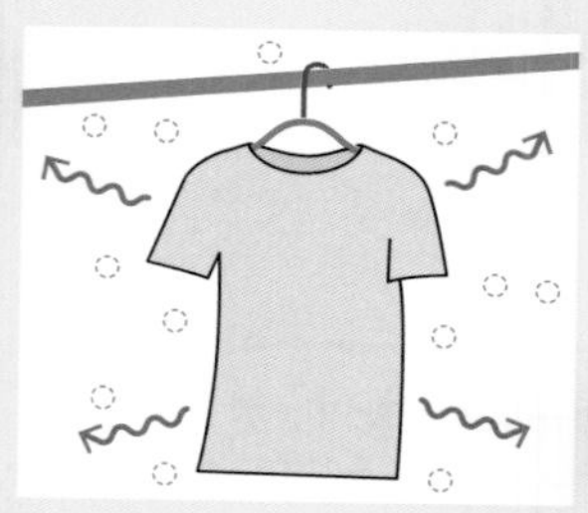

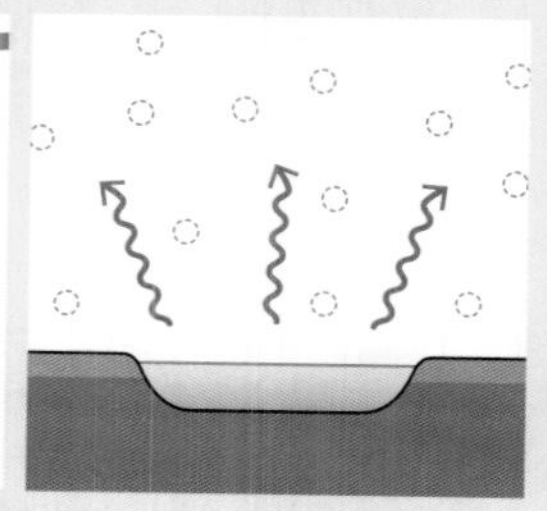

かんしつ計

かんしつ計は，かん球温度計としめらせたガーゼで球部を包んだしっ球温度計の2本の温度計を用いて，しつ度をはかる装置です。球部を包んだガーゼの表面から水が蒸発するときにまわりから熱をうばうので，しっ球温度計の示す値はかん球温度計の示す値より低くなります。かんしつ計のそれぞれの示度としつ度表を用いて，しつ度を求めます。

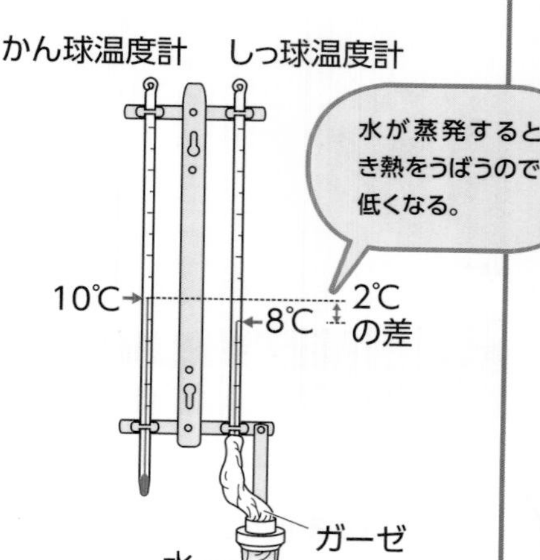
かん球温度計
しっ球温度計
水が蒸発するとき熱をうばうので低くなる。
10℃
8℃
2℃の差
ガーゼ
水

温度計やしつ度計には，針で示される形のものもありますね。このような形の温度計やしつ度計はどのようなしくみになっているのでしょうか？

0
20
THERMOMETER
-20
40
℃
%
90
10
70
HYGROMETER
50
30

温度計・しつ度計のしくみ

▼温度計

温度によってのび縮みの度合いが異なる金属をはり合わせたもの（バイメタル→ p.156）をうずまきにして，中心に針がとりつけてあります。温度の変化でうずがのびたり縮んだりすることによって，中心の針が回って温度を示します。

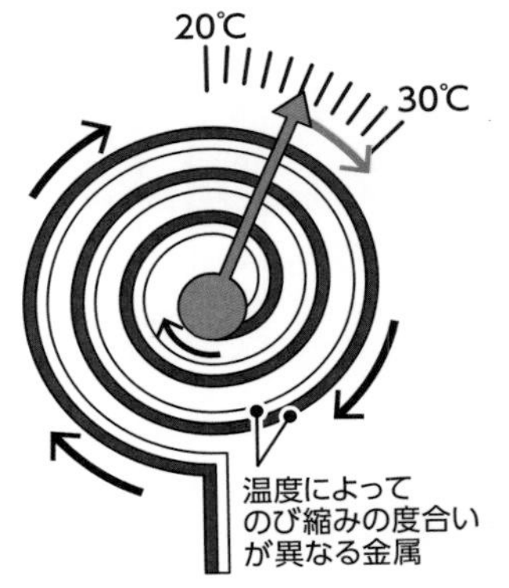
20℃
30℃
温度によって
のび縮みの度合い
が異なる金属

▼しつ度計

しつ度の変化によってのびたり縮んだりする素材（感しつ材）を金属にはり合わせたものをうずまきにして，しつ度の変化で金属が曲がるようにします。温度計と同じように，中心に針がとりつけてあります。しつ度の変化によって，うずがのびたり縮んだりすることによって，中心の針が回ってしつ度を示します。

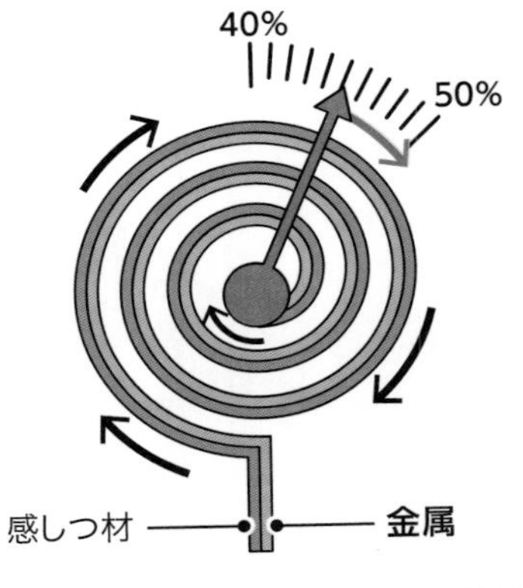
40%
50%
感しつ材
金属

水てき，ステキ♥

冷やしたコップの外側に水てきがつくのはなぜ？

用意するもの　●ビーカー（コップ）　●氷　●水

コップの表面に
水てきがつく。
コップに氷と水を入れる。

ビーカーの外側に水てきがつきました。この水はどこからきたのですか？

ビーカーの外側についた水てきは，空気中の水蒸気が冷やされて，水になったものなの。

冷蔵庫などでよく冷やしたコップを外に置いても，同じように外側に水てきがつくよ。やってみよう！

▼ダイヤモンドダスト

▲雪の結晶

「ダイヤモンドダスト」「雪の結晶」「窓ガラスの結ろ」などは，空気中の水蒸気が水や氷にすがたを変えたものです。

▶窓ガラスの結ろ

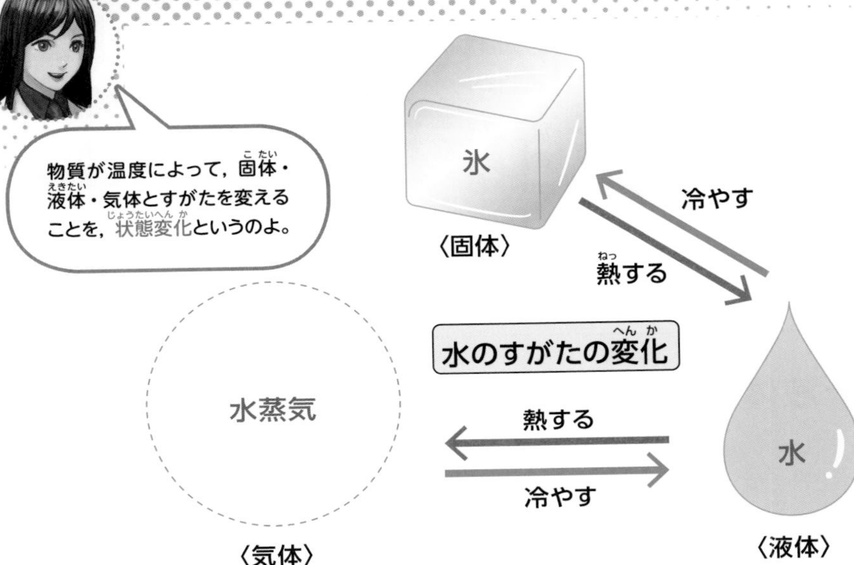
物質が温度によって，固体・液体・気体とすがたを変えることを，状態変化というのよ。
氷
〈固体〉
冷やす
熱する
水のすがたの変化
水蒸気
〈気体〉
熱する
冷やす
水
〈液体〉

部屋のしつ度を下げるしくみ

エアコンの除しつ機能を使うと，空気中にふくまれている水分をとり除くことができます。
エアコンは，水蒸気をたくさんふくんだ部屋の空気を吸いこみます。エアコンの内部ではこの空気から熱をうばって温度を下げます。すると，空気中の水蒸気が水てきに変わるので，その水てきを集め，ホースで部屋の外に出します。水分が少なくなった空気が部屋にもどされるので，部屋のしつ度が下がるのです。

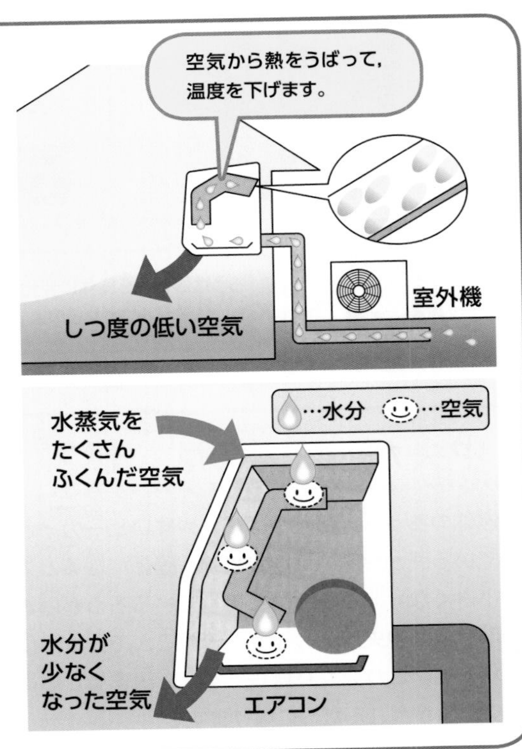
空気から熱をうばって，温度を下げます。
室外機
しつ度の低い空気
…水分
…空気
水蒸気をたくさんふくんだ空気
水分が少なくなった空気
エアコン

液体を冷やしたりあたためたりするとどうなる？

液体のろうを冷やしたろう！

用意するもの　●ビーカー　●液体のろう

★液体のろうを冷やしてみる！

冷やす。

液体

固体

ろうの中央がへこんでいます！

ろうは液体から固体に変化するとき，体積が小さくなるのよ。

中央がへこむのはなぜ？

液体のろうは，熱がうばわれやすいビーカーと接している面から固体になります。固体になると体積が小さくなり，ビーカーと接しているろうが固まった部分に，中央部分のろうが流れこんで，さらに固まります。これをくり返し，すべて固まるころには中央部分がへこんだ形になります。

ビーカーに接した部分から固まるよ！

用意するもの

●ポリエチレンのふくろ　●エタノール　●輪(わ)ゴム　●湯　●トレイ

★液体のエタノールに湯をかけてみる!

1

ポリエチレンのふくろにエタノールを入れる。

2

湯をかける。

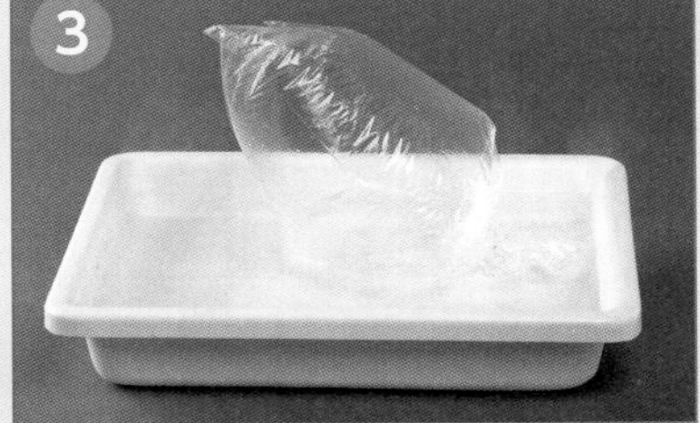
3

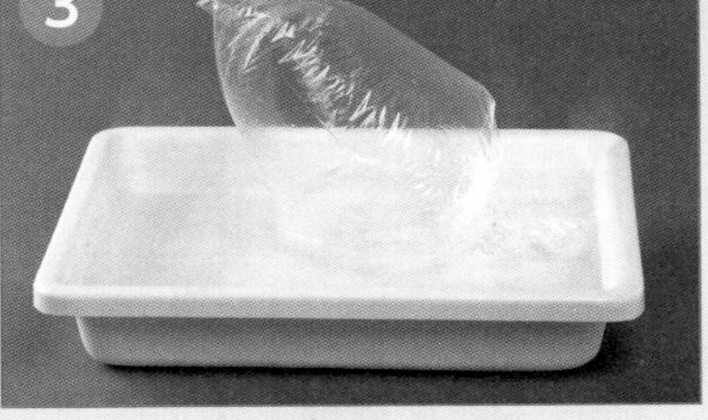

ポリエチレンのふくろがふくらんだのは，エタノールが液体から気体に変化して，体積が大きくなったからよ。

湯をかけると，ポリエチレンのふくろがふくらみました。

冷やす。

4

気体になったエタノールは，冷えるとまた液体にもどるのですね。

固体と交代？
気体に期待！

体積が変化するのはなぜ？

固体

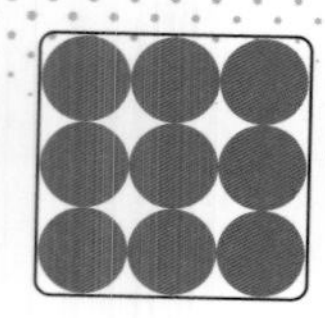

ものは小さなつぶでできています。固体は，つぶがしっかりと結びついていてすき間が小さくなっています。つぶは動くことができません。

液体

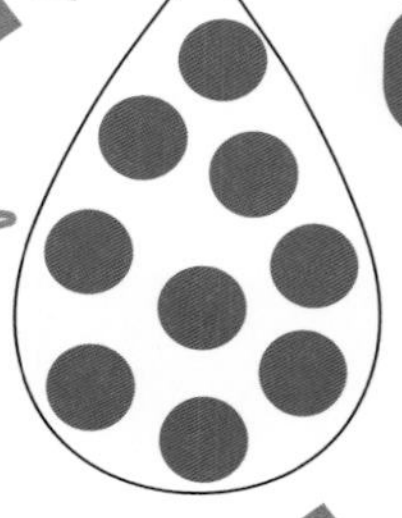

液体は，つぶの結びつきが固体のときより弱くなり，すき間が少し大きくなります。そのため，つぶは動くことができるようになります。

つぶの数は変わらないのですね。

気体

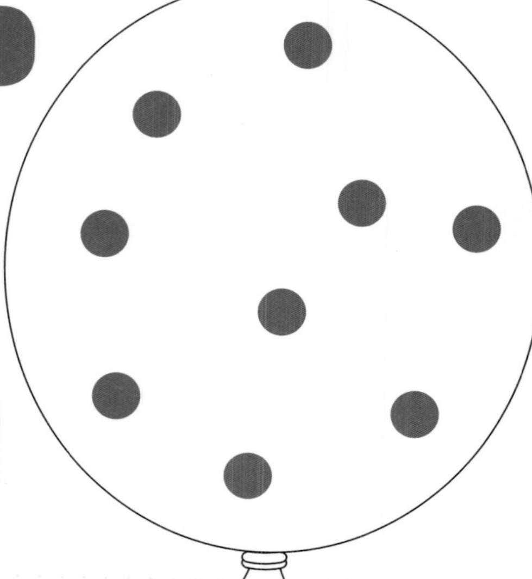

気体は，つぶの結びつきがほとんどなくなり，すき間がとても大きくなります。そのため，つぶは自由に飛び回っています。

固体から液体，液体から気体になるほど，つぶどうしのすき間が大きくなるから体積が大きくなるのよ。

★水は例外！

水を容器に入れてこおらせたとき，表面がもり上がっているのを見たことがありませんか？ このようになるのは，水が氷になったとき，体積が大きくなっているからです。

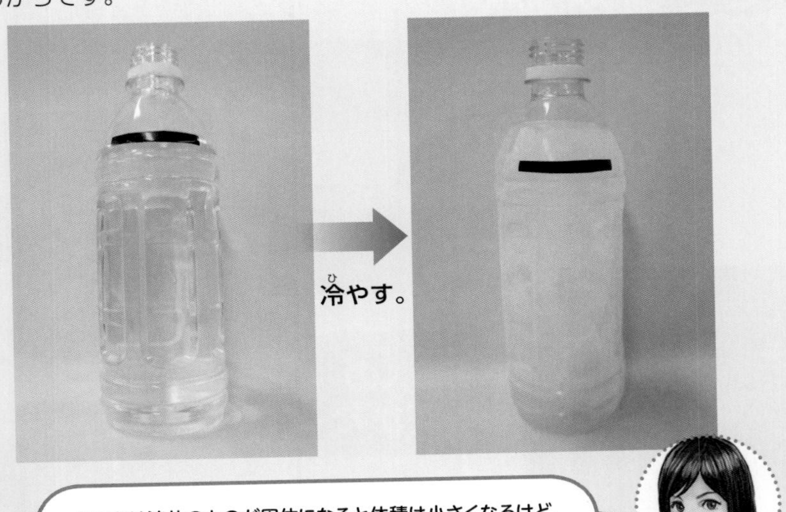
冷やす。

ふつうは液体のものが固体になると体積は小さくなるけど，水は例外で，氷になると体積が大きくなるのよ。

固体から気体になるドライアイス

アイスクリームを買ったときなどに，とけないようにつけてくれるドライアイスを知っていますか？

ドライアイスは二酸化炭素が固体となったもので，固体からいきなり気体となります。液体にはならないので，買ったアイスクリームを冷やしながら，ぬらさないで持ち帰ることができるのです。ただ，気体になるとほかのものと同じように体積がたいへん大きくなるので，密閉した容器には入れないよう注意しましょう。

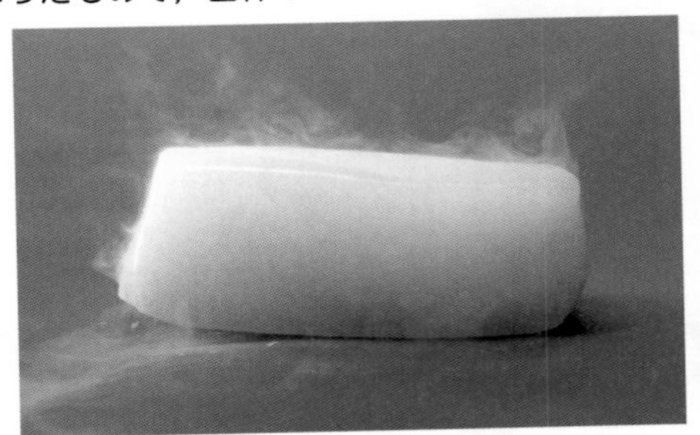

水は地球を
ぐるぐるめぐる

水の大変身(だいへんしん)!

水の
すがた

地球上の水の量(りょう)は変(か)わることなく，地球をめぐり続(つづ)けているのよ。

海や川，水たまりなどの水は蒸発して空気に混じるの。水蒸気は目に見えないのよ。

水蒸気のすがた

自然の中の水は，さまざまな形にすがたを変えながら，地上と空の間を循環しています。

氷のすがた

とけないものをほっとけない!

水にとけたものの重さはどうなる?

紅茶に砂糖を入れたらあまかったのに，砂糖は見えませんでした。紅茶に入れた砂糖は消えてなくなったのでしょうか?

用意するもの　●ふたつきの容器　●砂糖　●水　●電子てんびん　●薬包紙

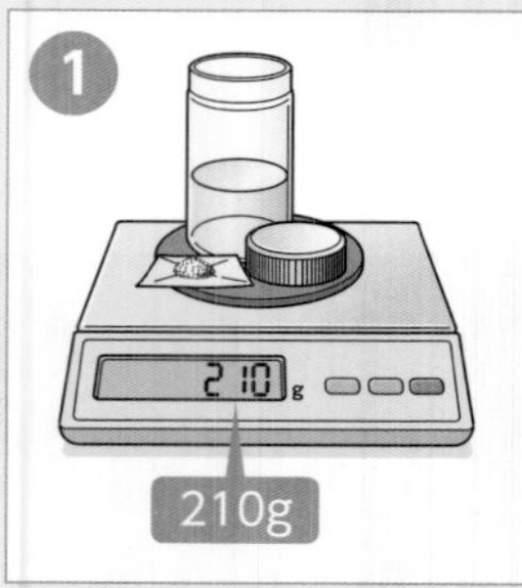

1
210g

容器に砂糖を入れてふたをし，よくふる。

2

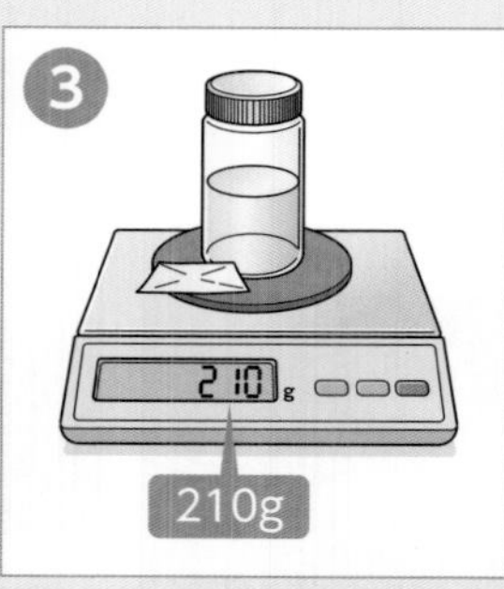

3
210g

水の重さ　＋　とけたものの重さ　＝　水よう液の重さ

水にとけても砂糖は目に見えなくなっただけで，水の中にあるよ。全体の重さは変わっていないことからわかるね。

水にとけるもの

▼食塩

▼コーヒーシュガー

▼二酸化炭素

炭酸水

水にとけないもの

▼でんぷん

▼牛乳

▼油

▼ケチャップ

▼コショウ

マヨネーズは水にとけるのですか？

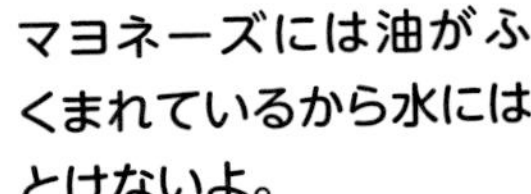

マヨネーズには油がふくまれているから水にはとけないよ。

石けん水は食塩水に比べてとけているもののつぶが大きいから光を当てるとすじが見えるのよ。

水にとけとけ!
(とけておけ)

食塩(しょくえん)は水に どれくらいとけるの?

水 50g に食塩はどれくらいとけるのでしょうか?

とける量(りょう)には限度(げんど)があるのよ。どれくらいとけるか調べてみましょう。

★水 50g をはかりとろう!

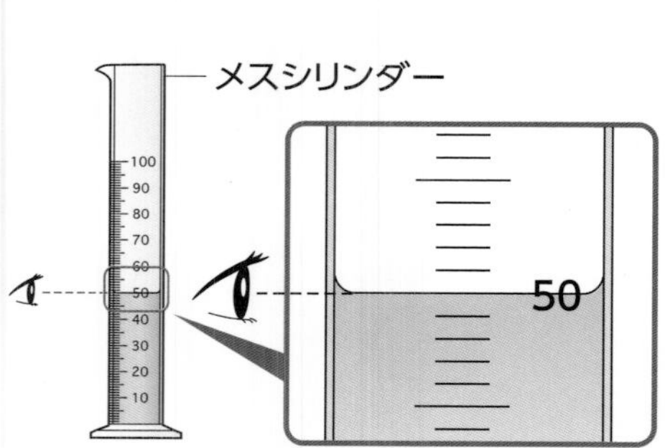
メスシリンダー
100
90
80
70
60
50
40
30
20
10
50

水 1mL は 1g だから，水 50mL は 50g なのよ。目盛(めも)りは液面(えきめん)のへこんだ下の面を真横から見るのよ。

海水の濃(こ)さはどれくらい?

海の水がしょっぱいと感じたことはありませんか？海の水にふくまれる塩の濃度(のうど)は約(やく)3.5%といわれています。これは，50g の水に約 1.8g の塩(しお)をとかしたのと同じ濃さです。

用意するもの

●ビーカー　●20℃の水 50g　●食塩（1g ずつはかりとっておく）　●ガラス棒

食塩を 1g ずつ水に加え，ガラス棒でよくかき混ぜてとかす。

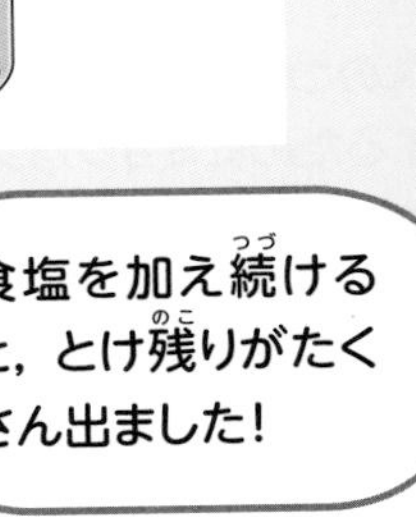
とけ残り

食塩を加え続けると，とけ残りがたくさん出ました！

▼ 20℃の水の量とける量との関係

水の量（g）	50	100	150
とける食塩の量（g）	17.9	35.8	53.7

（水の量：50 → 100 は 2倍，50 → 150 は 3倍）
（とける食塩の量：17.9 → 35.8 は 2倍，17.9 → 53.7 は 3倍）

水の量が増えると，とける食塩の量も増えるのよ。

ビミョウ？
バンバンとける!?

ミョウバンは水にどれくらいとけるの？

ミョウバン

ミョウバンは，いっぱんにりゅう酸(さん)とカリウムやアルミニウムがくっついたものです。ナスのつけ物を色あざやかにしたり，タコのぬめりを取ったりするなど料理(りょうり)に用いられることも多いです。また，消(しょう)しゅうざいや制(せい)かんざいとしても使われています。

ナスのつけ物を色あざやかにするためにミョウバンが使われることがあるのよ。

用意するもの　●空(から)のペットボトル（500mL 用）　●水　●ミョウバン 15 ～ 20g

★制かんざいを作ってみよう!

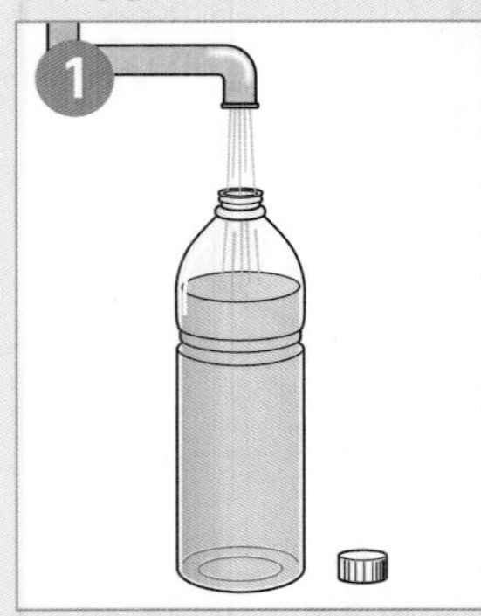
1

ペットボトルに水を入れる。

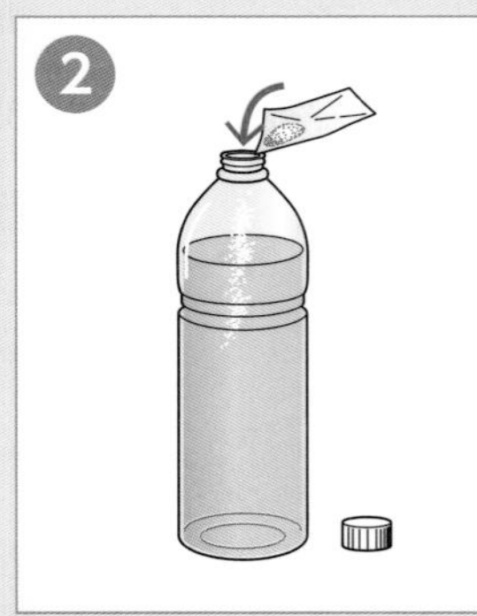
2

ペットボトルにミョウバンを入れる。

3

ペットボトルをよくふる。

用意するもの　●ビーカー　●20℃の水 50g
●ミョウバン（1g ずつはかりとっておく）　●ガラス棒

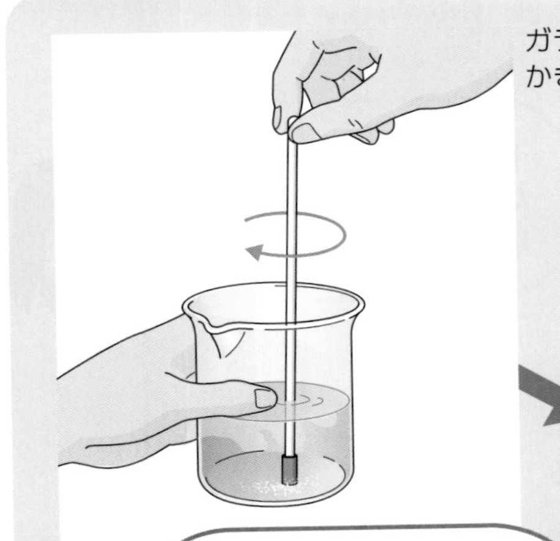

ガラス棒でよく
かき混ぜてとかす。

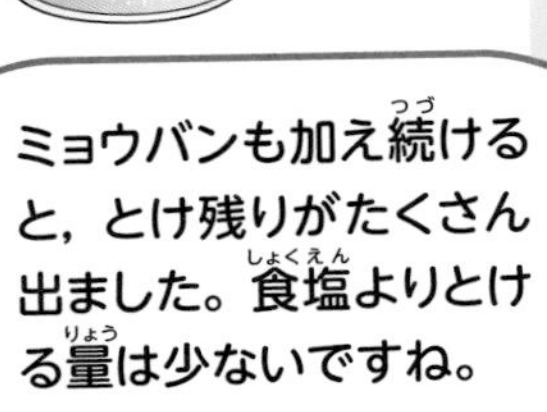
ミョウバンも加え続けると，とけ残りがたくさん出ました。食塩よりとける量は少ないですね。

とけ残り

▼ 20℃の水 50g にとける ミョウバンの量と食塩の量

水の量（g）	50
とけるミョウバンの量（g）	3.0
とける食塩の量（g）	17.9

20℃の水 50g にとける限度の量は物質によって決まっているのよ。

ほう和したほうはどっち!?

あたためたほうがよくとける？

水をあたためるととける物質の量はどうなるのですか？

下のように，水をあたためるととける物質の量は多くなるのよ。

20℃

あたためる

60℃

とけた!!

ほう和水よう液

決まった量の水にとかしていったとき，物質がそれ以上とけなくなった状態をほう和といいます。ほう和した食塩水には砂糖をとかすことができますが，ほう和した砂糖水に食塩をとかすことはできません。これは，食塩と砂糖で水にとけるしくみがちがうためです。

「ほう和」はもうこれ以上物質が何もとけないということではなく，とかす物質がちがえばとけることもあるのですね。

用意するもの

●食塩（1g ずつはかりとっておく） ●ミョウバン（1g ずつはかりとっておく）
●水 50g ●水そう ●湯 ●ビーカー ●ガラス棒 ●温度計

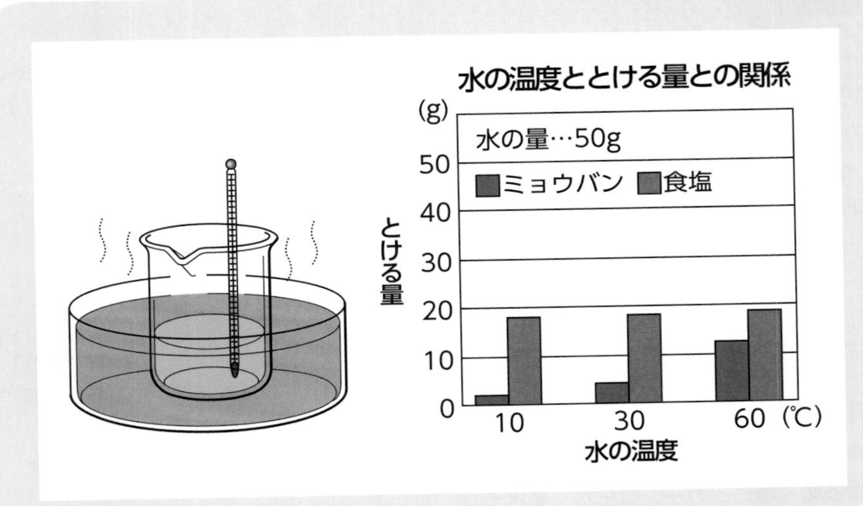
水の温度ととける量との関係
(g)
水の量…50g
ミョウバン 食塩
50
40
30
20
10
0
とける量
10
30
60 (℃)
水の温度

▼水 50g の温度ととける量との関係

水の温度（℃）	10	30	60
とけるミョウバンの量（g）	2.0	4.2	12.4
とける食塩の量（g）	17.9	18.1	18.6

食塩のように，温度が上がっても，とける量があまり変わらないものもあるのですね。

ミョウバンは温度が高くなるほどとける量が増えるのよ。

ろ過したろか？

ろ過したあとの液にとけているものは？

ろ過のしくみ

ろ紙のすき間より小さいつぶは通りぬけられますが，すき間より大きいつぶは通りぬけることができません。

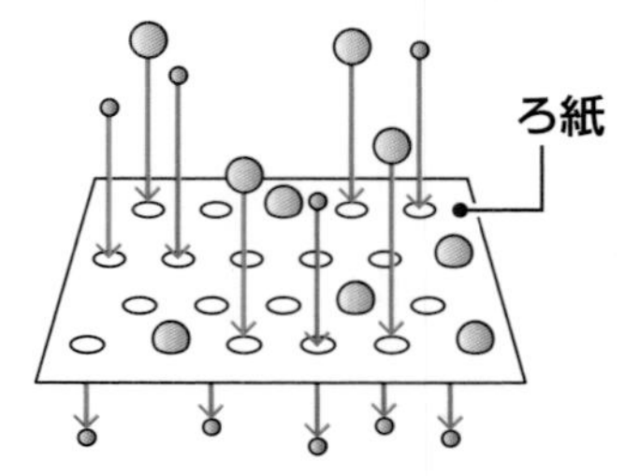
ろ紙

用意するもの

●ミョウバンの水よう液　●食塩の水よう液　●ガラス棒　●ろうと　●ろうと台
●ろ紙　●ビーカー　●氷水　●水そう

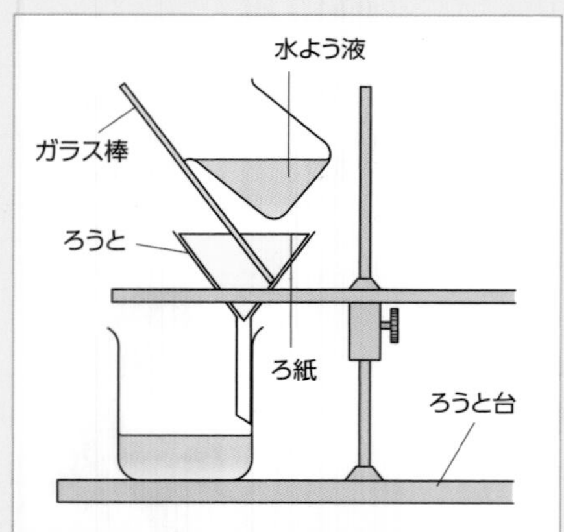
水よう液
ガラス棒
ろうと
ろ紙
ろうと台

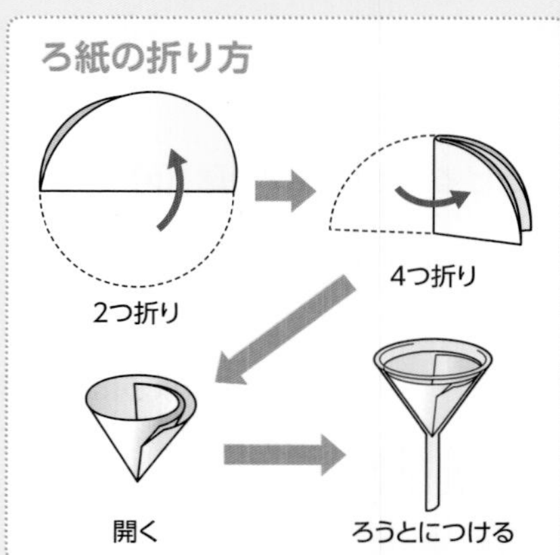
ろ紙の折り方
2つ折り
4つ折り
開く
ろうとにつける

ろ紙を水でぬらしてすき間ができないようにするのよ。

ろ過の利用

海水をろ過して生活用水を作り出す装置があります。また，ISS（国際うちゅうステーション）では，使用できる水に限りがあるため，にょうや使用済みの水などをろ過して飲み水を作り出す装置が用いられています。

海水をろ過する装置▶

ミョウバンの水よう液を冷やすと，その温度でとけ切れなくなったミョウバンがつぶとして出てくるの。一度とかしたものを，もう一度結晶としてとり出すことを**再結晶**というのよ。

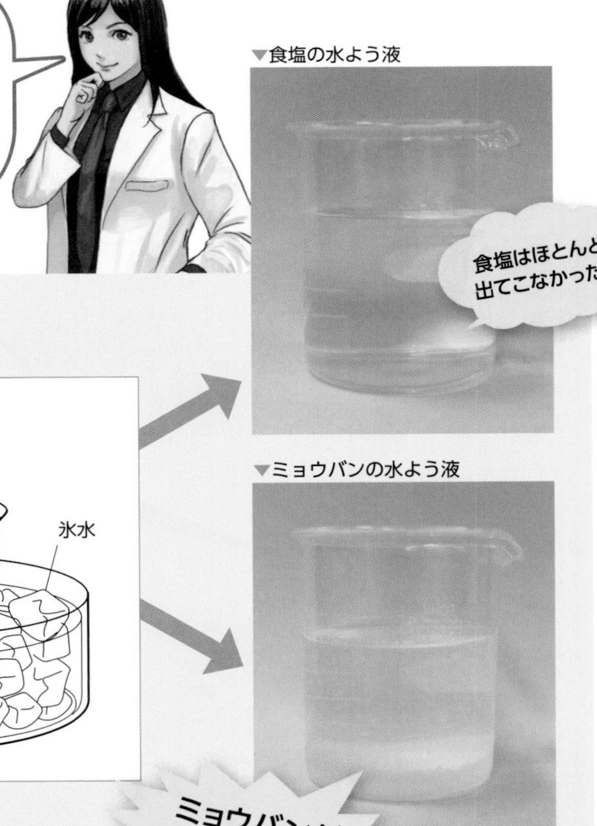

ろ過した液
氷水
▼食塩の水よう液
食塩はほとんど出てこなかった。
▼ミョウバンの水よう液
ミョウバンが出てきた!

水よう液の水を蒸発させると何が出てくる？

加熱したかねっ?!

用意するもの

●ミョウバンの水よう液　●食塩の水よう液　●蒸発皿　●ガスコンロ
●金あみ　●保護めがね

注意!
水よう液を加熱するときは，液が飛ぶことがあるので，保護めがねをする。
また，出てきたものが飛び散らないように，液がなくなる前に火を消す。

蒸発皿に食塩の水よう液を入れる。

水は加熱すると液体から
気体（水蒸気）になるの。
これを蒸発というのよ。

加熱！
消
点火

白い物質が出てきました。これが食塩ですね！

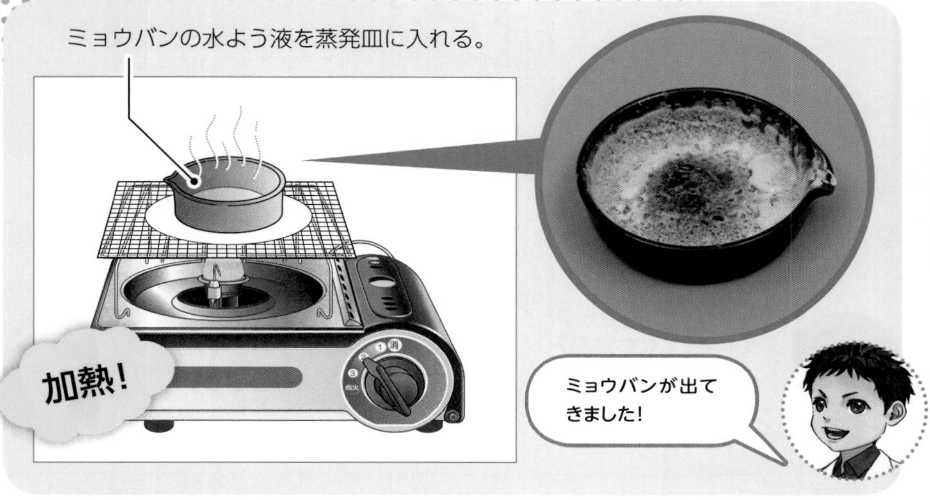
ミョウバンの水よう液を蒸発皿に入れる。
加熱!
ミョウバンが出てきました!

食塩やミョウバンのような固体がとけている水よう液の水を蒸発させると，とけていた物質をとり出すことができるのよ。

ウユニ塩湖

南アメリカ大陸にあるウユニ塩湖は，約２億年前にとり残された海水が蒸発してできた塩の大地です。雨が降り，うすく地面に水が張ると，真っ白な塩の大地は空をうつし出します。

すごい量の塩ですね!

結晶，決死よ！

結晶を作ってみよう！

食塩やミョウバンなどの規則正しい形をしたつぶを結晶というんですね。

モールでいろいろな形を作って，自分の好きな形の食塩やミョウバンのかざりを作ってみましょう。

用意するもの

●ミョウバン　●食塩　●ビーカー　●割りばし　●モール　●ガラス棒
●ガスコンロ　●糸　●水　●なべ　●金あみ

1

糸にモールと割りばしをつけ，ビーカーにつり下げる。

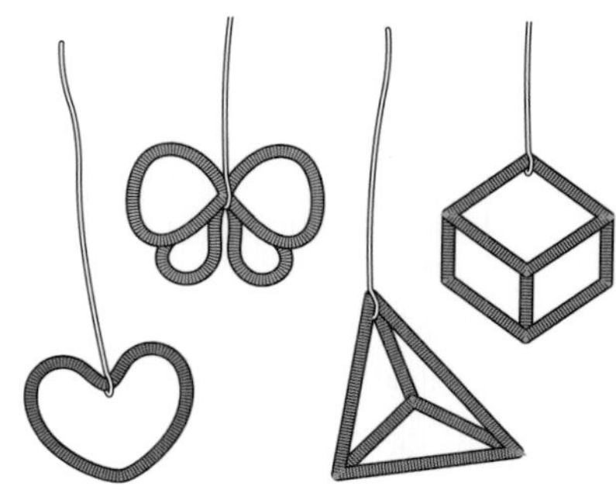

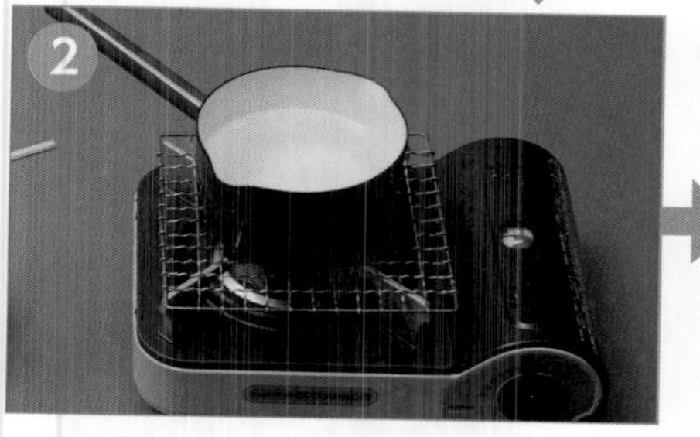
2

水をあたためて食塩をできるだけとかす。

3

食塩の水よう液をビーカーに入れる。

ミョウバンの種類

ミョウバンは正八面体の結晶をもつ物質です。ミョウバンは，いっぱんにカリウムアルミニウムミョウバンを指すことが多いですが，ミョウバンの種類には，ほかにもアンモニウムミョウバンやクロムミョウバンなどの種類があります。カリウムアルミニウムミョウバンは白い結晶ですが，クロムミョウバンの結晶は暗い紫色をしています。

今まで見たミョウバンの結晶は白かったですが，黒っぽいものもあるのですね。

これ以上とけなくなるまで物質がとけた水よう液をほう和水よう液といったわね。ここでは，ほう和水よう液を冷やしているのよ。

4

水よう液をゆっくり冷やす。

5
完成！

モールのまわりに白いつぶがつきました。これが食塩の結晶ですね。

大将，大小あります!!

大きい結晶はどうやって作るの？

ミョウバンの濃い水よう液を冷やすと，結晶が出てきました。もっと大きくする方法はありますか？

水よう液をゆっくり冷やすと結晶は大きくなるのよ。

用意するもの

●ビーカー　●ミョウバンのほう和水よう液　●割りばし　●糸　●金あみ
●ガスコンロ　●発ぽうポリスチレンの箱

糸についたミョウバンのつぶの中から大きくて形のよいものを1つぶ残すの。
これを「核」として大きくさせるのよ。

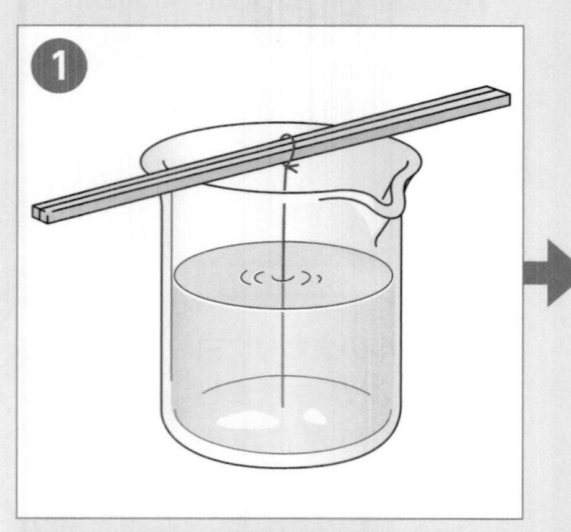

ミョウバンのほう和水よう液に割りばしにくくりつけた糸をたらし，水よう液を冷やす。

落とさないように，そーっと…。

ミョウバンのつぶを1つ残す。

大きい結晶と小さい結晶

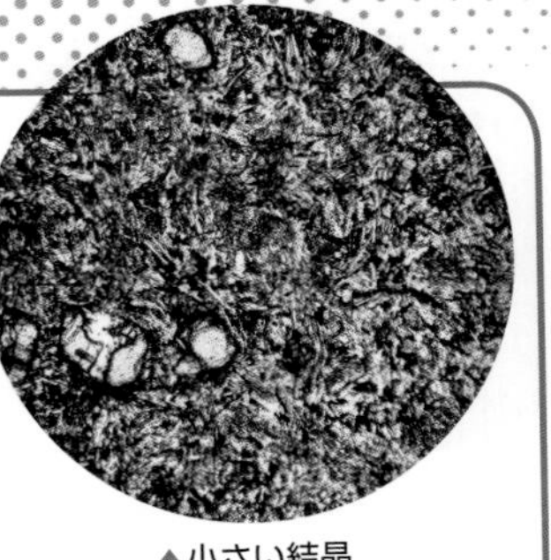

▲小さい結晶

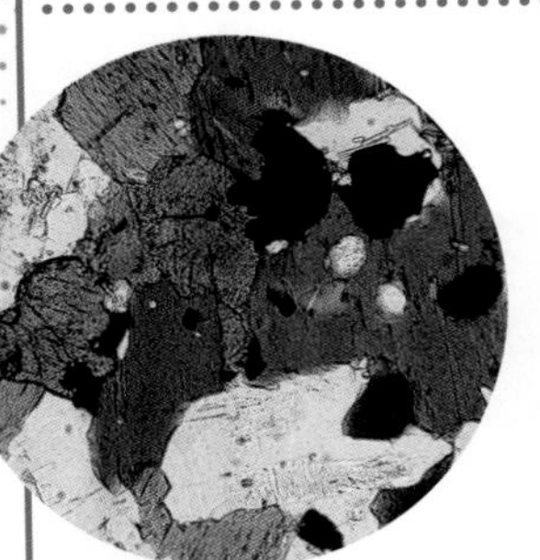

▲大きい結晶

食塩やミョウバンはゆっくり冷やすと大きな結晶を作ることができました。これと同じしくみを自然界で見ることができます。地球内部にあるマグマが地表や地表近くで急に冷えて固まると小さい結晶になりますが，マグマが地下の深いところでゆっくりと冷えて固まると大きな結晶ができます。

なぜ発ぽうポリスチレンの箱に入れるの？

ふだん食品を入れるトレーなどでよく見る発ぽうポリスチレンは熱を伝えにくい性質をもっています。発ぽうポリスチレンの箱の中に入れると，水よう液の温度がゆっくり下がっていくので，大きな結晶を作ることができるのです。

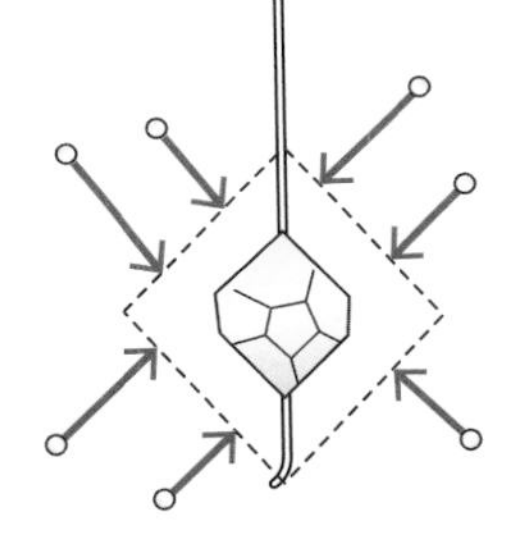

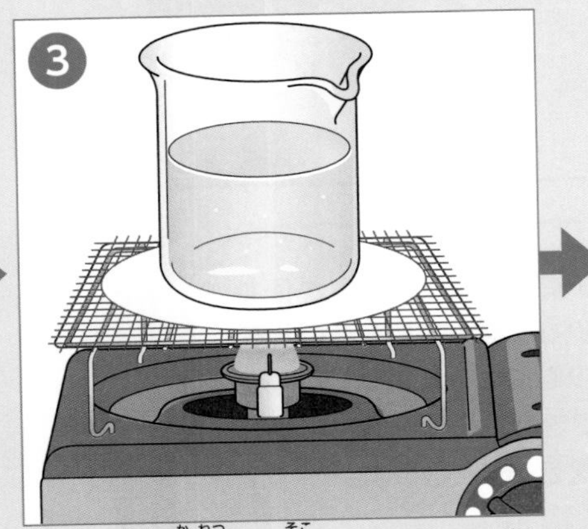
3

水よう液を加熱して底にたまったつぶをとかす。

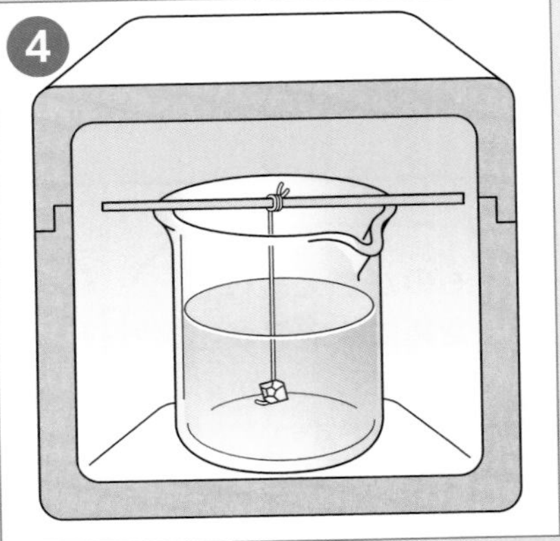
4

❷のミョウバンのつぶを入れ，発ぽうポリスチレンの箱の中でゆっくり冷やす。

モヤシも燃やして!

ものを燃やし続けるにはどうすればいい?

キャンプファイヤー

キャンプファイヤーは長い時間燃え続けるために組み方にくふうがされています。組み方にはいろいろな種類がありますが，どれも下から上へ向けて空気の通り道を作っています。

いげた型

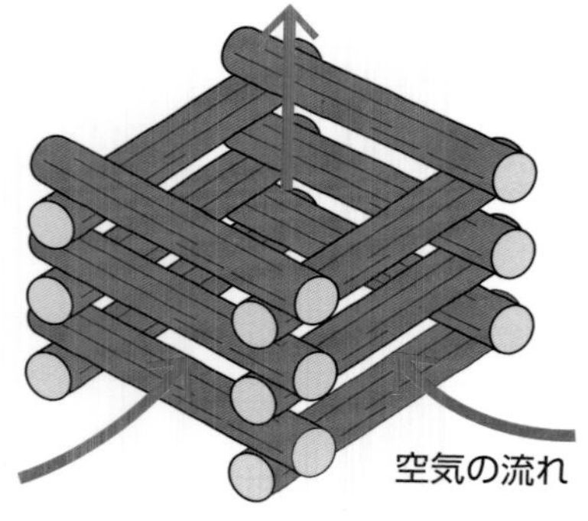
空気の流れ

ダイヤモンド型

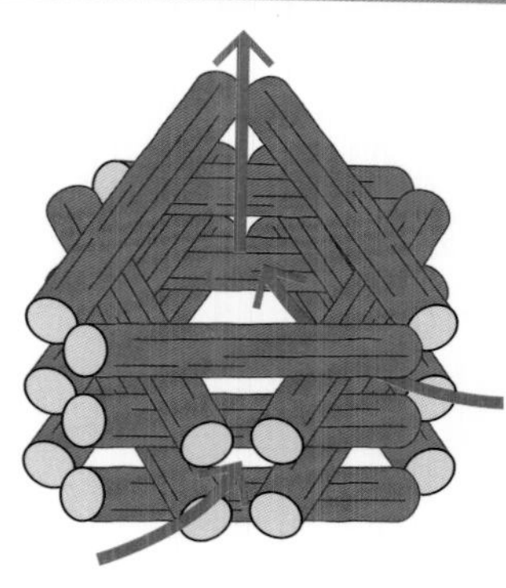

ものが燃え続けるためには空気が出入りすることが必要なのですね。

ものが燃えるとき，酸素が使われて少なくなってしまうの。酸素が少なくなると燃え続けることはできないので，つねに新しい空気を送りこむのよ。

用意するもの
●底のない集気びん　●ろうそく　●ねん土　●線こう　●マッチ
●アルミニウムはくで包んだ木の板

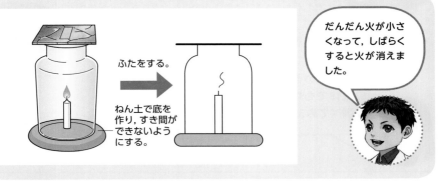

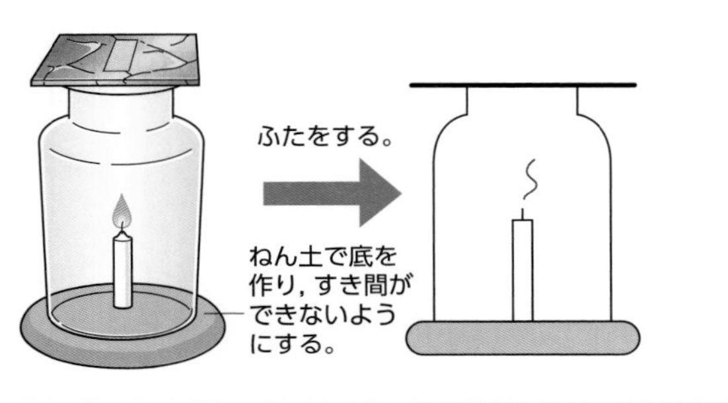
ふたをする。
ねん土で底を作り，すき間ができないようにする。

だんだん火が小さくなって，しばらくすると火が消えました。

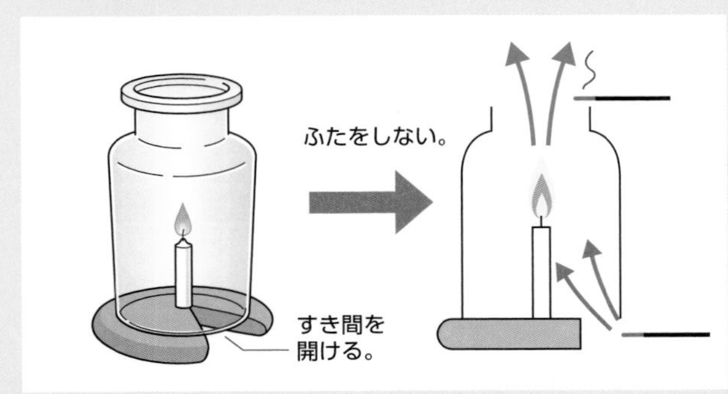
ふたをしない。
すき間を開ける。

線こうのけむりは下のすき間からびんの中に入って，上から出ていっていますね。

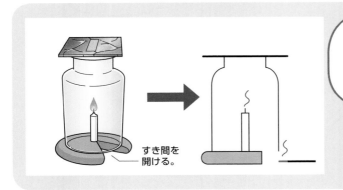

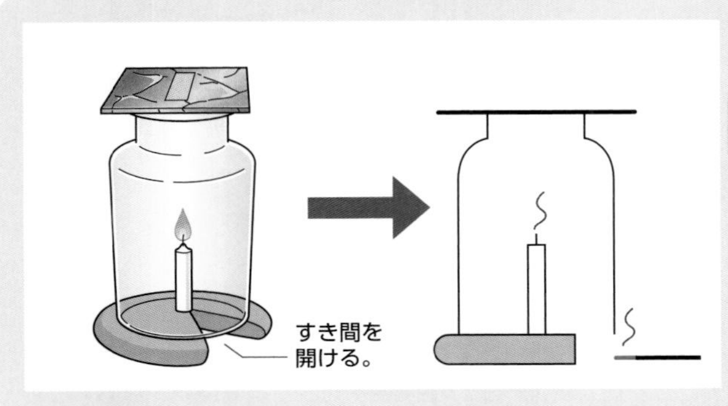
すき間を開ける。

上がふさがれていたので，けむりはびんの中に入っていかないで，やっぱり火も消えてしまいました。

気体に聞きたい!

気体によって燃え方はちがうの?

空気中で，ろうそくや線こうに火をつけると，燃え続けているわね。ほかの気体でも燃え続けるのか調べてみましょう。

用意するもの　●水そう　●水　●集気びん　●ふた　●曲がるストロー　●酸素用ボンベ　●二酸化炭素用ボンベ　●ちっ素用ボンベ　●ろうそく　●燃焼さじ　●線こう　●マッチ

★気体を集めよう!

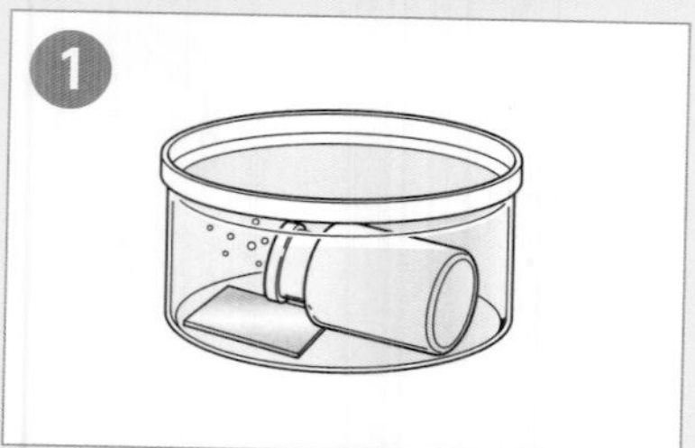

①集気びんの中に水を入れ，空気を出す。

酸素

②酸素を集気びんの7～8分目まで入れる。

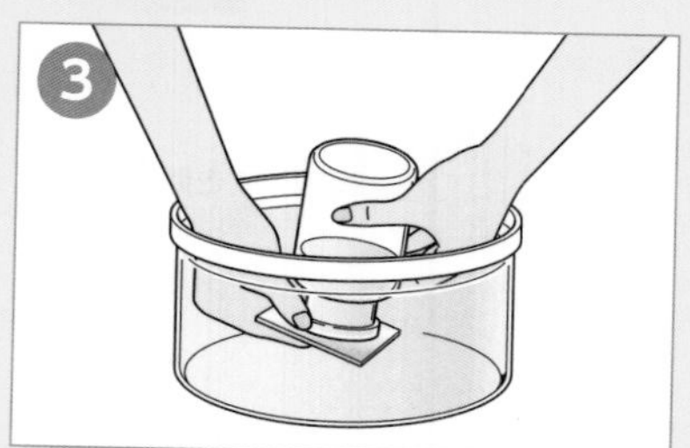

③水中でふたをしてとり出す。

燃えたろうそくを入れたときに集気びんが割れないように少し水を残しておくのよ。

集めた気体に火のついたろうそくや線こうを入れてみましょう。

▼ちっ素

消えた

▼酸素

激しく燃えた

▼二酸化炭素

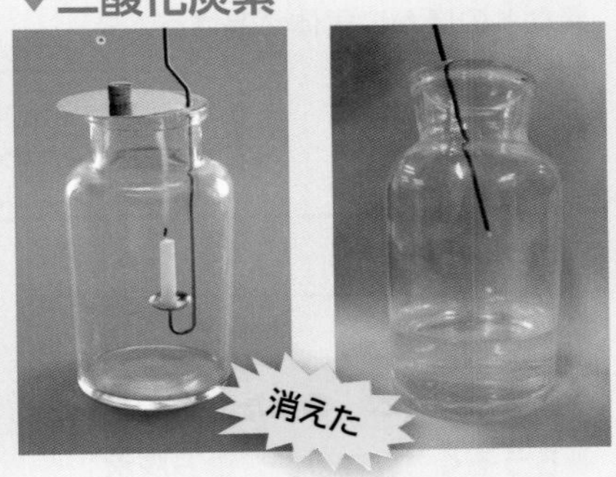
消えた

二酸化炭素消火器

家庭で使う消火器は，おもに粉末や水などを混ぜた液体が入っています。しかし，美術館や博物館などでは，二酸化炭素が入った消火器が利用されている場合があります。これは，二酸化炭素は気体なので，薬ざいが周囲に飛び散らず，消火後の損害が少ないためです。しかし，可燃物の多い住宅火災の消火に不向きなことと，二酸化炭素によるちっ息の危険性があるので，家庭や地下街での消火には利用されていません。

CO_2
FIRE EXTINGUISHER

二酸化炭素消火器▶

アルゴンもあるゴン!

ものが燃えると空気の成分は変わるの?

空気の成分

地球上の空気は，ちっ素，酸素，そしてわずかに二酸化炭素などのほかの気体が混ざったものです。

ちっ素 約78%	酸素 約21%

その他約1%(アルゴン約0.95%，二酸化炭素約0.04%など)

酸素や二酸化炭素は思ったより少ないのですね。アルゴンという名前は初めて聞きました。

用意するもの

●集気びん２本　●ふた
●ろうそく　●マッチ　●石灰水
●燃焼さじ　●保護めがね

石灰水を入れたびんを２本用意して，1本のびんの中でろうそくを燃やすよ。燃やす前とあとで空気の性質に変化があるか調べてみましょう。

石灰水を入れる。

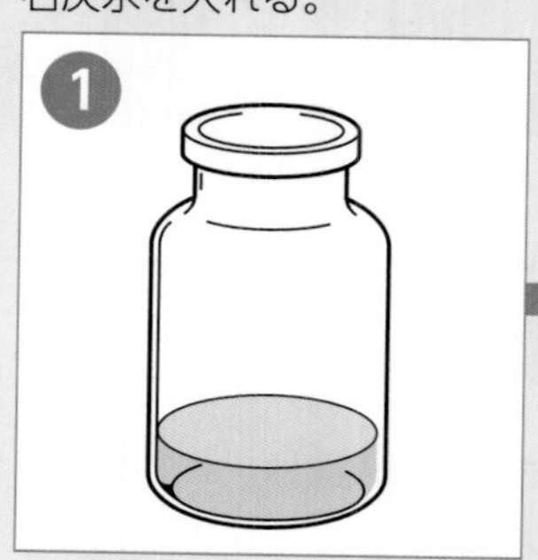
1

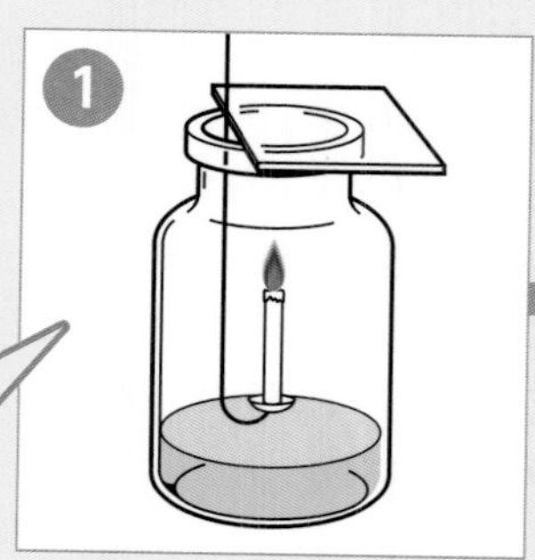
1

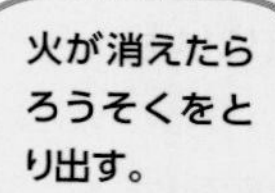
火が消えたらろうそくをとり出す。

アルゴンってどんな気体？

アルゴンは，空気の中で，ちっ素，酸素の次に多くふくまれている気体です。ちっ素や酸素と比べてあまり聞かない名前かもしれませんが，電球のフィラメントが燃えるのを防ぐために電球内を満たす気体としても利用されています。

注意！ 石灰水が目に入らないように集気びんをふるときはふたをしっかりおさえる。

石灰水は二酸化炭素があると白くにごる性質があるのよ。

集気びんをふる。

2

3

2

3

石灰水が白くにごったということは二酸化炭素が増えたということですね。

すみっこの炭っっっこ!!

炭を作ろう！

用意するもの
●空きかん２つ（１つは下に穴を開けておく） ●マッチ ●割りばし
●金属のトレー

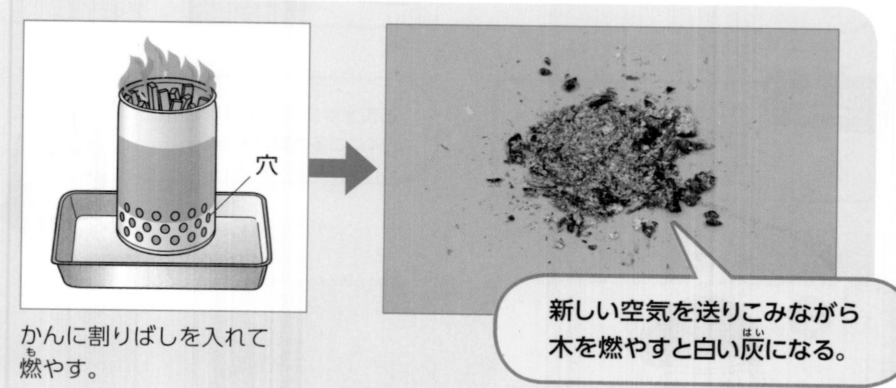
穴
新しい空気を送りこみながら木を燃やすと白い灰になる。

かんに割りばしを入れて燃やす。

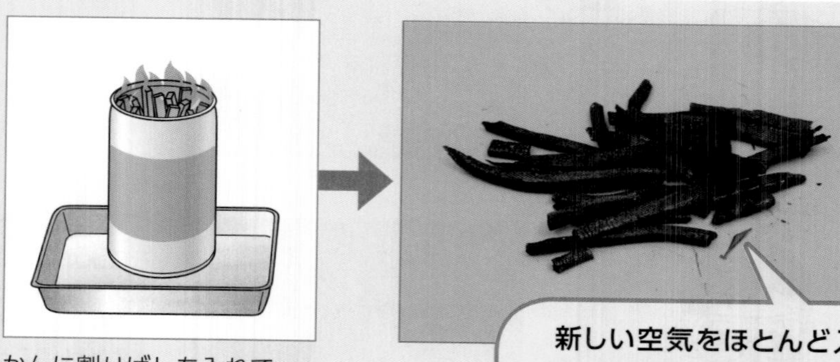
新しい空気をほとんど入れずに木を燃やすと黒い炭になる。

かんに割りばしを入れて燃やす。

かんの下に穴を開けたほうがよく燃えていますが，炭にならずに灰になってしまいました。

木の蒸し焼き

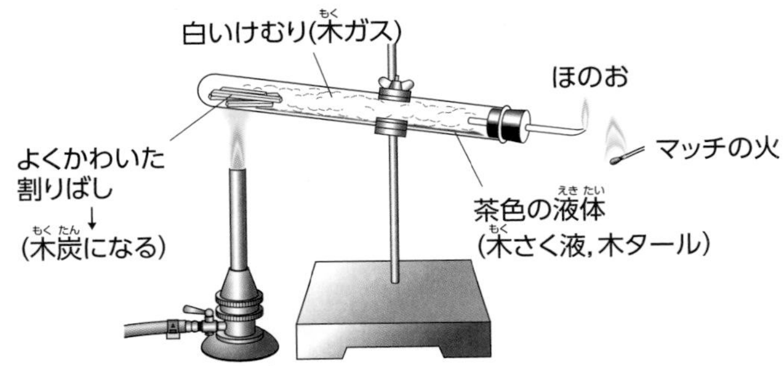
白いけむり(木ガス)
ほのお
マッチの火
よくかわいた
割りばし
↓
(木炭になる)
茶色の液体
(木さく液, 木タール)

木を蒸し焼きにしたときにできるもの

- 木炭…黒色の固体。空気中でほのおを出さずに燃える。
- 木ガス…水素をふくむ気体。火を近づけるとほのおを出して燃える。
- 木さく液…黄かっ色の液体。火を近づけるとほのおを出して燃える。
- 木タール…濃いかっ色の液体。どろどろしている。

木炭は，けむりやほのおを出さず，長時間燃え続けるからバーベキューによく用いられるの。
また，赤外線や遠赤外線が多く出るから，食材の中まで熱が通っておいしく焼き上げることができるのよ。

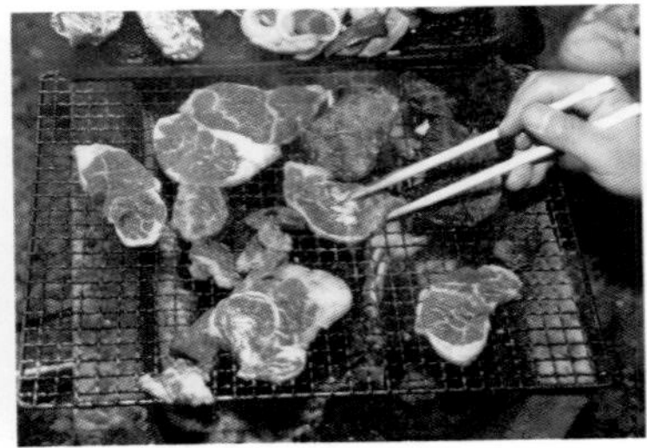

備長炭も木炭の種類の1つなのですね。

▲備長炭

金属萌え〜♥

金属も燃えるの？

用意するもの　●スチールウール　●マッチ　●集気びん　●ふた　●保護めがね　●酸素用ボンベ　●曲がるストロー　●水そう　●水　●燃焼さじ　●試験管　●うすい塩酸　●かん電池　●豆電球　●導線

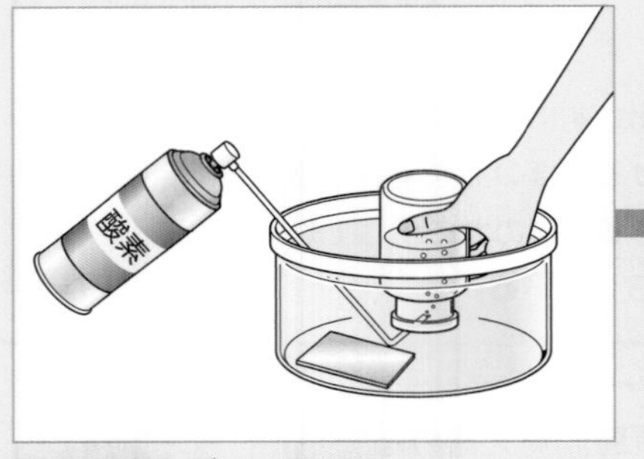
酸素

酸素を集気びんに集める。

燃やしたスチールウールを入れる。

注意!　火花が目に入らないように，保護めがねをつける。

火花を出して燃えていますね。

ナトリウムの燃焼

容器にぬれたろ紙をしき，少し水をためます。そこに小さく切ったナトリウムを入れると，ナトリウムは水と反応して水素と熱を発生します。その熱で水素に火がついて燃えるのです。食塩は塩化ナトリウムという成分でできていますが，ナトリウムという名前が入っていても，食塩は水に入れても燃えません。

★燃える前と燃えたあとの物質(ぶっしつ)を比(くら)べよう!

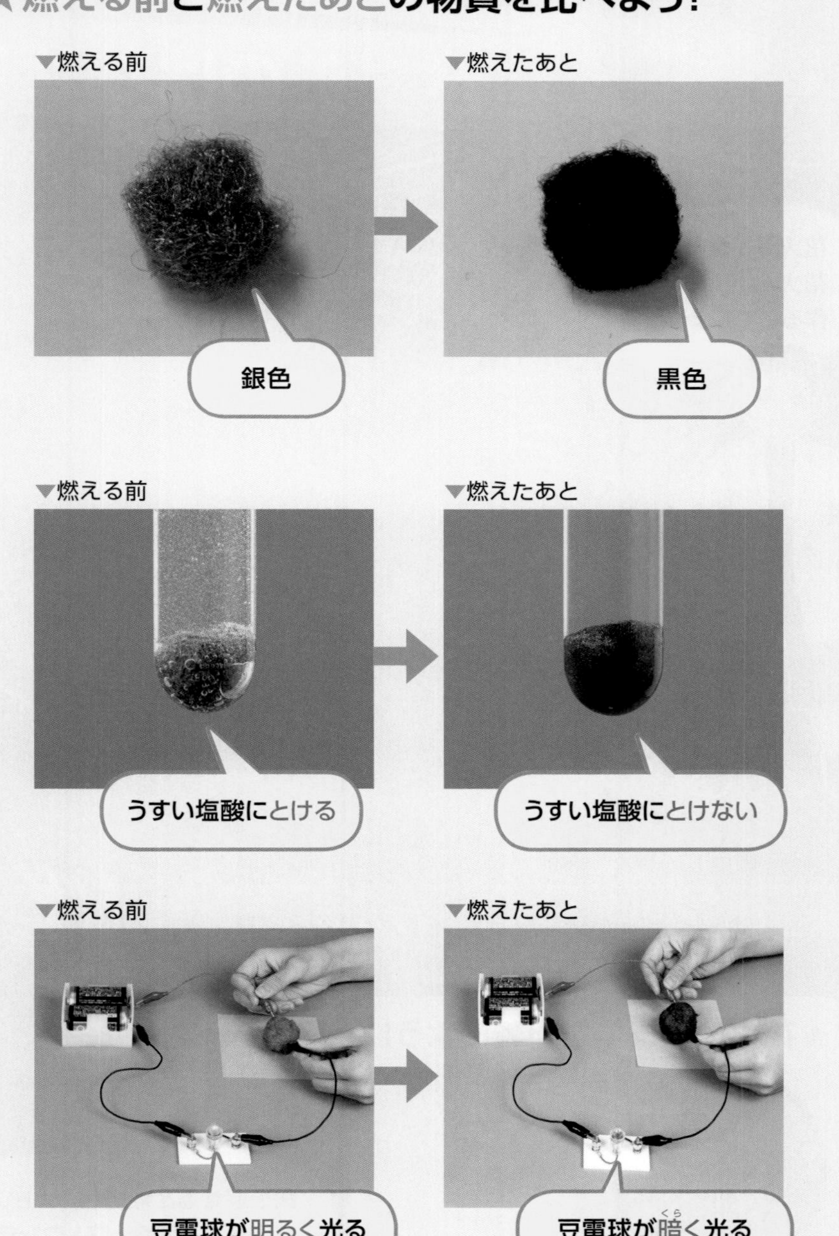
▼燃える前
銀色
▼燃えたあと
黒色
▼燃える前
うすい塩酸にとける
▼燃えたあと
うすい塩酸にとけない
▼燃える前
豆電球が明るく光る
▼燃えたあと
豆電球が暗(くら)く光る

反応じはんの？

花火にいろいろな色があるのはなぜ？

花火ってきれいですね。花火の色はどうやって作るのでしょうか？

★花火の玉の中を見てみよう！

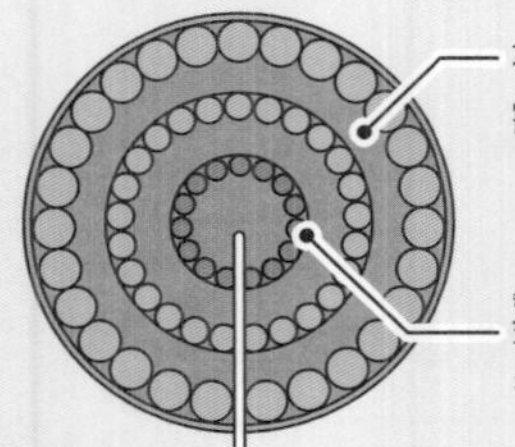

花火を空中に飛(と)ばして割(わ)るための火薬
金属(きんぞく)からできているものを混(ま)ぜた火薬

銅(どう)を混ぜると青緑色，ナトリウムを混ぜると黄色，ストロンチウムを混ぜると紅(べに)色になるのよ。

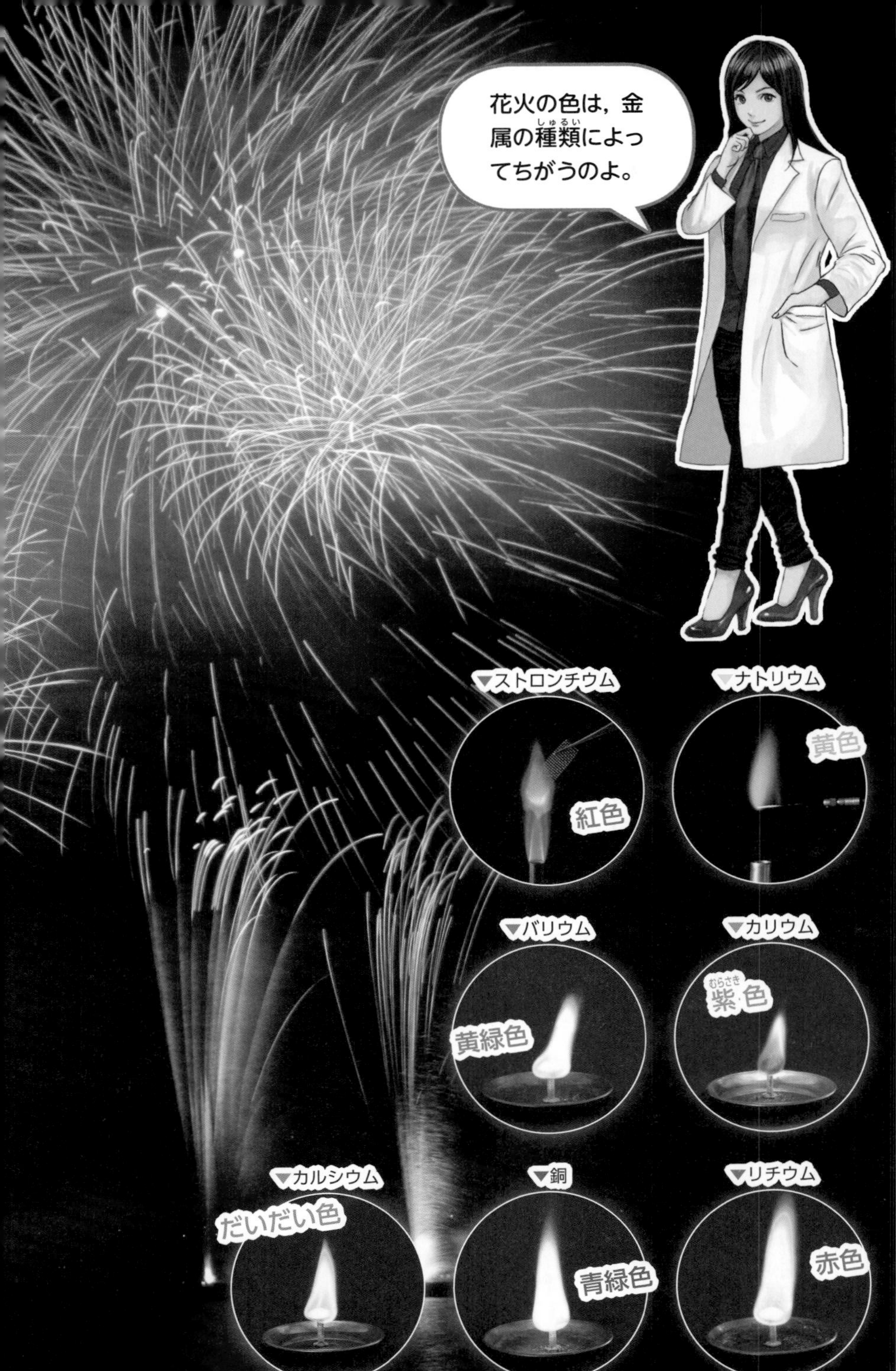

花火の色は，金属の種類(しゅるい)によってちがうのよ。

▼ストロンチウム
紅色

▼ナトリウム
黄色

▼バリウム
黄緑色

▼カリウム
紫(むらさき)色

▼カルシウム
だいだい色

▼銅
青緑色

▼リチウム
赤色

カイロはあったかいろ!

カイロの正体は?

72.3℃
CUSTOM

カイロ

実際にふくろを開けてはいけない。

▼使用前

▼使用後

使用後の中身は少し赤茶色になっていました。

使い捨てカイロをふくろから出してしばらくすると，あたたかくなりました。カイロの中では何が起こっているのでしょうか?

カイロがあたたかくなるしくみ

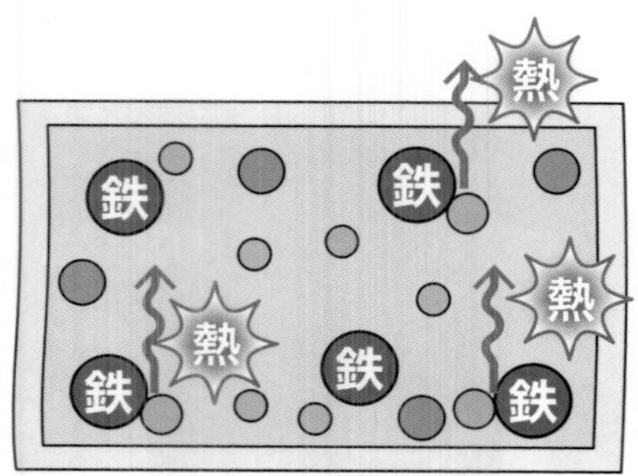
熱
鉄
熱
熱
鉄
鉄
鉄
鉄
酸素
食塩
水
活性炭

鉄が空気中の酸素と反応するとき，熱を放出するからあたたかくなるのよ。食塩や水，活性炭は鉄と酸素の反応をはやくするために入っているの。

用意するもの

●蒸発皿　●鉄粉　●活性炭　●食塩水　●ガラス棒　●スポイト　●温度計

●電子てんびん　●薬さじ　●薬包紙

★カイロのしくみを確かめてみよう!

1
鉄粉 5g
活性炭 2g

鉄粉 5g，活性炭 2gを薬さじで薬包紙にはかりとる。

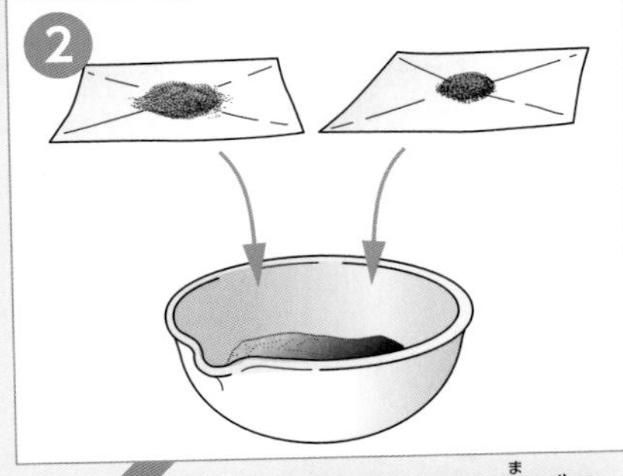
2

ガラス棒でよく混ぜる。

3

食塩水を入れる。

温度をはかると，75℃まで上がりました!

4

温度をはかる。

ホットケーキをほっとけ〜!

ホットケーキはなぜふくらむの?

ホットケーキを切ってみると，中は穴だらけでした。この穴はどうやってできたのですか?

ホットケーキの材料には，ベーキングパウダーが入っているの。このベーキングパウダーの主成分である炭酸水素ナトリウムに秘密があるのよ。

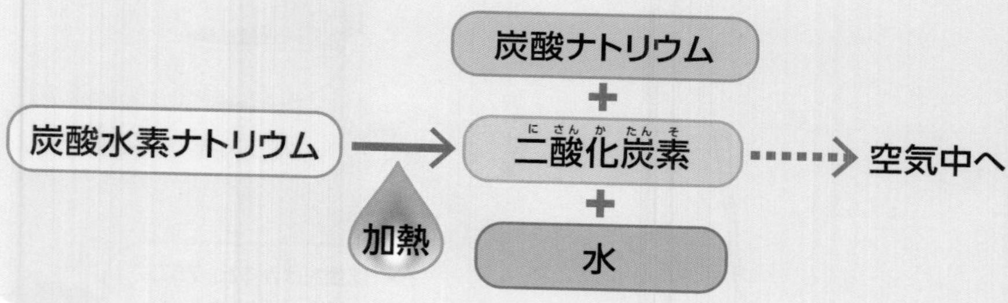
炭酸水素ナトリウム
加熱
炭酸ナトリウム
+
二酸化炭素
+
水
空気中へ

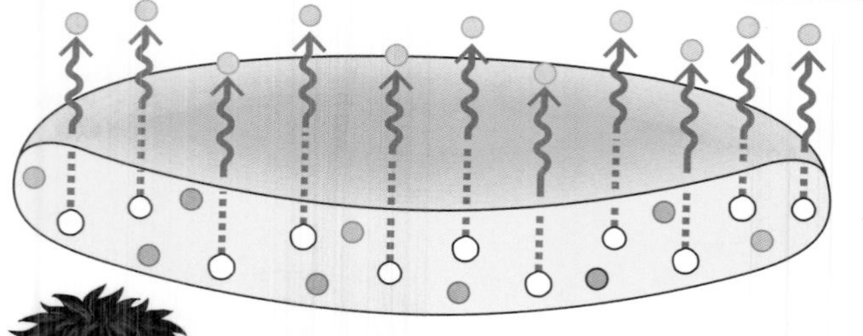

炭酸ナトリウム
水
二酸化炭素

炭酸水素ナトリウムを加熱して二酸化炭素が発生したことによって生地がふくらんだのですね。

ホットケーキがふくらまない理由

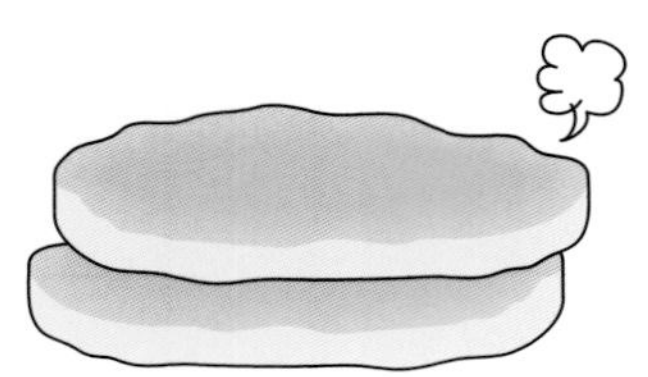

ホットケーキを作るときは，フライパンを十分に加熱し，生地を流しこんだら一気に二酸化炭素を追い出すようにするとふくらみます。フライパンの温度が低いときに生地を流しこむと，生地が先に固まって二酸化炭素がうまく出ていかないのでふくらみません。

用意するもの

●金属のおたま　●炭酸水素ナトリウム（重そう）　●ガスコンロ　●砂糖（ざらめ）
●水　●割りばし　●温度計

★カルメ焼きを作ろう!

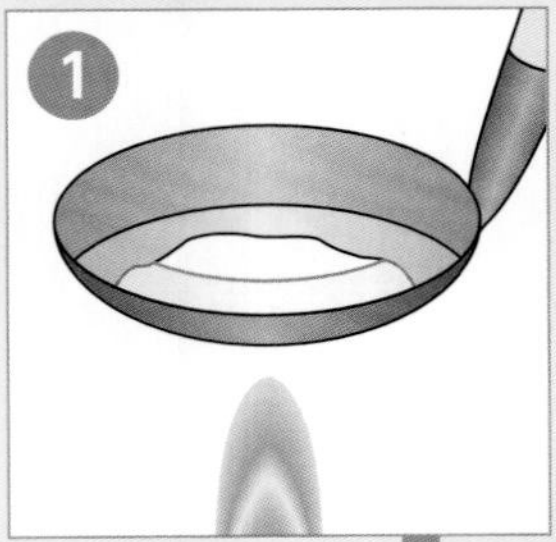

1 砂糖と水を入れる。

2 125℃になったら火から下ろして 10 秒待つ。

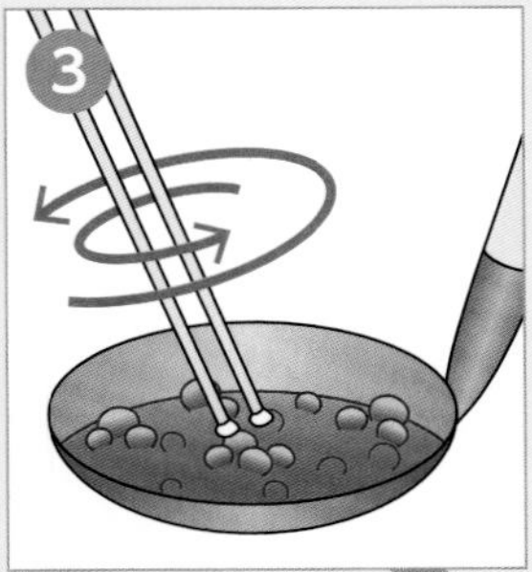

3 割りばしに小指の先ほどの炭酸水素ナトリウムをつけて白くなるまで混ぜる。

ふくらんだら
完成!

カタラーゼをかたろーぜ!

酸素を発生させよう!

用意するもの

●ダイコンおろし　●オキシドール　●ビーカー　●集気びん　●線こう

ビーカーにダイコンおろしとオキシドールを入れる。

このあわは酸素よ。ビーカーから発生している気体を集気びんに集めて火のついた線こうを入れて調べてみましょう。

ビーカーからあわが出てきました。このあわは何ですか?

この実験(じっけん)では，ダイコンにふくまれている「カタラーゼ」というこう素が重要(じゅうよう)なの。「カタラーゼ」は色々な動物や植物にふくまれているので，オキシドールにニンジン，ゴボウ，ジャガイモをすりおろしたものを加(くわ)えても酸素が発生するのよ。

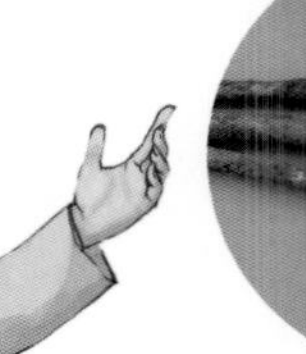

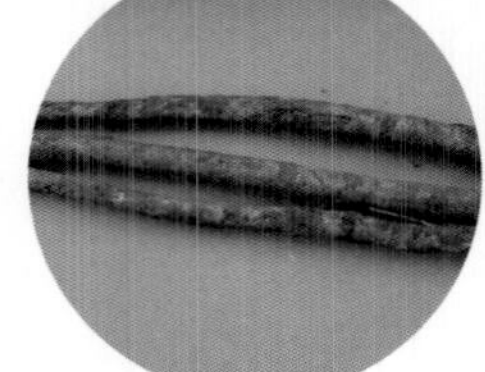

用意するもの

●ニンジンをすりおろしたもの　●オキシドール　●フィルムケース　●小さじ

★酸素を発生させてロケットを作ってみよう!

フィルムケースにニンジンをすりおろしたものを小さじ 1 ぱい入れる。

フィルムケースの 4 分の 1 くらいまでオキシドールを入れる。

フィルムケースにふたをし，逆さに置いてしばらく待つ。

発射!!

フィルムケースが飛びました!

注意!

●フィルムケースは，平らなところに置く。
●人やものに当たらないように，広いところで行う。
●ニンジンが飛び散るので，よごれてもよいところで行う。

すでからがとけて すっからかん!

すの中に卵を入れるとどうなる?

あれ？ この卵，卵のからがありませんね。なぜですか？

すを使うと，卵のからがとけて割らずに中身がとり出せるのよ。やってみましょうか!

1
卵は水でよく洗い，ガラスびんは洗ざいで洗う。

ガラスびんに卵を入れ，卵がつかるまですを注ぐ。

2

卵からあわが出てくるのを確認し，ほこりが入らないようキッチンペーパーなどでふたをして，冷蔵庫または冷暗所に２日ほど置いておく。

用意するもの　●生卵　●口の広いガラスびん　●す 200 m L
●キッチンペーパー　●輪ゴム　●スプーン　●割りばし

からが少し残ってしまいました。

4

からがとけて，うすい皮だけになったら**完成！**

そのときは，水でやさしく洗うときれいに落ちるわよ。

3

2日すぎて，からがとけるのがおそいときは，少しかき混ぜる。それでもおそいときは，すを新しいものに入れかえる。

卵からあわが出ていますね。このあわは何ですか？

このあわは二酸化炭素よ。

注意！
卵から二酸化炭素が出るので，ラップなどで密閉しないようにする。

水よう液にもいろいろな種類があるの？

水曜，駅に水よう液持って集合な！

ものが水にとけた液を水よう液というのよ。水よう液には右のような性質があるわ。

水よう液の性質

❶色がついていることもあるが，とう明である。

❷とけているものが，液全体に広がっている。

❸時間がたっても，とけているものが水と分かれない。

用意するもの　●食塩水　●アンモニア水　●石灰水　●炭酸水　●塩酸　●蒸発皿　●試験管　●試験管立て　●金あみ　●ガスコンロ　●ラベル　●ペン　●保護めがね

注意！

●液体のにおいをかぐときは，試験管から顔をはなして，手であおぐようにする。直接かいだり，深く吸いこんだりしないようにする。

●水よう液を加熱するときは，液が飛ぶことがあるので保護めがねをする。また，出てきたものが飛び散らないように，液がなくなる前に火を消す。

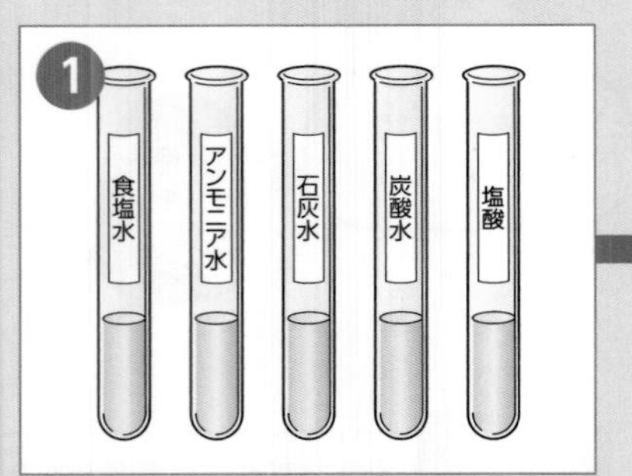
1
食塩水
アンモニア水
石灰水
炭酸水
塩酸

区別するためにラベルをはっておく。

2

それぞれの水よう液のにおいを調べる。

りゅう酸銅水よう液

りゅう酸銅水よう液は青色をしています。これは，銅が水にとけたときに現れる色です。かんそうしたりゅう酸銅は白い粉末ですが，水にとけることで青色に変化するのです。りゅう酸銅水よう液は農作物の病気の予防や消毒のための農薬の原料として利用されています。

きれいな青色ですね。

水よう液	におい	水を蒸発させたとき残る物質
食塩水	なし	白い物質
アンモニア水	鼻をさすにおい	なし
石灰水	なし	白い物質
炭酸水	なし	なし
塩酸	鼻をさすにおい	なし

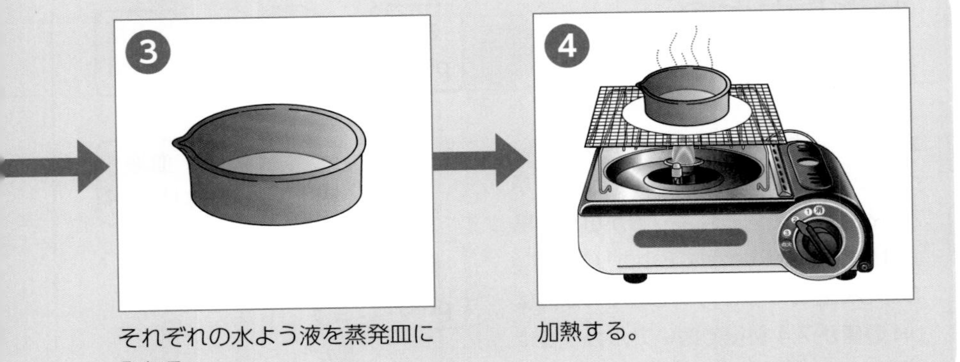
3
4
それぞれの水よう液を蒸発皿に入れる。
加熱する。

酸性に賛成！

リトマス紙で水よう液の性質を調べよう！

リトマス紙

リトマス紙には赤色リトマス紙と青色リトマス紙があります。リトマス紙に水よう液をつけたときの色の変わり方によって酸性・アルカリ性・中性のどれかを調べることができます。

★リトマス紙を使ってみよう！

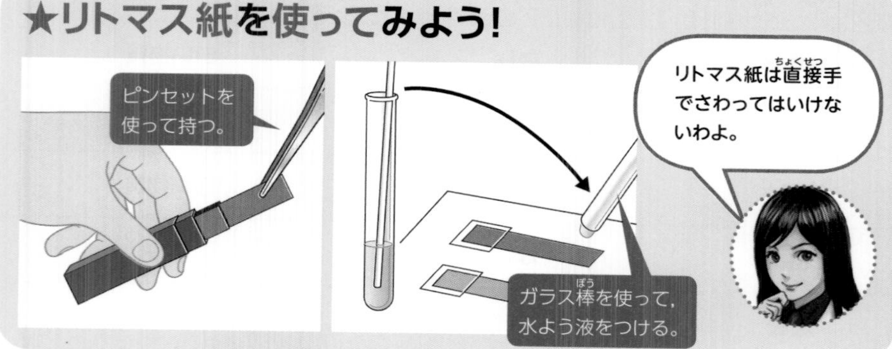
ピンセットを使って持つ。
ガラス棒を使って，水よう液をつける。
リトマス紙は直接手でさわってはいけないわよ。

わたしたちのからだは何性？

酸性・アルカリ性の度合いは，pH という値で表すことができます。pH の値が 7 のとき中性で，それより数が小さい場合は酸性，大きい場合はアルカリ性です。わたしたちのからだの中をめぐる血液は pH の値が 7.4 前後で弱いアルカリ性になるように保たれています。

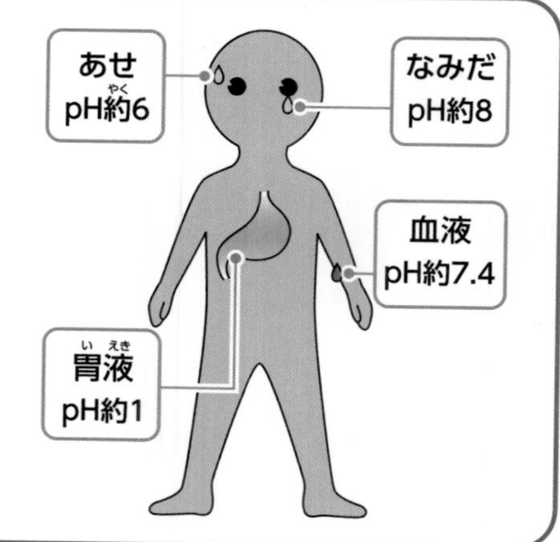
あせ
pH約6
なみだ
pH約8
血液
pH約7.4
胃液
pH約1

エネルギー編

物質編

生命編

地球編

酸性

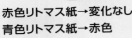

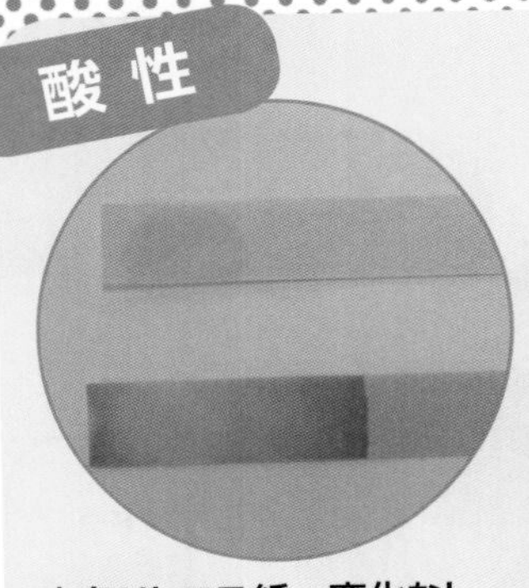

赤色リトマス紙→変化なし
青色リトマス紙→赤色

▼炭酸水(たんさんすい)

▼レモンじる

▼す

穀物酢

アルカリ性

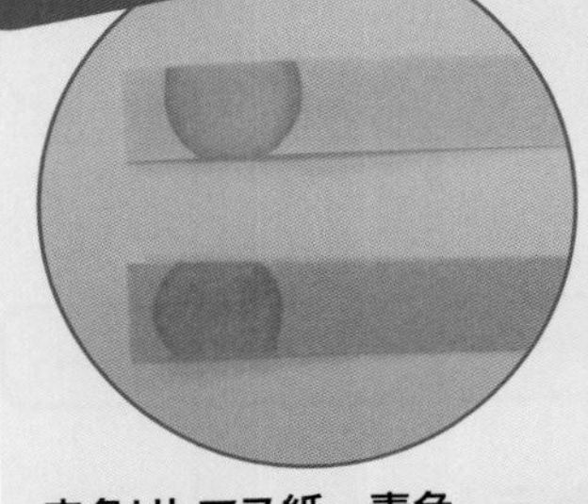

赤色リトマス紙→青色
青色リトマス紙→変化なし

▼海水

▼炭酸水素(たんさんすいそ)ナトリウム水よう液

中性

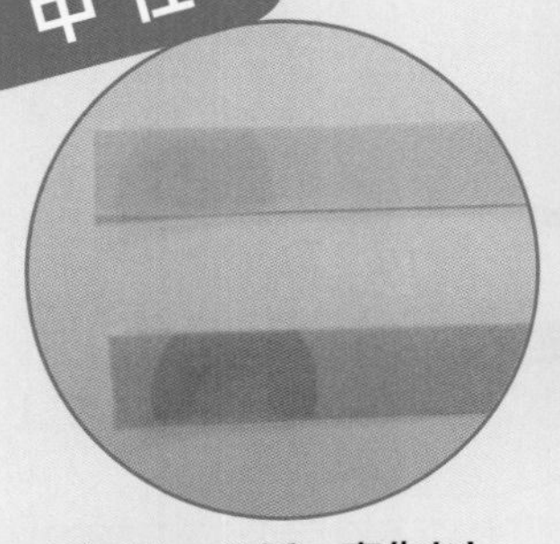

赤色リトマス紙→変化なし
青色リトマス紙→変化なし

▼砂糖水(さとうすい)

▼食塩水(しょくえんすい)

あると安心アントシアニン!

身近な食べ物で水よう液の性質を調べよう!

アントシアニン

ムラサキキャベツ，赤じそ，ブドウの皮などは紫色をしています。これらにはアントシアニンという色素がふくまれています。このアントシアニンは酸性のものにふれると赤く，アルカリ性のものにふれると青く色が変わる性質を持っています。

ムラサキキャベツ▶
▼ブドウ
◀赤じそ

用意するもの
●ムラサキキャベツ　●なべ　●湯

注意! やけどをしないように気をつける。

★ムラサキキャベツ液を作ってみよう!

1

ムラサキキャベツを細かくちぎってなべに入れる。

2

なべに湯を注ぐ。

作ったムラサキキャベツ液に食塩水，塩酸，レモンじる，アンモニア水，石灰水などを入れて水よう液の性質を調べてみましょう!

中性

▲食塩水

酸性

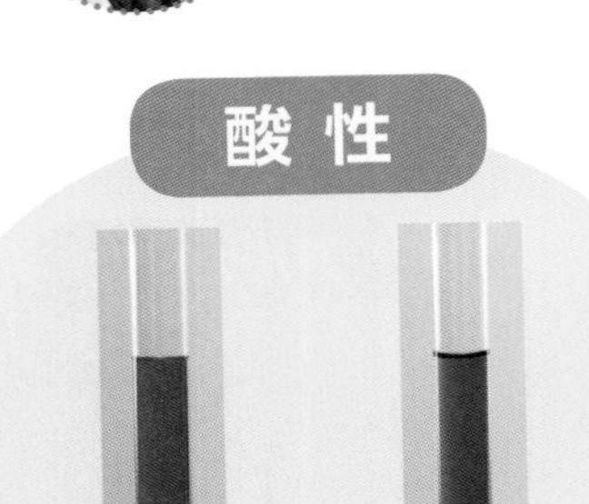

▲塩酸　▲レモンじる

アルカリ性

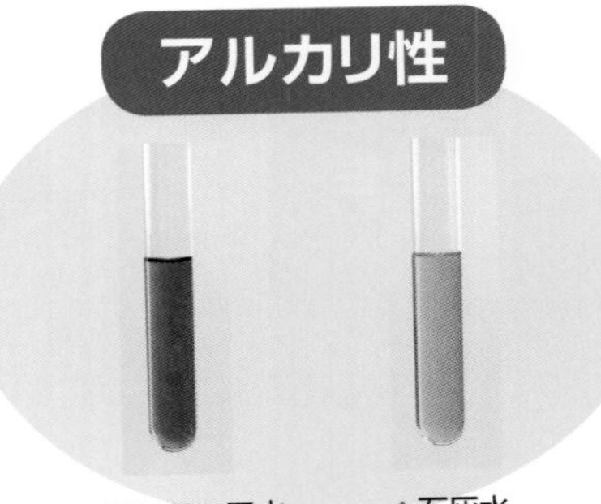

▲アンモニア水　▲石灰水

▼ムラサキキャベツ液の色の変化

強い酸性	弱い酸性	中性	弱いアルカリ性	強いアルカリ性
赤色	うすい赤色	紫色	緑色	黄色

アジサイの花の色は土によって決まる?

アジサイの花の色には青っぽいものや赤っぽいものなどがあります。アジサイの色素はムラサキキャベツと同じアントシアニンで，土が酸性のとき花の色は青色，アルカリ性のとき花の色はピンク色になるといわれています。

ビックリ! とってもビッグなよう液!

酸性・中性・アルカリ性を調べる方法

★BTBよう液

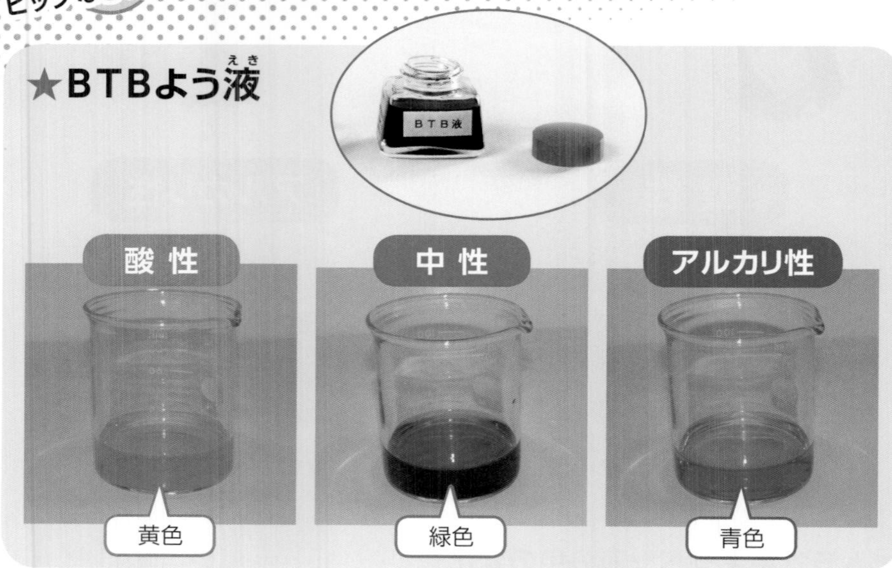

BTB液
酸 性
中 性
アルカリ性
黄色
緑色
青色

★万能試験紙(pH試験紙)

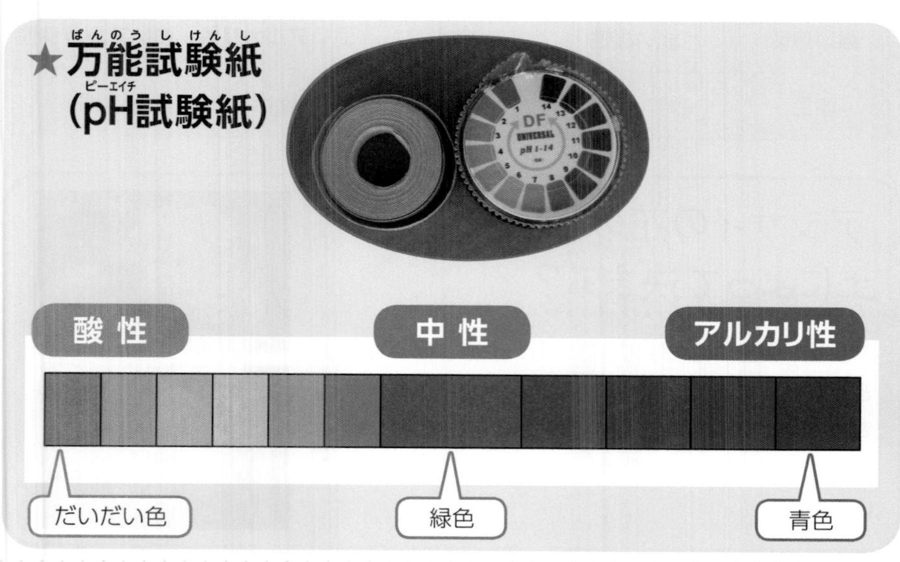

DF
UNIVERSAL
pH 1-14
酸 性
中 性
アルカリ性
だいだい色
緑色
青色

★簡易水質検査試薬

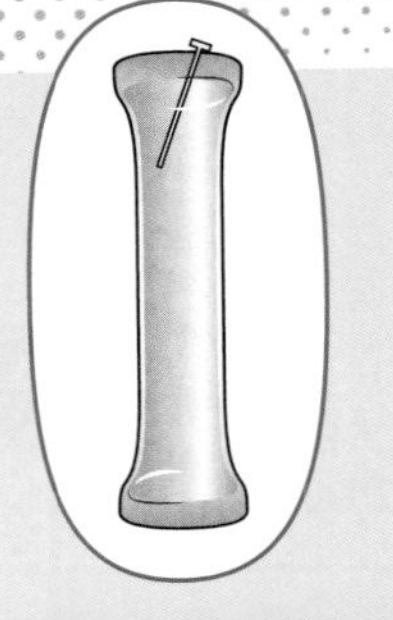

ピンをぬいて穴を開け，調べる水よう液をチューブの下から吸いこませます。チューブの中には試薬の粉が入っており，決められた時間が経過したら色変化表と見比べます。

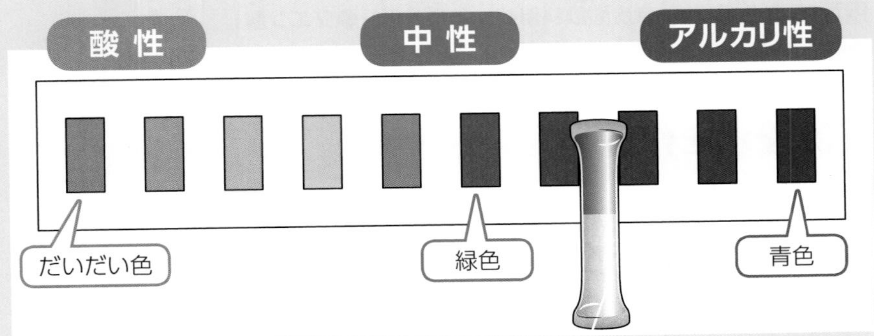
酸 性
中 性
アルカリ性
だいだい色
緑色
青色

★ムラサキキャベツ液

酸 性　中 性　アルカリ性

赤色　紫色　黄色

★フェノールフタレインよう液

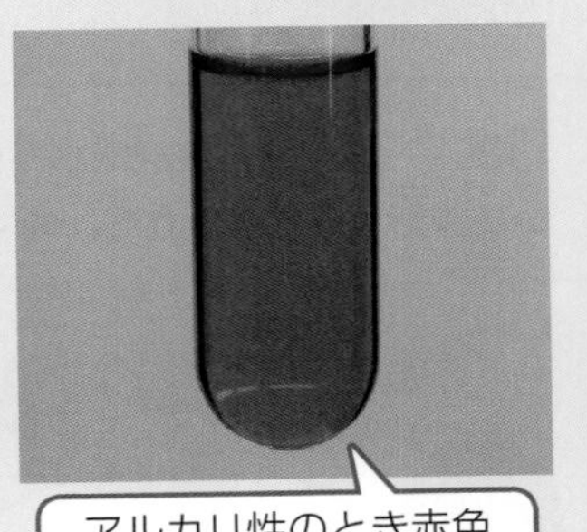

アルカリ性のとき赤色

ほかにも，ブドウの皮，アサガオの花びら，ナスの皮，サツマイモの皮でも調べられるのよ。

炭酸水にとけているものは?

クエン酸は食えん!?

用意するもの　●炭酸飲料用ペットボトル　●クエン酸
●重そう(医薬品と表記しているもの)　●ミネラルウォーター　●小さじ

★炭酸水を作ろう!

1

ペットボトルにクエン酸と重そうを小さじ1ぱいずつ入れる。

2

ミネラルウォーターを入れる。

3

ふたを閉めてよくふる。

完成!

用意するもの　●炭酸水　●水そう　●水　●ゴム管　●ガラス管　●ゴムせん
●試験管　●試験管立て　●マッチ　●線こう　●石灰水　●保護めがね

★炭酸水にとけているものを調べてみよう!

炭酸水を手であたためたり，ふったりするとたくさんあわが出てくるわよ。

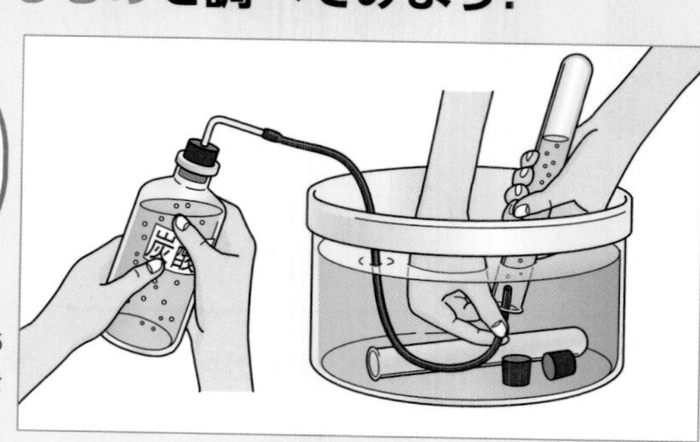
炭酸

炭酸水を手であたためて気体をとり出す。

炭酸水を蒸発させても何も残らないわ。これは，炭酸水にとけているものが気体だからよ。

注意！
●石灰水が目に入らないように，試験管の口をしっかりおさえてからふる。
●線こうに火をつけるときは，やけどをしないように気をつける。

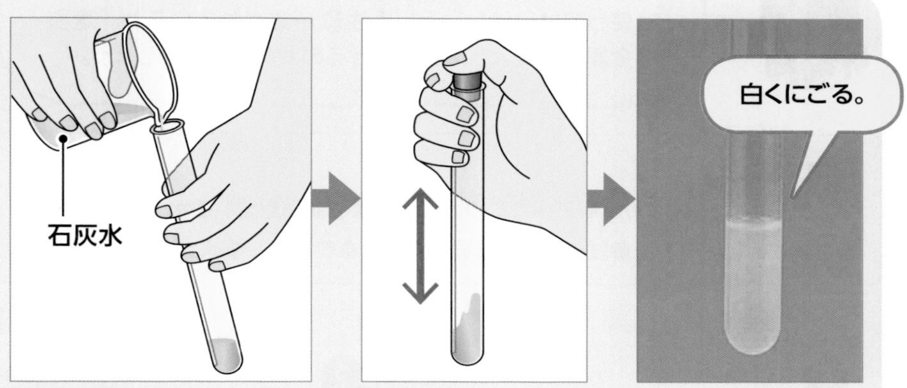
石灰水
白くにごる。

石灰水を入れる。

よくふる。

石灰水が白くにごったことや線こうの火が消えたことから，とけているものは二酸化炭素だということがわかりました。

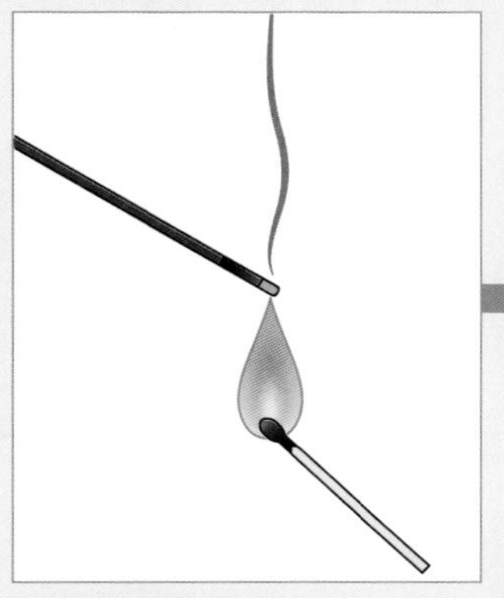

線こうに火をつける。

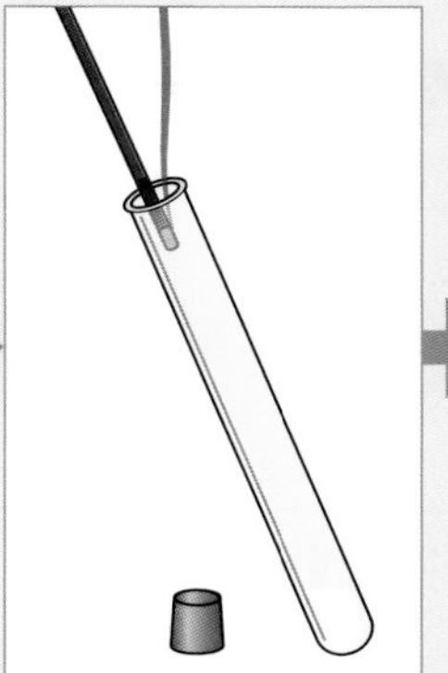

試験管の中に線こうを入れる。

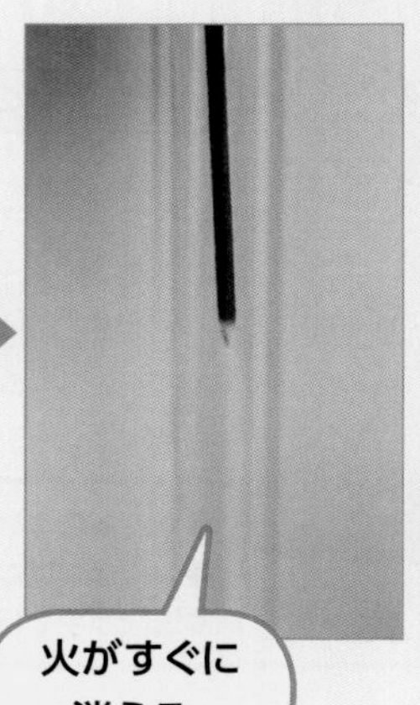
火がすぐに
消える。

胃液イエーイ!

塩酸は金属をとかす?

トイレ用洗ざいなど塩酸をふくむ洗ざいには，金属製品には使ってはいけないという注意が書かれているわ。塩酸は金属をどのように変化させるのか調べてみましょう。

用意するもの

●スチールウール（鉄） ●アルミニウムはく ●うすい塩酸 ●水 ●保護めがね
●こまごめピペット ●試験管 ●試験管立て ●ラベル ●ペン

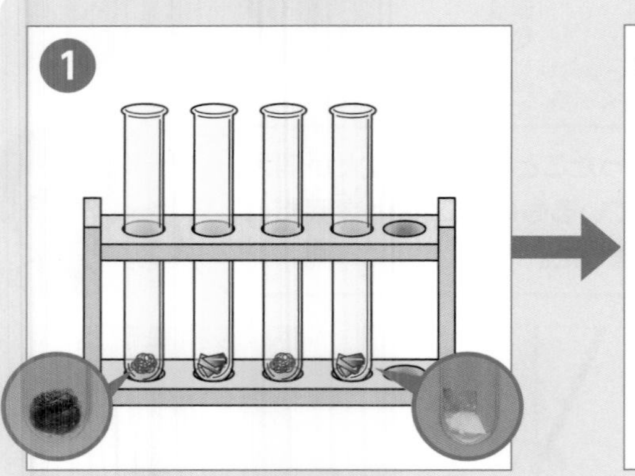
1

スチールウールとアルミニウムはくを試験管２本ずつに入れる。

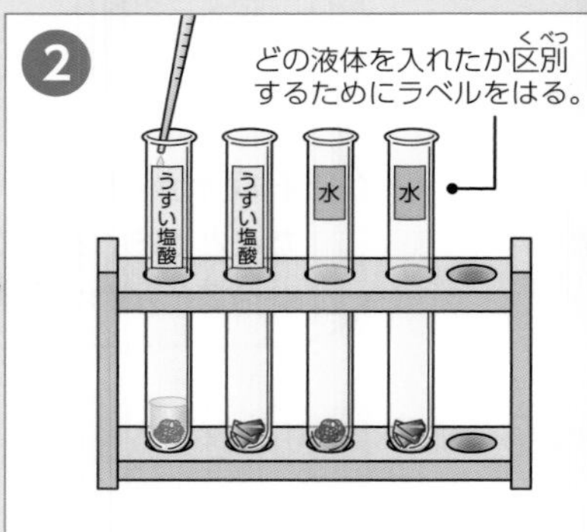
2
どの液体を入れたか区別するためにラベルをはる。
うすい塩酸
うすい塩酸
水
水

１組にはうすい塩酸を，もう１組には水を入れる。

注意!

●かん気をしながら実験を行う。
●火に近づけない。
●塩酸が手や目についたときは，すぐに多量の水で洗い流す。

胃液の成分は塩酸！

食べたものを消化するはたらきをもつ胃液ですが，おもな成分は塩酸なのです。鉄もとかしてしまう塩酸が胃の中で出されているのです。しかし，胃液にはねん液というねばねばした物質がふくまれており，胃を保護するアルカリ性のまくをつくるため，胃をとかしたり，からだを傷つけたりすることはありません。

胃に塩酸があるなんて，胃がとけちゃうかもって思いましたけど，きちんと守られているんですね。

食べ物だけをとかすようになっているから，塩酸があっても安心なのよ。

塩酸を入れたときの変化

▼スチールウール

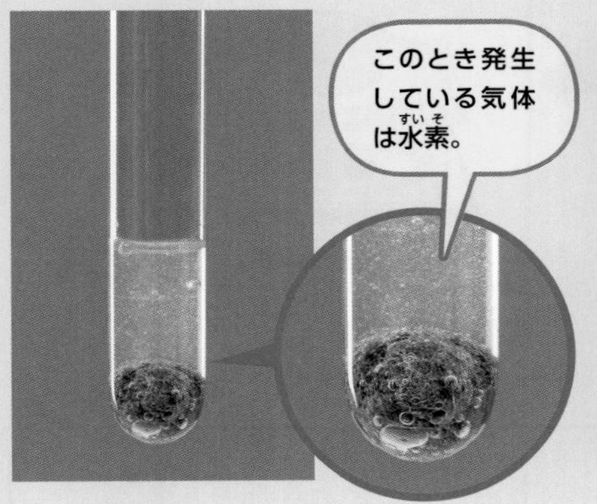
このとき発生している気体は水素。

▼アルミニウムはく

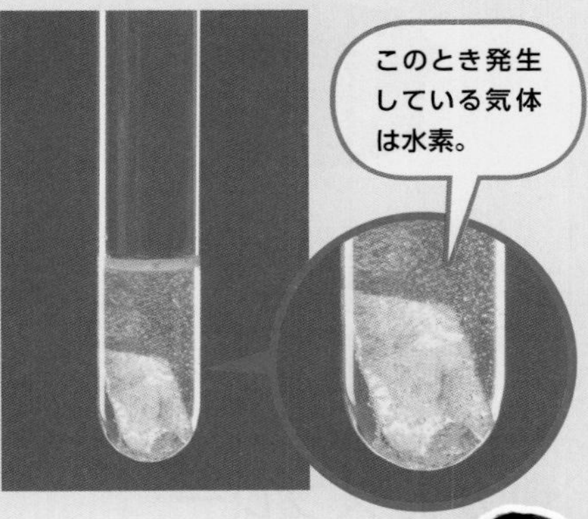
このとき発生している気体は水素。

水を加えても変化しませんでしたが，うすい塩酸を加えたら，スチールウールもアルミニウムはくもとけて小さくなりました。

うすい塩酸には金属をとかす性質があるのよ。ただし，銅のようにとけないものもあるわ。

制かんスプレーの成果!

とける前ととけたあとの物質は同じもの？

鉄やアルミニウムは塩酸にとけるわね。塩酸にとけた鉄やアルミニウムは，もとの物質と同じ性質をもっているか調べてみましょう。

用意するもの　●塩酸にアルミニウムはくがとけたもの
●塩酸にスチールウールがとけたもの　●アルミニウムはく
●スチールウール（鉄）　●蒸発皿　●金あみ　●ガスコンロ　●塩酸　●水
●豆電球　●導線　●かん電池　●磁石

それぞれの液体を蒸発皿に入れる。

加熱する。

制かんスプレー

うすい塩酸にアルミニウムはくをとかすと塩化アルミニウムができます。塩化アルミニウムを水にとかしてできる塩化アルミニウム水よう液には，あせの出るところをふさいで，あせを出にくくする効果があります。この効果を利用したものが制かんざいとして売られています。

制かんスプレー▶

8x4
MEN
POWER PROTECT
SMART CITRUS

▼塩酸にアルミニウムはくをとかしたもの

もとの物質 ／ 出てきた物質

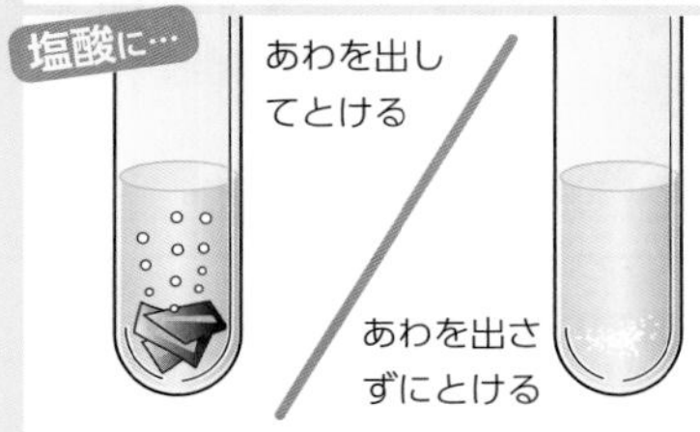
塩酸に…
あわを出してとける
あわを出さずにとける

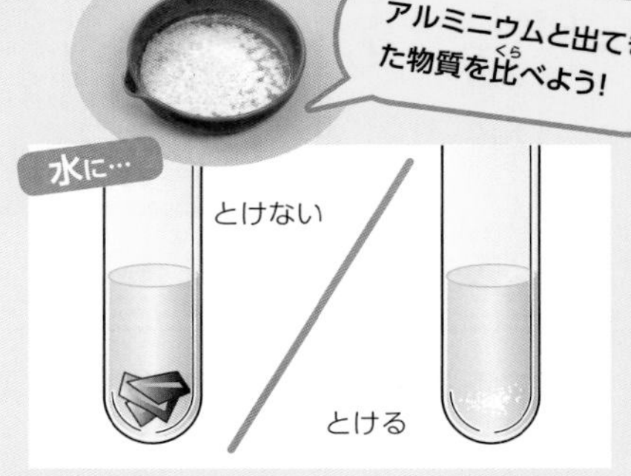
アルミニウムと出てきた物質を比べよう!
水に…
とけない
とける

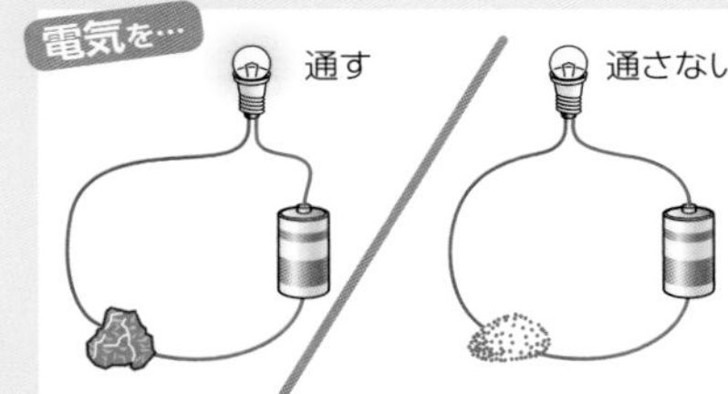
電気を…
通す
通さない

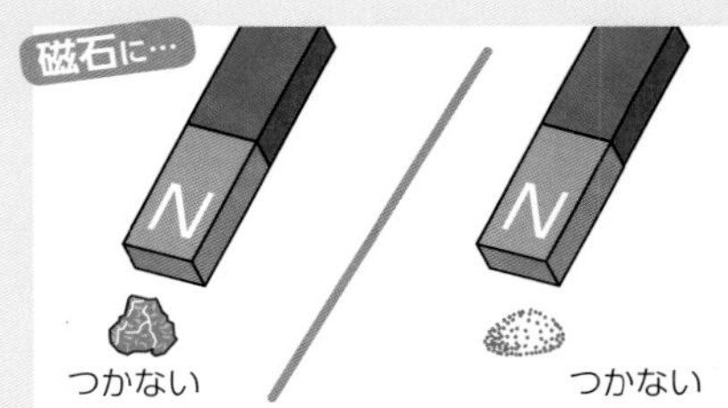
磁石に…
N
N
つかない
つかない

▼塩酸にスチールウールをとかしたもの

もとの物質 ／ 出てきた物質

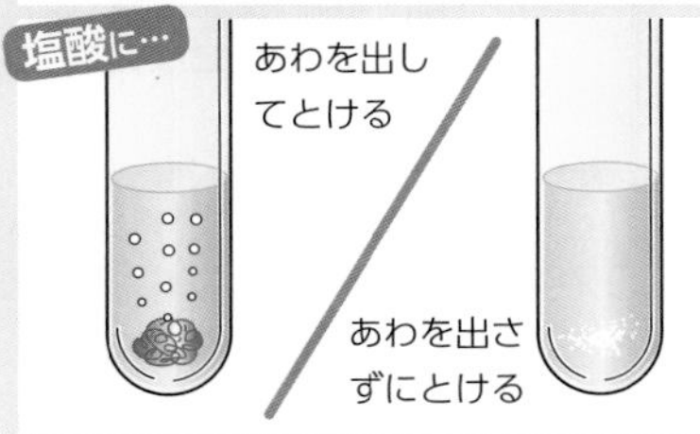
塩酸に…
あわを出してとける
あわを出さずにとける

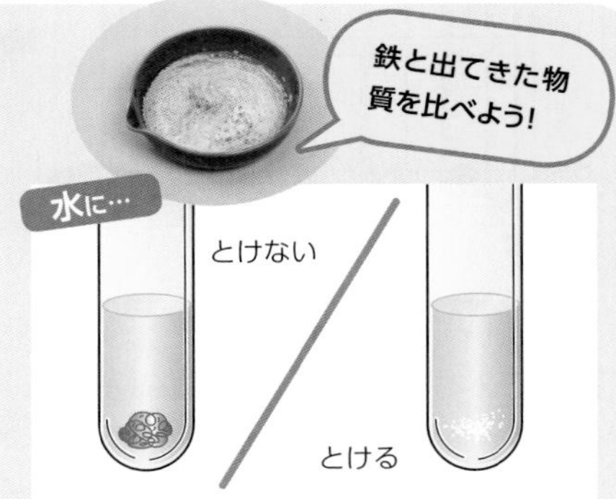
鉄と出てきた物質を比べよう!
水に…
とけない
とける

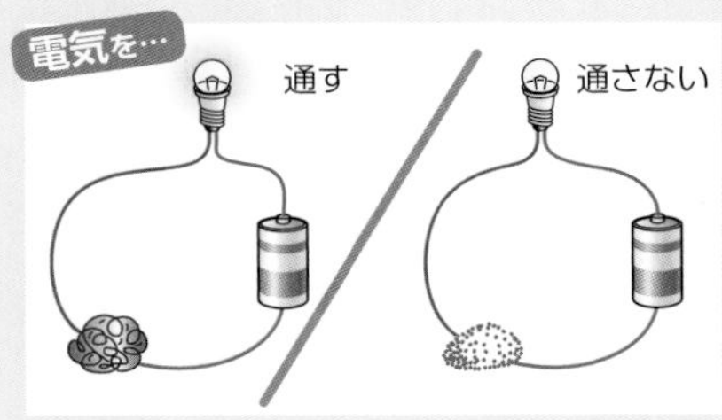
電気を…
通す
通さない

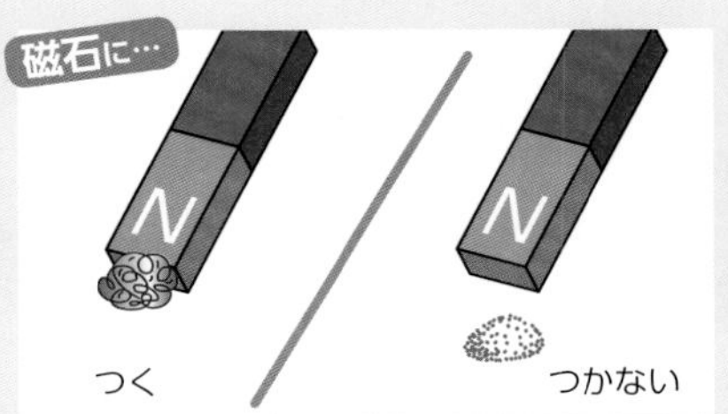
磁石に…
N
N
つく
つかない

もとの物質と加熱してとり出した物質の性質は異なっていますね。

塩酸は鉄やアルミニウムを別のものに変化させたのよ。

変化を確認しまへんか？

水酸化ナトリウム水よう液に金属はとけるの？

用意するもの　●スチールウール（鉄）　●アルミニウムはく
●うすい水酸化ナトリウム水よう液　●水　●保護めがね　●こまごめピペット
●試験管　●試験管立て　●ラベル　●ペン

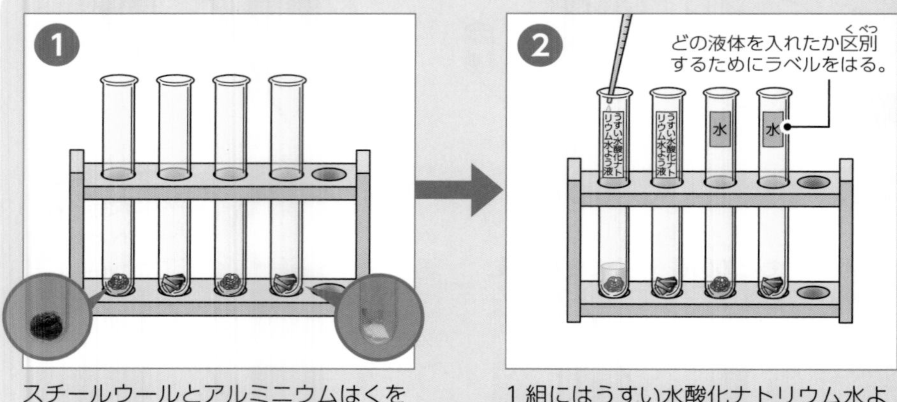

①
②
どの液体を入れたか区別するためにラベルをはる。
うすい水酸化ナトリウム水よう液
水

① スチールウールとアルミニウムはくを試験管２本ずつに入れる。

② １組にはうすい水酸化ナトリウム水よう液を，もう１組には水を入れる。

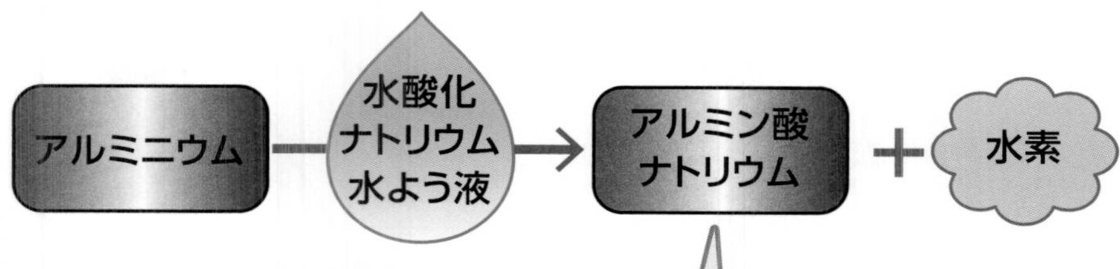

アルミニウム
水酸化ナトリウム水よう液
アルミン酸ナトリウム
＋
水素

アルミニウムを水酸化ナトリウム水よう液にとかしてできるアルミン酸ナトリウムは，土を固くしたり，セメントを固めたりするほか，水をきれいにするための材料としてはば広く利用されている。

▼水よう液の種類と金属のとけ方

	スチールウール	アルミニウムはく
食塩水	変化なし	変化なし
炭酸水	変化なし	変化なし
アンモニア水	変化なし	変化なし

どれも変化しないのですね。

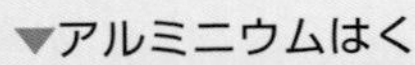

水酸化ナトリウム水よう液を入れたときの変化

▼スチールウール

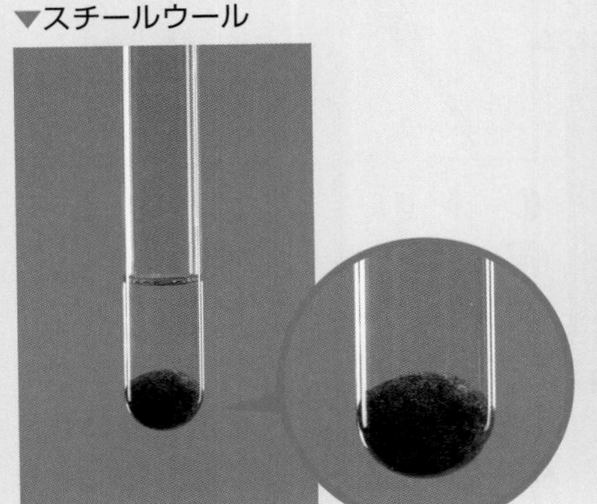

▼アルミニウムはく

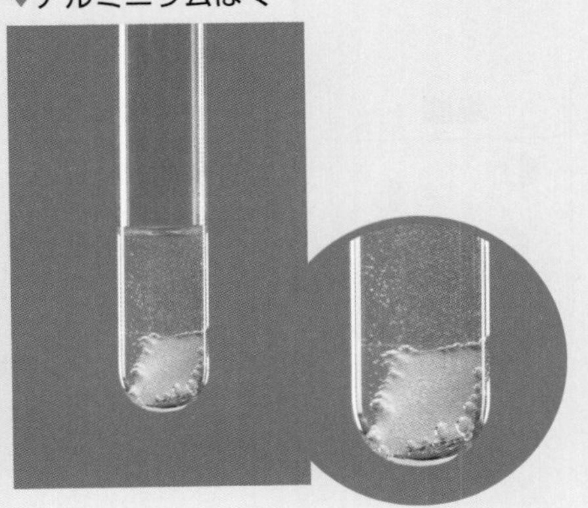

うすい水酸化ナトリウム水よう液を入れたとき，スチールウールには変化がありませんが，アルミニウムはくからはたくさんあわが出ています！

▼うすい塩酸とうすい水酸化ナトリウム水よう液の金属のとけ方

	スチールウール	アルミニウムはく
うすい塩酸	あわを出してとける	あわを出してとける
うすい水酸化ナトリウム水よう液	変化なし	あわを出してとける

中和っちゅうわけだ!

酸性＋アルカリ性は何性?

酸性の水よう液とアルカリ性の水よう液を混ぜ合わせたとき，たがいの性質を打ち消し合う反応を中和というのよ。

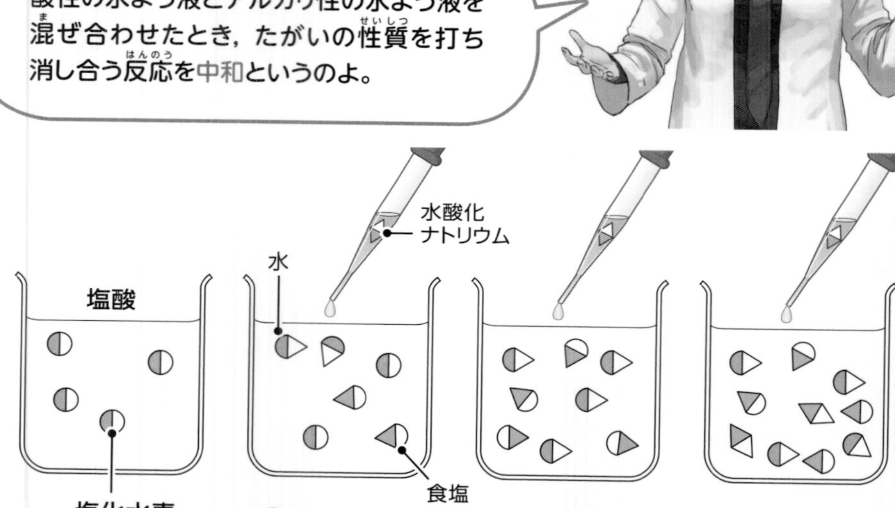

水酸化
ナトリウム
水
塩酸
塩化水素
食塩

◐があるので酸性

◐も◁▷もないので中性

◁▷があるのでアルカリ性

中和のしくみ

人間の営みや自然の力によって，川や湖は強い酸性になってしまうことがあります。群馬県のある川では，流れる水が強い酸性のため，魚もすめない死の川とよばれていました。そこで，川に強いアルカリ性の石灰を入れて，中和する事業が始まり，今では生物がすめるほどになっています。

石灰を入れて中和しているようす▶

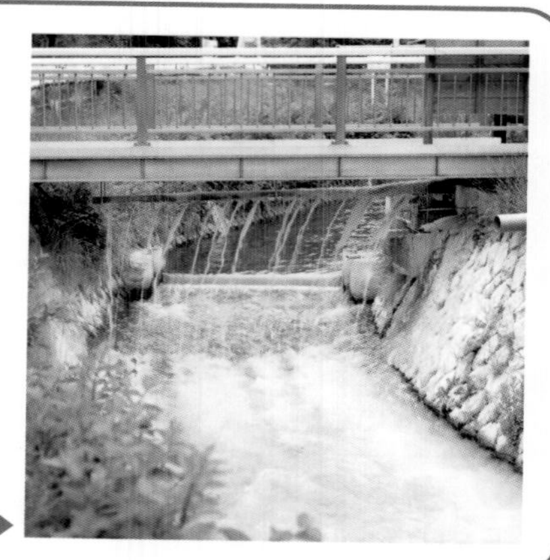

用意するもの

- うすい塩酸
- うすい水酸化ナトリウム水よう液
- ビーカー　●こまごめピペット
- ガラス棒　●ＢＴＢよう液

ここでは，水よう液の酸性・中性・アルカリ性を調べるために，ＢＴＢよう液を使うわ。ＢＴＢよう液は，酸性で黄色，中性で緑色，アルカリ性で青色になるわよ。

★うすい塩酸とうすい水酸化ナトリウム水よう液を混ぜてみよう！

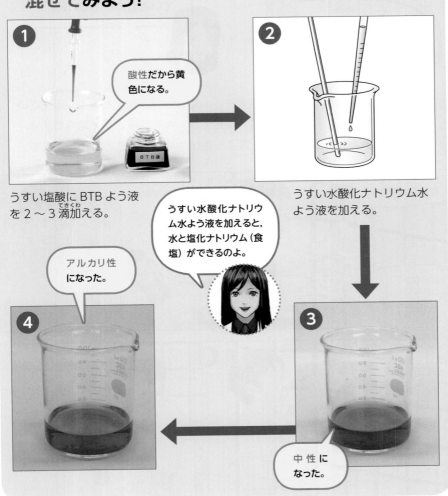

❶ 酸性だから黄色になる。

BTB液

うすい塩酸に BTB よう液を２～３滴加える。

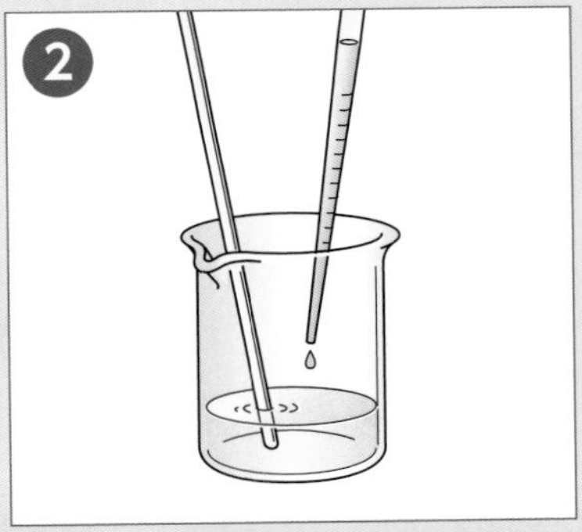

❷ うすい水酸化ナトリウム水よう液を加える。

うすい水酸化ナトリウム水よう液を加えると，水と塩化ナトリウム（食塩）ができるのよ。

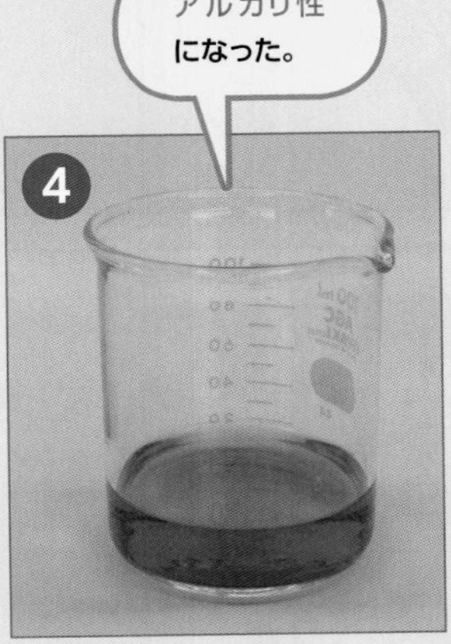

❸ 中性になった。

❹ アルカリ性になった。

危険は聞けん!

身のまわりの液体の性質を調べよう!

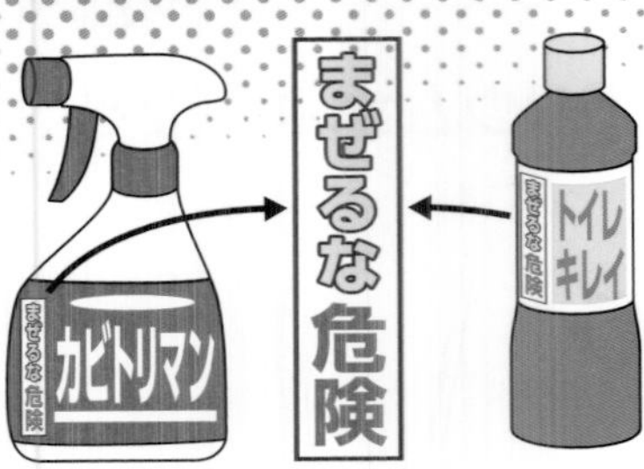
まぜるな危険
カビトリマン
まぜるな危険
トイレキレイ
まぜるな危険

おふろ用のカビとり洗ざいやトイレ用洗ざいなどの容器には,「まぜるな危険」と書かれているものがあるわね。

カビとり洗ざい(次あ塩素酸塩)や漂白ざい(次あ塩素酸塩)とトイレ用洗ざい(塩酸)を混ぜると,有毒な塩素ガスが発生し,大変危険です。塩素ガスは,刺激臭のある黄緑色の気体で,空気より重いため低いところにたまります。

1
おふろのタイルに真っ黒のカビ…
ゴシ
ゴシ
なかなかとれない…もっと強力なやつないかな?

2
そうだ,トイレ用の洗ざいで試してみよう!

3
大変だ!黄緑色のガスが出てきたぞ!!

4
目が痛いよ～のども痛いよ～気分が悪い～…

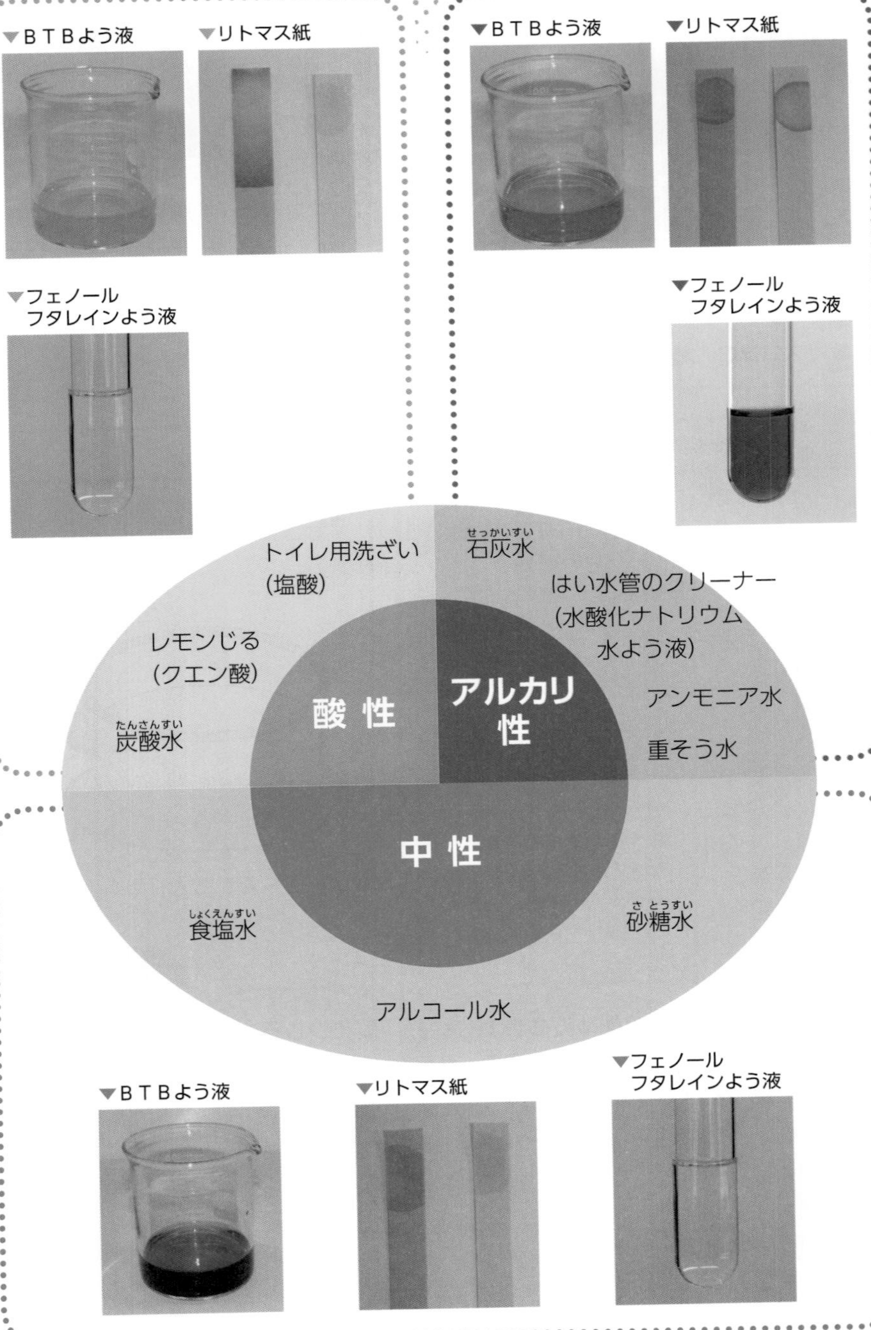
▼ＢＴＢよう液
▼リトマス紙
▼フェノール
フタレインよう液
▼ＢＴＢよう液
▼リトマス紙
▼フェノール
フタレインよう液
トイレ用洗ざい
(塩酸)
レモンじる
(クエン酸)
炭酸水
石灰水
はい水管のクリーナー
(水酸化ナトリウム
水よう液)
アンモニア水
重そう水
酸性
アルカリ性
中性
食塩水
砂糖水
アルコール水
▼ＢＴＢよう液
▼リトマス紙
▼フェノール
フタレインよう液

カッテージチーズ
買ってー!

カッテージチーズを作ろう!

用意するもの

●牛乳 500mL　●す 30mL　●なべ　●ボウル　●ざる　●ふきん
●ガスコンロ　●なべしき　●はし　●温度計

注意!　火をあつかうときには，やけどに気をつける。

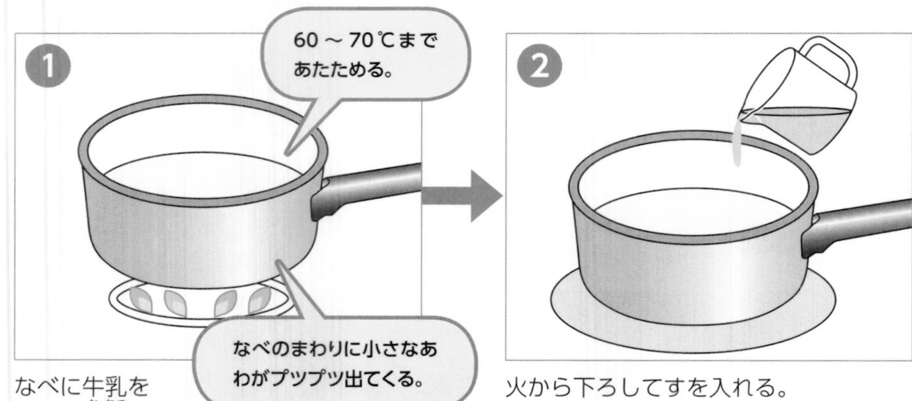
1
60 ～ 70℃まで
あたためる。
なべのまわりに小さなあ
わがプツプツ出てくる。
2

① なべに牛乳を入れて加熱する。

② 火から下ろしてすを入れる。

す以外を使ってもカッテージチーズを作ることはできますか？

レモンじるなどでも作れるのよ。

カッテージチーズができるのはなぜ?

牛乳にはタンパク質がふくまれています。牛乳にすやレモンじるなどの酸を加えると，タンパク質どうしがくっついて固まります。牛乳とは異なる種類ですが，卵もタンパク質をふくんでいます。卵にふくまれるタンパク質は熱を加えると固まる性質があります。卵の黄身は65～70℃，白身は75～80℃で固まります。

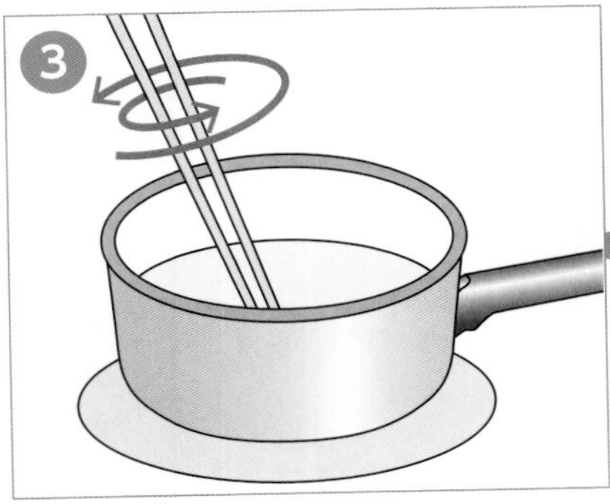

③ すばやく混ぜる。

④ 固体と液体に分かれる。

⑤ ざるに流しこんでこす。

完成!

生命編

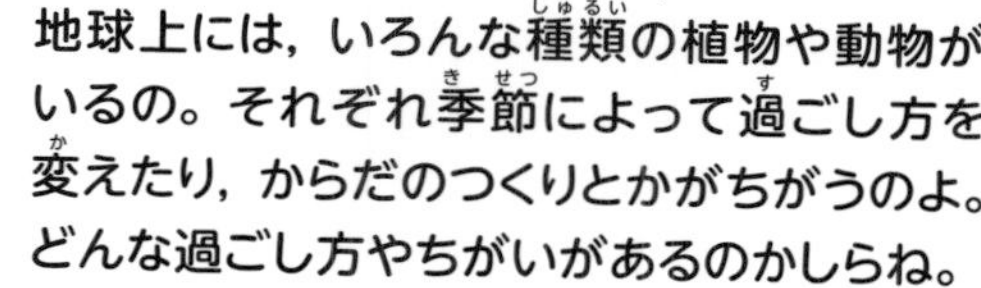
地球上には，いろんな種類の植物や動物がいるの。それぞれ季節によって過ごし方を変えたり，からだのつくりとかがちがうのよ。どんな過ごし方やちがいがあるのかしらね。

第4章
動物のからだの
つくりとはたらき
▶▶▶p.308
第5章
動物の誕生
▶▶▶p.334
冬と夏では気温差があるので，
動物とか植物もいろんな過ごし
方をしているのでしょうね。
第6章
生き物のくらしと
かん境▶▶▶p.342

カエルがかえる 春の動物のようすを調べよう！

卵を産む

飛んでくる

卵からかえる

★卵を産む

▼アゲハ

春

春から秋にかけてくり返す。

冬

卵を産む動物：テントウムシなど

★飛んでくる

▼ツバメ

南のほうからやってくる。

春

夏

秋

あたたかい南のほうへ飛んでいく。

冬

あたたかい南のほうで過ごす。

飛んでくる動物：ホトトギスなど

★卵からかえる

▼カマキリ

春　夏　秋　冬

▼カエル

春　夏　秋　冬

あたたかくなると，動物が活動し始めるのよ。

卵からかえる動物：バッタなど

ウグイスじゃなかった!?

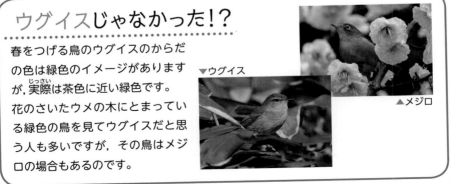

春をつげる鳥のウグイスのからだの色は緑色のイメージがありますが，実際は茶色に近い緑色です。花のさいたウメの木にとまっている緑色の鳥を見てウグイスだと思う人も多いですが，その鳥はメジロの場合もあるのです。

▼ウグイス

▲メジロ

サクラ，さっくさく。

春の植物のようすを調べよう！

▼サクラ

木

▼タンポポ

野原

▼チューリップ

花だん

★木

▼サクラ

春　夏　秋　冬

▼イチョウ

春　夏　秋　冬

木：ハナミズキ，ウメなど

★野原

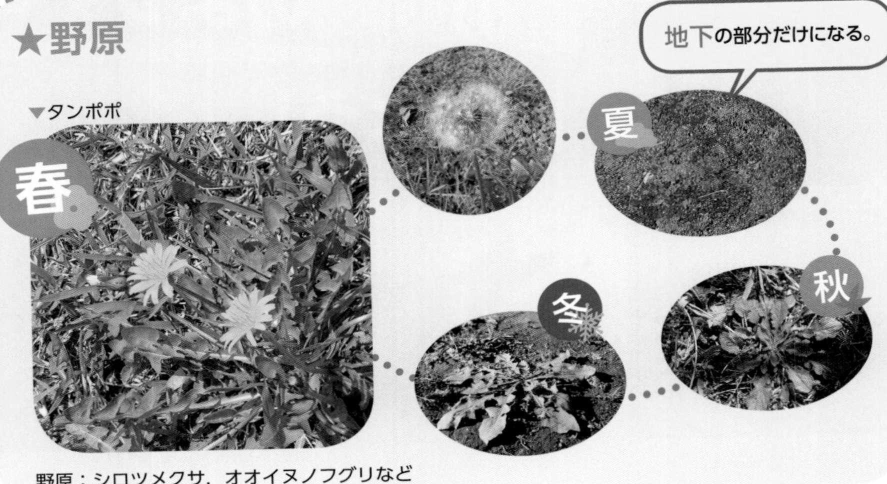
▼タンポポ
春
夏
地下の部分だけになる。
秋
冬

野原：シロツメクサ，オオイヌノフグリなど

★花だん

▼チューリップ
春
夏
球根をほり上げる。
秋
冬

花だん：サクラソウなど

春の七草って何？

セリ，ナズナ，ゴギョウ，ハコベラ，ホトケノザ，スズナ，スズシロを春の七草といいます。1月7日には健康を願って，この七草を使ったおかゆを食べる習慣があります。

春の七草

よう虫でちゅー

夏の動物のようすを調べよう！

成虫で過ごす

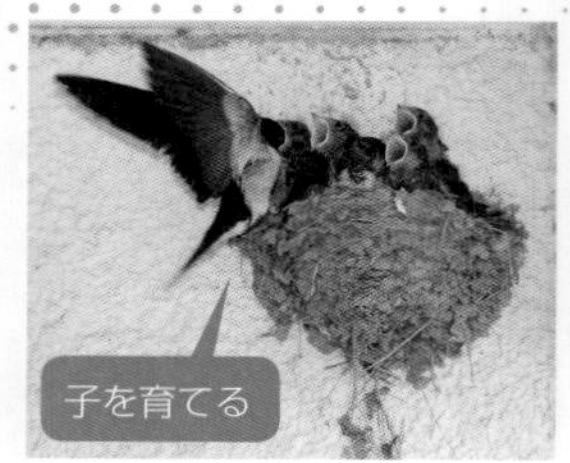
子を育てる

よう虫から成虫になる

★成虫で過ごす

▼カブトムシ

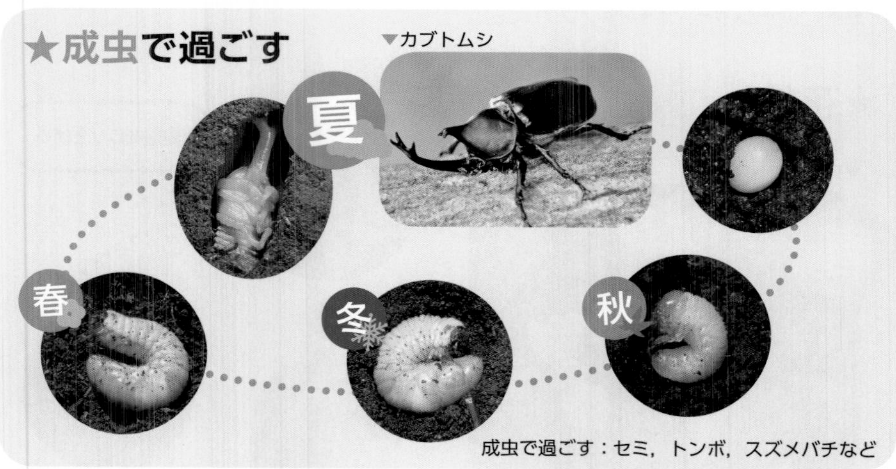
夏
春
冬
秋

成虫で過ごす：セミ，トンボ，スズメバチなど

★子を育てる

▼ツバメ

秋
冬
春
夏

あたたかい
南のほうで過ごす。

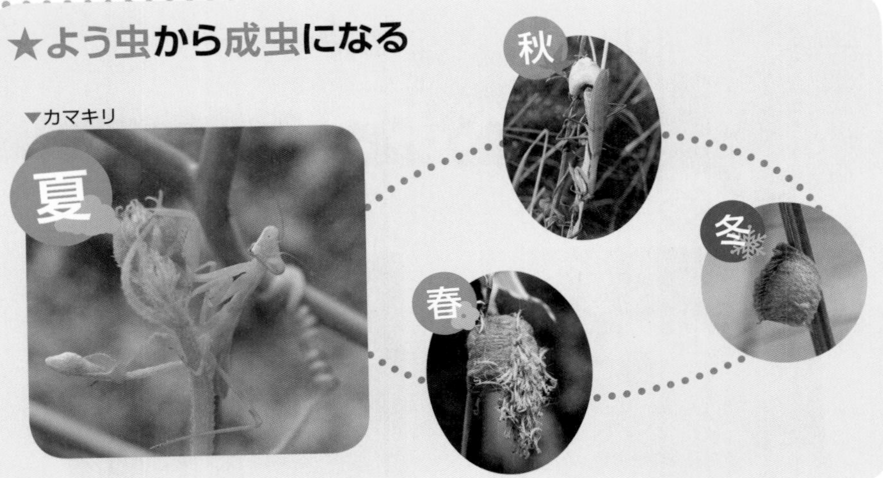
★よう虫から成虫になる
▼カマキリ
夏
秋
冬
春

春よりも見かける虫の数が多くなりました。

たくさんの動物が活発に動きまわっているわね。
クヌギやコナラなどの木には，樹液（じゅえき）をなめるために，クワガタやスズメバチ，カナブンなども集まるのよ。

よう虫の時期が長いセミ

メスは夏の終わりに木に卵（たまご）を産（う）みます。卵はそのまま冬をこし，次の年によう虫となって地中にもぐります。そこで５年間過ごしたあと，卵から７年目の夏，地上に出てきます。

夏
▼卵
▼よう虫
7年目に
地上に出る！

夏野菜を食べやさい！

夏の植物のようすを調べよう！

▼ヒマワリ

花だん

▼イチョウ

木

春よりも葉が多くて，
しげっています。

夏は植物が大きく成長するのよ。

★花だん

▼ヒマワリ

夏
秋
冬

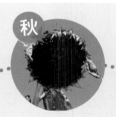

春

花だん：アサガオなど

★木

▼イチョウ

夏

春

冬

秋

▼サクラ

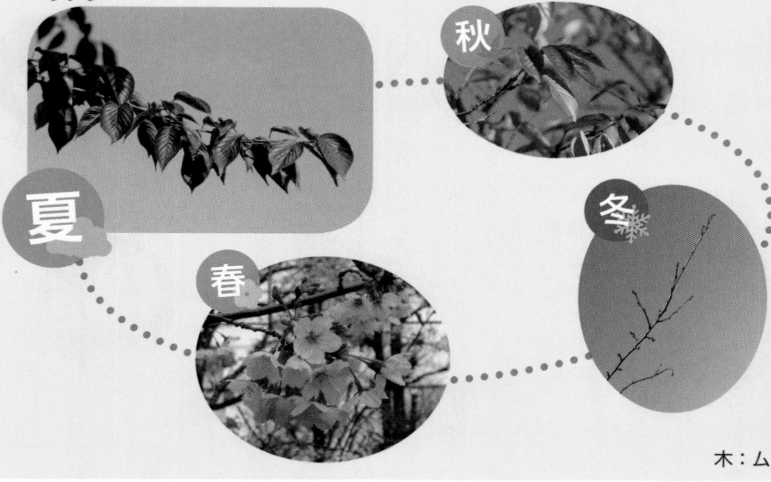

秋

夏

冬

春

木：ムクゲなど

夏に収かくされる野菜

春に植えたなえが育ち，いろいろな野菜が収かくされます。夏野菜ということばもいっぱん的に使われているくらい野菜が豊富な時期です。

▼トウモロコシ

▼ナス

▼トマト

秋の動物のようすを調べよう！

じっとしているのはあきあきだよ…。

鳴く

卵を産む

飛んでいく

じっとしている

すずしくなると，コオロギやスズムシが鳴くのはなぜですか？

鳴き声でオスがメスを呼んでいるのよ。

★鳴く

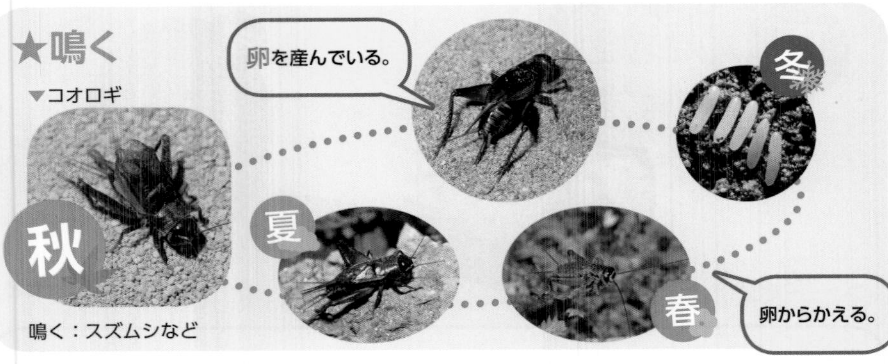
▼コオロギ
秋
卵を産んでいる。
冬
春
卵からかえる。
夏

鳴く：スズムシなど

★卵を産む

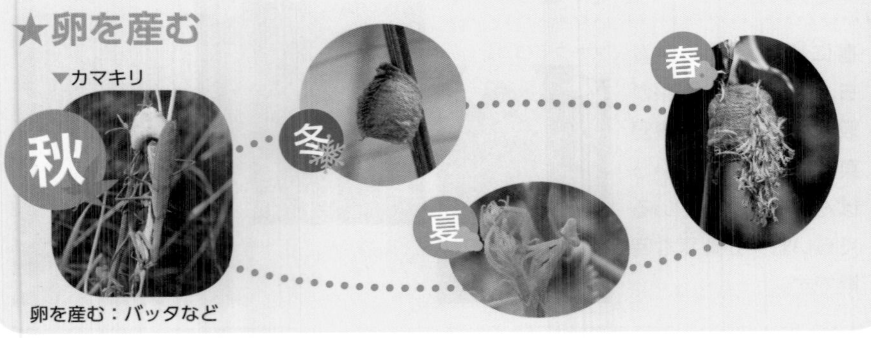
▼カマキリ
秋
冬
春
夏

卵を産む：バッタなど

★飛んでいく

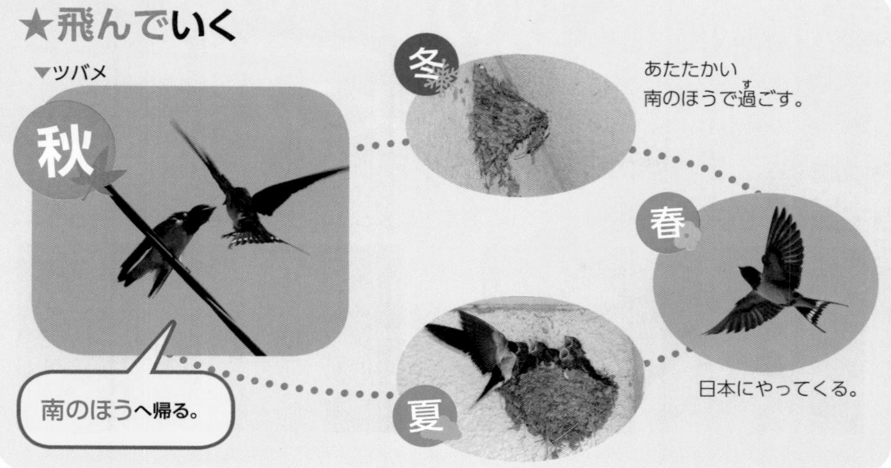
▼ツバメ
秋
冬
あたたかい
南のほうで過(す)ごす。
春
日本にやってくる。
夏
南のほうへ帰る。

★じっとしている

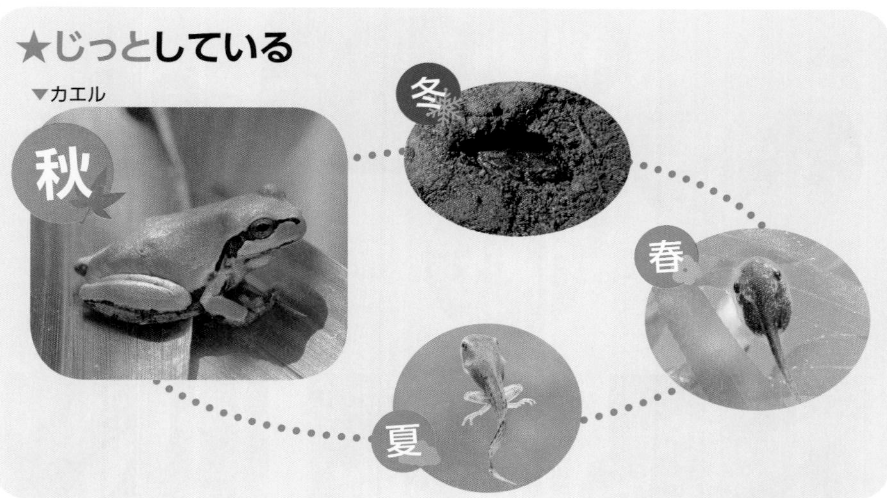
▼カエル
秋
冬
春
夏

食欲(しょくよく)の秋は人だけじゃない!?

動物は冬ごしにそなえて多くの食べ物を必要(ひつよう)とします。リスはたくさんのドングリなどのえさを巣穴(すあな)に持ち帰りためこみます。クマは秋のうちにたくさん食べ，体にためたしぼうをエネルギーにして巣穴で冬を過ごします。

イチョウ，いいちょうし！ 秋の植物のようすを調べよう！

▼サクラ

木

▼コスモス

野原

★木

▼サクラ

夏

秋

春

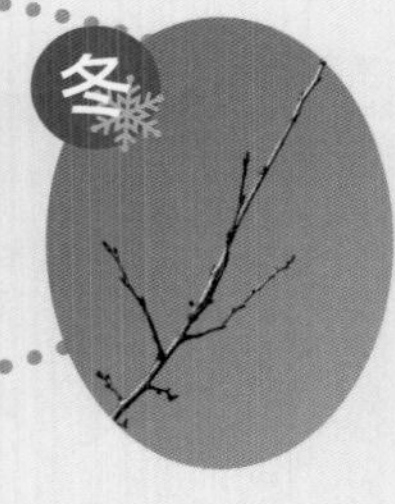
冬

▼イチョウ

▼カエデ

▼クリ

木の葉の色が赤色や黄色に変(か)わっていき，葉が落ちていきますね。

秋には葉が色づく木が多くなるね。木の葉が赤色に色づくことを紅葉(こうよう)，黄色に色づくことを黄葉(こうよう)というのよ。

★野原や花だん

▼コスモス

秋
冬
春
夏

▼ツワブキ

▼キク

秋には実や種をつける植物がたくさんあるわね。ススキやエノコログサのほは，小さな花が集まってついているもので，やがてここに実や種ができるのよ。

秋になっても葉っぱが落ちない木

すべての木が冬に葉を落とすわけではありません。冬でも葉を落とさず１年中緑色の葉をつけている木を常緑樹といいます。また，冬に葉をすべて落とす木は落葉樹といいます。

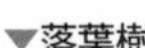
▼落葉樹

▼常緑樹

ハクチョウ，ハーークション！

冬の動物のようすを調べよう！

卵(たまご)	よう虫	さなぎ	成虫(せいちゅう)
 ▲カマキリ	 ▲カブトムシ	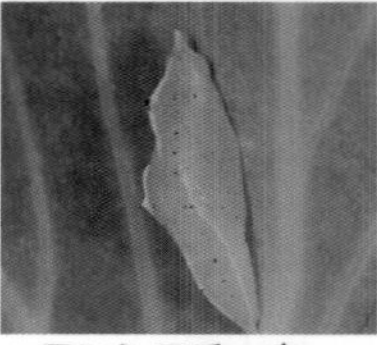 ▲モンシロチョウ	 ▲テントウムシ
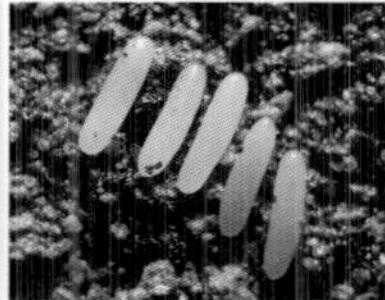 ▲コオロギ	 ▲ミノガ	 ▲アゲハ	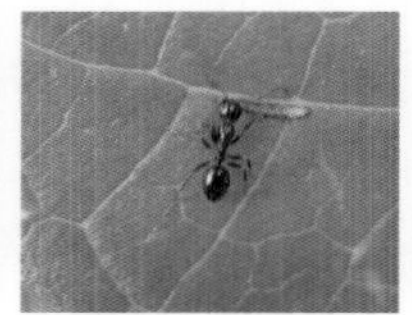 ▲アリ

カエルは寒くなると体温が下がって活動できなくなるの。そのため，あたたかい地中で冬をこすのよ。

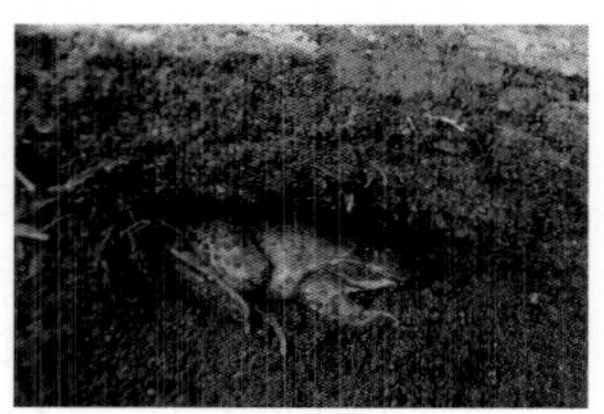

▼カマキリ

冬
春
夏
秋

★湖にすむ

▼ハクチョウ

冬

北へ飛んでいく。

春

秋

日本へ
やってくる。

夏

北のほうで
過ごす。

秋から冬にかけてハクチョウなどが見られるのはなぜですか？

ハクチョウたちのいる北のほうは寒さがとても厳しいから，冬をこすために日本へやってくるのよ。

ミノムシ（ミノガ）の中はどうなっている？

ミノガのよう虫は冬が近づくとみのを木の枝に固定し冬をこして，４月下旬から５月上旬にさなぎになります。それから約１か月後，オスのさなぎは，みのの下の口から体を半分ほど外に出し，成虫が羽化してきます。

▼ミノガのよう虫

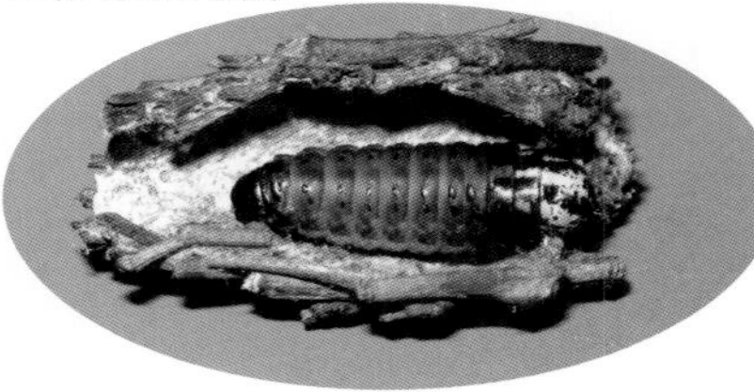

プリプリおこる！プリムラ！

冬の植物のようすを調べよう！

▼サクラ
木
▼タンポポ
野原
▼プリムラ
花だん
サクラの木はかれてしまったんですか？
枝（えだ）に芽（め）ができていて，春が来るのを待っているのよ。
★木
▼サクラ
冬
秋
春
夏

★野原

▼タンポポ
冬
春
夏
秋
地下の部分
だけになる。

地面に葉を広げて寒さをしのぐ。

★花だん

▼プリムラ
冬
▼スイセン
▼クリスマスローズ

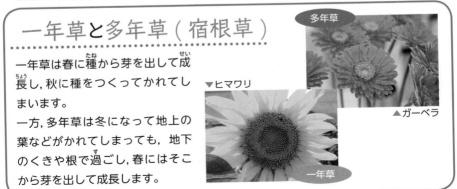

一年草と多年草（宿根草）

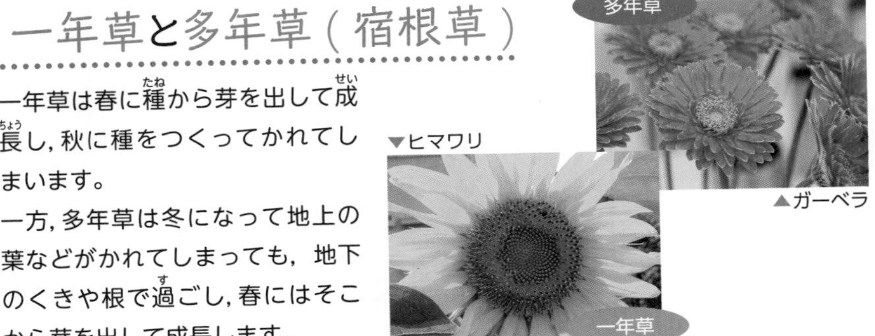
多年草
一年草

▼ヒマワリ

▲ガーベラ

一年草は春に種（たね）から芽を出して成長（せいちょう）し，秋に種をつくってかれてしまいます。
一方，多年草は冬になって地上の葉などがかれてしまっても，地下のくきや根で過（す）ごし，春にはそこから芽を出して成長します。

実はツルツルしてない
ツルレイシ!

季節(きせつ)による植物の成長(せいちょう)

春

18℃

▼ツルレイシ

冬

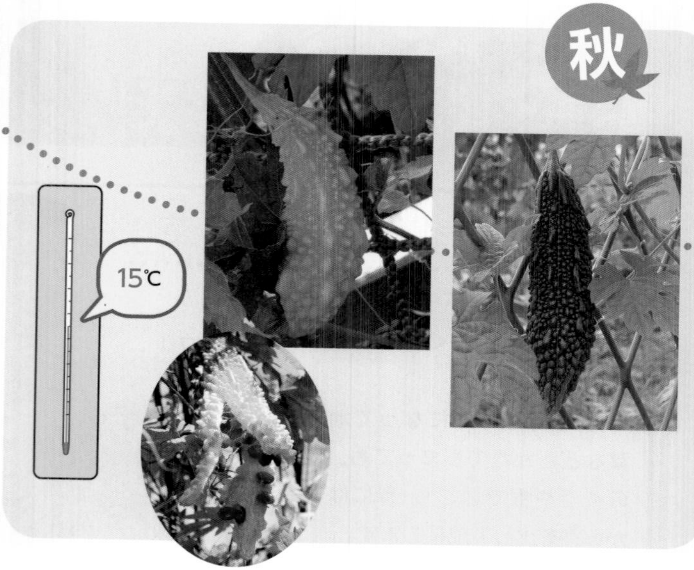

秋

15℃

ツルレイシは種(たね)で冬をこすのよ。

め花

お花

夏

30℃

緑のカーテン

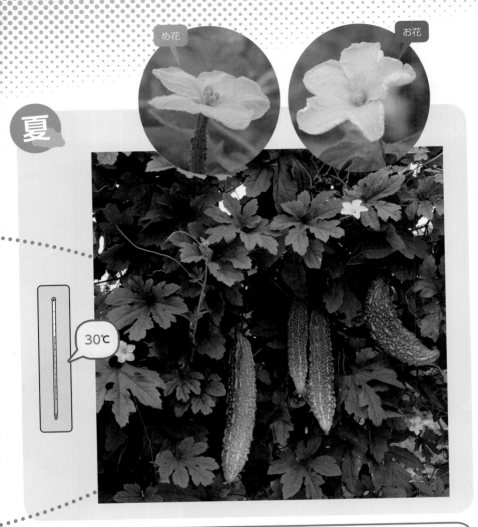

緑のカーテンは，窓をおおうようにつる性植物を育てて，日差しをさえぎるようにしたものです。日かげになるため，すずしいばかりではなく，植物が行う蒸散のはたらきでまわりの熱をうばうため，建物の温度が上がりにくくなります。

すみかはすみか？中央(ちゅうおう)か？ 動物のすみかや動物のようす

▽コマドリ
▽ヒヨドリ
▼樹液(じゅえき)に集まるこん虫
▽カマキリ
▼バッタ
▼トンボ

動物によって，見られる場所がちがっているのはなぜですか？
動物はそれぞれ食べ物のある場所やかくれるところがある場所にいるのよ。
▼ハチ
▼テントウムシ
▼カエル
▼ヤゴ
▼オタマジャクシ

モンシロチョウは
オモシロソウ!!

モンシロチョウの卵のようすを観察しよう

モンシロチョウが卵を産んでいますよ。
産みつけられたばかりの卵は，白くて高さが1mmくらいの大きさなのよ。
しばらくすると黄色くなるわ。

どんな植物に卵を産むの？

モンシロチョウは，キャベツ，アブラナ，ブロッコリーなどのアブラナ科の植物の葉に卵を産みつけます。同じチョウのなかまでも，アゲハは，ミカン，サンショウなどのミカン科の植物の葉に卵を産みつけます。

▼アブラナ

▼ブロッコリー

▼ミカン

▼サンショウ

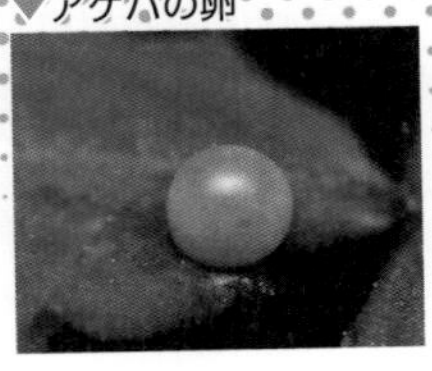

▼アゲハの卵

同じチョウのなかまでも，モンシロチョウとアゲハの卵の形は全然ちがうのよ。

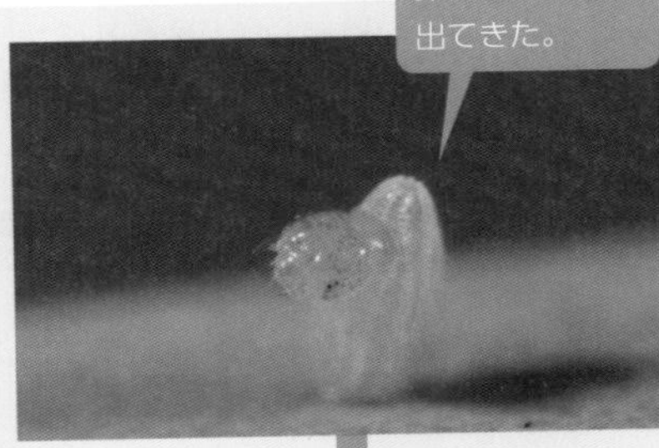
卵からよう虫が出てきた。

卵の色が黄色くなりましたね。

卵から生まれたばかりのよう虫は，まず，卵のからを食べるの。

卵を産む場所は決まっているの？

モンシロチョウは，いろいろな場所に分けて卵を産んでいます。これは，絶めつしないようにするためのくふうなのです。

よう虫を見るときは
要注意!

モンシロチョウのよう虫を観察しよう

からを食べる。

葉を食べる。

皮をぬいでいるとき，よう虫はじっとしていますね。

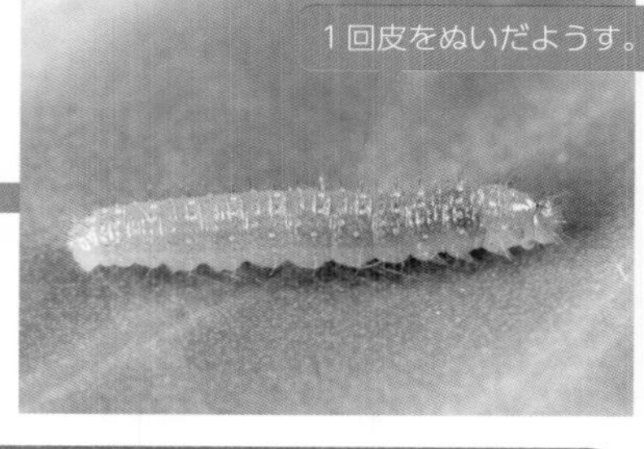
１回皮をぬいだようす。

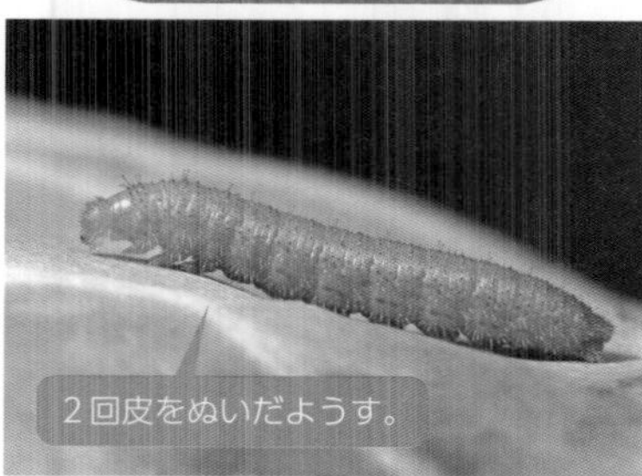
２回皮をぬいだようす。

よう虫は皮を4回ぬいで大きくなるのよ。
皮をぬぐたびに少しずつ姿が変わっているわね。

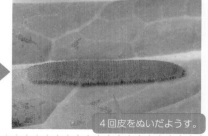

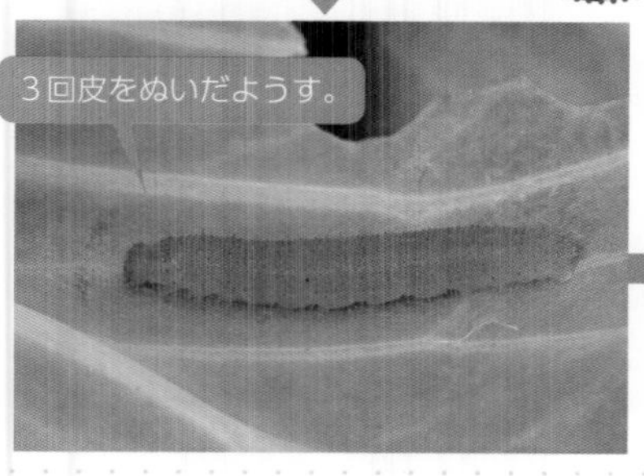
３回皮をぬいだようす。

４回皮をぬいだようす。

よう虫と成虫（せいちゅう）のあしのつき方のちがい

よう虫

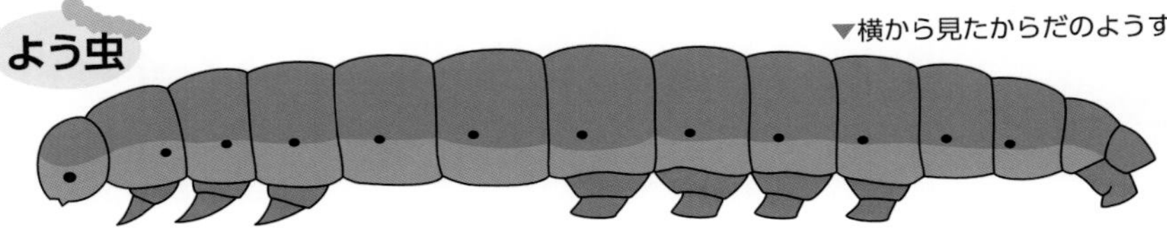
▼横から見たからだのようす

▼下から見たからだのようす

胸（むね）のあし 6本（3対）
→成虫のあしになる。
・葉をおさえる。
・ものにつかまる。

腹（はら）のあし 10本（5対）
→成虫になるとなくなっている。
・歩く。
・ものにつかまる。

成虫

あし6本（3対）

よう虫のあしは16本ですが，成虫のあしは6本です。あしのつき方もよう虫と成虫でちがいます。

よう虫のあしは16本もあるのに，そのうち10本は成虫になるとなくなってしまうのですね。

羽化しちゃったよ，
ついうっかり

モンシロチョウのさなぎを観察しよう

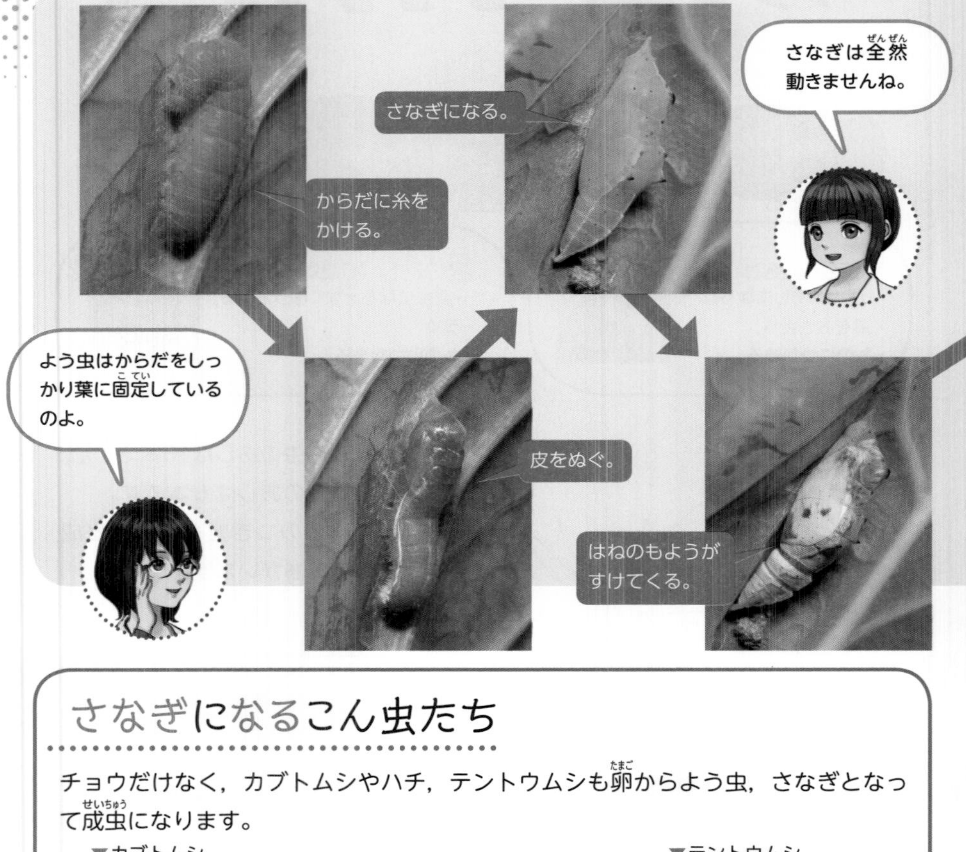

からだに糸をかける。

よう虫はからだをしっかり葉に固定しているのよ。

皮をぬぐ。

さなぎになる。

さなぎは全然動きませんね。

はねのもようがすけてくる。

さなぎになるこん虫たち

チョウだけなく，カブトムシやハチ，テントウムシも卵からよう虫，さなぎとなって成虫になります。

▼カブトムシ

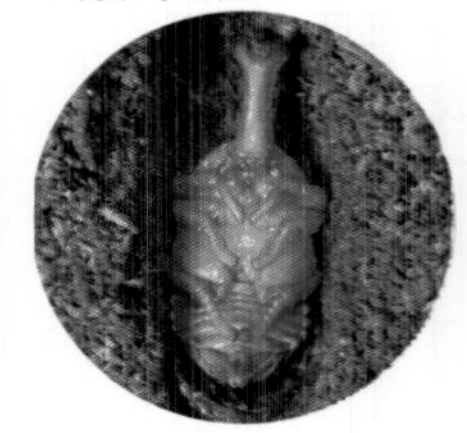

▼ハチ

▼テントウムシ

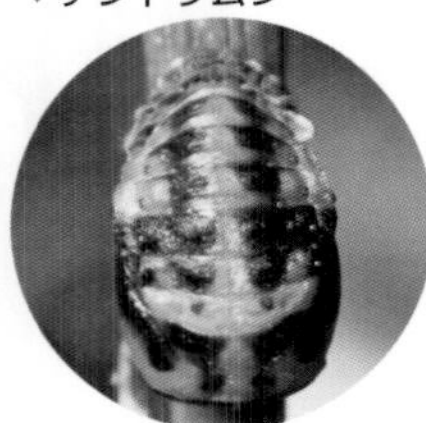

さなぎから成虫が出てくることを**羽化**（うか）というのよ。

からだが出てくる。

はねがのびる。

モンシロチョウの羽化は敵（てき）におそわれにくい夜から早朝に行われることが多いのよ。

さなぎにならないこん虫たち

バッタやカマキリ，トンボ，セミなどは，さなぎにはならず，よう虫が何回か皮をぬいで，成虫になります。さなぎにならないこん虫はよう虫と成虫でからだの形が似（に）ているものが多いです。

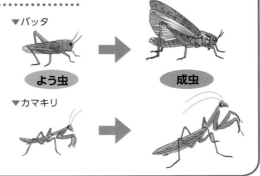

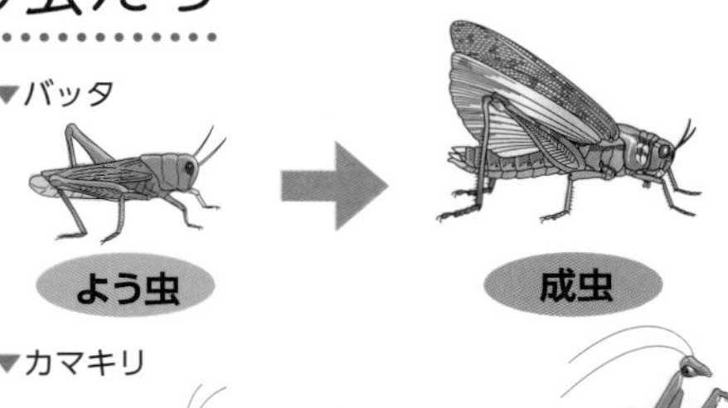

▼バッタ
よう虫
成虫
▼カマキリ

ストローでみつを吸うとろー

モンシロチョウのからだのつくりを調べよう！

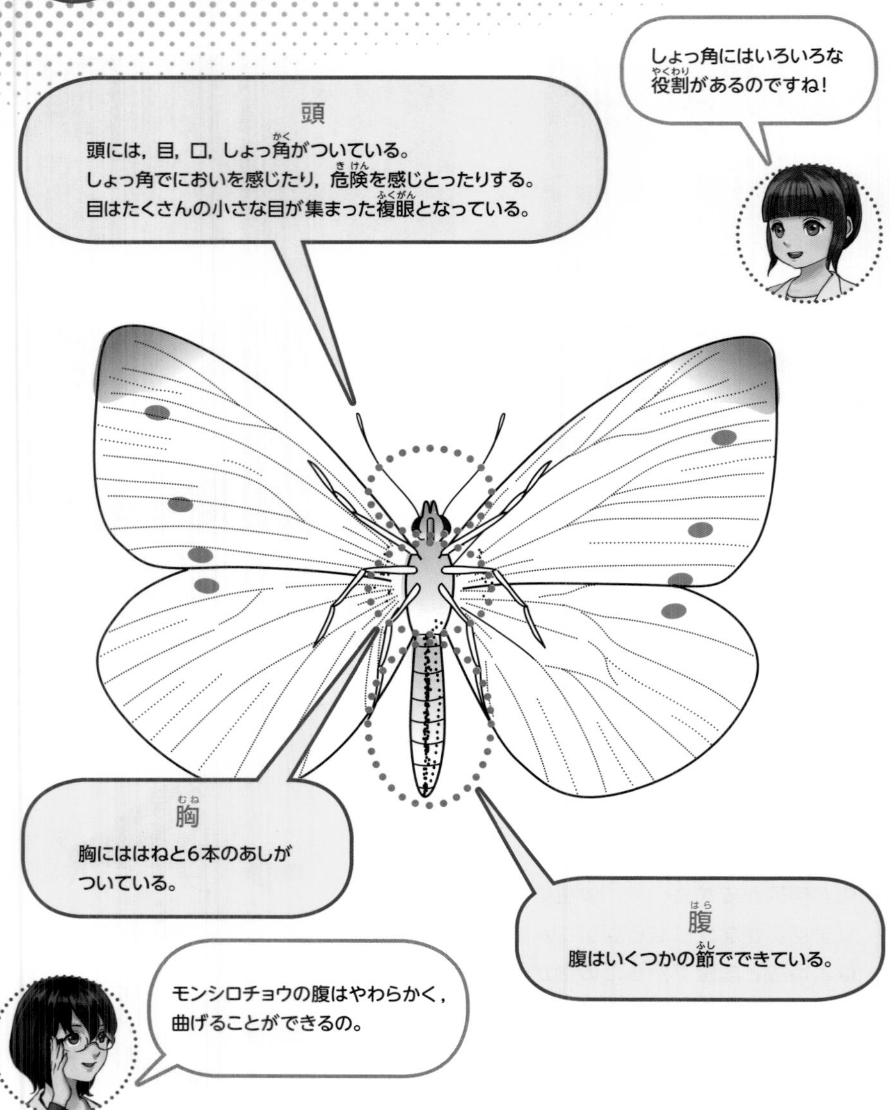
しょっ角にはいろいろな役割があるのですね！
頭
頭には，目，口，しょっ角がついている。
しょっ角でにおいを感じたり，危険を感じとったりする。
目はたくさんの小さな目が集まった複眼となっている。
胸
胸にははねと6本のあしがついている。
腹
腹はいくつかの節でできている。
モンシロチョウの腹はやわらかく，曲げることができるの。

モンシロチョウのオスとメス

モンシロチョウのオスとメスは人の目で見るとあまりわかりませんが，モンシロチョウの目で見ると，オスは黒く，メスは白く見えるので区別(くべつ)することができます。紫外線(しがいせん)を当ててさつえいすると，下の写真のようにちがいがあります。

オス

メス

モンシロチョウの口のつくり

モンシロチョウには，花のみつを吸(す)うためのストローのような口があります。花のみつを吸っていないときはまいていますが，みつを吸うときはのばしています。

▼花のみつを吸う前

花のみつを吸っていないとき，まいている。

▼花のみつを吸うとき

花のみつを吸うとき，のばしている。

アゲアゲ↑↑のアゲハ

アゲハの育ち方を調べよう！

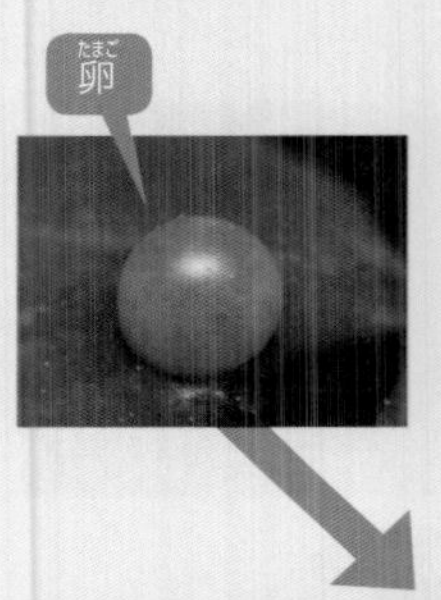
卵(たまご)

皮を２回ぬいだよう虫

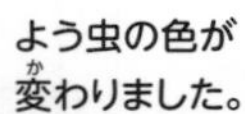
よう虫の色が
変(か)わりました。

卵のからを食べる。

皮を４回ぬいだよう虫

最初(さいしょ)に卵のからを食べるのは，
モンシロチョウと同じですね。

海をわたるアゲハ，アサギマダラ！

ひらひらと優雅(ゆうが)に飛(と)ぶチョウは，鳥のように遠くまで飛びませんが，アサギマダラのように，海をわたって，何千キロも飛ぶチョウがいます。冬の寒さをさけるために，ツバメのように南に飛んでいくのです。

さなぎ

成虫

モンシロチョウと同じように4回皮をぬぐのよ。
卵の形や産みつけられた植物(ミカン科)，よう虫のようすなどモンシロチョウとはちがうところもあるわね。

チョウのはねには粉がついている

チョウのはねをさわると，粉のようなものが指につきます。これは「りん粉」といいます。「りん粉」は，はねがぬれても大丈夫なように水をはじく役割があり，これによって，少しくらいの雨であれば雨つぶをはじくことができます。

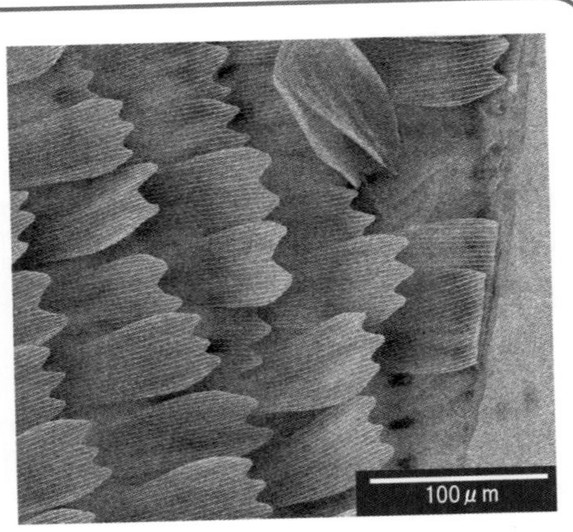
100μm

アキアカネ
秋あかんねえ。

トンボの育ち方を調べよう!

卵

よう虫

トンボは水の中に卵を産むのですね。

トンボのよう虫は「ヤゴ」というのよ。ヤゴは水の中でイトミミズやボウフラなどをえさにして成長するの。

アキアカネがいなくなる!?

赤トンボの代表であるアキアカネは，昔は日本にたくさんいました。しかし,近年は，アキアカネのよう虫が育つ田んぼが少なくなったことや，農薬などのえいきょうで数が激減しています。

皮をぬぐ

成虫

ヤゴはさなぎにならずに，
皮をぬいで成虫になるの。

複眼って何？

トンボの目には単眼とよばれる目と複眼とよばれる目があります。複眼は小さい目が約２万個集まって１つの目になっています。ひとつひとつの目は六角形をしていて，広いはん囲を見ることができます。

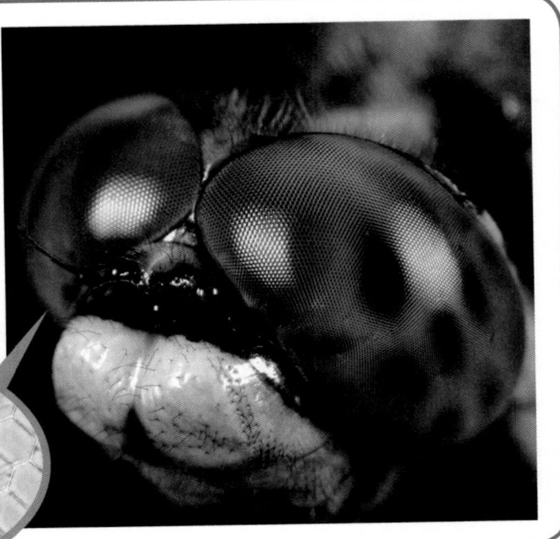

バッタがふんばった!

バッタの育ち方を調べよう!

卵

よう虫

バッタの卵は，土の中に産みつけられるのよ。

バッタのよう虫は，成虫と似た姿をしていますね。

キリギリスの耳は前あしにある!

キリギリスやコオロギの耳は，前足の折れ曲がったところにあります。こんな場所にあってもヒトの耳とよく似たつくりをしていて，音を感じとるこまくをもっています。

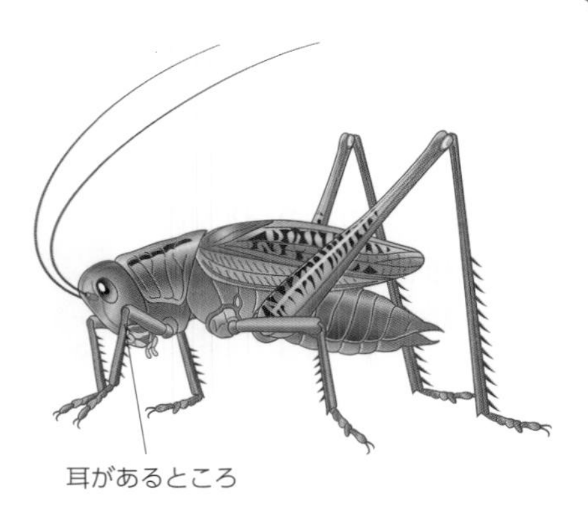
耳があるところ

皮をぬぐ

成虫

バッタは何を食べるのですか？

バッタはススキやエノコログサなどを食べるのよ。

イナゴ

バッタのなかまのイナゴは，イネ科の植物の葉などを食べます。このイナゴが大発生し，イネを食べつくしてしまうことがあります。実は，イナゴは害となるだけでなく，佃煮にして食べられることもあるのです。

よう虫や，ゴー!!

トンボのからだのつくりを調べよう！

★オニヤンマのよう虫（ヤゴ）のからだのつくり

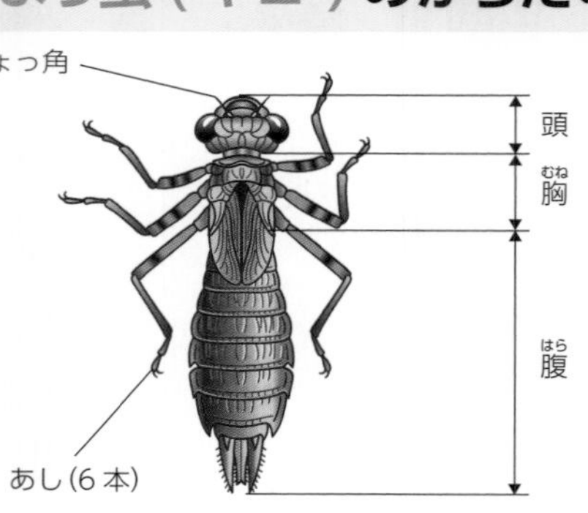
しょっ角
頭
胸
腹
あし(6本)

トンボのよう虫と成虫で，からだのつくりが同じところと，ちがうところは何ですか？

トンボのよう虫（ヤゴ）のからだも，頭，胸，腹の3つの部分からできているわね。成虫とちがうのは，はねがないことよ。また，よう虫はえらで呼吸するけど，成虫になると気門で呼吸するの。

★トンボがとまっているようすを観察しよう！

▼イトトンボ ▼カワトンボ

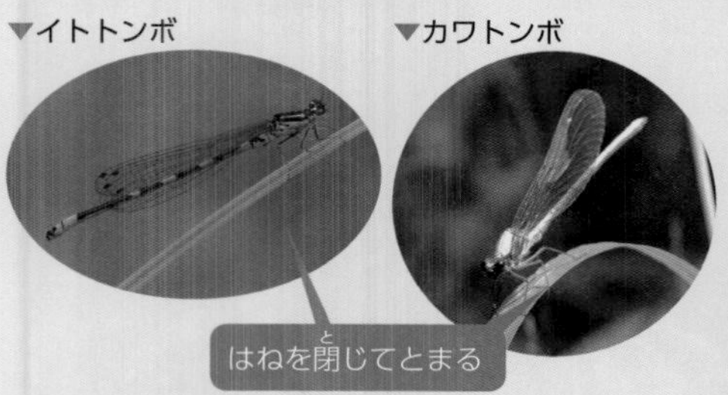

はねを閉じてとまる

▼シオカラトンボ ▼オニヤンマ

はねを開いたままとまる

はねを閉じてとまるトンボと
はねを開いたままとまるトンボがいます。

★オニヤンマの成虫のからだのつくり

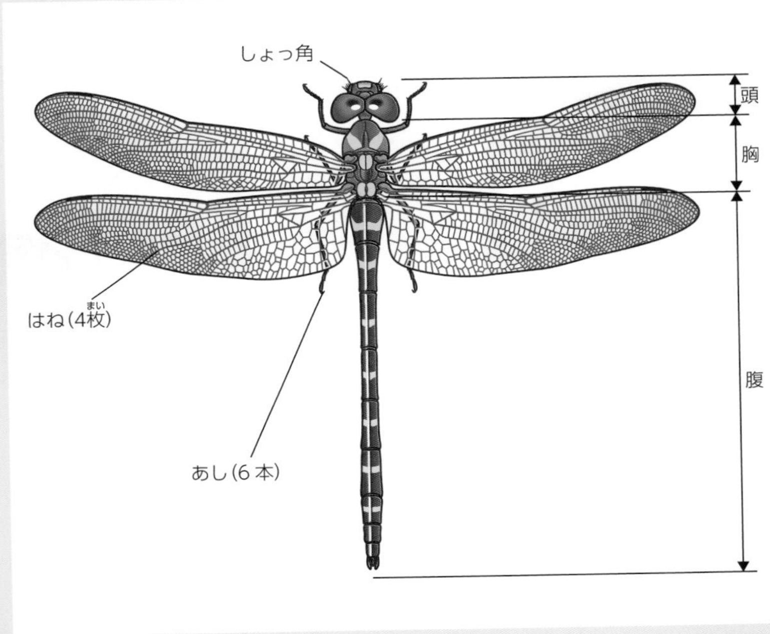
しょっ角
頭
胸
腹
はね(4枚)
あし(6本)

オスとメスの見分け方

トンボのオスには交尾に使う副性器と上付属器，下付属器とよばれる器官があり，トンボのメスには尾毛や産卵弁，産卵管などがあります。

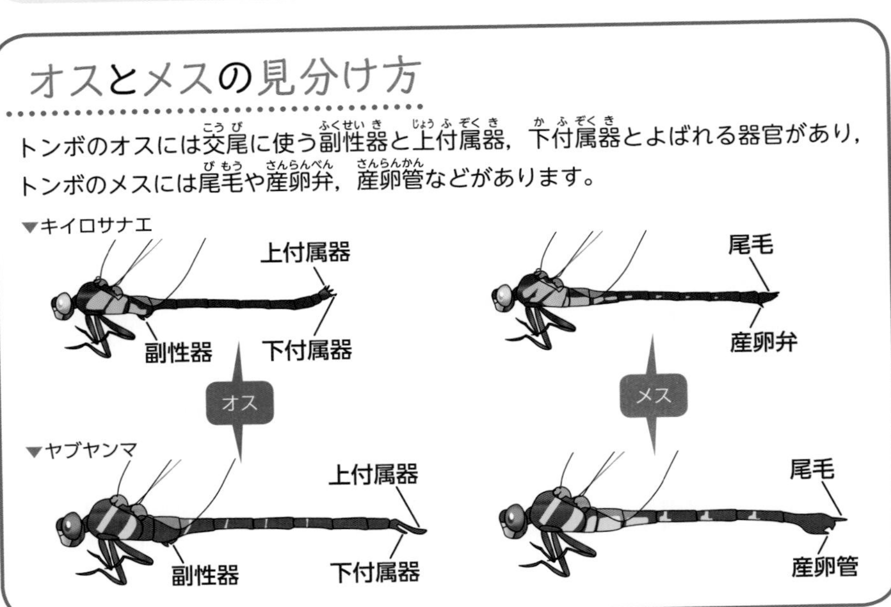
▼キイロサナエ
上付属器
副性器
下付属器
尾毛
産卵弁
オス
メス
▼ヤブヤンマ
上付属器
副性器
下付属器
尾毛
産卵管

中古のこん虫

こん虫なの？ こん虫じゃないの？

頭・胸・腹の3つの部分からできている。

胸に6本のあしがある。

こん虫

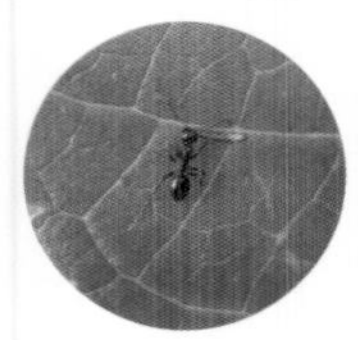

頭には目と口，あしや腹には節がある。

実はこん虫のなかま！

ハエやカ，ゴキブリなどもからだが頭・胸・腹の３つの部分からできていて，胸に６本のあしがあるこん虫のなかまです。

▼ハエ

▼コガネムシ

▼ゴキブリ

▼カ

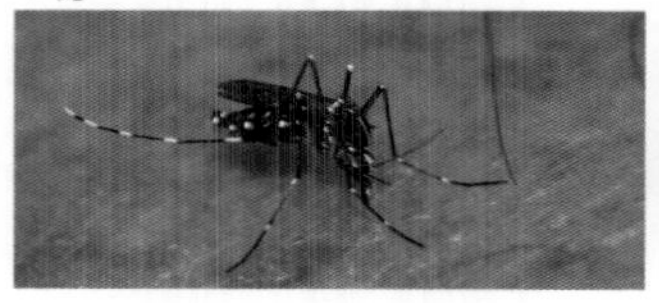

▼カメムシ

クモはこん虫じゃない！

クモはこん虫に似(に)ていますが，こん虫のなかまではありません。クモはからだが頭胸(とうきょう)と腹の２つの部分からできていて，あしが８本あります。ダンゴムシは頭・胸・腹の３つの部分からできていますが，あしが14本あり，こん虫のなかまではありません。

サソリ，ザリガニ，ムカデなどもこん虫のなかまではありません。

▼クモ

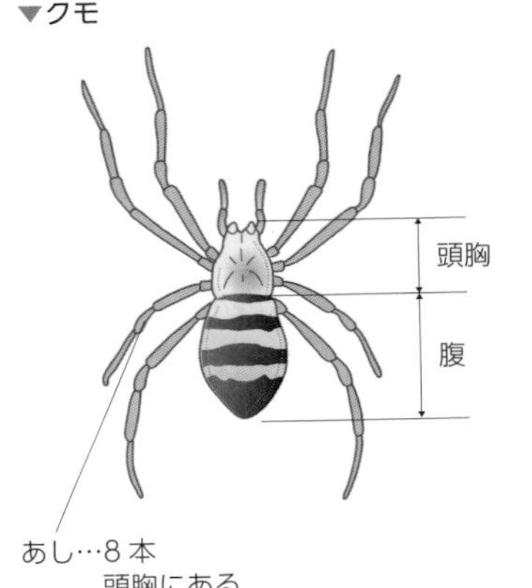
頭胸
腹
あし…８本
頭胸にある

▼クモ

▼ダンゴムシ

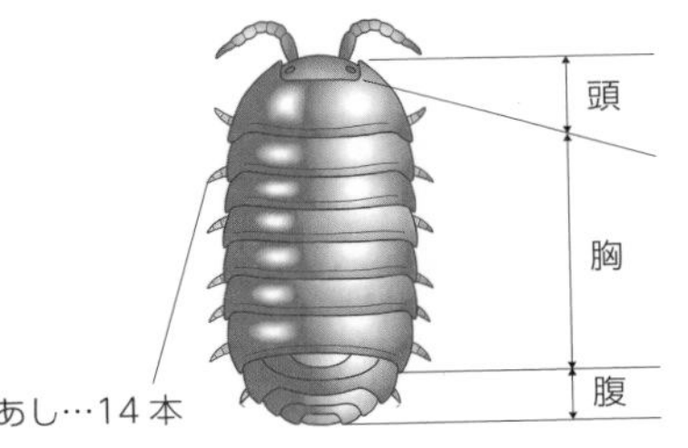
頭
胸
腹
あし…14本

▼ダンゴムシ

▼サソリ

▼ザリガニ

▼ムカデ

ホウセンカを観察(かんさつ)せんか!

ホウセンカの育つようすを観察(かんさつ)しよう!

★種(たね)をまこう!

子葉

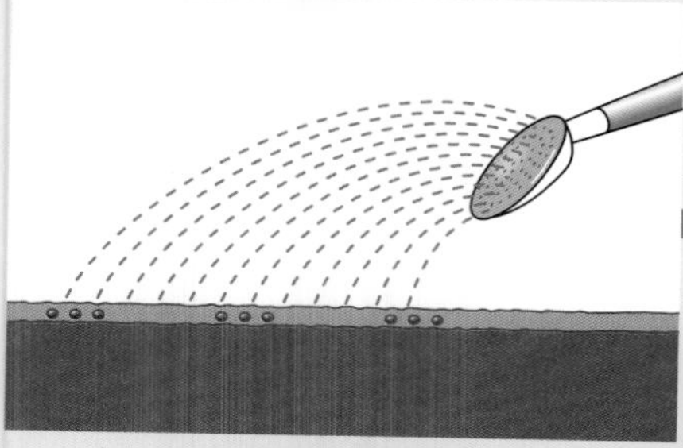

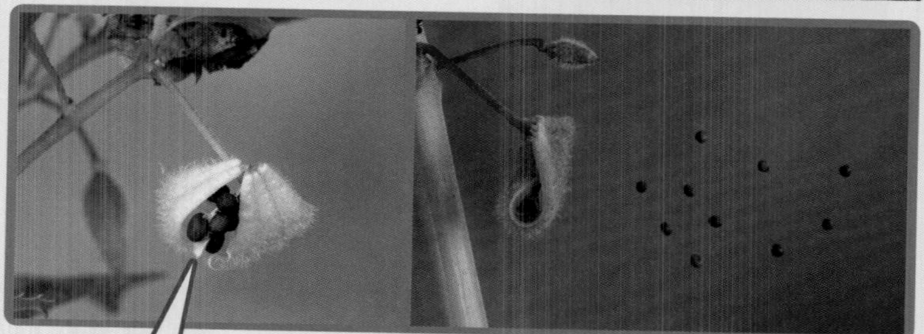

じゅくした実をさわると，パチンとはじけて種が飛(と)ぶ。ホウセンカの実には何本かのすじが入っていて，実がじゅくすと，少しでも外からの刺激(しげき)があればすじが割(わ)れ，その力ではじき出される。これは，種を広くまくためだといわれている。

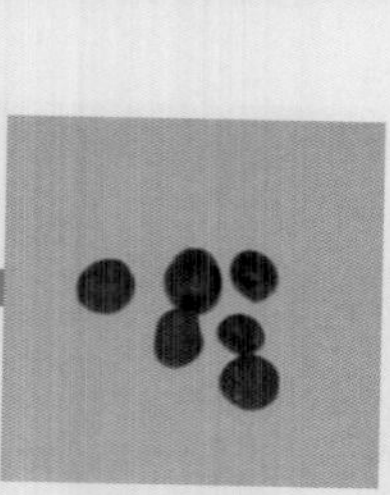

花がかれたあとに実ができて，その中に種が入っている。

ホウセンカは1つの実に何個くらいの種が入っているのですか？

実によって異なるけど，平均9～10個の種が入っているのよ。

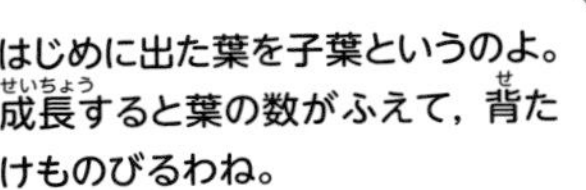
はじめに出た葉を子葉というのよ。成長すると葉の数がふえて，背たけものびるわね。

葉がたくさんふえると，花がさきました。

ホウセンカのからだのつくりを調べよう!

ホウセンカ，ほう，そうか…

上から見ると，葉が重ならないようについていますね。

葉に日光がたくさん当たるようにたがいちがいに葉がついているのよ。

ホウセンカのなかま

「インパチェンス」という花もホウセンカのなかまで「アフリカホウセンカ」ともよばれています。

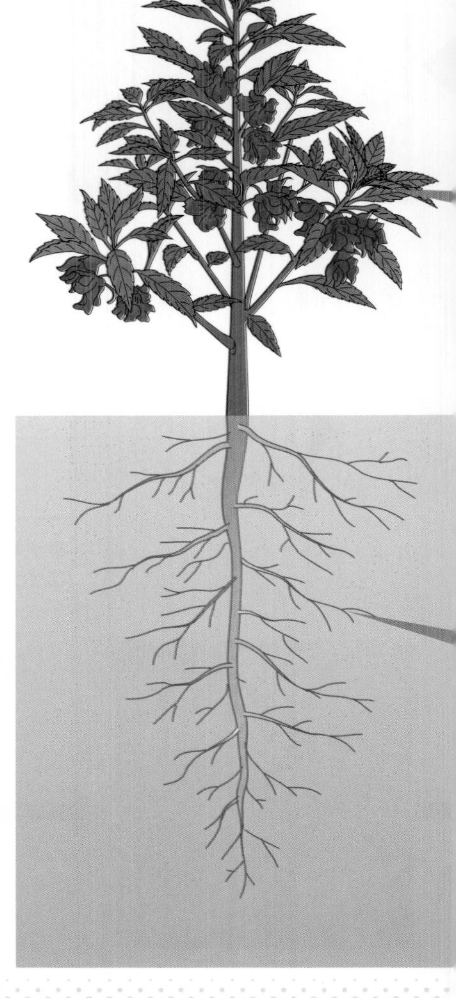

ホウセンカをほり，ついている土を水で落とす。

背たけが大きく，葉がたくさんついているホウセンカは根も長くのびているのよ。

根が長いですね。

アサガオは
朝がオーケー！

アサガオの花のつくりを調べよう！

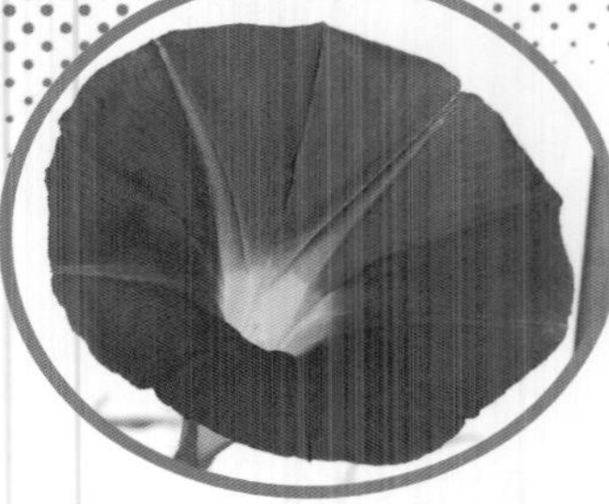

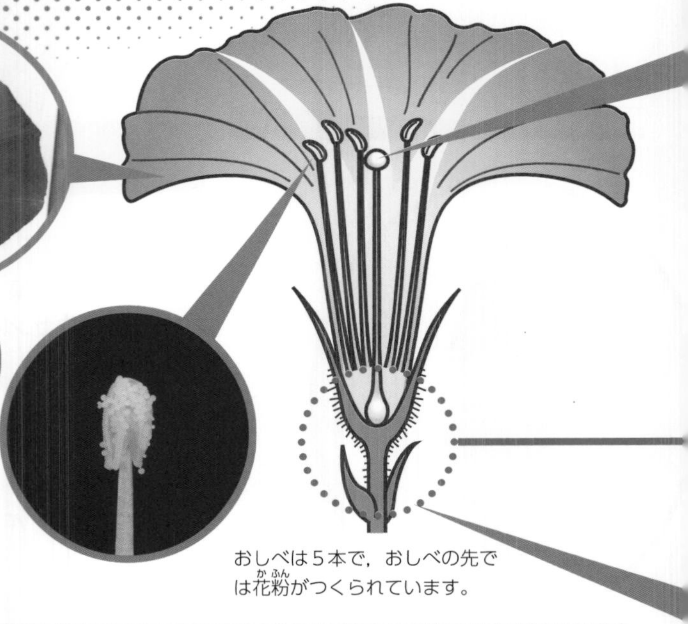

花びらは１つにくっついているんですね。

おしべは５本で，おしべの先では花粉がつくられています。

アサガオの花びらの色が変わる!?

アサガオの花びらは，リトマス紙と同様にアルカリ性で青く，酸性で赤く変化します。ほかの色の花びらのアサガオでも色が変わることが最近の研究でわかってきました。

酸性・中性・アルカリ性を調べる方法について→ P.216,217

アルカリ性

酸性

花粉がついている。

めしべの先をさわるとベトベトしていますね。
これはなぜですか？

めしべの先に花粉がつきやすくするためよ。
めしべの先に花粉がつくことを受粉（じゅふん）といい，受粉するとめしべのもとがふくらんでくるわね。

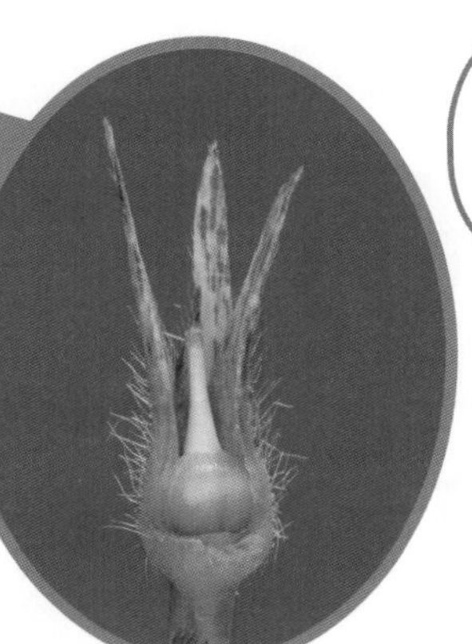

花のいちばん外側（そとがわ）にはがくが５枚あります。

めしべのもとのふくらんだところは花がかれると大きくなって，その中に種（たね）ができるんですね。

おしべとめしべにすべし!

おしべとめしべのようすを調べよう!

め花

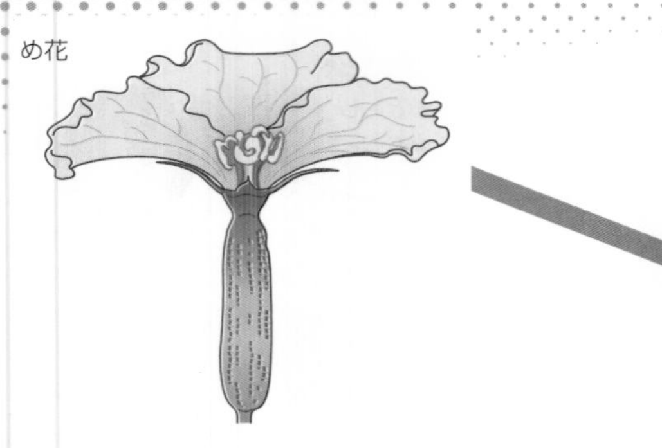

お花

ヘチマの花は，おしべだけがあるお花と，めしべだけがあるめ花があるのよ。
め花のもとはふくらんでいることが，お花とめ花を見分けるポイントよ。

両性花と単性花

植物には，1つの花におしべとめしべが両方ある両性花と，おしべとめしべが別々の花についている単性花があります。

▼チューリップ
▼スイセン
両性花

花粉を運ぶ虫たち

へチマの花にはミツバチなどの虫がみつを吸いにやってきます。お花の花粉が，この虫たちのからだについてめ花のめしべに運ばれて受粉するのです。

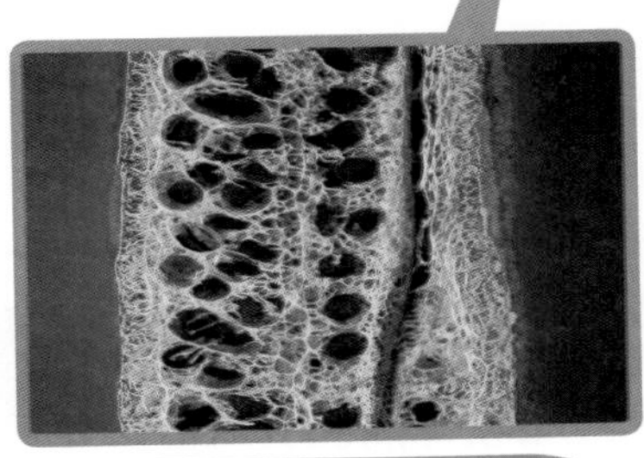

花がさくと，虫たちのおかげで，めしべの先におしべの花粉がつきました。

単性花は両性花に比べて同じ種類のいろいろな花どうしで受粉するので，自然の変化や病気に強い種ができるといわれているのよ。

▼カボチャ め花

▼カボチャ お花

単性花

花粉か，ふ〜ん。

花粉を観察しよう！

用意するもの　●花　●セロハンテープ　●スライドガラス　●けんび鏡

花粉がついたセロハンテープを
スライドガラスにはりつける。
けんび鏡で
観察！

花粉だんご

へチマの場合，花粉をめしべに運ぶのはミツバチなどのこん虫です。ミツバチは花からみつを吸うだけでなく，花粉も集めます。ミツバチのからだの細かい毛についた花粉は，おもに空中を飛んでいるときに丸められてだんごのようになります。この花粉だんごは巣に運ばれて，ミツバチの保存食となります。

▼ヘチマ

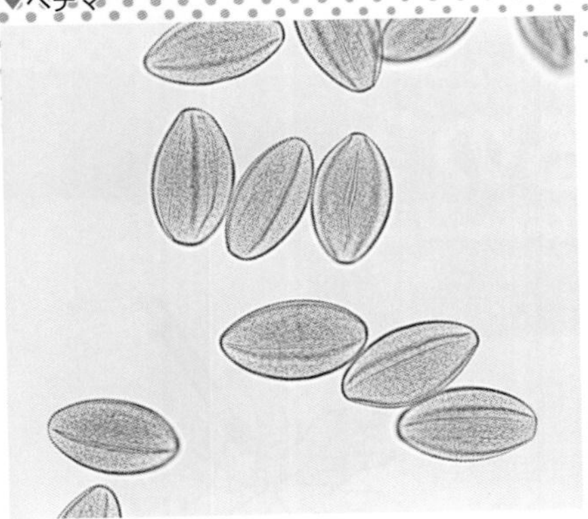

▼ホウセンカ

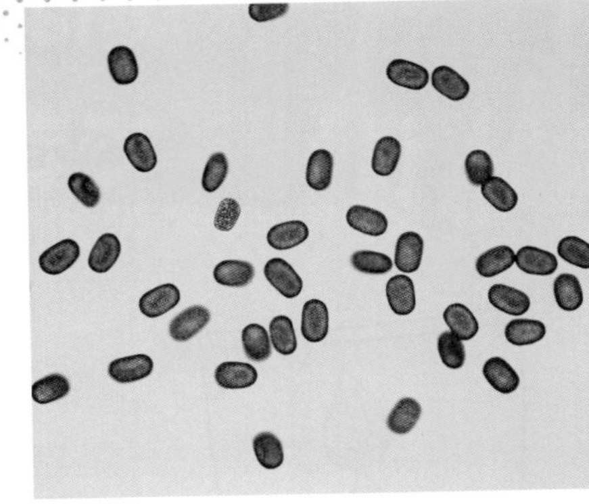

▼ヒマワリ

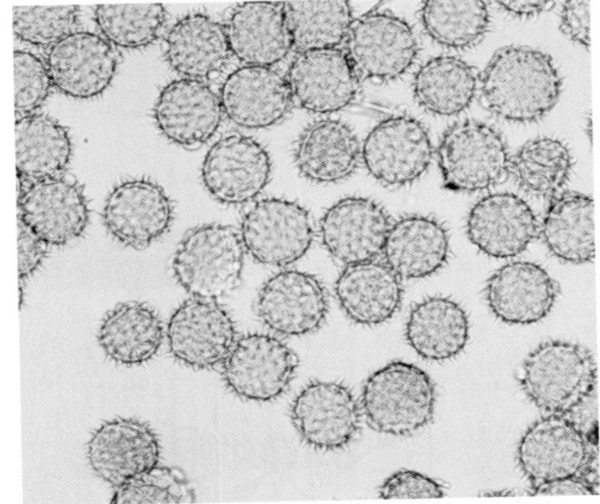

▼アサガオ

▼マツ

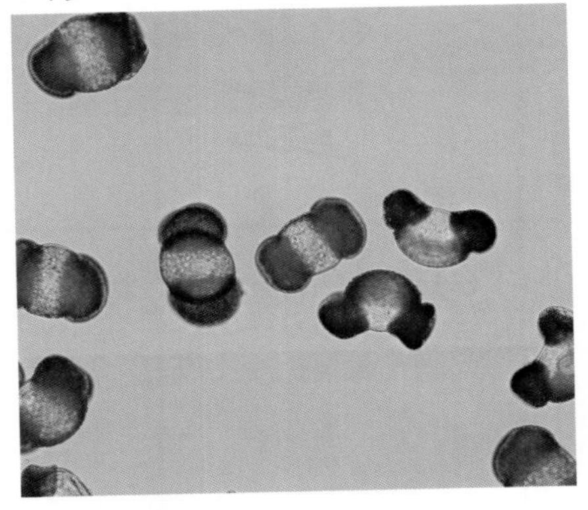

花によって，花粉の形はちがうのよ。ヒマワリやアサガオの花粉はとげがあるような形をしているわね。
これは虫のからだにくっつきやすくするためなのよ。

ミーに実をおくれ!

実はどうやってできるの？

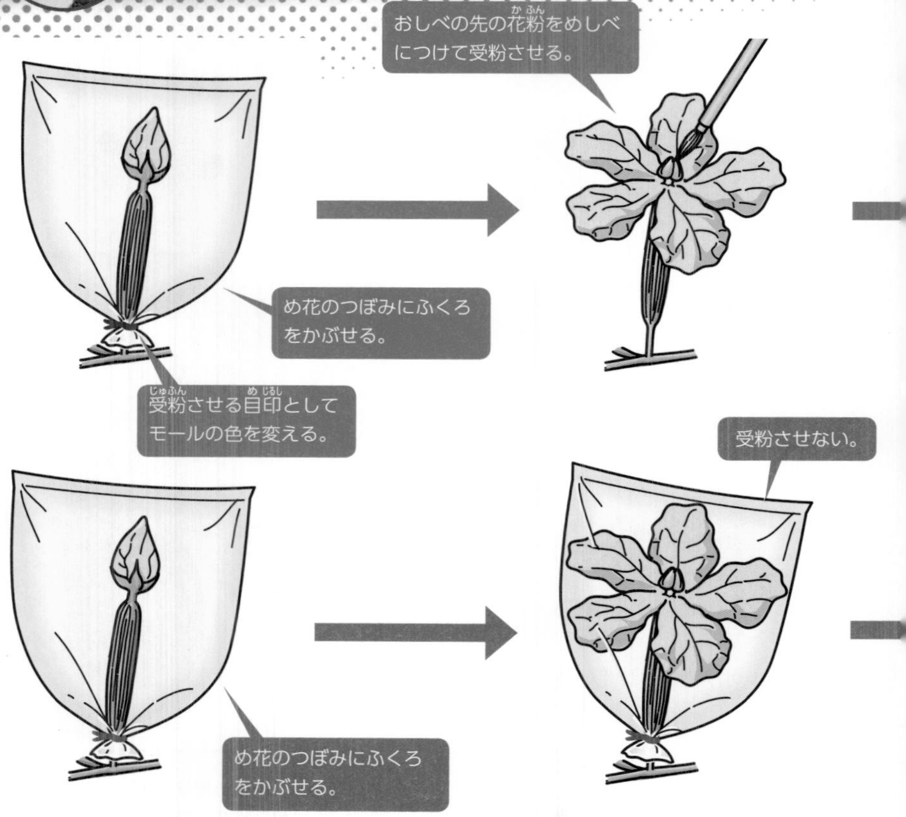

おしべの先の花粉（かふん）をめしべにつけて受粉させる。

め花のつぼみにふくろをかぶせる。

受粉（じゅふん）させる目印（めじるし）としてモールの色を変える。

受粉させない。

め花のつぼみにふくろをかぶせる。

ヘチマは成長（せいちょう）のとちゅうでひげのまく向きが変（か）わる！

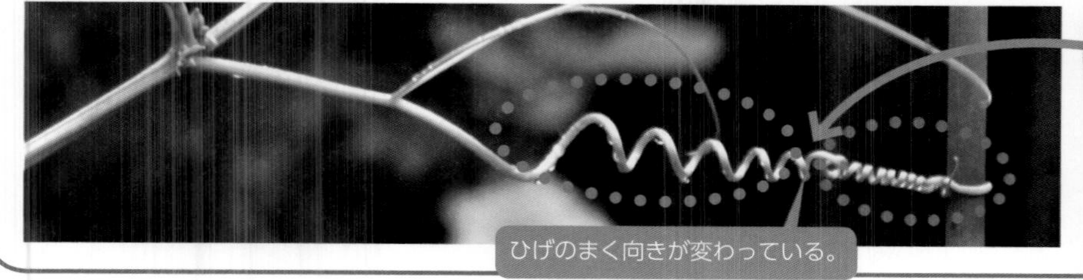

ひげのまく向きが変わっている。

用意するもの

●ヘチマのめ花とお花　●ポリエチレンのふくろ　●赤と青のモール　●筆

再びふくろをかぶせる。

受粉させなかっため花は実ができず，そのままかれてしまいました。

実ができるためには，受粉が必要ということがわかるわね。

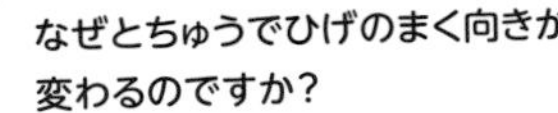
なぜとちゅうでひげのまく向きが変わるのですか？

とちゅうでまく向きを変えると，ぬけにくくなるといわれているの。
また，ひげの両はしが固定された状態でまいていくから，とちゅうでまく向きが変わってしまうともいわれているわ。

発芽(はつが)，20日(はつか)?

発芽(はつが)に必要(ひつよう)な条件(じょうけん)を調べよう!

変える条件	同じにする条件
水	適当(てきとう)な温度(25℃) 空気
空気	水 適当な温度(25℃)
温度	水 空気

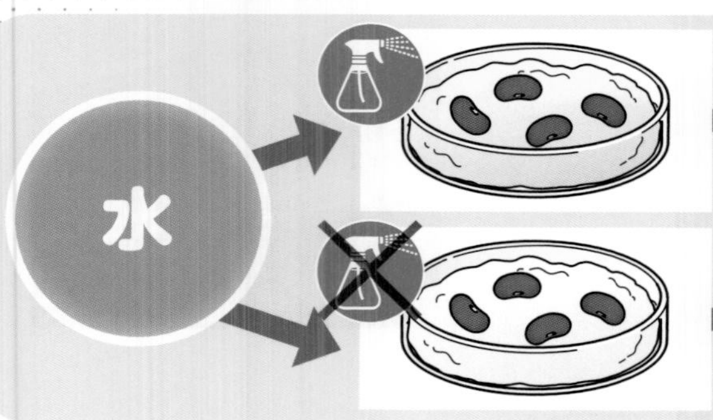

空気
空気

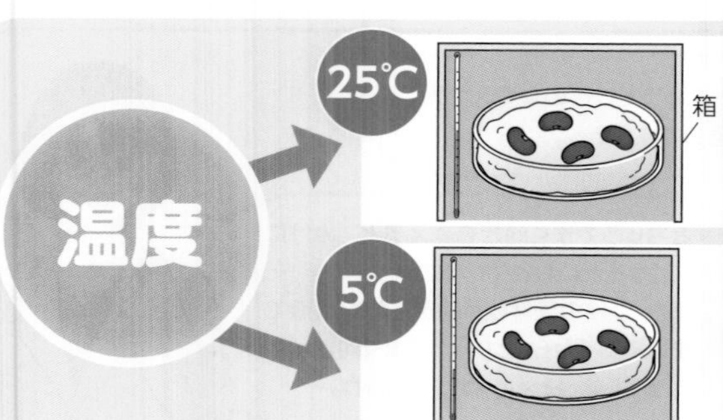
25℃
箱
5℃

用意するもの
●インゲンマメの種子(しゅし) ●コップ ●容器(ようき) ●だっし綿(めん) ●水 ●温度計 ●箱

結果

わかったこと

水が必要！

空気が必要！

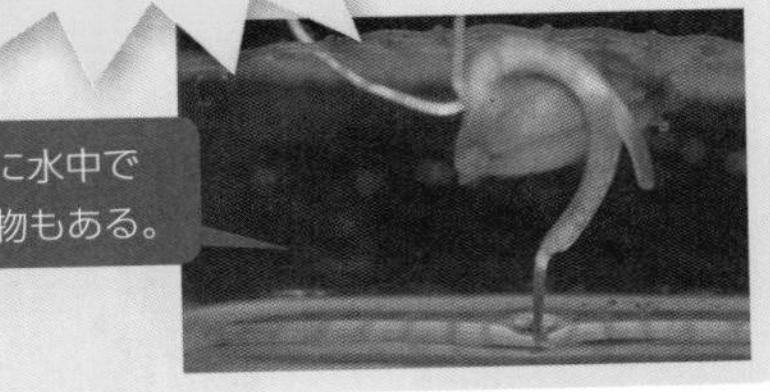

イネのように水中で発芽する植物もある。

適当な温度が必要！

発芽したあとの種子を観察しよう!

種がねたら ガッツで発芽!

▼インゲンマメ

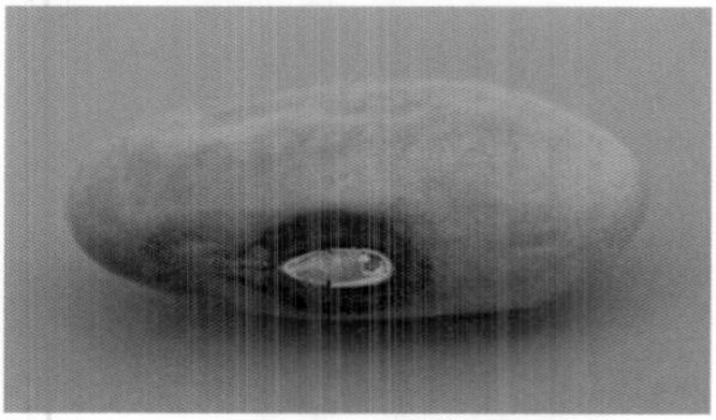

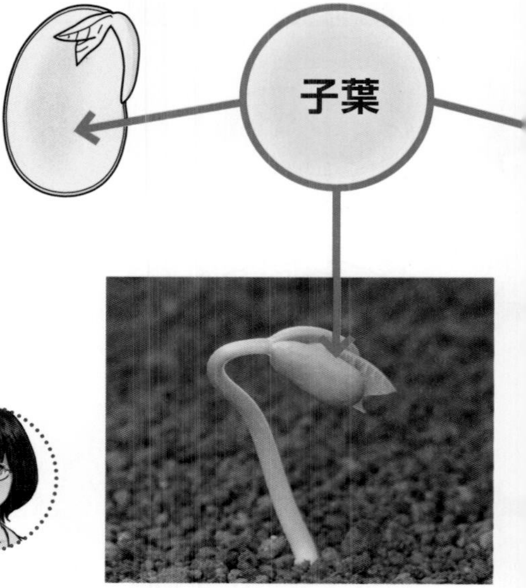

子葉

種子のほとんどは養分をたくわえている子葉なの。

▼イネ

イネの発芽のようすはインゲンマメとはちがうわね。

葉が出ると，子葉は小さくしおれてしまうのよ。

大昔の種子が発芽した！

1951 年，千葉市の農場で，2000 年以上も地中にうもれていたハスの種子が 3 つぶ発見されました。その種子を植えると，3 つぶの種子のうちの 1 つぶが成長し，大きな花をさかせました。ハスの種子はすごい生命力だということがわかりますね。

▼ハスの実

植物によって
ちがったね。

いろいろな種子(しゅし)

▼ヒマワリ

▼カボチャ

ヒマワリ，カボチャ，イネのように食べられる種子もあるのですね！

▼イネ

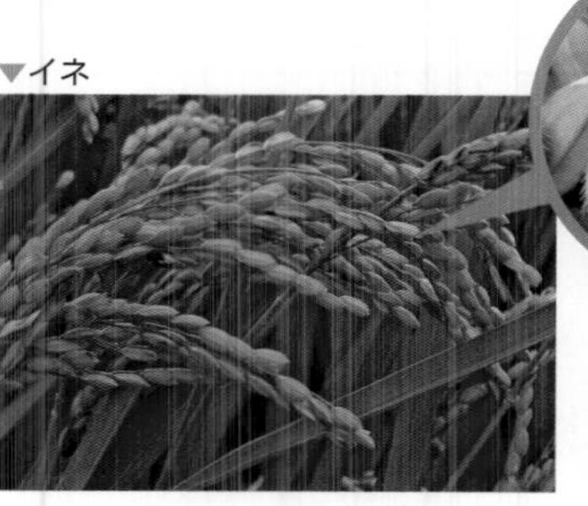

種子の形や大きさ，色は植物によってちがうのよ。

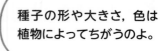

▼ブロッコリー

▼キャベツ

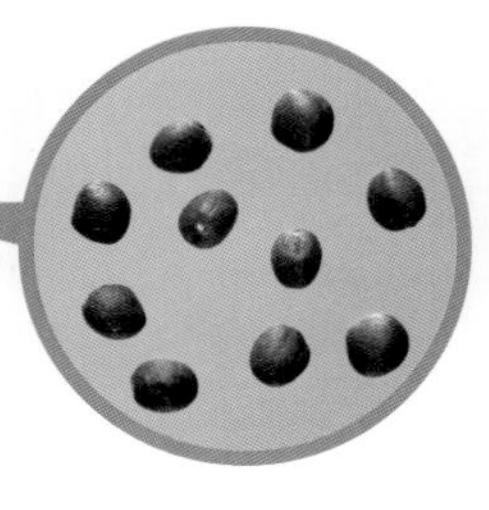

▼タンポポ

▼マツ

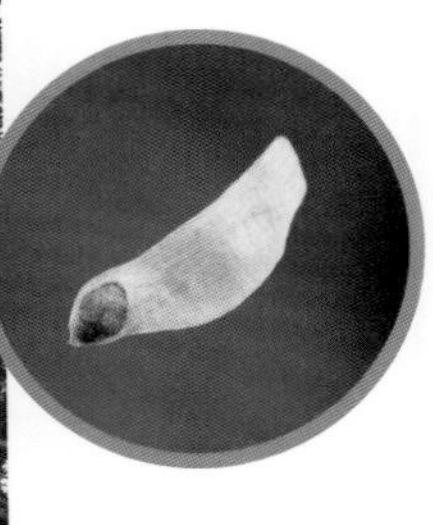

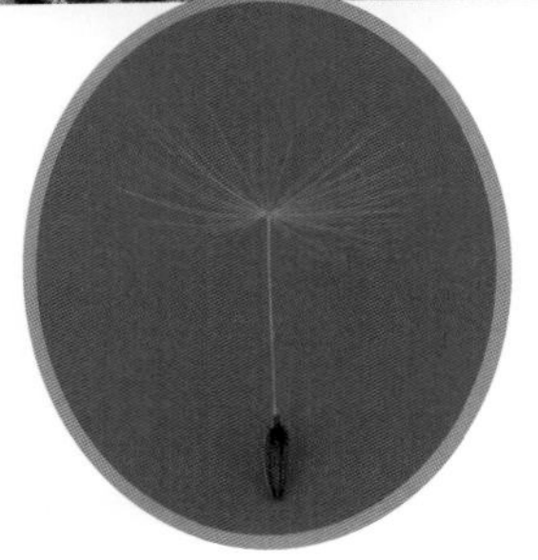

タンポポやマツの種子は風に飛(と)ばされやすい形の部分がついているのよ。

世界でいちばん大きい種子

オオミヤシの種子は，大きさが約 40cm もある世界一大きい種子です。重さは約 20kg もあるものもあります。これは，ヒマワリの種子の約(やく) 70000 個(こ)分くらいの重さになります。

成長せいよー

植物の成長に必要な条件を調べよう!

今度は，成長に必要な条件を調べるのですね。

変える条件		同じにする条件
日光	日光あり／箱	適当な温度 水
肥料（養分）	肥料＋水／水	日光 適当な温度 水

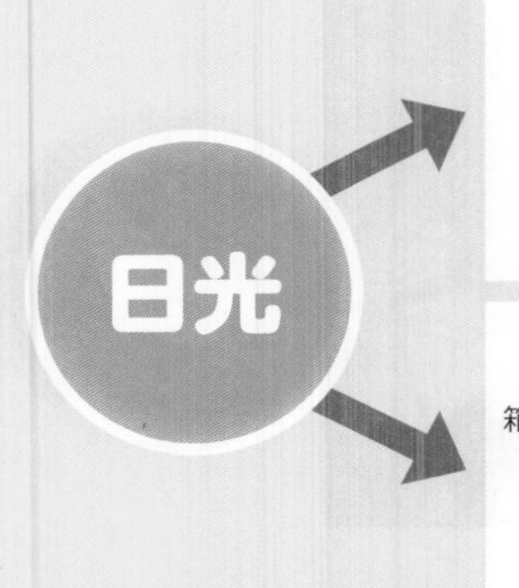
日光

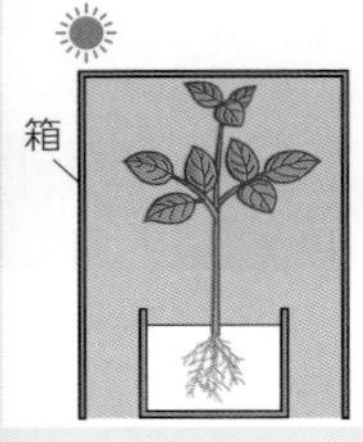
箱

肥料
（養分）

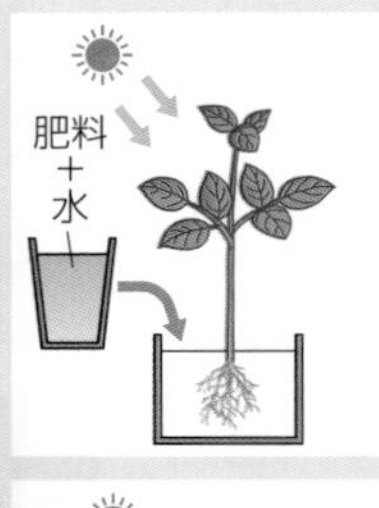
肥料
＋
水

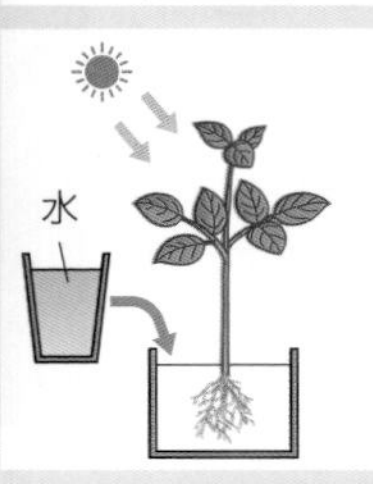
水

バーミキュライト

バーミキュライトは土と同じように水をふくんだり，水はけをよくしたりしますが，ふつうの土のように養分(ようぶん)をふくんではいません。しかし，水分や養分を保持(ほじ)することに優(すぐ)れているので，植物を育てるのに使うことがあります。

結果(けっか)　**わかったこと**

日光が
必要！

肥料(養分)
が必要！

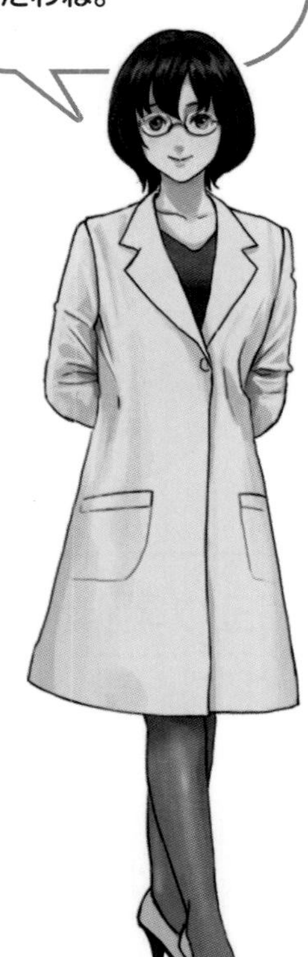
植物が成長するためには，日光や肥料（養分）が必要だということがわかったわね。

ヨウ素でYO!
養分がYO!
わかるんだYO!

日光と葉の養分の関係を調べよう!

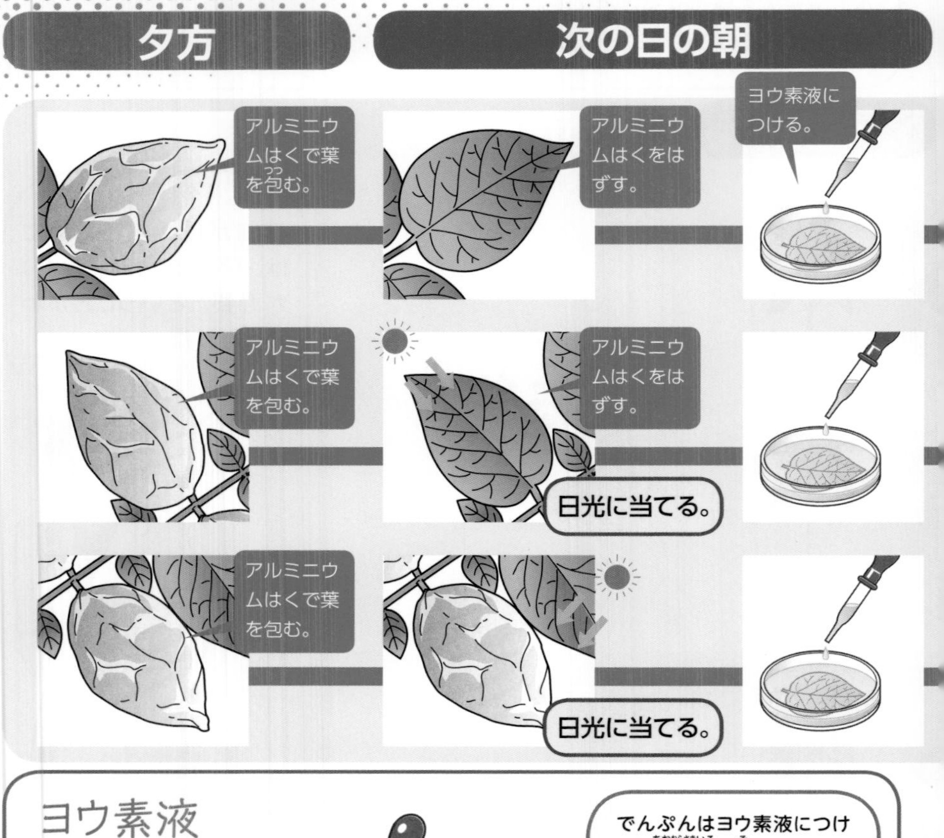

夕方	次の日の朝	
アルミニウムはくで葉を包む。	アルミニウムはくをはずす。	ヨウ素液につける。
アルミニウムはくで葉を包む。	アルミニウムはくをはずす。日光に当てる。	
アルミニウムはくで葉を包む。	日光に当てる。	

ヨウ素液
ヨウ素液
でんぷんはヨウ素液につけると青紫色に染まるのよ。

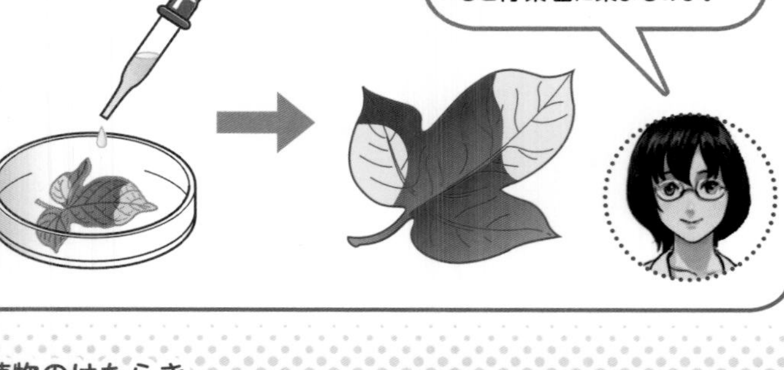

用意するもの

●ジャガイモのなえ　●アルミニウムはく　●容器　●ヨウ素液　●スポイト

でんぷんは夜のうちに使われたり，からだのほかの部分に移動したりしているのよ。

結果

でんぷんなし

でんぷんあり

植物の葉に日光が当たるとでんぷんができるのですね。

でんぷんなし

でんぷんがふくまれるもの

私たちの身のまわりには，でんぷんがふくまれている食べ物が多くあります。それらの食べ物もヨウ素液をつけると色が変わります。

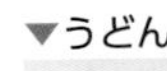

▼うどん

▼ちくわ

ねえ，クッキーは？
(根)　(くき)　(葉)

根からとり入れた水の通り道はどこ？

▼ホウセンカ

色水

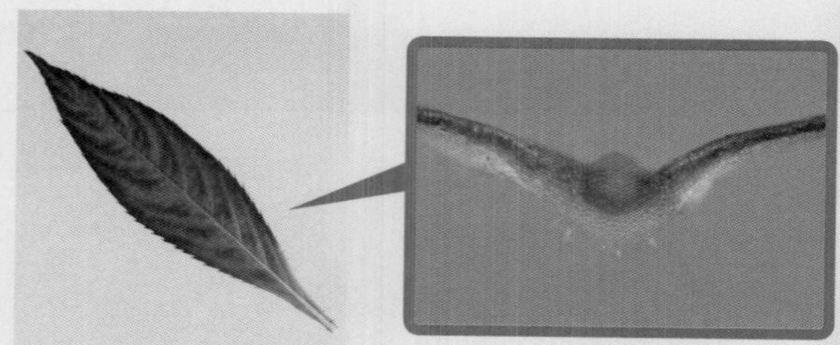

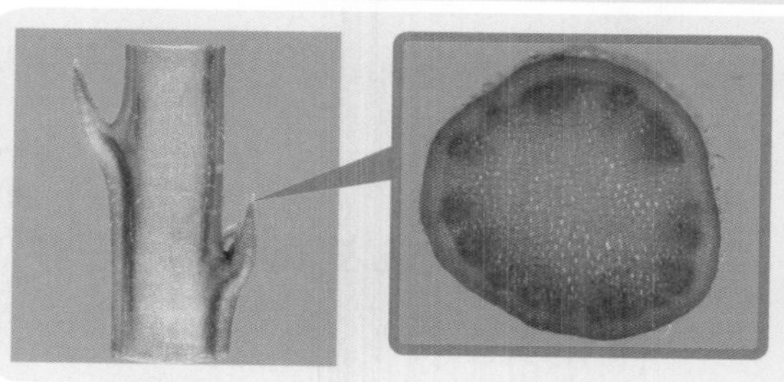

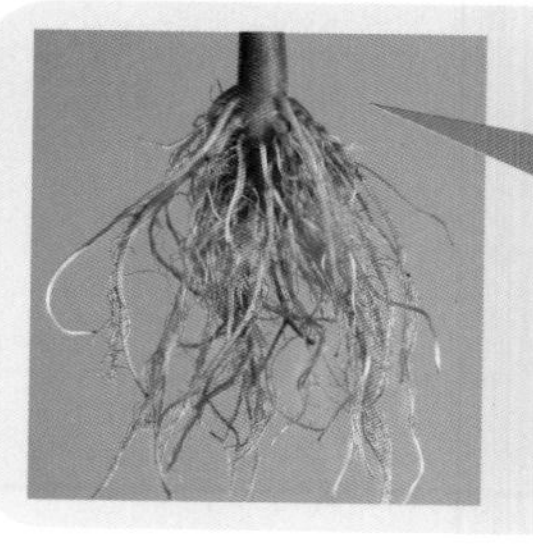

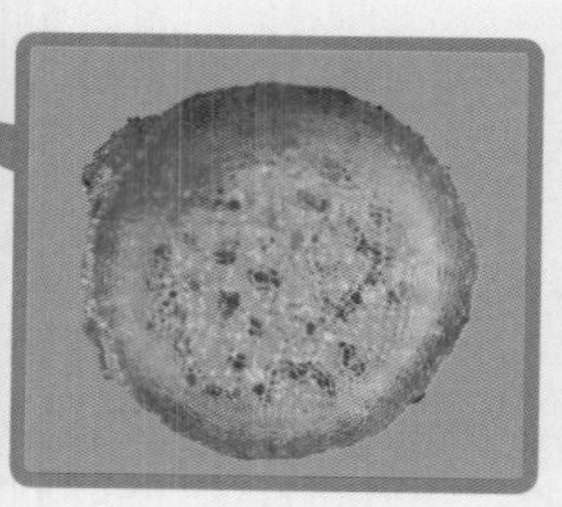

根だけでなく，葉やくきも赤くなっていますね。

根からとり入れた色水が通ったところが赤くなっているのよ。
植物には，根からくき，くきから葉へ，水の通り道があることがわかるわね。

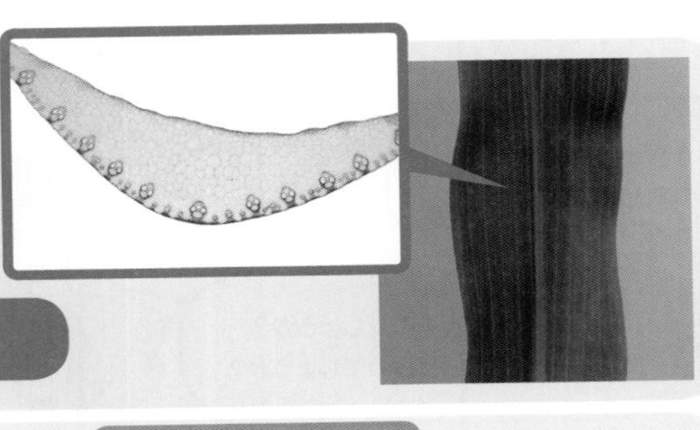

葉

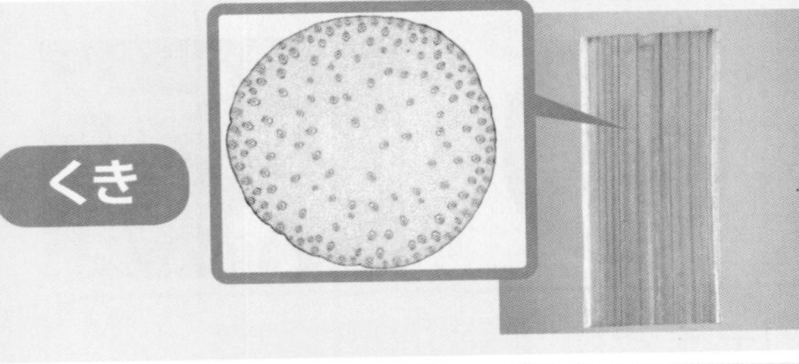

くき

▼トウモロコシ
色水

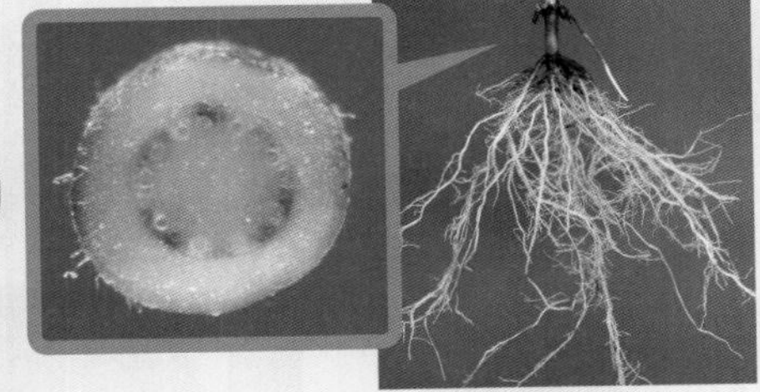

根

ホウセンカの葉とトウモロコシの葉

▼ホウセンカ

▼トウモロコシ

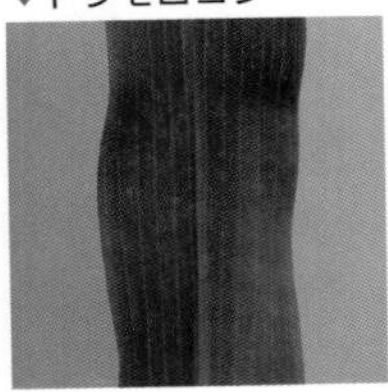

ホウセンカの葉のように，葉のすじがあみの目のようになっている植物と，トウモロコシのように葉のすじが平行になっている植物があるのよ。

蒸散するのね，
おじょうさん

葉から出る水を調べよう！

根から葉に届いた水は，
そのあとどうなると思う？

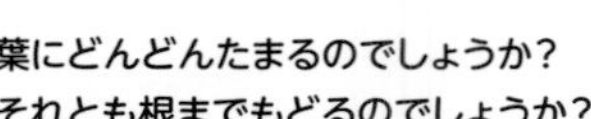
葉にどんどんたまるのでしょうか？
それとも根までもどるのでしょうか？

高い木の上でも水は届く！

植物のからだの中には，根から吸収した水が通る専用の管があります。
根が水を吸収することで，水を上におし上げる力がはたらきます。また，葉から水蒸気を出すことで，水を上に引き上げる力がはたらきます。これらの力によって，高さが 100m 以上もある高い木の上にも根から吸収した水が届くしくみになっています。

葉まで届いた水が水蒸気
となって出ていく。
水蒸気
水蒸気
水蒸気
根から吸収した
水の通り道
水
水
水
水

▼葉をつけたままふくろをかぶせる。

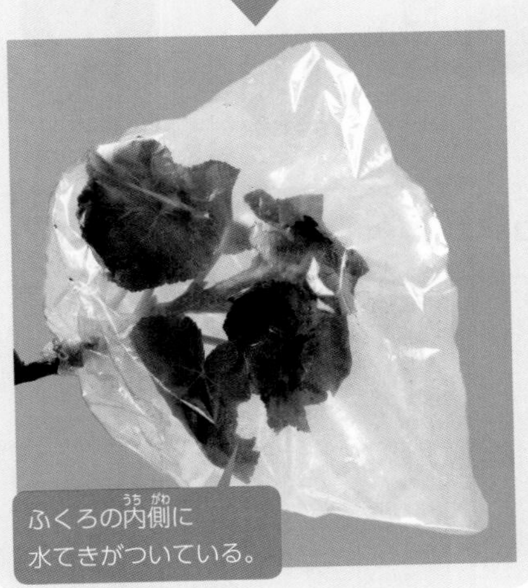

ふくろの内側(うちがわ)に
水てきがついている。

▼葉を全部とってふくろをかぶせる。

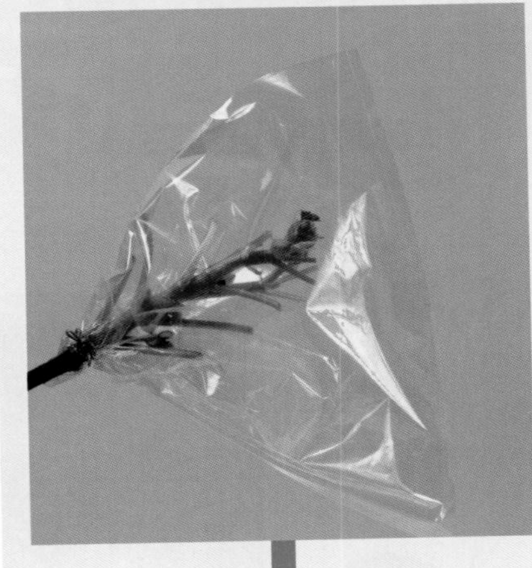

ふくろの内側に
水てきがつかない。

葉のついたものは，ふくろの内側
に水てきがついていますね。
これはなぜですか？

葉まで届いた水は，水蒸気となって出て
いくのよ。くきからはほとんど出ていかず，
葉まで届いてから出ていくの。
植物のからだから，水が水蒸気となって
出ていくことを**蒸散**(じょうさん)というのよ。

色がバラバラ，
レインボー!!

レインボーフラワーを作ろう！

にじ色のバラなんて初めて見ました！こんなバラの種類もあるのですか？

▼バラ

このバラはもともと白色だったのよ。

用意するもの　●白いバラ　●水　●コップ　●食紅　●カッターナイフ

1

白いバラ

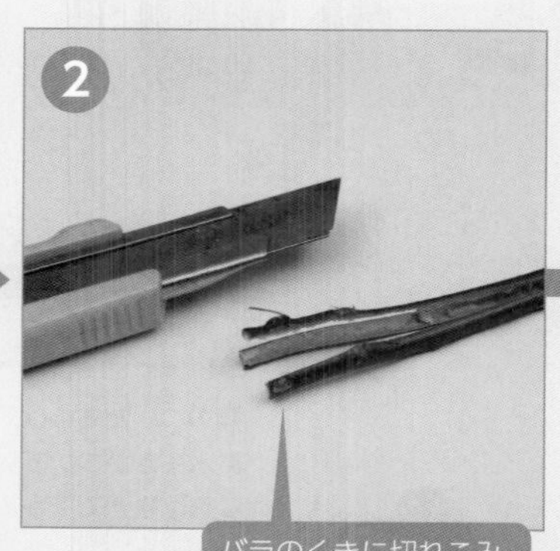
2

バラのくきに切れこみを入れる。

バラは満開になっているものより，五分ざきくらいのものがいいわ。

注意！ 手を切らないように気をつける。

▼カーネーション

▼ガーベラ

いろいろな花でレインボーフラワーは作れるのですね。

白い花だったらできるわよ。

3

食紅を水にとかして色水を作り，切ったくきをそれぞれちがう色水につける。

完成(かんせい)

24 ～ 48 時間後

気孔に聞こう!

葉の表面のようすを調べよう!

蒸散をするとき，水蒸気は葉のどこから出るのですか？

葉のどこから蒸散するか，葉をくわしく調べてみましょう!

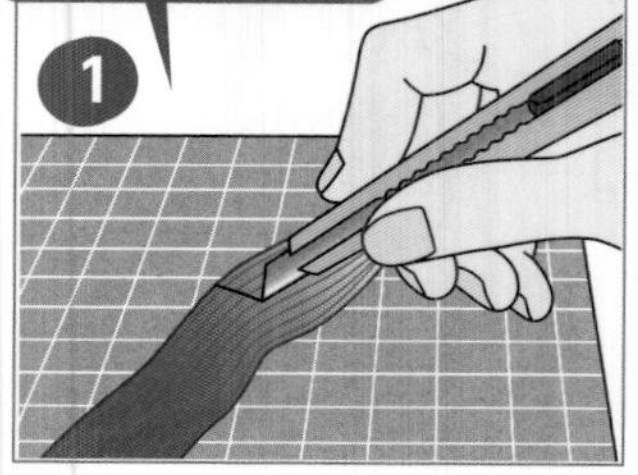
葉の表側に切りこみを入れる。
1

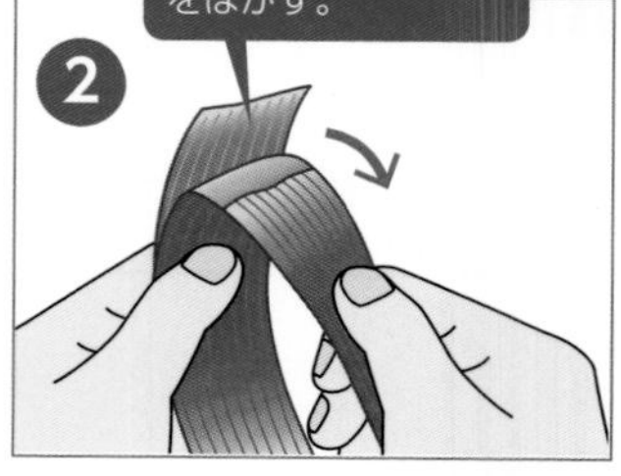
葉の裏側のうすい皮をはがす。
2

スポイトで水を1てきたらす。
3

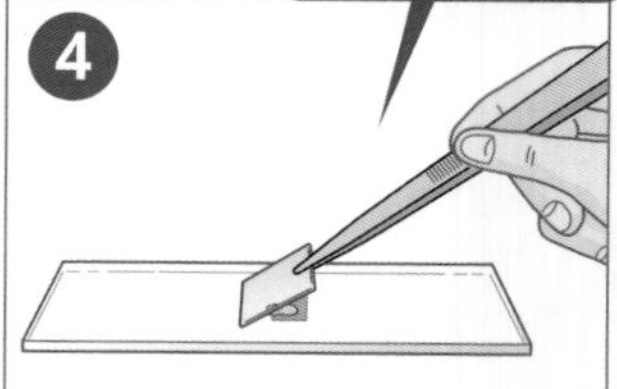
カバーガラスをゆっくりおろす。
4

けんび鏡で観察！

葉の裏側には，小さな穴が多くあるわね。これは気孔といって，ここから水蒸気が出ていくの。

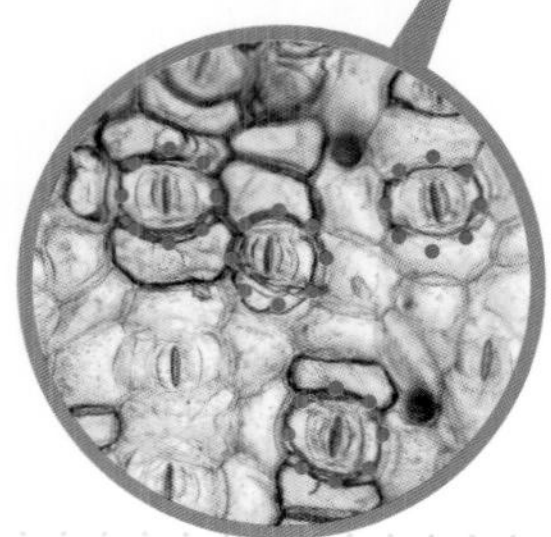

用意するもの　●ツユクサの葉　●カッターナイフ　●カッターマット　●ピンセット　●スライドガラス　●カバーガラス　●スポイト　●水　●けんび鏡

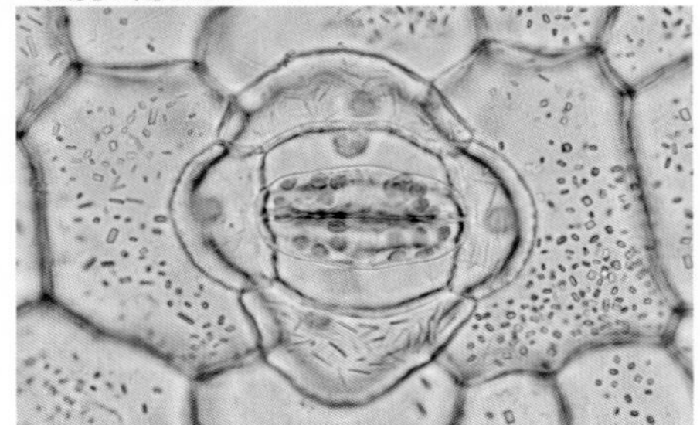
▼気孔が閉じたところ

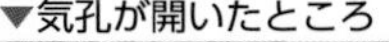
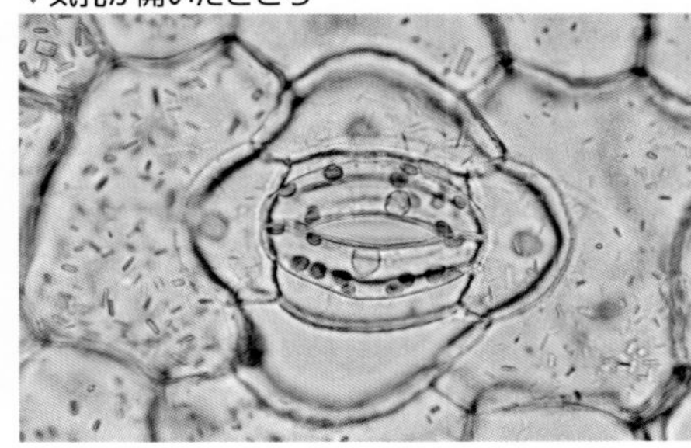
▼気孔が開いたところ

気孔は開いたり，閉じたりするんですね！

そして，ふつう気孔は葉の表側よりも裏側のほうにたくさんあるのよ。

気孔はなぜ開いたり閉じたりできるの？

気孔は，三日月のような形をした２つの孔辺細胞（こうへんさいぼう）というもので囲（かこ）まれたすき間です。孔辺細胞のまわりのかべは同じ厚（あつ）さではなく，気孔に面した側が厚くなっています。孔辺細胞内に水が十分あるときは，内側からかべをおし広げようとする力が生じますが，かべの厚さのちがいで右の図のように変形し気孔が開きます。また，孔辺細胞内の水が不（ふ）十分なときは，かべをおし広げようとする力が弱くなり，気孔は閉じて蒸散の量を調整（ちょうせい）します。

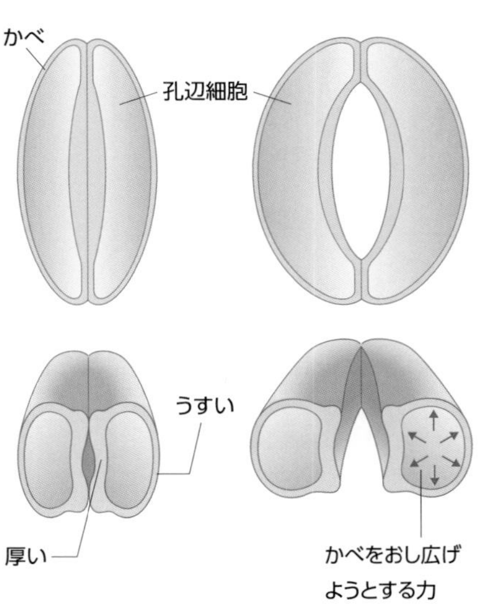
かべ
孔辺細胞
うすい
厚い
かべをおし広げようとする力

でんぷんがないで！ぷんぷん！

植物が出し入れする気体を調べよう！

植物の葉に小さな穴をあけたポリエチレンのふくろをかぶせる。
ふくろの穴にストローを入れ，息をふきこむ。

気体検知管で，酸素と二酸化炭素の割合を調べる。
18%
▼酸素
3%
▼二酸化炭素

植物には二酸化炭素が必要なんですね！では，酸素は必要ないのですか？

植物も私たちと同じように呼吸をしているから，酸素も必要なの。日光の当たる昼間は，光合成と呼吸をしていて，光合成がさかんだから，酸素を出す量が多く見えるけれど，夜は呼吸だけしているから，二酸化炭素を出すのよ。

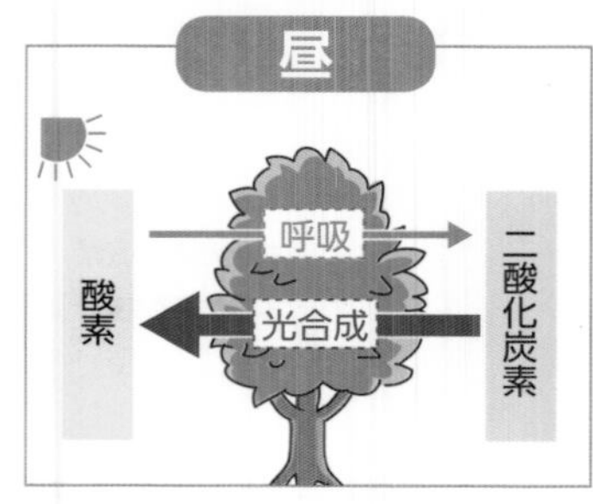
昼
呼吸
酸素
光合成
二酸化炭素

夜
酸素
呼吸
二酸化炭素

用意するもの　●ジャガイモ　●ストロー　●ポリエチレンのふくろ
●気体検知管　●輪ゴム

水と二酸化炭素から，でんぷんなどの養分をつくるはたらきを光合成というの。

光

21%
▼酸素
10
12
14
16
17
18
19
20
0.3%
▼二酸化炭素
G
0.5
1
2
3
4
5

酸素がふえて，
二酸化炭素が
減っています！

光合成

光合成は，光を受けて根から吸収した水と，気孔からとり入れた二酸化炭素から，でんぷんなどの養分をつくるはたらきです。
つくられた養分はエネルギーとして植物に利用されます。最近はこのしくみを人為的に行い，二酸化炭素からエネルギーをつくり出す人工光合成の研究も進められています。

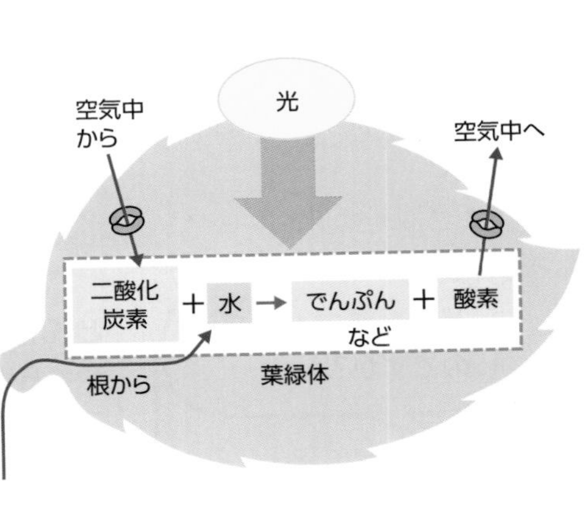
光
空気中から
空気中へ
二酸化炭素
＋
水
→
でんぷんなど
＋
酸素
根から
葉緑体

うひょー!!
ほんとに標本だ!!

葉脈標本を作ろう!

葉のすじのことを葉脈というのよ。

葉っぱがすけて，葉のすじがよく見えますね。これはどうやってできたのですか?

葉の葉肉をとって作ったのよ。食紅を使うと，好きな色に染めることもできるの。

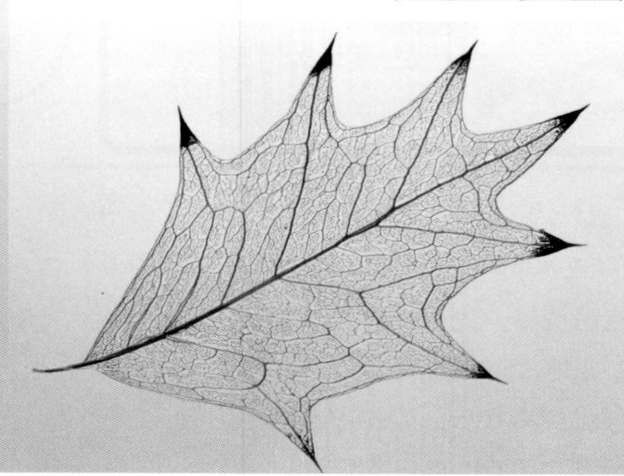

どんな葉でもできるのですか?

どんな葉でもできるけど，やわらかすぎてもかたすぎてもうまくできない場合があるわ。クチナシの葉で作ってみましょう。

用意するもの　●ガラスびん　●クチナシの葉　●水　●重そう　●なべ　●ゴム手ぶくろ　●古い歯ブラシ

注意!　火を使うときは大人と一緒に行う。液がついたらすぐに水で洗う。

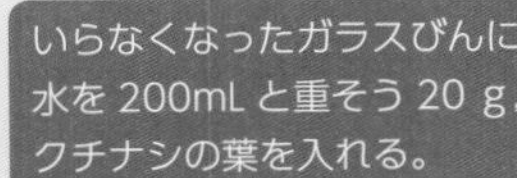
いらなくなったガラスびんに
水を 200mL と重そう 20 g，
クチナシの葉を入れる。

1

なべの中へ入れて弱火で
数十分から数時間にる。

2

3

葉が茶色になり，やわらかくなってきたら，
ゴム手ぶくろをして葉をとり出し，よく洗う。

古い歯ブラシでたたき
ながら，流水で洗う。

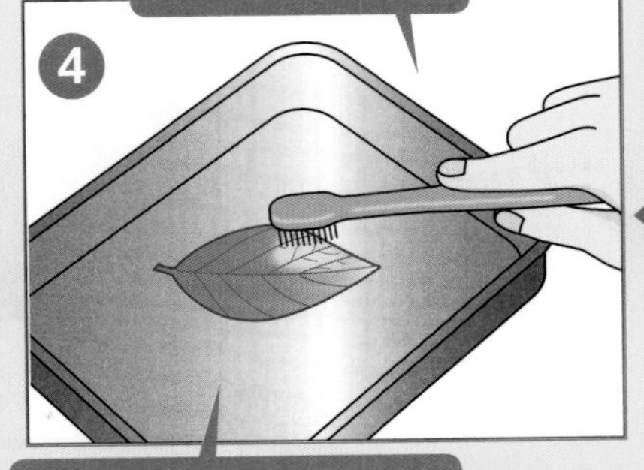
4

強くたたきすぎないようにする。

葉をにてもやわらかくならないときは，
エゴノキやアセビなどのやわらかい葉
を使うといいよ。

分けていいワケ？

植物の分類

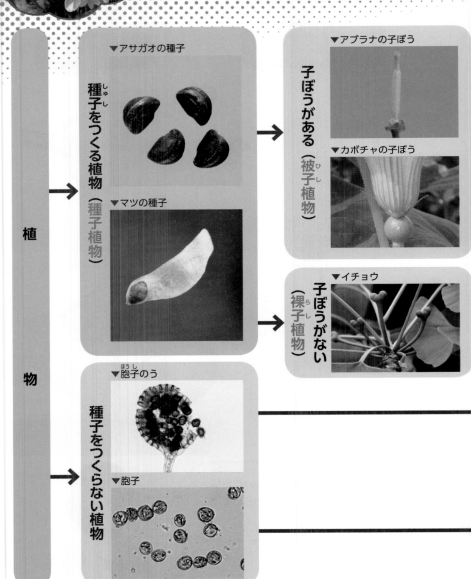

植物

→ 種子(しゅし)をつくる植物（種子植物）

▼アサガオの種子

▼マツの種子

→ 子ぼうがある（被子(ひし)植物）

▼アブラナの子ぼう

▼カボチャの子ぼう

→ 子ぼうがない（裸子(らし)植物）

▼イチョウ

→ 種子をつくらない植物

▼胞子(ほうし)のう

▼胞子

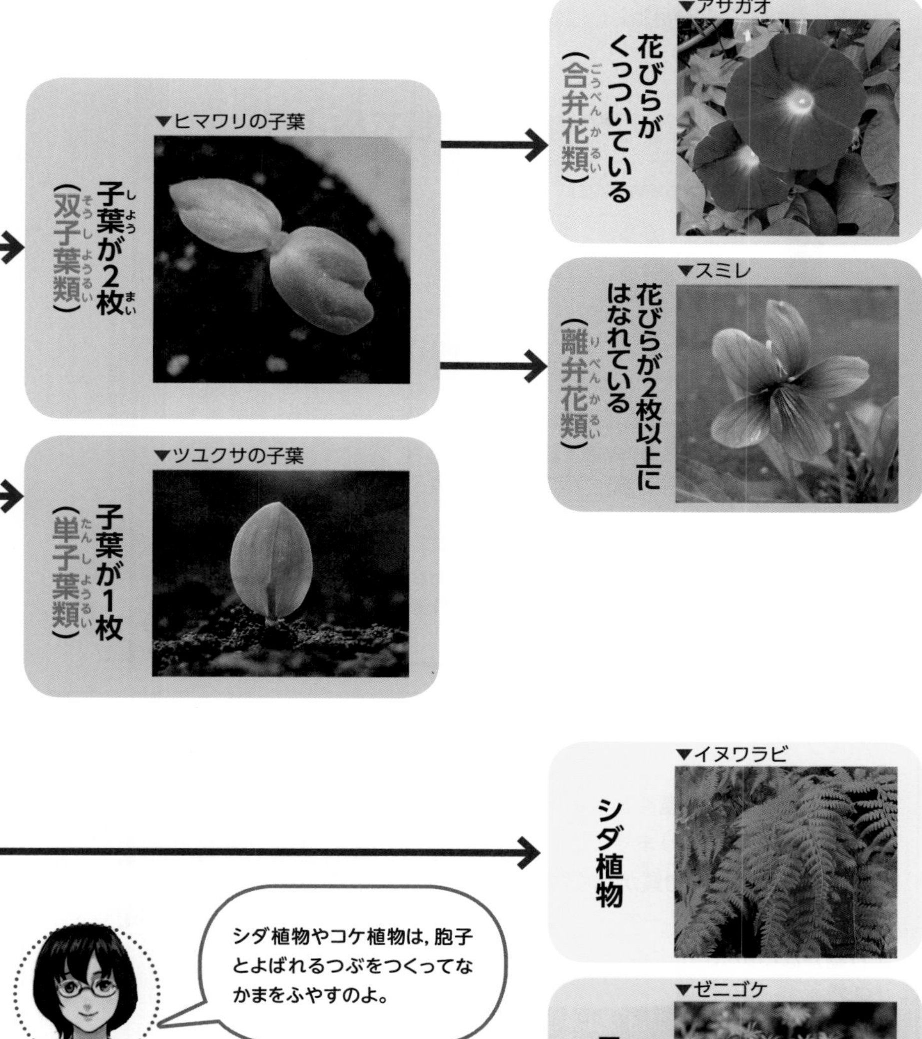
▼アサガオ
花びらがくっついている（合弁花類）
▼ヒマワリの子葉
子葉が2枚（双子葉類）
▼スミレ
花びらが2枚以上にはなれている（離弁花類）
▼ツユクサの子葉
子葉が1枚（単子葉類）
▼イヌワラビ
シダ植物
シダ植物やコケ植物は，胞子とよばれるつぶをつくってなかまをふやすのよ。
▼ゼニゴケ
コケ植物

うでを動かそうで!

うでを動かすと筋肉(きんにく)はどうなる?

★うでを曲げたりのばしたりしてみよう!

うでを曲げるとき

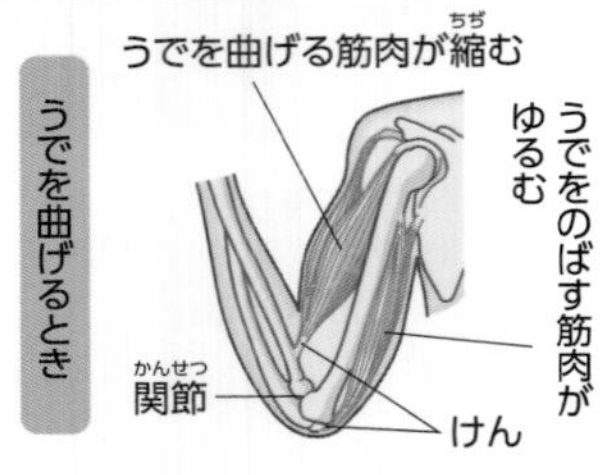
うでを曲げる筋肉が縮(ちぢ)む
うでをのばす筋肉がゆるむ
関節(かんせつ)
けん

うでをのばすとき

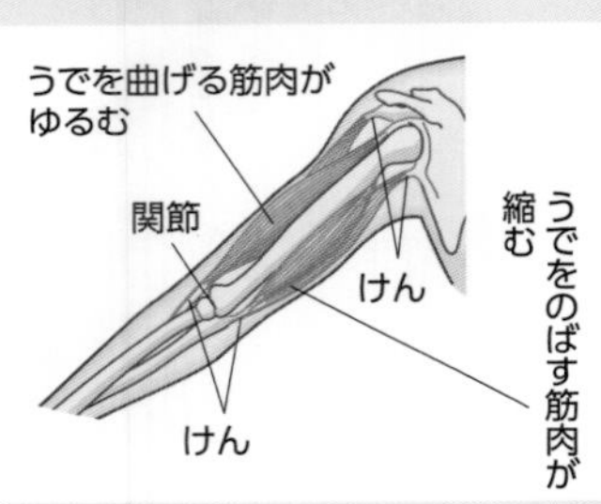
うでを曲げる筋肉がゆるむ
関節
けん
うでをのばす筋肉が縮む
けん

うでの内側(うちがわ)の筋肉が縮み，外側の筋肉がゆるむことで，うでを曲げることができるのよ。

うでをのばすときは，内側の筋肉がゆるんで，外側の筋肉が縮むのですね。

魚の筋肉

▼マグロ

マグロやカツオなど遠くまで速く泳ぐ魚は，酸素(さんそ)がたくさん必要(ひつよう)になります。これらの魚は，筋肉に酸素をためておく物質(ぶっしつ)がたくさんあるので筋肉が赤色をしています。一方，ヒラメやフグなどあまり動かない魚は白色の筋肉をしています。

▼フグ

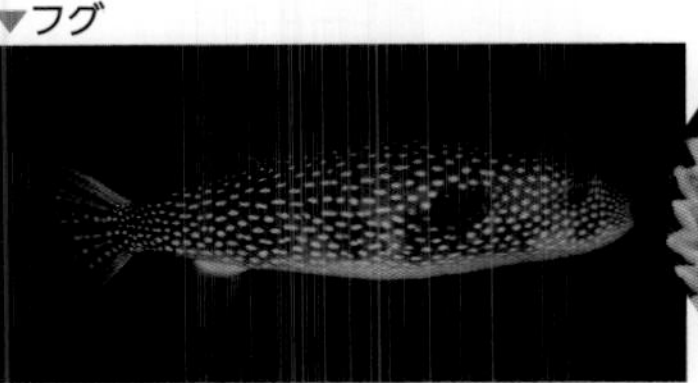

筋肉痛(きんにくつう)は どんなときに起こるの？

筋肉痛は，あまり使っていない筋肉を使いすぎたときや，慣(な)れない運動を行ったときに起こります。

筋肉の種類(しゅるい)

ヒトの筋肉には「速筋(そっきん)」と「遅筋(ちきん)」という2種類の筋肉があります。速筋は，筋肉が運動するときに，酸素を使う量が少ない筋肉で，白筋ともよばれ，瞬発力(しゅんぱつりょく)にすぐれています。遅筋は，筋肉が運動するときに，酸素を使う量が多い筋肉で，赤筋ともよばれ，持久力(じきゅうりょく)にすぐれています。速筋と遅筋の割合(わりあい)は人によって異(こと)なります。

トレーニングによって，速筋と遅筋の割合は変化(へんか)するそうよ。

骨はふえるほーね!

からだの骨・筋肉・関節はどうなっているの?

★ヒトの骨の数

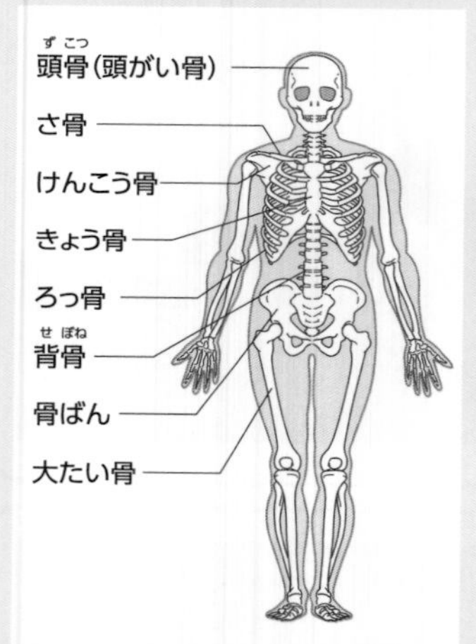
頭骨(頭がい骨)
さ骨
けんこう骨
きょう骨
ろっ骨
背骨
骨ばん
大たい骨

生まれたばかりの赤ちゃんの骨の数は，約 305 個ですが，成長すると，はなれていた骨がくっついて 1 つになったり，いくつかの骨が組み合わさって 1 つの骨になったりします。大人になると，骨の数は 200 ～ 206 個になります。

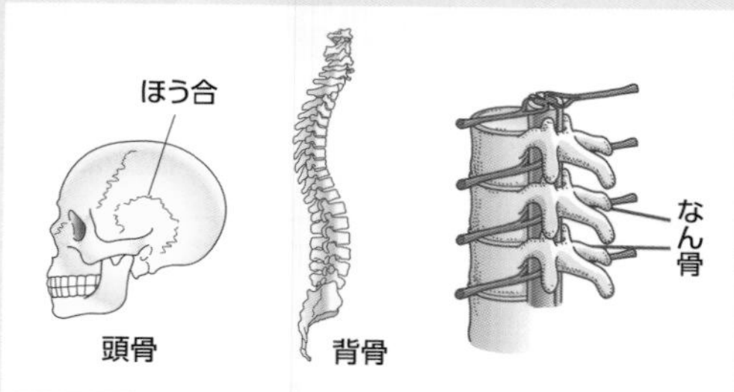
ほう合
頭骨
背骨
なん骨

関節がポキポキ鳴るのはなぜ?

関節の部分は液体で満たされています。その液体には気体がふくまれており，関節を無理な角度に動かすと液体の中の気体があわとなり，そのあわがはじけたときにポキポキと鳴るといわれています。

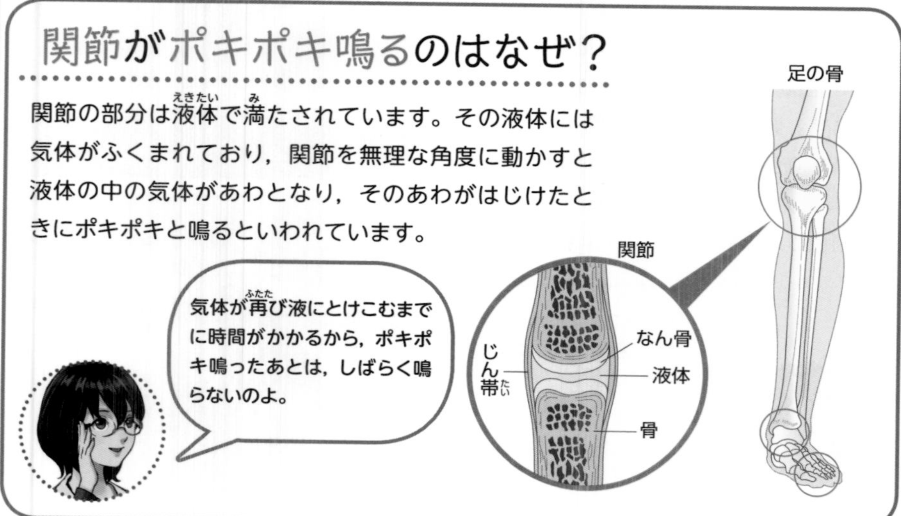
足の骨
関節
気体が再び液にとけこむまでに時間がかかるから，ポキポキ鳴ったあとは，しばらく鳴らないのよ。
なん骨
じん帯
液体
骨

キリンの首の骨の数は何本？

キリンは首が長い動物ですが，キリンの首の骨の数は，ヒトの首の骨の数と同じ7個です。キリンはほかの動物に比べて心臓から頭までの長さが長いので，頭の先まで血を運ぶためにほかの動物より血圧が高くなっています。

ゾウやウサギの首の骨もヒトと同じ7個なのよ。

★アキレスけん

アキレスけんは，筋肉とかかとの骨を結ぶ役割をしています。アキレスけんが切れたときは，破れつ音のような音が聞こえることもあります。

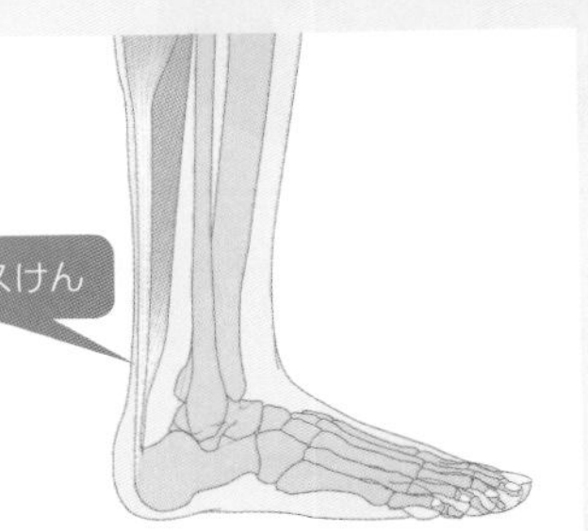
アキレスけん

アキレスけんはどのようなときに切れるのですか？

ダッシュなどをしてふくらはぎの筋肉が一気に縮んだとき，アキレスけんがのびて切れることがあるのよ。

動物にも骨(ほね)・筋肉(きんにく)・関節(かんせつ)はあるの？

関節(かんせつ)がないと，あかん！切ない…

ヒト以外の動物にも骨や筋肉，関節はあるのでしょうか？

ヒトと同じように動物のからだにも骨，筋肉，関節があって，からだを支(ささ)えたり，動かしたりしているのよ。

▼タイ

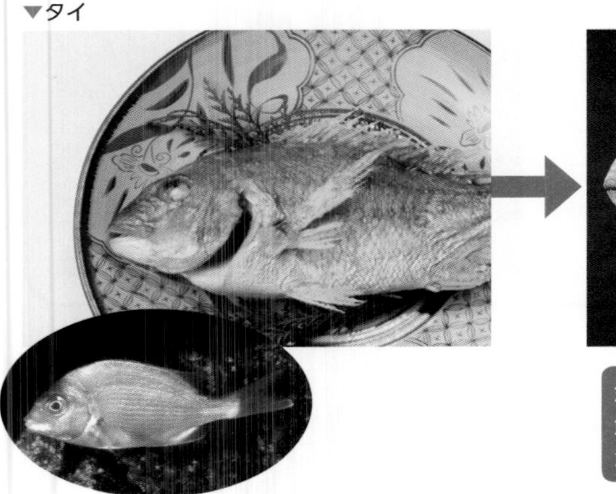

魚にも，ヒトと同じように背骨(せぼね)があります。魚も骨，筋肉，関節で，からだを支えたり，動かしたりしています。

背骨がない動物

▼カニ

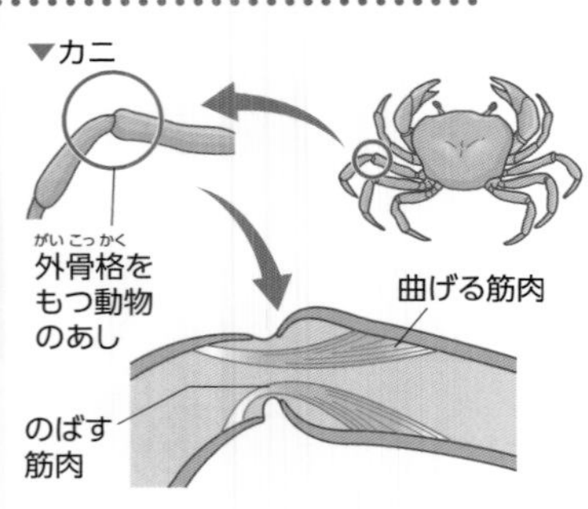
外骨格(がいこっかく)をもつ動物のあし
曲げる筋肉
のばす筋肉

▼ハマグリ

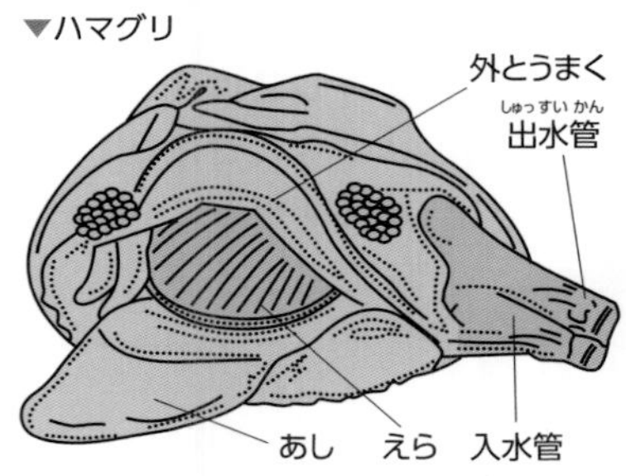
外とうまく
出水管(しゅっすいかん)
あし
えら
入水管

カニには，からだの内部に背骨などの骨はなく，外部からからだを支える外骨格があります。また，ハマグリにも骨はなく，筋肉だけのあしをもっています。

▼ニワトリ

わたしたちは，筋肉の部分を食べているのですね。

▼ブタ

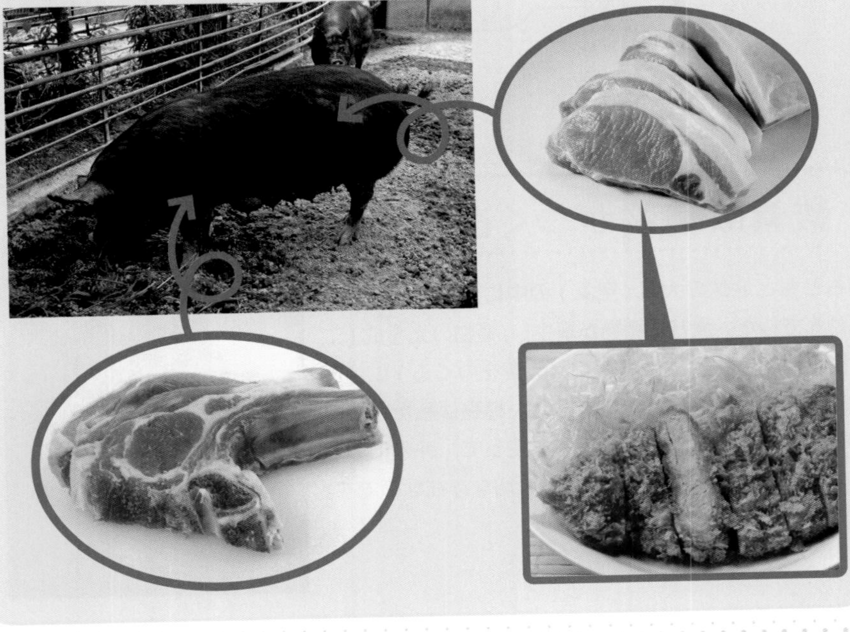

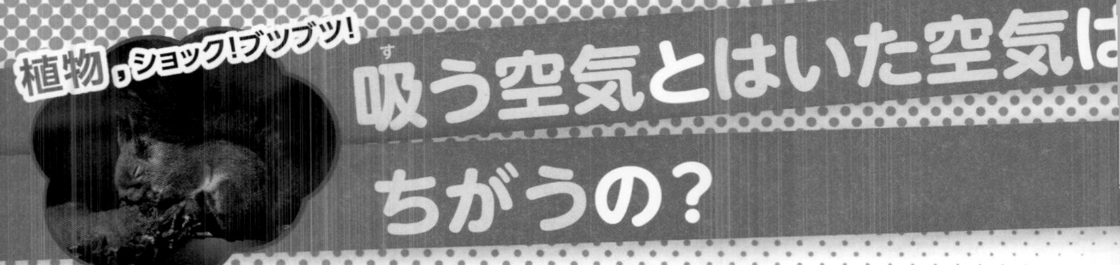
植物、ショック!ブツブツ!
吸う空気とはいた空気はちがうの?

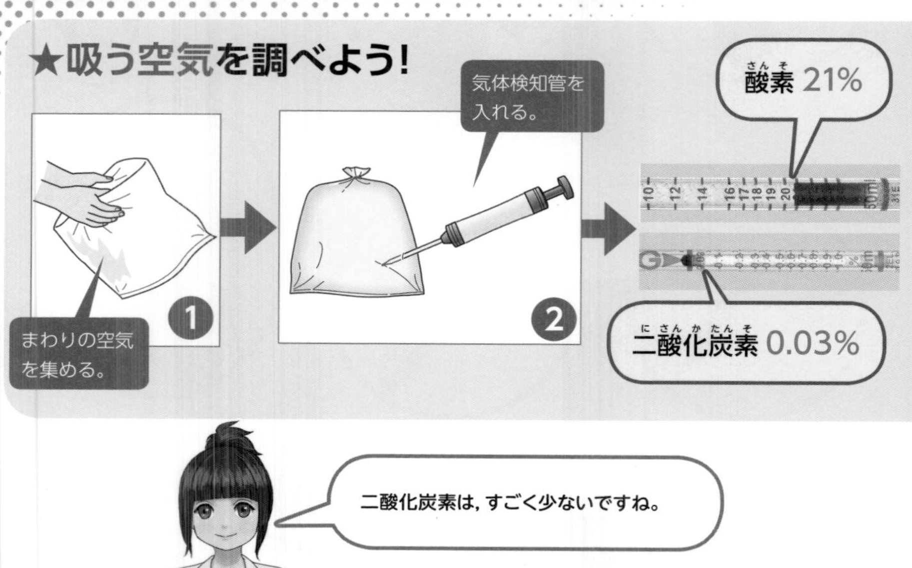
★吸う空気を調べよう!
まわりの空気を集める。
気体検知管を入れる。
酸素 21%
二酸化炭素 0.03%
二酸化炭素は,すごく少ないですね。

酸素は植物がつくる!

もともと地球の大気(空気)の中に,酸素はありませんでした。大昔に植物が誕生し,植物の光合成(二酸化炭素と水からでんぷんと酸素をつくる)によって,地球上に酸素ができました。植物は私たちの呼吸などで出された二酸化炭素を使って,呼吸に必要な酸素をつくりだしてくれる,大切な存在なのです。

用意するもの　●ポリエチレンのふくろ　●輪ゴム　●気体検知管

★はいた空気を調べよう！

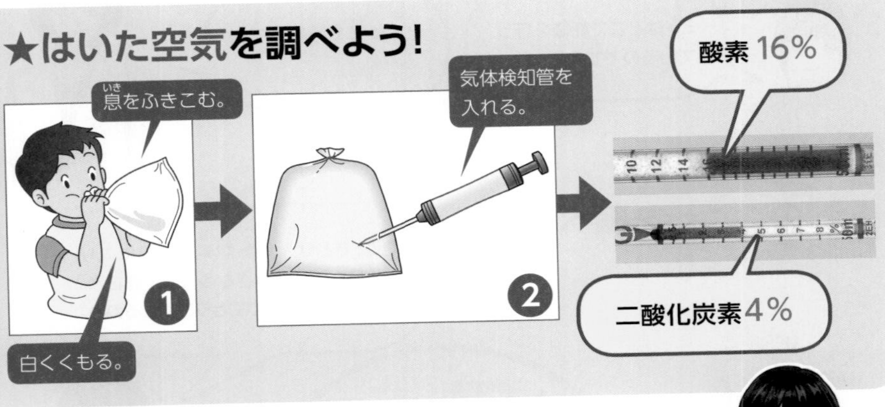
息をふきこむ。
白くくもる。
1
気体検知管を入れる。
2
酸素 16%
二酸化炭素 4%

はいた息には水蒸気がふくまれていたから白くくもったのよ。吸う空気（まわりの空気）とはいた空気を比べると，酸素が減って，二酸化炭素が増えていることがわかるわね。呼吸をすることで，酸素をとり入れ，二酸化炭素を出しているのよ。

人工呼吸

人工呼吸は呼吸を回復させるために行います。人工呼吸を行うのは酸素を送りこむことが大きな目的ではありませんが，ヒトが呼吸ではき出す息の中にも酸素は約 16％ふくまれているので，人工呼吸によって酸素も送りこむことができるのです。

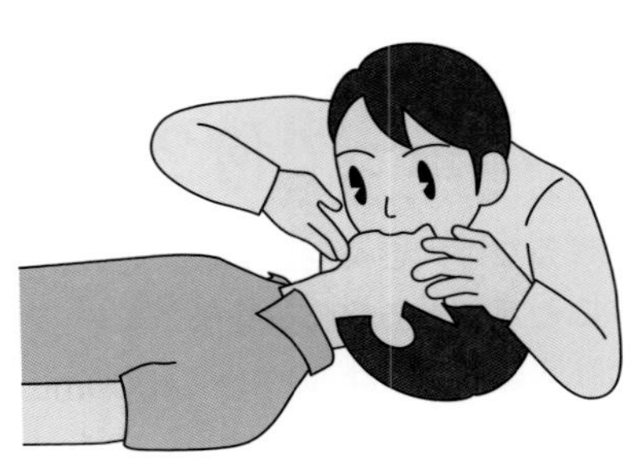

肺ですか? はーい!

ヒトはどのように呼吸しているの?

ヒトはどこで呼吸を行っているのですか?

ヒトは肺で呼吸しているのよ。

★肺のつくりを調べよう!

空気の通路

気管

気管支

肺

二酸化炭素

酸素

呼吸でとり入れた酸素は，肺に入り，気管支の先の小さなふくろ(肺ほう)の表面で血液の中にとりこまれるのよ。

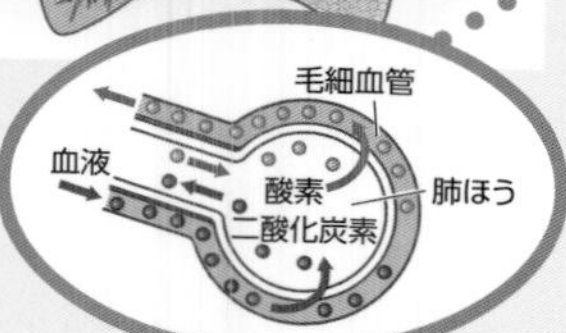
毛細血管
血液
酸素
二酸化炭素
肺ほう

からだの中でいらなくなった二酸化炭素は，血液によって肺ほうに運ばれ，肺を通って，はいた空気といっしょにからだの外に出されるのですね!

肺活量って何?

できるだけ大きく空気を吸いこんだ状態から，はき出すことができる息の量を肺活量といいます。成人男性の肺活量の平均は 3000 ～ 4000mL，成人女性の肺活量の平均は 2000 ～ 3000mL です。

用意するもの　●ペットボトル　●ゴムふうせん風船　●ゴムまく
●ガラス管つきゴムせん　●ひも　●カッターナイフ　●セロハンテープ

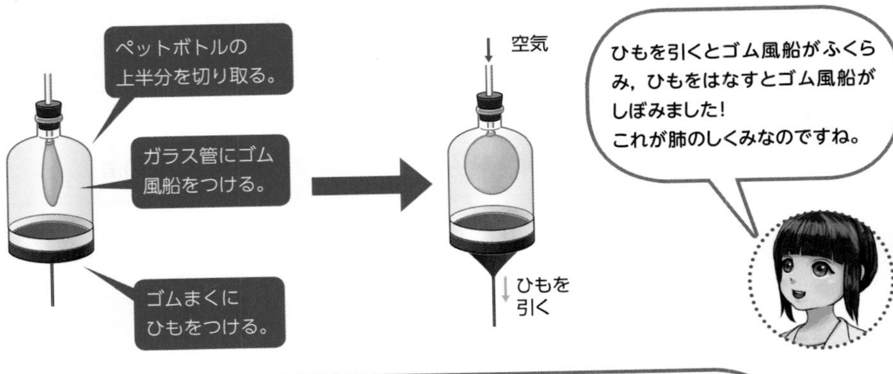

ペットボトルの
上半分を切り取る。
ガラス管にゴム
風船をつける。
ゴムまくに
ひもをつける。
空気
ひもを
引く
ひもを引くとゴム風船がふくらみ，ひもをはなすとゴム風船がしぼみました！
これが肺のしくみなのですね。

ガラス管は気管支，ゴム風船は肺，ゴムまくは横かくまくにあたるの。
息を吸うときは，横かくまくが下がって肺がふくらみ，息をはくときは横かくまくが上がって肺の空気が外に出るのよ。

魚はどこで呼吸しているの？

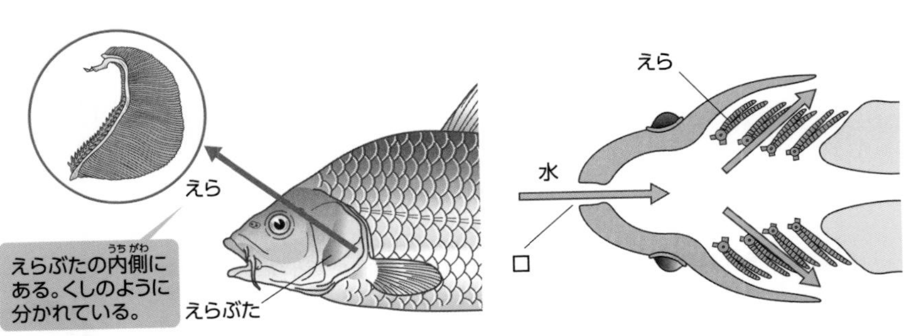

えら
えらぶたの内側にある。くしのように分かれている。
えらぶた
えら
水
口

水中にすむ動物はえらで呼吸しています。えらは，水にとけている酸素を血液にとり入れて，血液の中の二酸化炭素を水に出すことができるようなつくりになっています。そのため，えら呼吸をする動物は，空気中では呼吸ができません。魚は口から水をとり入れてえらを通過させて酸素をとり入れ，えらぶたから水を出します。

だ液せんからだ液出せん!

だ液にはどんなはたらきがあるの?

用意するもの
●ビーカー ●でんぷん ●試験管 ●ストロー ●ヨウ素液 ●40℃の湯

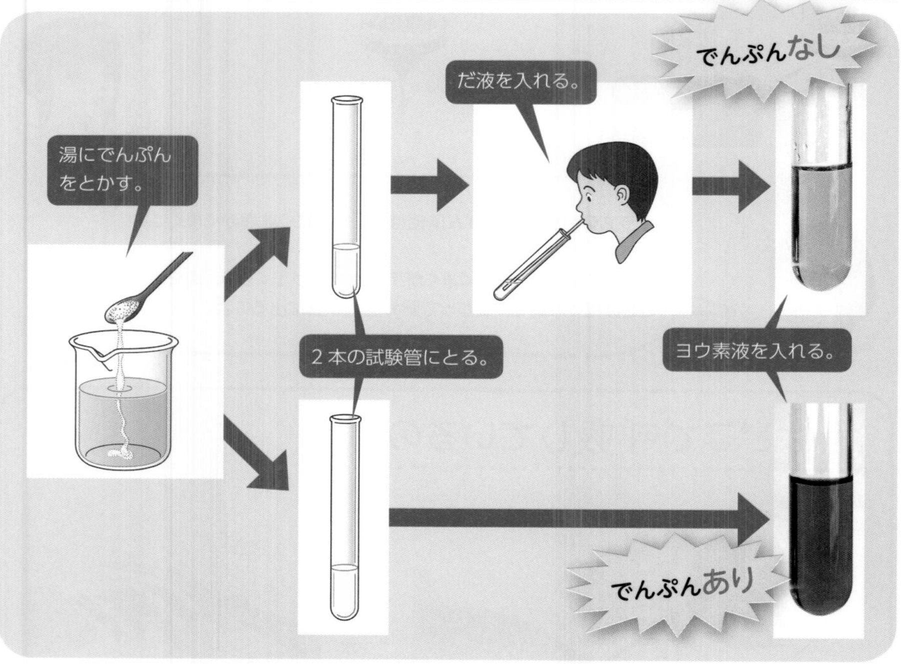

湯にでんぷんをとかす。

2本の試験管にとる。

だ液を入れる。

ヨウ素液を入れる。

でんぷんなし

でんぷんあり

だ液を入れたほうの試験管はでんぷんがなくなっていますね。
でんぷんはどこにいったのでしょうか?

だ液がでんぷんを別の物質に変えたのよ。
だからヨウ素液の色が変化しなかったの。

▼ヒトの消化器官（◯は消化管でもある）

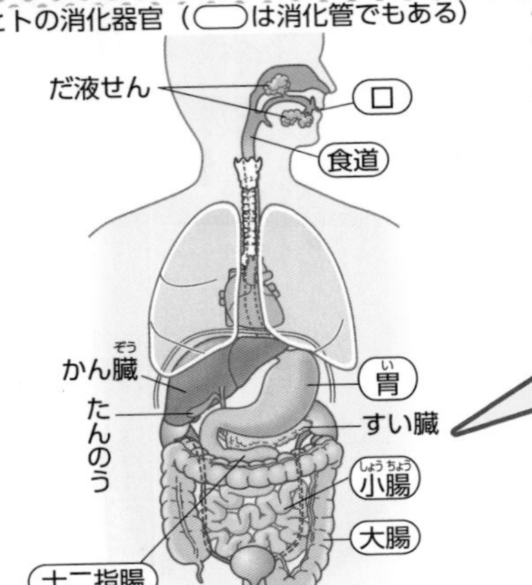
だ液せん
口
食道
かん臓
たんのう
胃
すい臓
小腸
大腸
十二指腸
こう門

食べ物から栄養分をとり出して，からだの中にとり入れるために行われることを消化といいます。ヒトはいろいろな消化器官で次々と食べ物を分解していきます。分解されることで，食べ物の中の栄養分は初めて，からだの中に吸収される大きさになります。

だ液はどこから出る？

だ液は「だ液せん」というところから出ています。だ液せんは，口の中の耳の下，あごの上，舌の下にあって，だ液のほとんどはここから出ています。そのほかに，ほおの内側にも小さいだ液せんがたくさんあり，ここからも出ています。

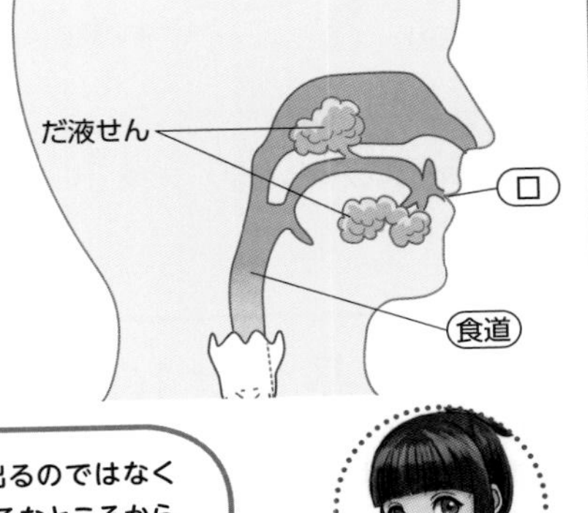
だ液せん
口
食道

だ液は１か所から出るのではなくて，口の中のいろいろなところから出るのですね。

すっぱいものを食べるとだ液が多く出るのはなぜ？

すっぱいものを食べるとだ液が多く出る理由の一つに，歯を守ることがあります。歯をすっぱいものの中に長時間つけておくと歯の表面がとけてしまうので，それを防ぐためにだ液が役立っています。

体内にとり入れたいな♡

口からとり入れた食べ物はどこへいくの？

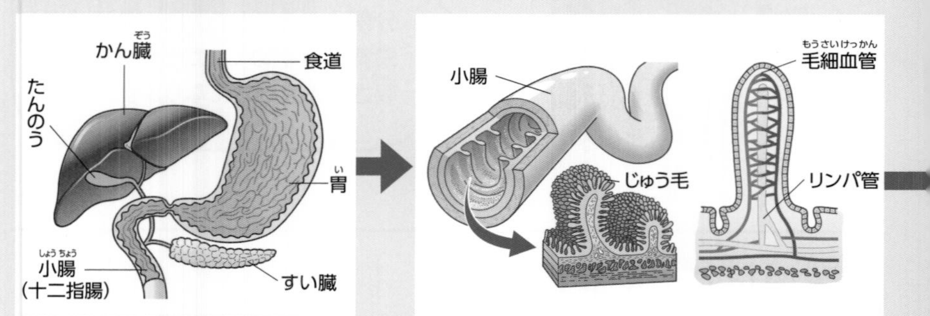
かん臓
たんのう
食道
胃
小腸（十二指腸）
すい臓
小腸
じゅう毛
毛細血管
リンパ管

口からとり入れた食べ物は消化され，からだに吸収しやすい栄養分に変えられます。

栄養分は，小腸に運ばれ，たくさんあるひだ（じゅう毛）から血液の中にとりこまれます。

血管の長さは10万km！

ヒトの血管は，全身にくまなくはりめぐらされています。この血管を全部つなぐと，約10万kmにもなります。これは，地球2.5周分です。また，血管を流れる血液は体重の7～8％で，50kgの体重であれば，血液の重さは約4kgにもなります。

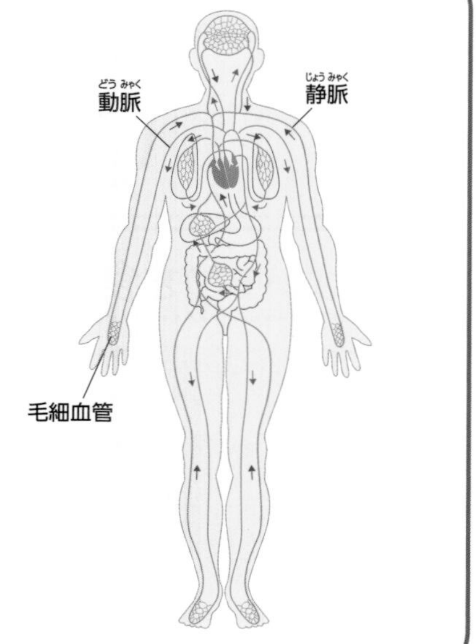
動脈
静脈
毛細血管

血管をつなぎ合わせるとそんなに長くなるんですね！

かん臓には，からだに害のある成分を無毒にしたり，体温を一定に保ったりするはたらきもあるのよ。

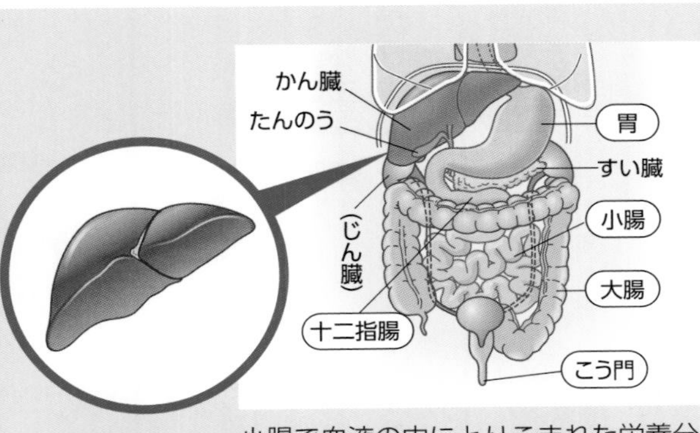
かん臓
たんのう
胃
すい臓
小腸
(じん臓)
大腸
十二指腸
こう門

小腸で血液の中にとりこまれた栄養分の一部は，かん臓にたくわえられます。

ウシには胃が４つある！

ウシは口に近いほうから第１胃，第２胃，第３胃，第４胃があります。ウシは食べ物を胃に入れたり口にもどしたりしています。ヒトと同じように消化の機能を持っているのは第４胃です。

牛肉の部位の名前で第1胃はミノ，第2胃はハチノス，第3胃はセンマイ，第4胃はギアラとよばれているのよ。

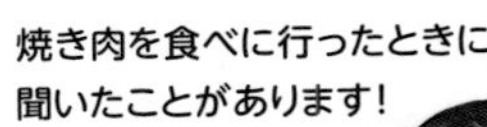

焼き肉を食べに行ったときに聞いたことがあります！

かん臓は大事に
しないといかんぞう!

栄養分や不要物はからだの中をどのように運ばれるの?

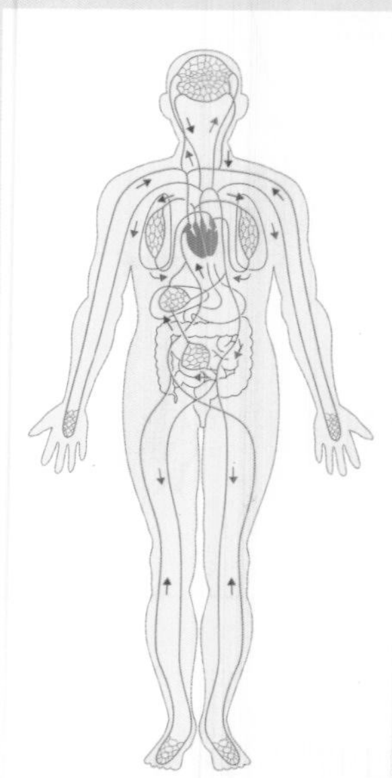

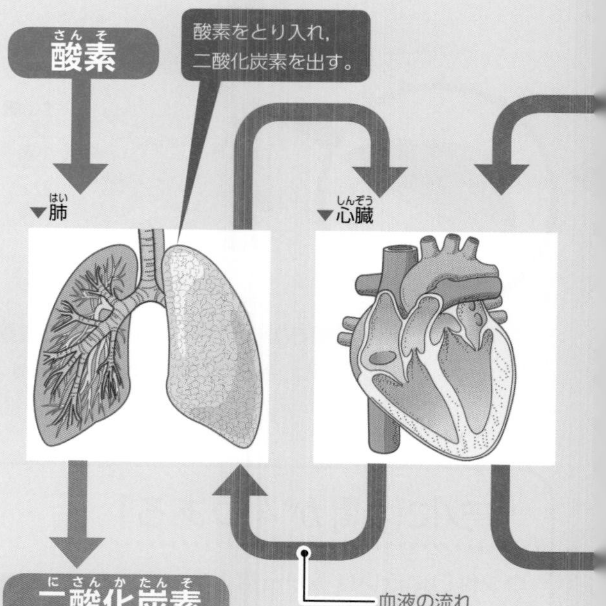

酸素

酸素をとり入れ，
二酸化炭素を出す。

▼肺

▼心臓

二酸化炭素

血液の流れ

からだに必要な酸素は肺から血液にとり入れられ，エネルギーをつくっていらなくなった二酸化炭素は肺から外に出ます。

血の色がちがう!?

酸素をたくさんふくんだ血液はあざやかな赤色をしています。一方，全身をめぐったあと，肺にもどってきた血液は酸素が少なくなり，二酸化炭素を多くふくむようになります。このときの血の色は暗く黒っぽい赤色になります。

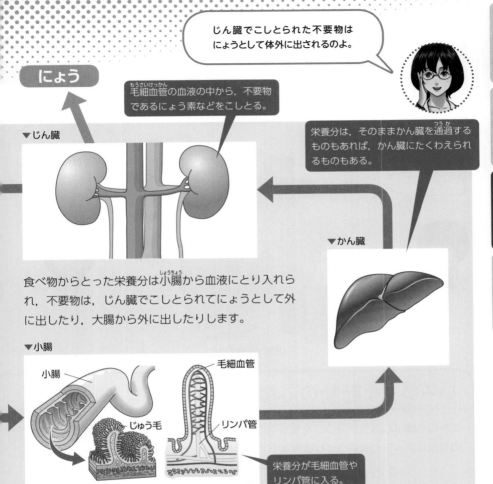

じん臓でこしとられた不要物は
にょうとして体外に出されるのよ。

にょう

毛細血管の血液の中から，不要物であるにょう素などをこしとる。

▼じん臓

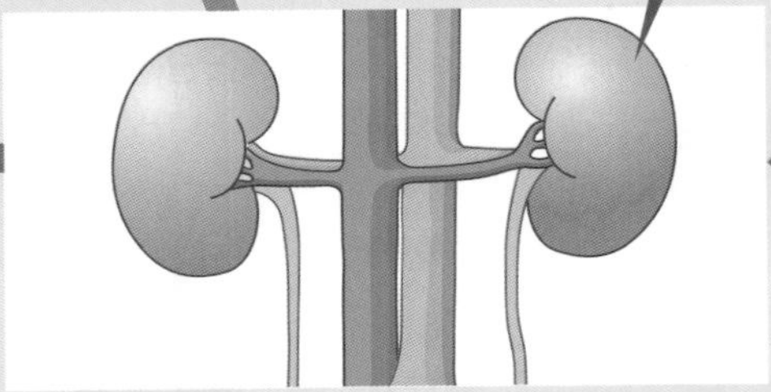

栄養分は，そのままかん臓を通過するものもあれば，かん臓にたくわえられるものもある。

▼かん臓

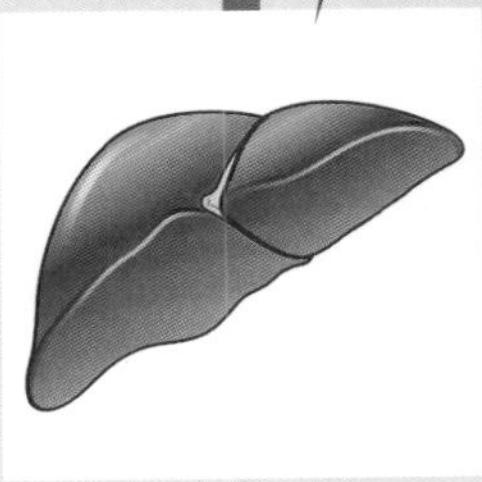

食べ物からとった栄養分は小腸から血液にとり入れられ，不要物は，じん臓でこしとられてにょうとして外に出したり，大腸から外に出したりします。

▼小腸

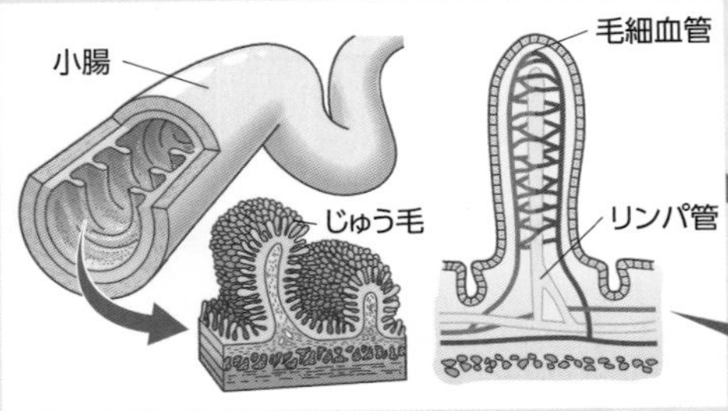

小腸

じゅう毛

毛細血管

リンパ管

栄養分が毛細血管やリンパ管に入る。

栄養分は，小腸のじゅう毛から吸収されているのですね。

★かん臓の色

正常なかん臓は赤色ですが，かん臓にしぼうがたまると，白く見えます。これをガチョウのかん臓で人工的に作り出したのがフォアグラです。

▼フォアグラ

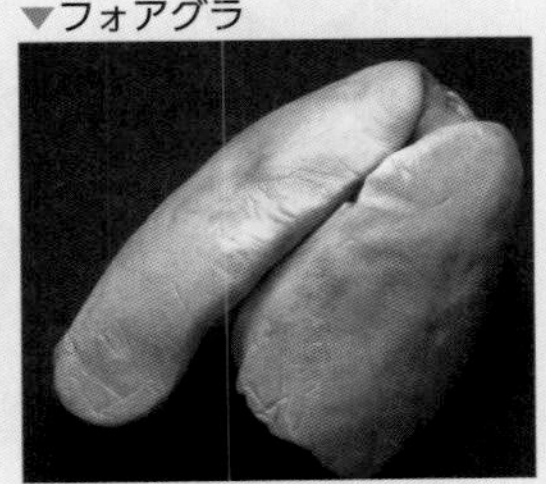

心ぼうに血が入るまでのしんぼうだ!

心臓(しんぞう)にはどのようなはたらきがあるの?

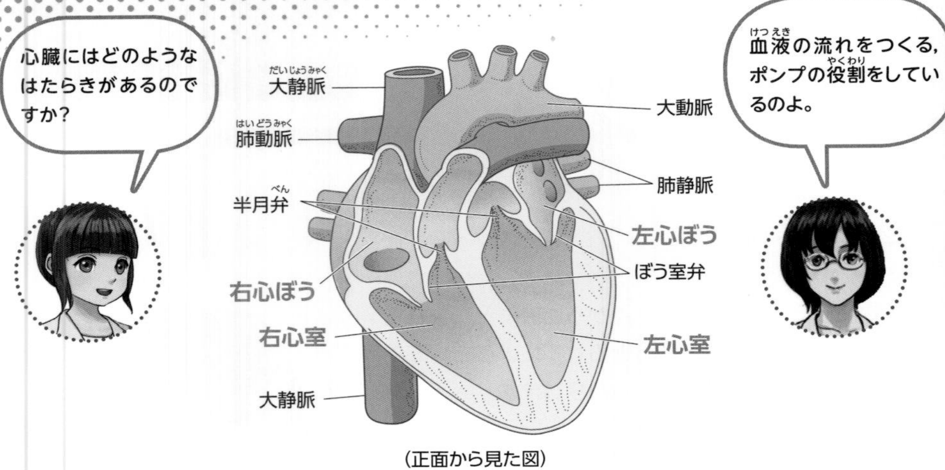
心臓にはどのようなはたらきがあるのですか?
血液(けつえき)の流れをつくる,ポンプの役割(やくわり)をしているのよ。
大静脈(だいじょうみゃく)
肺動脈(はいどうみゃく)
半月弁(べん)
右心ぼう
右心室
大静脈
大動脈
肺静脈
左心ぼう
ぼう室弁
左心室

(正面から見た図)

いろいろな動物の心臓

ヒトの心臓は心ぼうが 2 つ,心室が 2 つの合計 4 つの部屋からできていますが,動物の種類(しゅるい)によって心臓のつくりは異(こと)なっています。

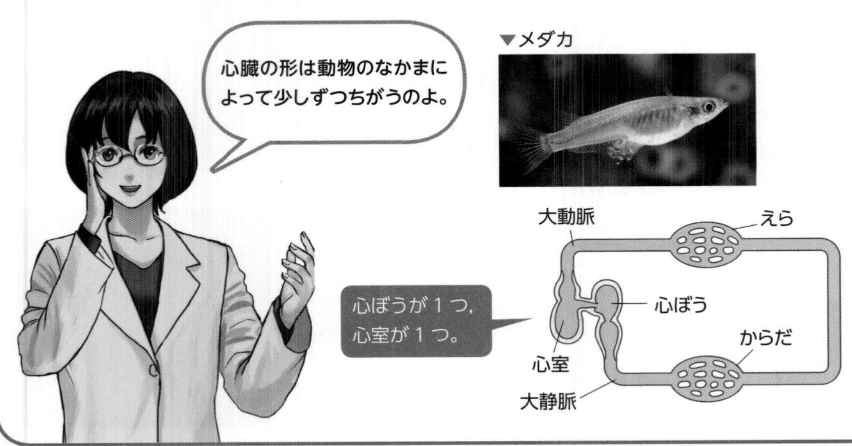
心臓の形は動物のなかまによって少しずつちがうのよ。
▼メダカ
心ぼうが 1 つ,心室が 1 つ。
大動脈
えら
心ぼう
からだ
心室
大静脈

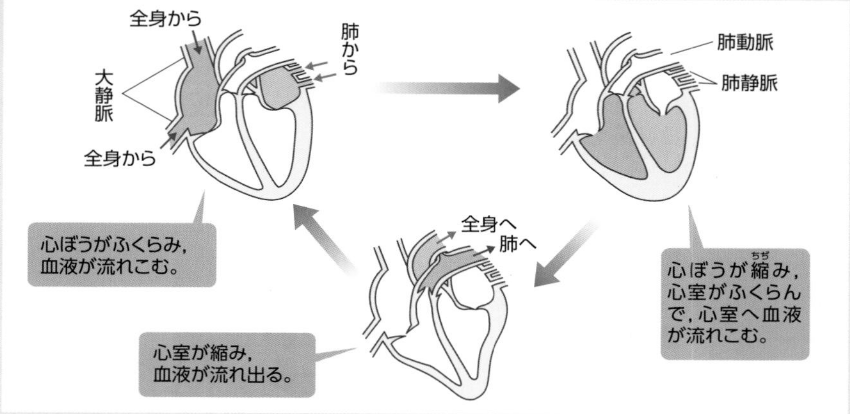

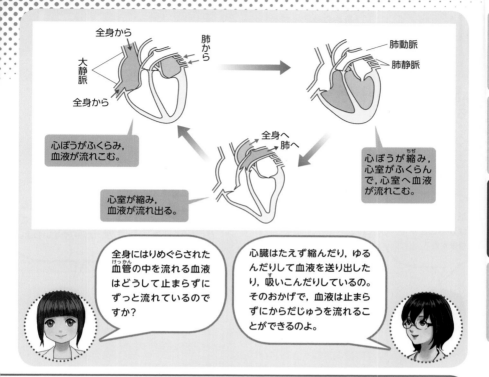

全身から
肺から
大静脈
全身から
心ぼうがふくらみ，血液が流れこむ。

肺動脈
肺静脈
心ぼうが縮み，心室がふくらんで，心室へ血液が流れこむ。

全身へ
肺へ
心室が縮み，血液が流れ出る。

全身にはりめぐらされた血管の中を流れる血液はどうして止まらずにずっと流れているのですか？

心臓はたえず縮んだり，ゆるんだりして血液を送り出したり，吸いこんだりしているの。そのおかげで，血液は止まらずにからだじゅうを流れることができるのよ。

カエルもカメも心ぼうが 2 つ，心室が 1 つだけど，カメは心室に不完全なしきりがあるの。
カエルは心室にしきりがないので，動脈血と静脈血が混ざってしまうけど，カメは心室での動脈血と静脈血の混合を多少防いでいるのよ。

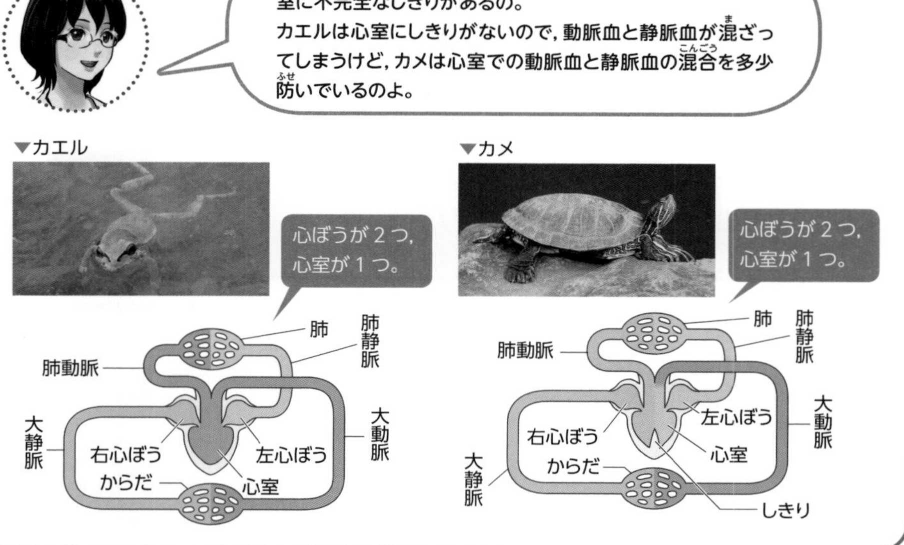
▼カエル
心ぼうが 2 つ，心室が 1 つ。
肺
肺静脈
肺動脈
大静脈
大動脈
右心ぼう
左心ぼう
からだ
心室
▼カメ
心ぼうが 2 つ，心室が 1 つ。
肺
肺静脈
肺動脈
大動脈
左心ぼう
右心ぼう
心室
からだ
大静脈
しきり

心臓は
からだの中心だぞう!

脈はくを調べよう!

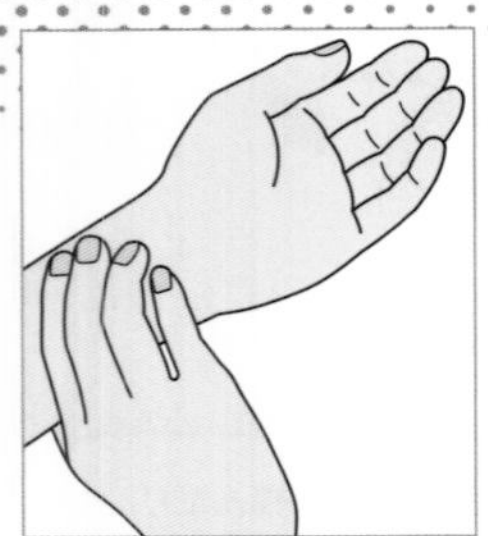

脈はくはどこではかることができますか?

手首や首，太ももの裏など大きな血管があるところが，はかりやすいわよ。

安静時は，1 分間に 60 ～ 70 回，運動時は，1 分間に 100 ～ 140 回の脈はくがあります。

★ヒトは一生で何回くらいはく動するの?

心臓が 1 分間に 70 回はく動したとすると，1 時間で 4200 回，1 日で 10 万 800 回，1 年で 3679 万 2000 回になり，80 年生きると一生で約 30 億回になります。また，大人の場合，1 回のはく動で約 70 m L の血液が心臓から送り出されています。

1日で約 7056L の血液が心臓から送り出されているのですね!

人工心臓

心臓は血液を送り出すポンプのはたらきをしています。このはたらきを人工的に行うのが人工心臓で，人工心臓は心臓のかわりにポンプのはたらきをして，血液を全身に送り出します。

★血液が逆流しないのはなぜ？

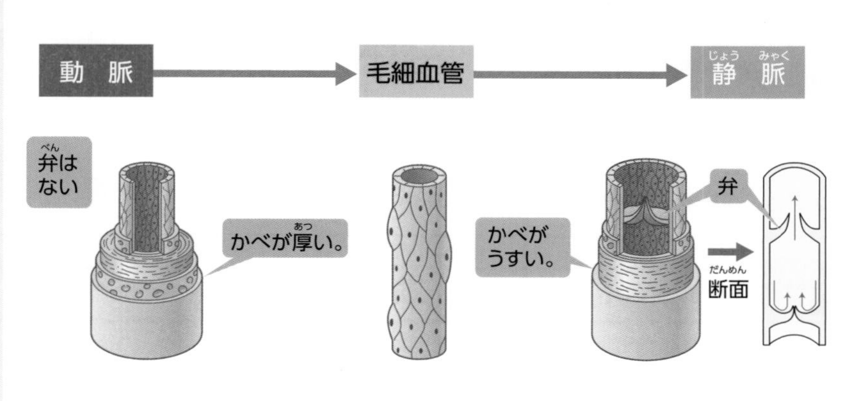
動　脈
毛細血管
静　脈
弁はない
かべが厚い。
かべがうすい。
弁
断面

血管には，心臓から全身に送られる血液が流れる動脈と，心臓にもどる血液が流れる静脈があります。静脈には血液が逆流しないように弁があります。弁が閉じたり開いたりすることで，血液が反対の方向に流れないようになっています。また，動脈には弁はありませんが，かべが破れにくいように厚くできています。

★血液が逆流するとどうなる？

血液が逆流すると，心臓から送り出すための力が強くなる必要があり，心臓への負担が大きくなります。心臓への負担が大きくなると心臓が大きくなり，脈はくが整わなくなったり，心不全になったりすることがあります。

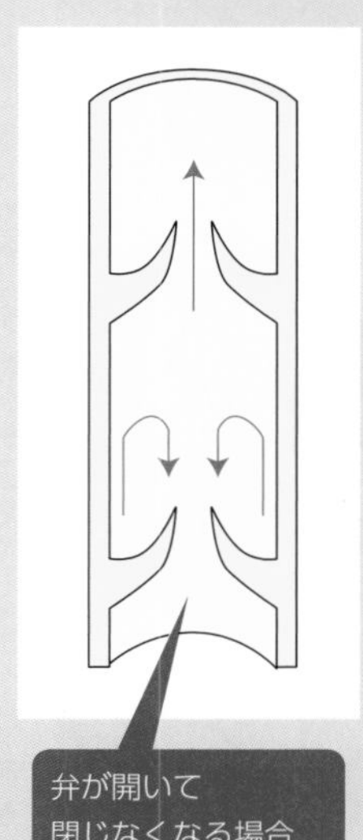
弁が開いて
閉じなくなる場合

弁には大切な役割があるのですね！

メダカのからだは小さめだから…

メダカの血液はどのように流れているの

用意するもの

●メダカ　●チャック付きのポリエチレンのふくろ　●けんび鏡　●水

注意!　メダカにあまりさわらないようにし，観察し終わったらすぐに水そうにもどす。

▼けんび鏡

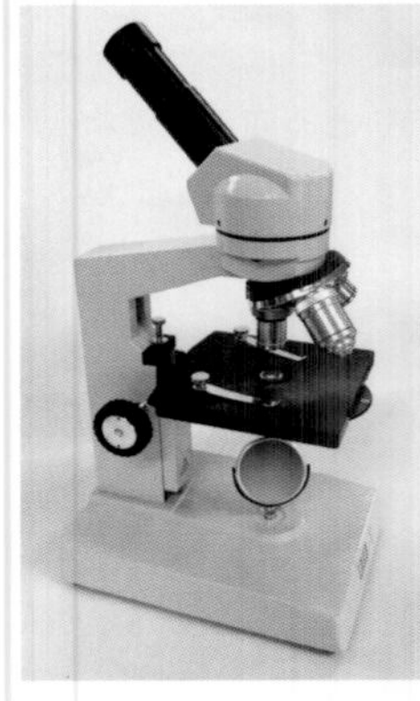

おびれの部分を 100 ～ 150 倍で観察する。
血液の流れ
生きたメダカと水をポリエチレンのふくろに入れてステージにのせる。

おびれはうすいから，血管が観察しやすいのよ。

血液が黄色く見えるのですが，メダカの血液は黄色なのでしょうか？

けんび鏡で観察すると，メダカの血液が黄色に見えるのは，けんび鏡では光が下から当たるからなのよ。
実際のメダカの血液はヒトと同じように赤色よ。

★メダカの反応を調べよう！

ヒメダカ
水そうに手をかざすと，手のかげに反応してにげる。

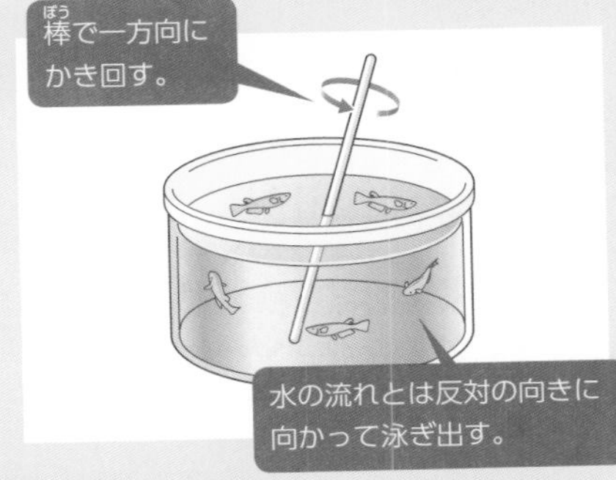
棒で一方向にかき回す。
水の流れとは反対の向きに向かって泳ぎ出す。

メダカには同じ場所にとどまろうとする習性があり，水の流れをからだで感じとっています。

回す
たてじま模様の紙
紙の動く方向と同じ方向に向かって泳ぎ出す。

メダカは，たてじまの模様が動く方向を目で見て，同じ方向に向かって泳いでいます。これも同じ場所にとどまろうとするメダカの習性によるものです。

生活するかん境が変わらないほうがメダカもすみやすいよね。

クリオネの赤い部分は血液なの？

クリオネのからだの赤い部分は，心臓や血液のように見えますが，実はえさを食べるときに使う触手や内臓です。触手はバッカルコーンとよばれています。

▼クリオネ

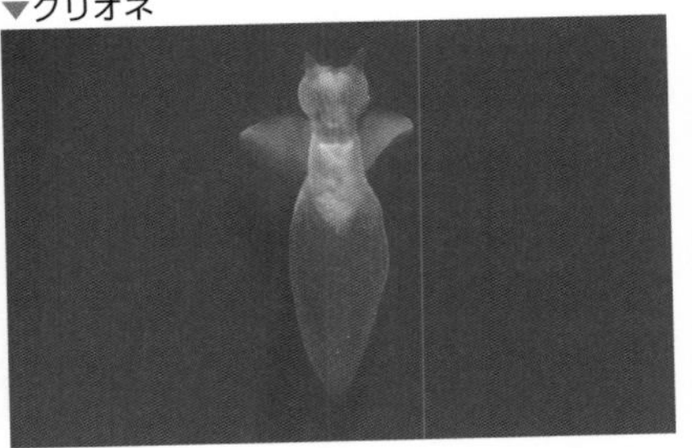

イカは青いか?

血液の成分を調べよう!

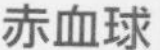

赤血球
赤いヘモグロビンをふくんでおり，酸素を運ぶはたらきをしている。

血小板
出血時に血液を固めるはたらきをしている。

血液には固体成分と液体成分があるのよ。

白血球
細菌などからからだを守るはたらきをしている。

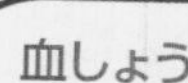

血しょう
約 90% が水で，栄養分や不要物を運んでいる。

イカの血液は青色!

ヒトの血液が赤いのは，血液中の赤血球にあるヘモグロビンが赤いからです。ヘモグロビンは酸素を全身に運ぶ役割をしていますが，イカなどにはヘモグロビンはなく，ヘモシアニンという物質が酸素を運びます。ヘモシアニンは青色をしており，つったばかりのイカの場合は，血液が青く見えることがあります。

▼イカ

ん臓は大事んぞう!

じん臓はどんなはたらきをしているの?

★にょうはどうやってできるの?

にょうはじん臓でつくられます。じん臓でにょうをつくるときは，いったん血液中からいろいろな物質をこし出し，こし出した液体から栄養分などの必要な物質を再び血液中にもどします。

▼じん臓でにょうがつくられるしくみ

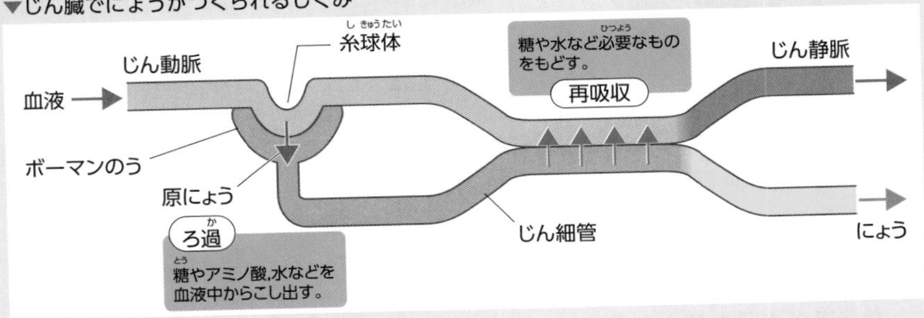
糸球体
じん動脈
血液
ボーマンのう
原にょう
ろ過
糖やアミノ酸,水などを血液中からこし出す。
糖や水など必要なものをもどす。
再吸収
じん静脈
じん細管
にょう

★じん臓は1つでも大丈夫?

じん臓が何かの原因で1つになった場合でも，じん臓が正常にはたらいていれば，生活に支障はありません。

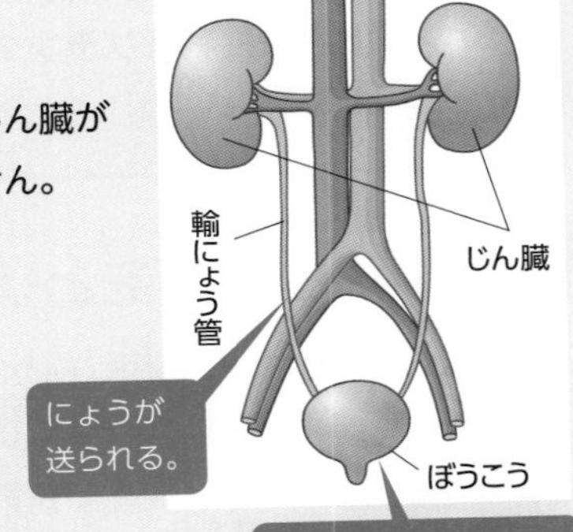
輸にょう管
じん臓
にょうが送られる。
ぼうこう
にょうがためられる。

血液の中の不要物をこしとるのがじん臓のはたらきよ。不要物は，じん臓で余分な水分とともにこし出され，にょうになるの。にょうは，ぼうこうにしばらくためられたあと，外に出されるのよ。

じん臓にはいろいろなはたらきがあるのに1つでも十分機能できるなんてすごいですね!

エラはえらい!

魚のからだのつくりを調べよう!

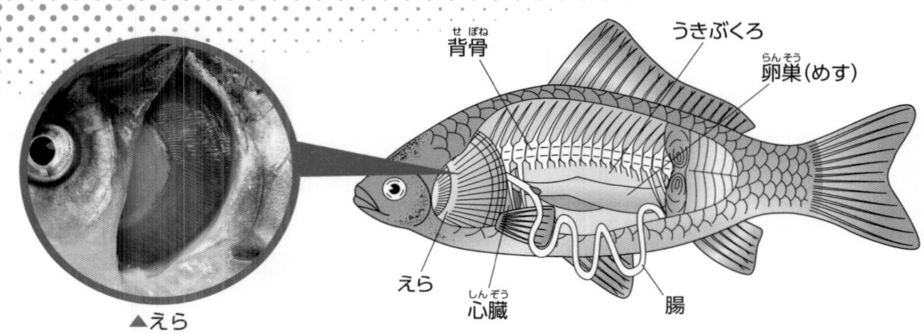
背骨
うきぶくろ
卵巣(めす)
えら
心臓
腸
▲えら

ヒトの肺と同じように，えらにはたくさんの血管があって，血液が流れているので赤色をしています。(えら呼吸について→ p.317)

えらには酸素をとりこむほかに，えさをとるはたらきがあるものもあるの。
えらの入り口にあるすき間に引っかかった水の中の小さな生物（プランクトン）を口に運んで，食べるのよ。

★水中から酸素をとり出す!

魚のえら呼吸のしくみを利用して，水中から酸素をとり出す装置も研究されています。この装置があれば，酸素ボンベがなくても水に長時間もぐることができる日がくるかも!?

★えらはどこにあるの？

種類によって，えらの数や場所は異なります。

▼サメ

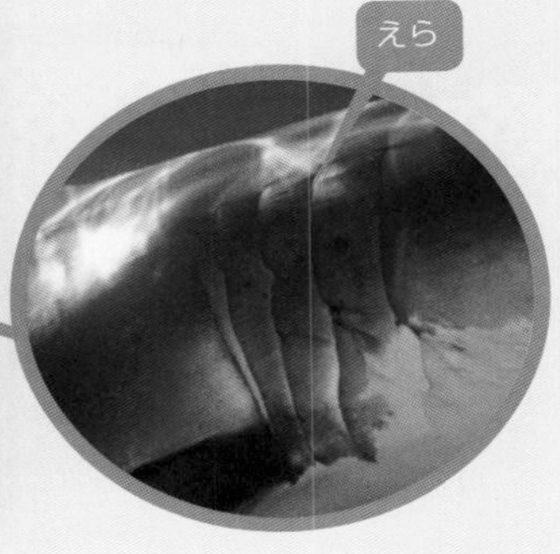
えら

サメはからだの横の穴が開いているところにえらがあって，イカはからだの内側にえらがあるのですね。

▼イカ

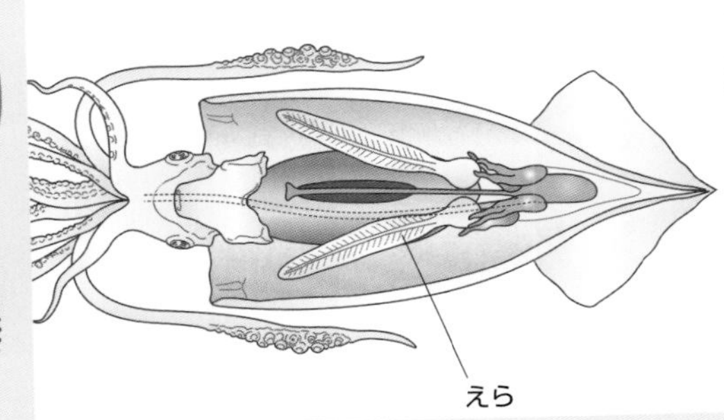
えら

カエルは肺で呼吸，オタマジャクシは??

カエルは肺と皮ふで呼吸しますが，カエルのこども，オタマジャクシはどこで呼吸するのでしょう？ オタマジャクシは水の中でくらしているので，呼吸するにはえらが必要です。このように，カエルはこどものときはおもにえら，成長して大人になったら肺と皮ふで呼吸するように変化していきます。

▼カエル

▼オタマジャクシ

おすでもめすでも
おすすめです!

メダカのおすとめすはどうちがうの？

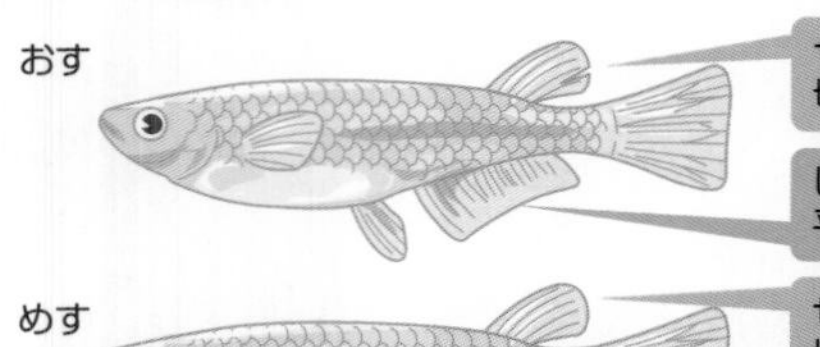

おす
せびれに
切れこみがある
しりびれが
平行四辺形に近い
めす
せびれに
切れこみがない
しりびれの後ろが
細長く三角に近い

水そうの中のメダカを見分けるにはどうしたらよいのですか?

メダカのせびれやしりびれに注目すれば見分けられるのよ。

▼クロメダカ

日本に昔からいるメダカで，ニホンメダカともよばれる。日本でいちばん小さいたん水魚である。

▼ヒメダカ

▼シロメダカ

メダカにもいろいろな種類(しゅるい)があるのですね。

★メダカの飼い方

日光が直接当たらない明るい場所に置く。

ポンプを入れて，水中に空気を送る。

水は，1日以上くみ置きした水を使うか，池や川の水を入れる。

よく洗った池の小石や砂を水そうの底に入れて，水草を植える。

▲メダカの卵

めすのおなかに卵がありますね。しばらくすると，めすは水草に卵を産みつけました。

メダカは水温が 20℃くらいになると産卵を始めるといわれているの。
また，太陽が出ている時間が 12 時間以上のとき産卵がよく行われるから春から夏にかけて産卵することが多いのよ。

メダカは何個の卵を産むの？

メダカは 1 回の産卵で 10 ～ 30 個の卵を産みます。卵を産む数は，メダカの種類や個体によって異なります。

あ!メダカの目だ!!

メダカの卵はどのように成長するの?

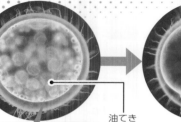

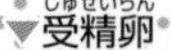

▼受精卵

油てき

油てきがたくさん見える。

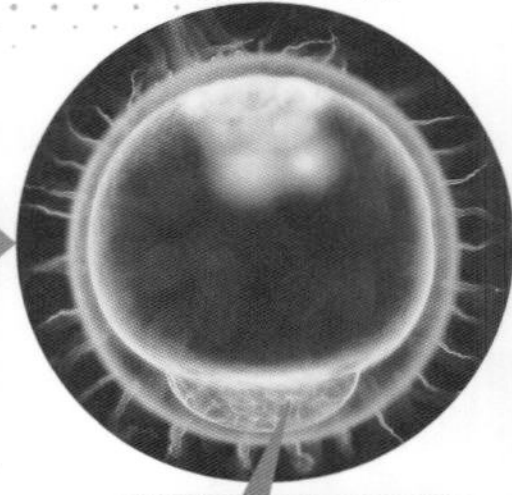

▼受精後 5 時間

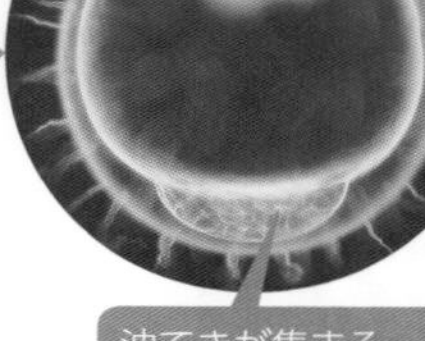

油てきが集まる。

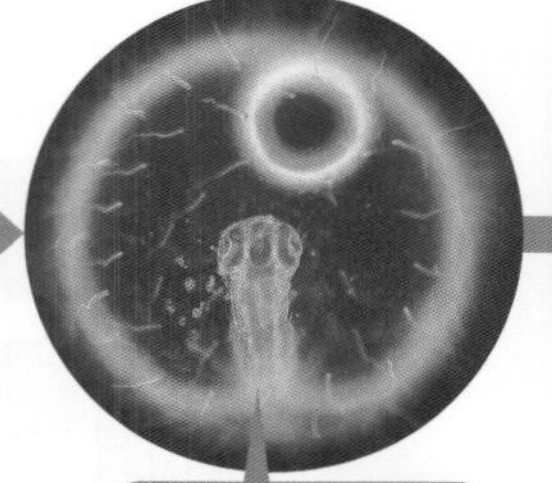

▼受精後 2 日目

からだのもとになるものが見える。

メダカの卵の大きさは，1 ～ 1.5mm くらいで，水草にからみやすいように付着毛があるのよ。

タツノオトシゴはおすのおなかに卵!?

タツノオトシゴはおすのおなかに卵があって，おすのおなかの中で卵はかえります。これは，めすがおすのおなかのふくろの中に卵を産むからです。おすはめすが産んだ卵を，おなかの中で大切に育てていくのです。

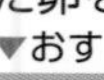

▼おす

▼めす

▼タツノオトシゴ

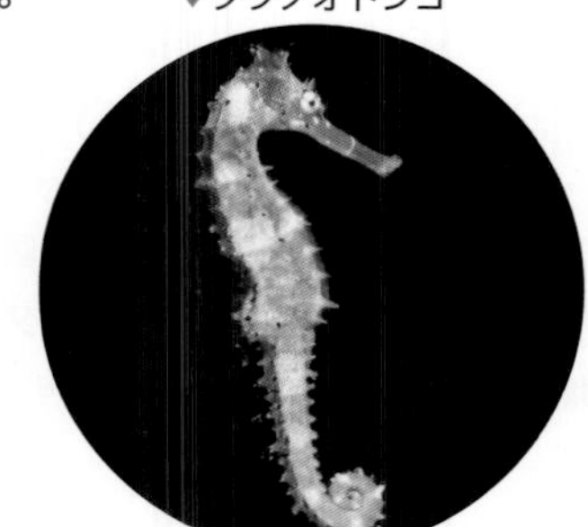

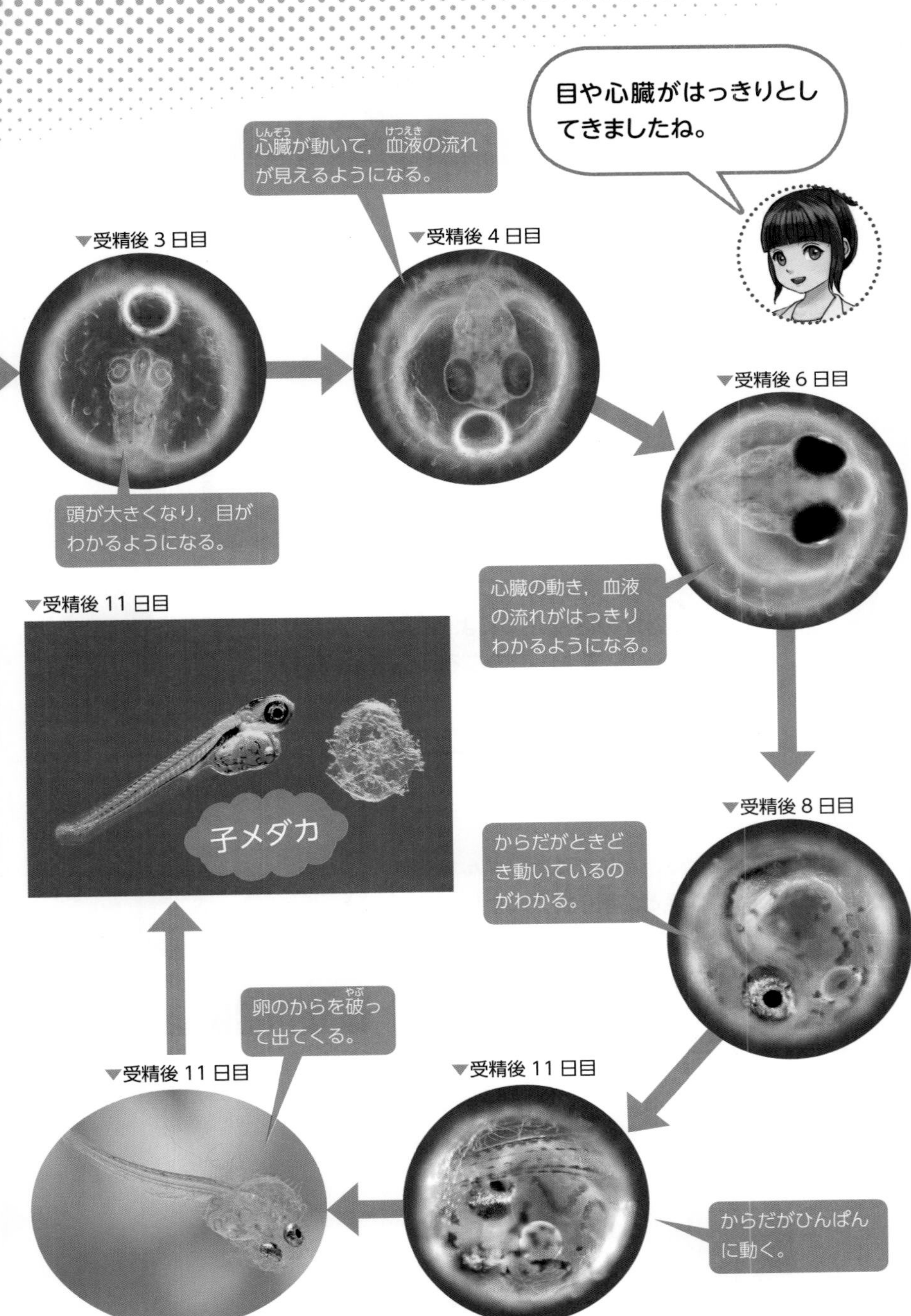
目や心臓がはっきりとしてきましたね。
心臓(しんぞう)が動いて，血液(けつえき)の流れが見えるようになる。
▼受精後 3 日目
▼受精後 4 日目
頭が大きくなり，目がわかるようになる。
▼受精後 6 日目
心臓の動き，血液の流れがはっきりわかるようになる。
▼受精後 11 日目
子メダカ
▼受精後 8 日目
からだがときどき動いているのがわかる。
卵のからを破(やぶ)って出てくる。
▼受精後 11 日目
▼受精後 11 日目
からだがひんぱんに動く。

たい児はどのように成長するの?

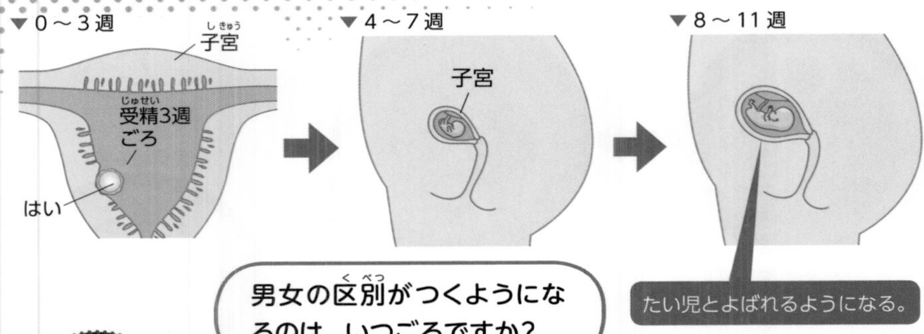
▼0～3週
子宮
受精3週
ごろ
はい
▼4～7週
子宮
▼8～11週

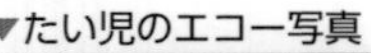
たい児とよばれるようになる。

男女の区別がつくようになるのは，いつごろですか?

男女の区別がつくようになるのは，12～15週よ。このころから骨や筋肉が発達していくの。

呼吸方法

母親の体内にいるとき，たい児はたいばんからへそのおを通して酸素と二酸化炭素のやりとりをしています。そして，産まれて産声をあげると同時に自分で肺を使って呼吸するようになります。

▼たい児のエコー写真

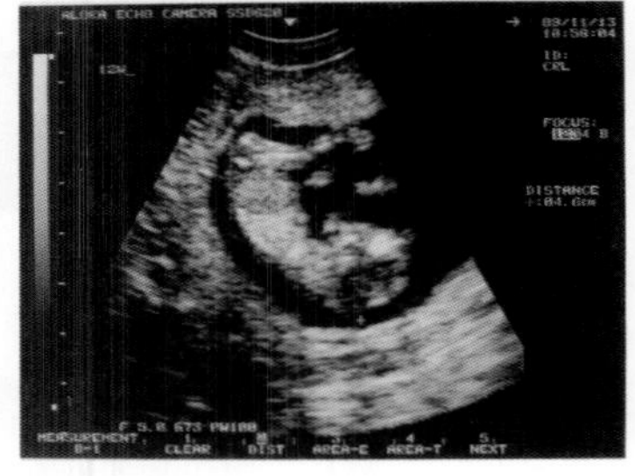

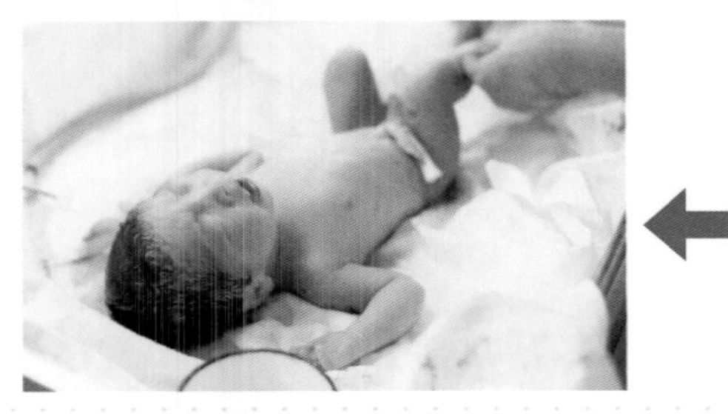

▼36週～

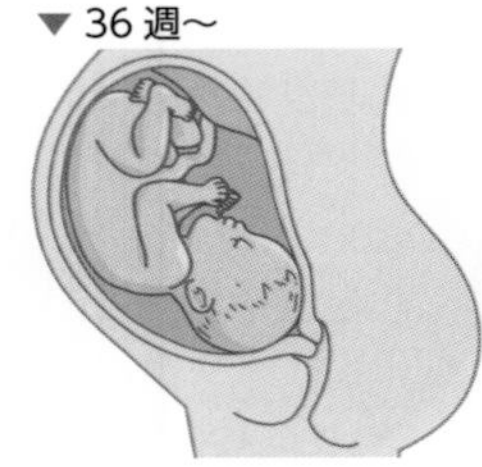

16～19週では，大きさは約25cmで，体重は約280gくらいになるのよ。

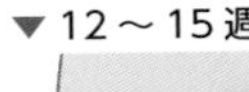
▼12～15週

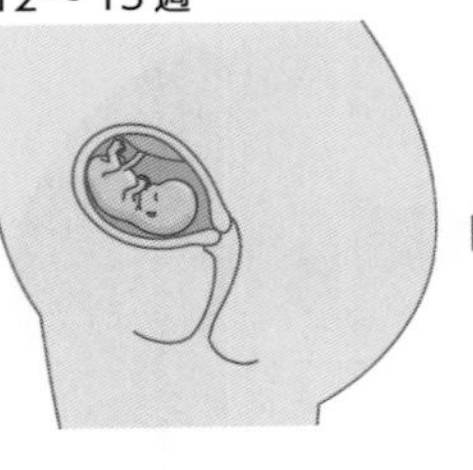

▼16～19週

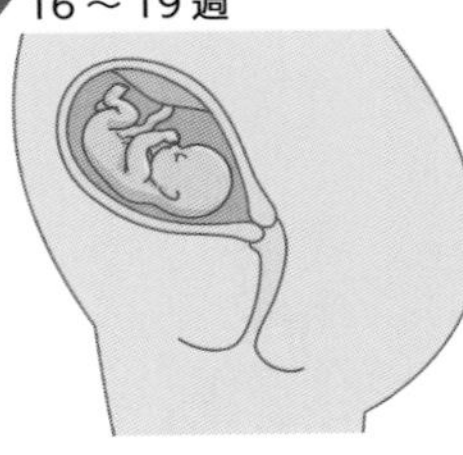

▼20～23週

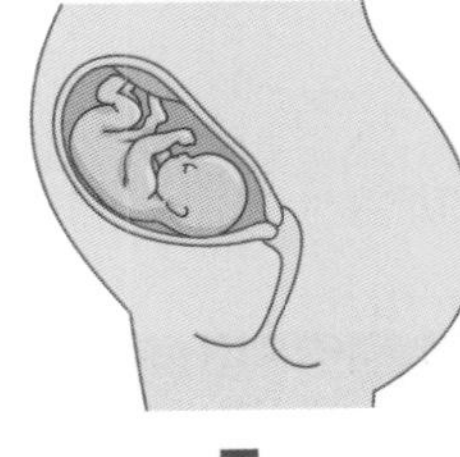

▼24～27週

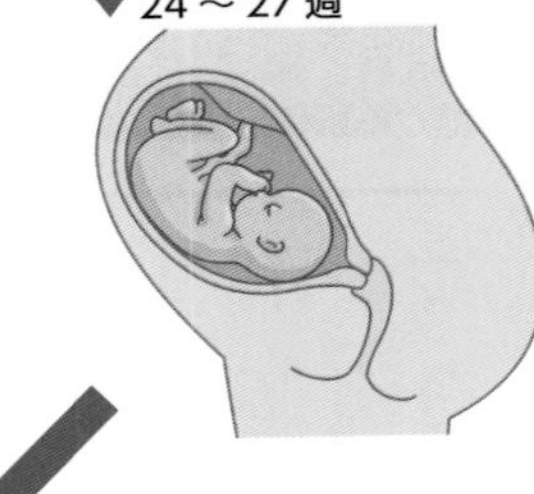

▼28～31週

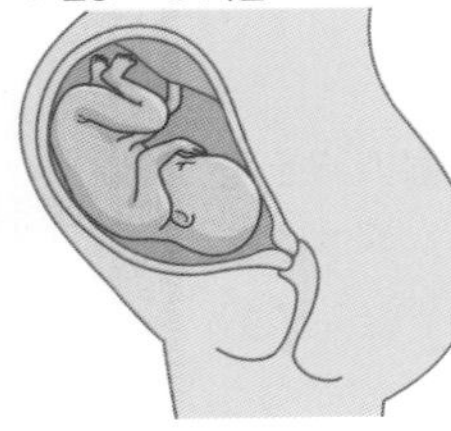

▼32～35週

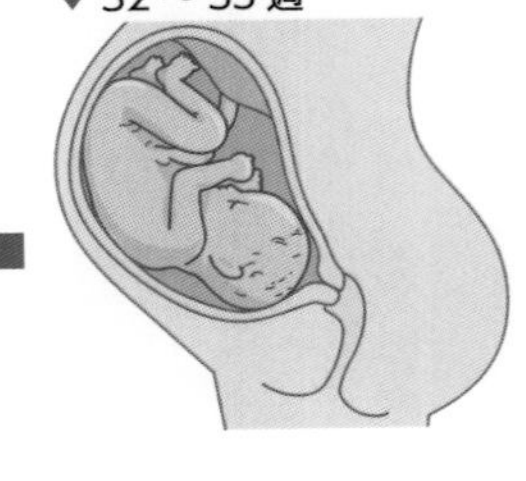

たい児もおしっこをする!

生まれる直前のたい児は，子宮の中の羊水を飲んでおしっこもします。笑ったように顔の筋肉を動かしたり，指しゃぶりをしたりもすることがあります。また，ねむったり起きたり，からだを動かしたりして，母親の体内にいる間も，いつ生まれてもいいように準備をしているのです。

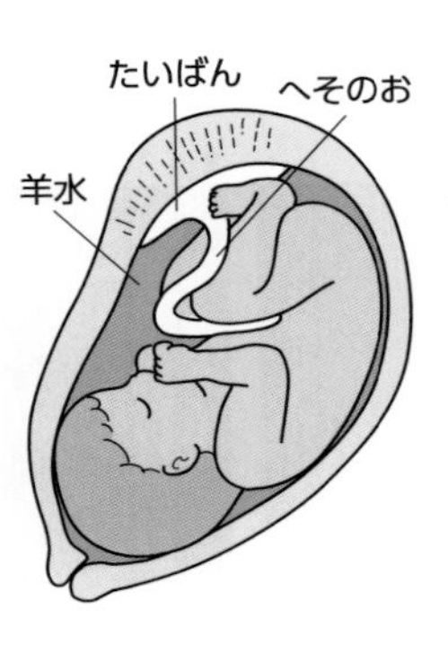
たいばん
へそのお
羊水

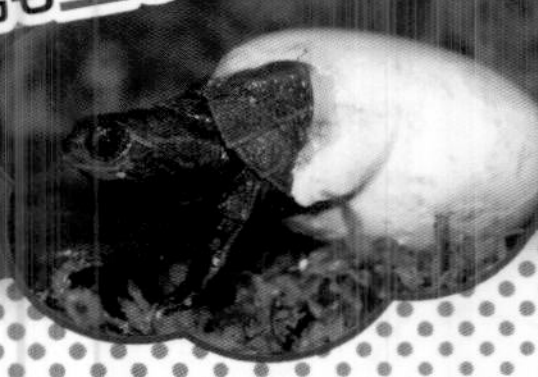
馬も生まれるよ!

動物の生まれ方

▼カエル

卵(たまご)

▼カタツムリ

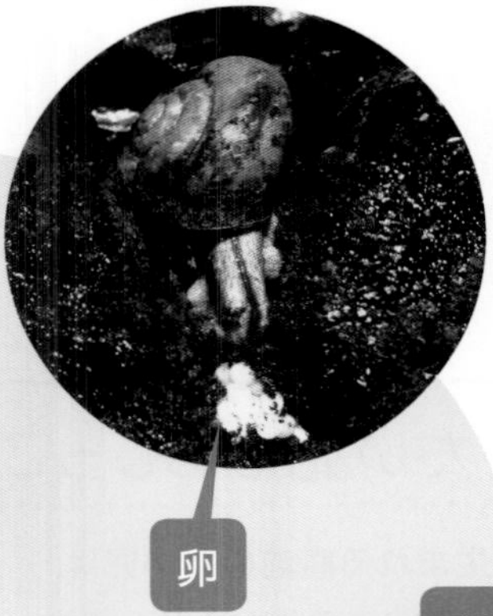

卵

▼ザリガニ

卵

▼イカ

卵

マンボウは3億個(おくこ)の卵を産(う)む!

マンボウは1回の産卵(さんらん)で約3億個の卵を産むといわれています。ただ，マンボウは産んだ卵を保護(ほご)しないので，産んだ約3億個の卵のうち，成長(せいちょう)するのは数ひきなのです。

▼マンボウ

カモノハシは卵を産んで乳で育てる！

ヒトやイヌのように子を乳で育てる動物は卵でなく子を産みます。しかし，カモノハシは卵を産んで，卵からかえった子を乳で育てるめずらしい動物です。

▼カモノハシ

▼ハムスター

子

▼イルカ

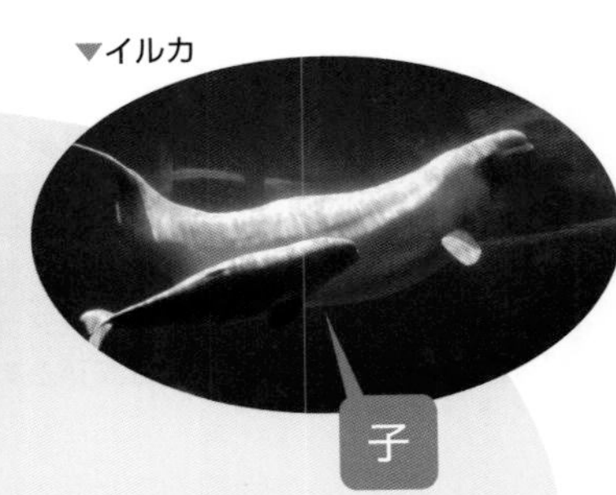
子

▼アザラシ

子

ハムスターは１回に数ひき産むけど，イルカやアザラシは１回に１頭しか産まないのよ。

▼ゾウリムシ

ゾウリムシという水中にすむ小さな生物は，からだが分かれてふえていくのよ。

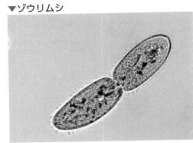

緑の生物
よりどりみどり!

水中の小さな生き物を観察しよう!

用意するもの　●ビーカー　●スポイト　●スライドガラス　●ピンセット　●カバーガラス　●けんび鏡

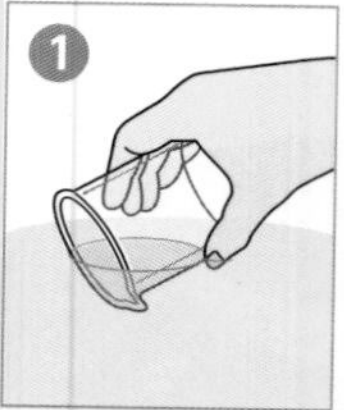

❶ 池や川のへり，海辺の水をビーカーですくう。

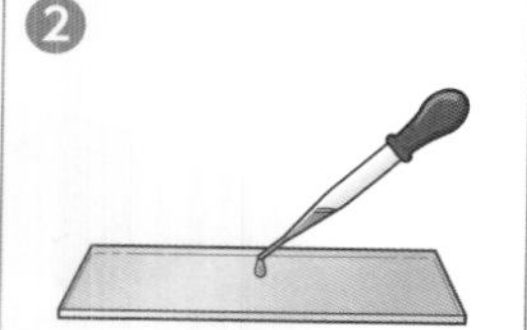

❷ ビーカーの水をスライドガラスの上に落とす。

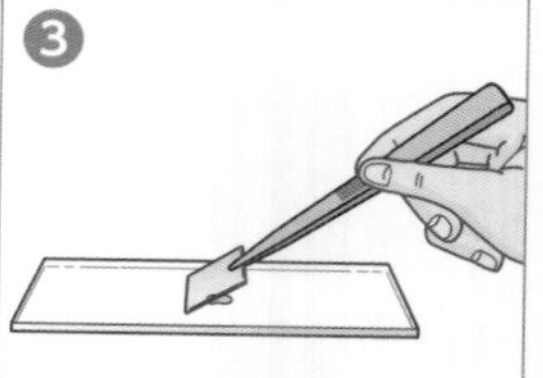

❸ プレパラートをつくる。

けんび鏡で観察！

★自分で自由に動ける小さな生物のなかま

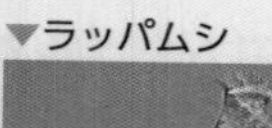

▼ツボワムシ

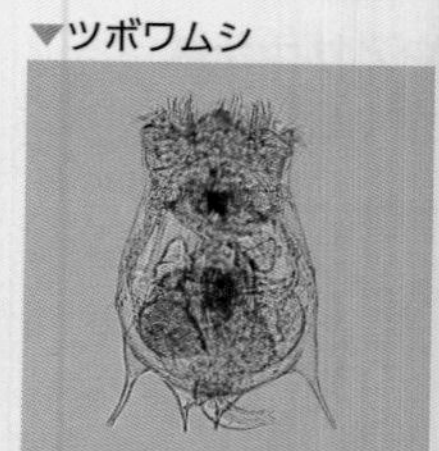

▼ラッパムシ

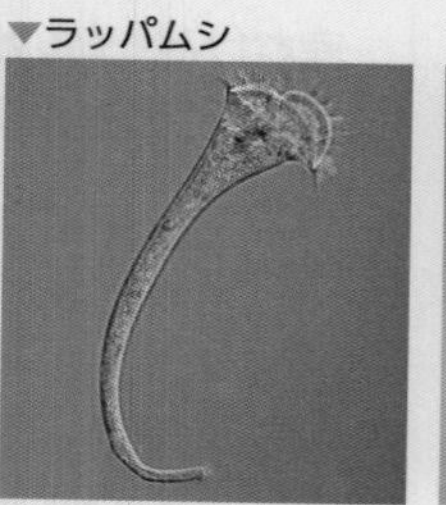

▼ミジンコ

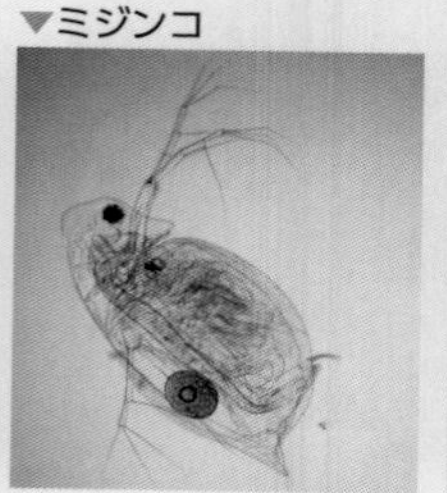

▼ゾウリムシ

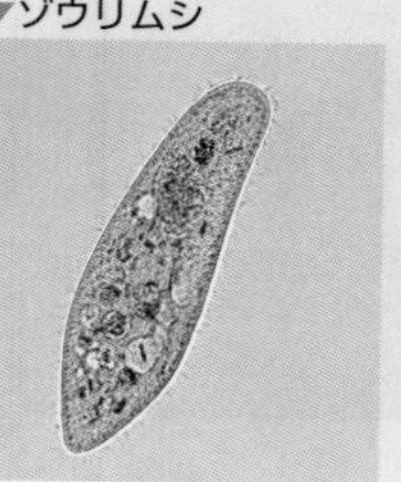

▼ミドリムシ

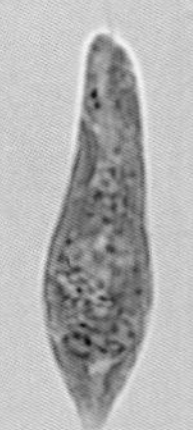

ミドリムシはヒトにとって必要な栄養素のほとんどをふくんでいることから，食品としても注目されています。

燃料としても使えると聞きました。ミドリムシってすごいですね!

★緑色をした小さな生物のなかま

▼アオミドロ

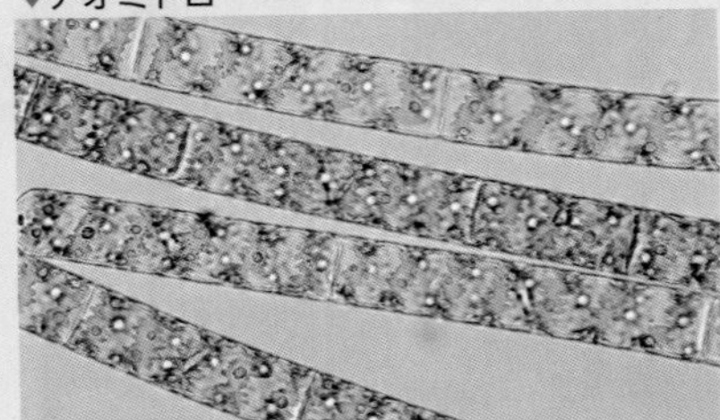

▼クンショウモ

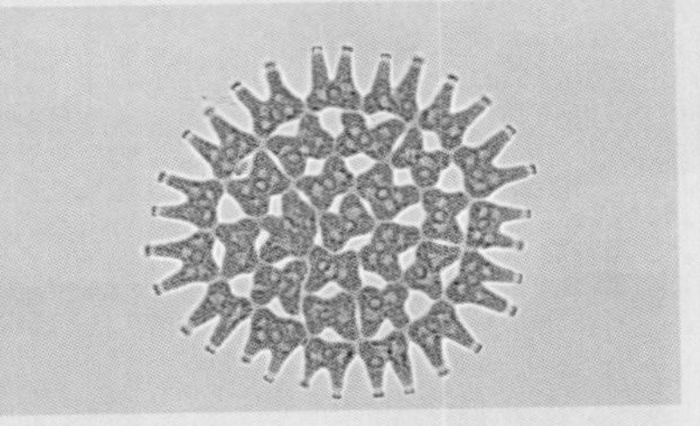

▼ミカヅキモ

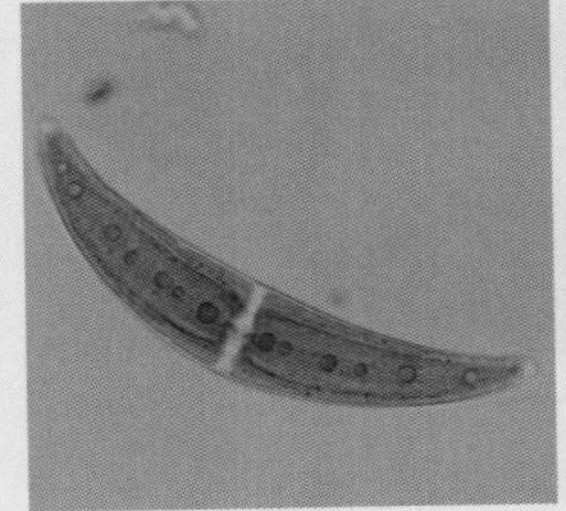

▼イカダモ

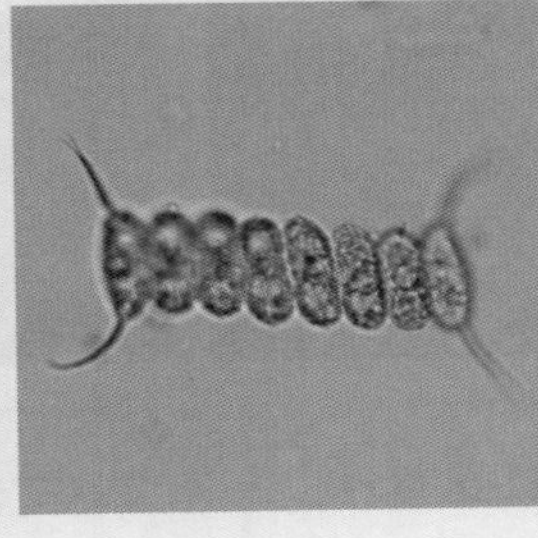

▼ミドリムシ

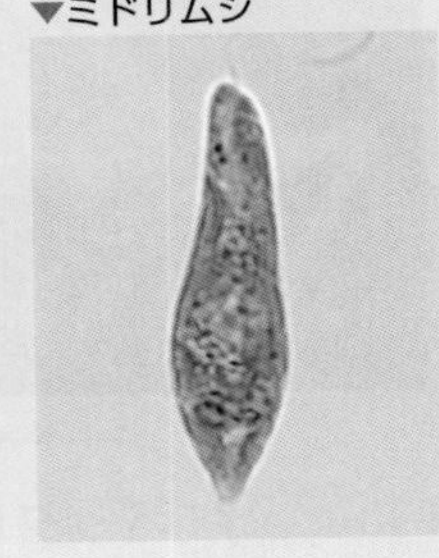

ミドリムシは緑色をしている生物にも自由に動ける生物にもいますね。

緑色をした小さな生物のほとんどは自由に動けず，水の中で光合成（こうごうせい）をするの。ミドリムシは光合成もするし，自分で自由に動くこともできるのよ。光合成をしない小さな生物は，自分より小さな生物を食べているのよ。

★海にすむ小さな生物のなかま

▼ヤコウチュウ

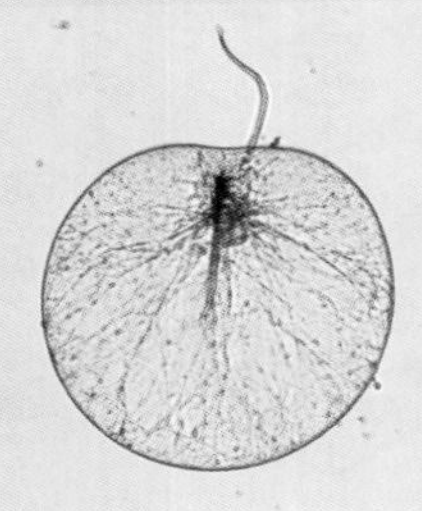

▼ホウサンチュウ

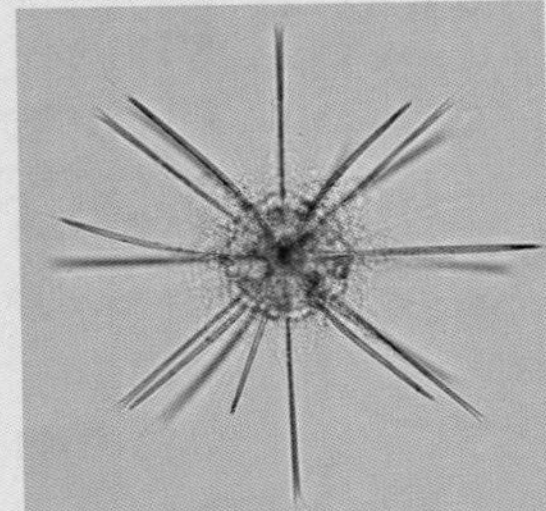

池や川にすむ生物だけでなく海にすむ生物もいるのよ。

連さされんさ!

食べ物を通したつながりを調べよう!

▼草を食べるバッタ

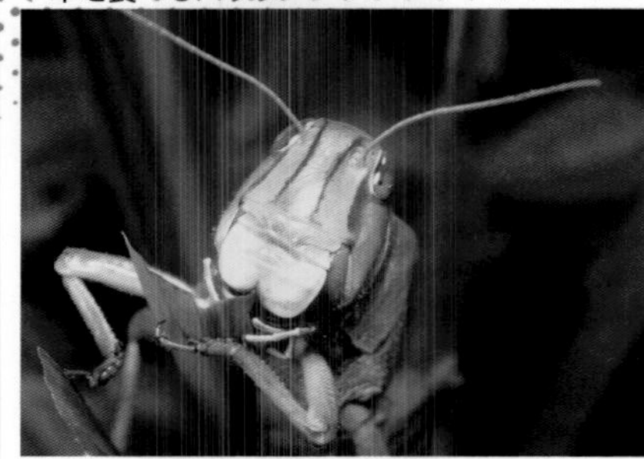

▼バッタを食べるカマキリ

バッタは草を食べ，カマキリはバッタを食べていますね。

すべての生物は食べる・食べられるの関係でつながっているんだよ。

生物どうしの生物の数の関係

自然界の生物は，ふつう食べられる生物の数は多く，食べる生物の数は少なくなります。これらを下から積み上げていくとピラミッドのような形になります。生物どうしの数のバランスがとれたピラミッドの形はほぼ一定です。

海や陸それぞれでピラミッドの形になるんですね。

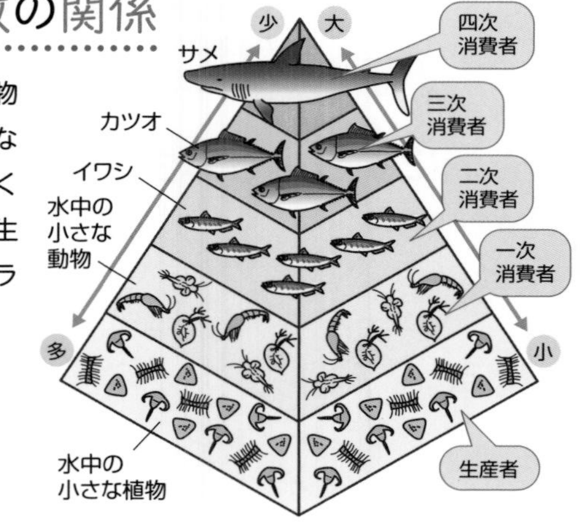
少
大
サメ
四次
消費者
カツオ
三次
消費者
イワシ
二次
消費者
水中の
小さな
動物
一次
消費者
多
小
水中の
小さな植物
生産者

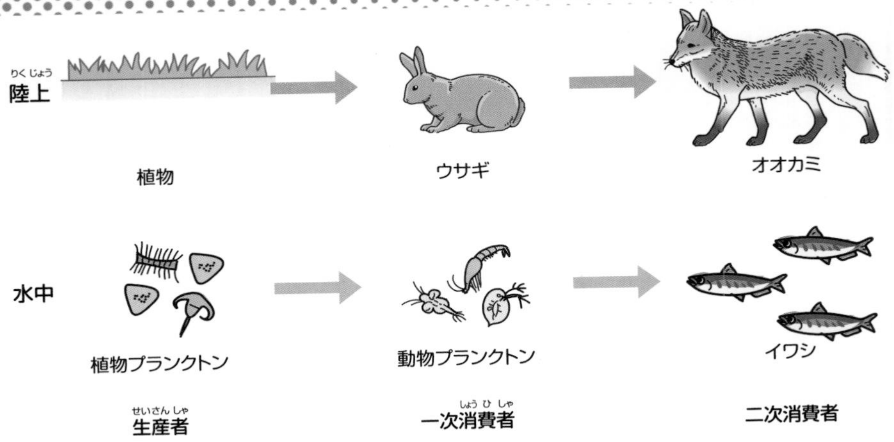

	生産者	一次消費者	二次消費者
陸上	植物	ウサギ	オオカミ
水中	植物プランクトン	動物プランクトン	イワシ

食べ物のもとをたどっていくと，みんな植物につながっているんですね！

そうね。このような生物どうしの「食べる・食べられる」の関係を**食物連さ**というのよ。

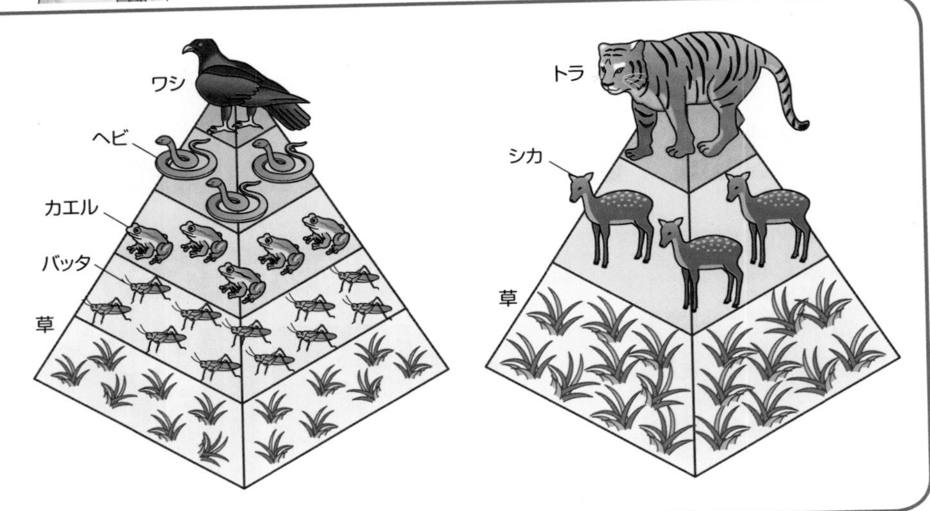
ワシ
ヘビ
カエル
バッタ
草
トラ
シカ
草

分解者(ぶんかいしゃ)を理解じゃ!

土の中の小さな生き物の関係(かんけい)を調べよう!

用意するもの　●落ち葉　●ダンゴムシ　●ペトリ皿

落ち葉とダンゴムシを入れておく。

3日後

7日後

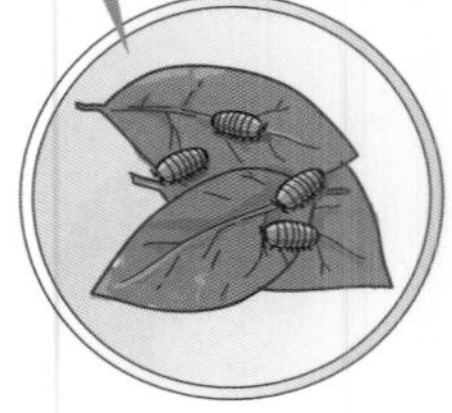

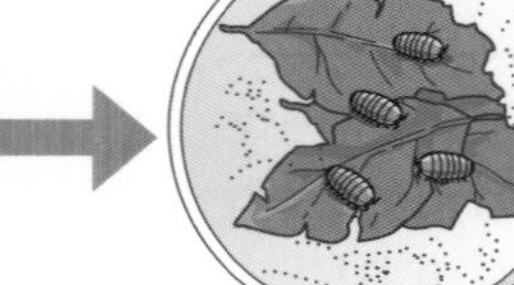

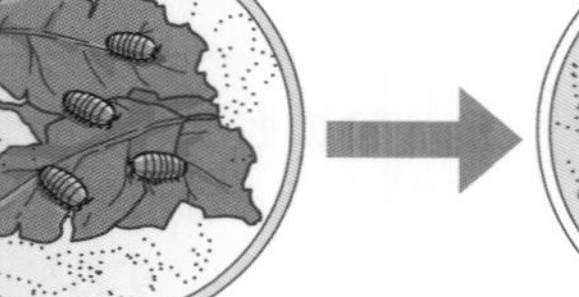

ダンゴムシが落ち葉を食べた。

落ち葉を食べる

▼ダンゴムシ

▼ヤスデ

▼トビムシ

動物のふんを食べる

▼センチコガネ

動物の死がいを食べる

▼シデムシ

小動物を食べる

▼ムカデ

▼クモ

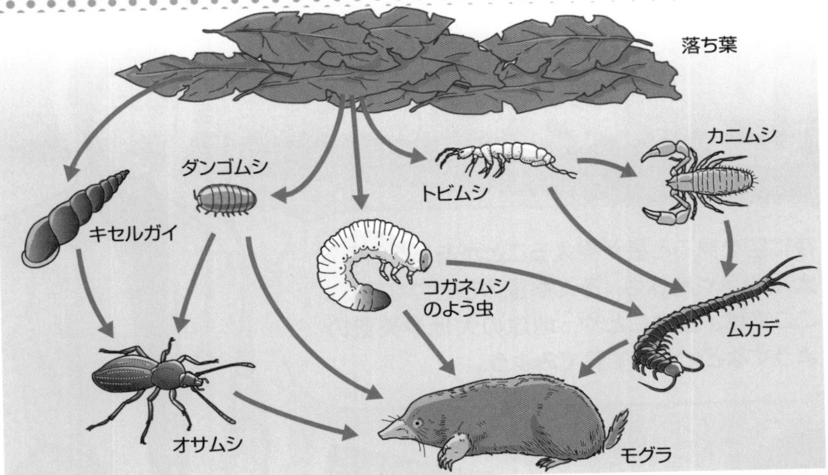
落ち葉
ダンゴムシ
トビムシ
カニムシ
キセルガイ
コガネムシ
のよう虫
ムカデ
オサムシ
モグラ

土の中にはたくさんの小動物が生息していて，土の中でも食べる・食べられるの関係（食物連さ）が成り立っているのよ。

落ち葉が土になる？

落ち葉やかれ草が小さく粉々になって土になったものをふ葉土といいます。ふ葉土は水はけがよく植物を育てるのに適しています。

▼ふ葉土

キノコは分解者！

キノコやカビなどの生物は，動物の死がいやふん，落ち葉などを分解して，植物が利用できる養分に変えています。このようなはたらきをする生物は分解者とよばれています。また，植物は自分で栄養分をつくり出しているので生産者，草食動物や肉食動物は消費者とよばれています。

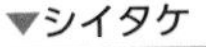

▼シイタケ

地球編

夜に空を見ると星が見えることがあるだろう？
太陽や月や地球も，そんな星のひとつなんだ。
ここでは，星のことや，地球の大地や天気の
ようすなどについて見てみよう。

第１章
天気のようすと変化
▶▶▶p.350

第２章
星座
▶▶▶p.368

第3章

太陽・月・地球▶▶▶p.384

第4章

流れる水のはたらき▶▶▶p.404

第5章

大地のつくりと変化(へんか)▶▶▶p.412

夜空にたくさん星が出てるときれいですよね。わたしたちがいる地球も，どこかの星からみるとあんなふうに見えるんでしょうか。

南中するとは なんちゅーことだ！

天気によって気温の変わり方はちがうの？

天気はどうやって決めるのでしょうか。

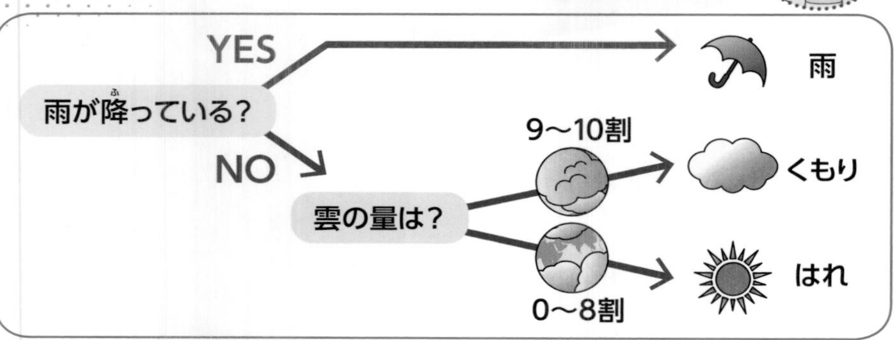
雨が降っている？
YES
雨
NO
雲の量は？
9〜10割
くもり
0〜8割
はれ

雨が降っていない場合，空全体を10としたときの雲の割合で，晴れかくもりか決めているんだ。

雨が降っていなくて，雲が空全体の７割あるときも晴れなんですね！

★晴れの日の１日の気温の変わり方を調べよう！

１時間ごとに気温を測って記録してみよう。

時刻	午前9時	10	11	正午	午後1	2	3
気温（℃）	19	21	22	23	24	25	24

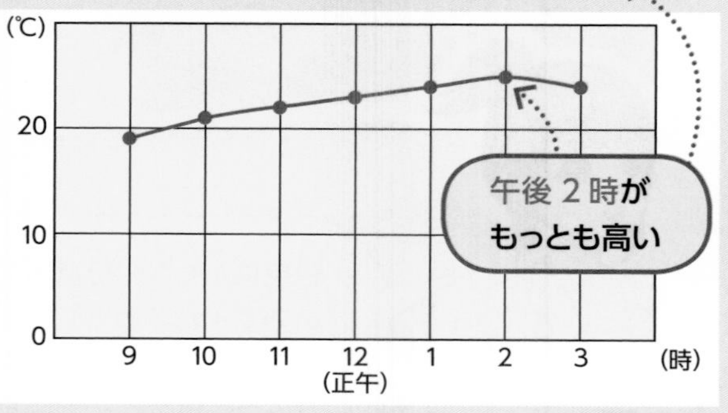
(℃)
20
10
0
9
10
11
12
(正午)
1
2
3
(時)
午後２時が
もっとも高い

気温の変化が大きく，グラフが山のような形になっています。

★くもりの日の１日の気温の変わり方を調べよう！

時刻	午前9時	10	11	正午	午後1	2	3
気温（℃）	20	21	21	22	22	23	22

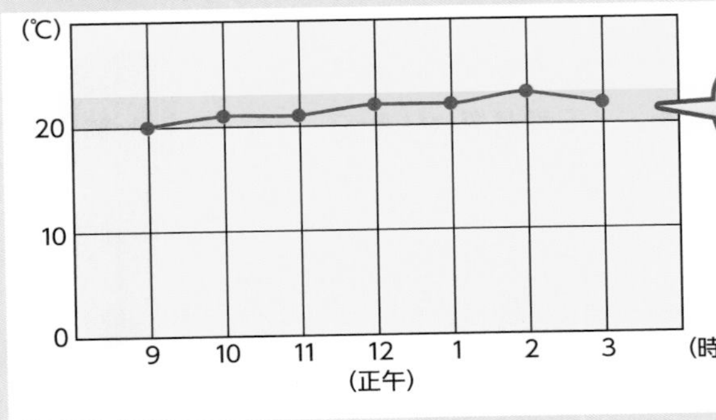

(℃)
20
10
0
9
10
11
12
(正午)
1
2
3
(時)

気温の差（さ） 3℃
くもりや雨の日は気温の変化が小さいですね。

★雨の日の１日の気温の変わり方を調べよう！

時刻	午前9時	10	11	正午	午後1	2	3
気温（℃）	15	16	16	16	17	17	16

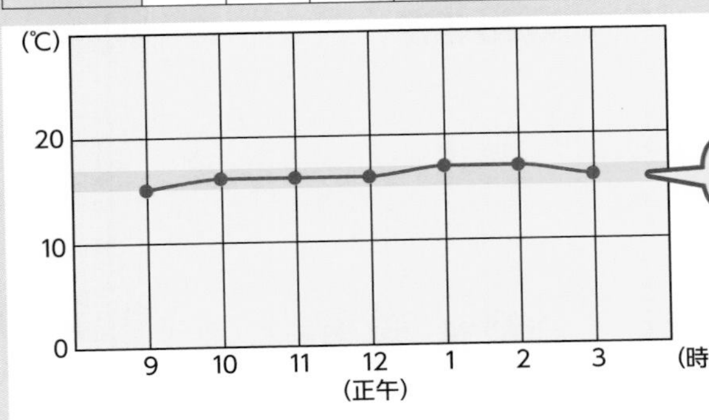

(℃)
20
10
0
9
10
11
12
(正午)
1
2
3
(時)

気温の差 2℃

太陽がもっとも高くなる（南中する）のは正午ごろ，晴れの日，もっとも気温が高くなるのは午後２時ごろだね。これは，太陽の光で地面が直接（ちょくせつ）あたためられ，あたためられた地面の熱（ねつ）で空気があたためられるからなんだ。

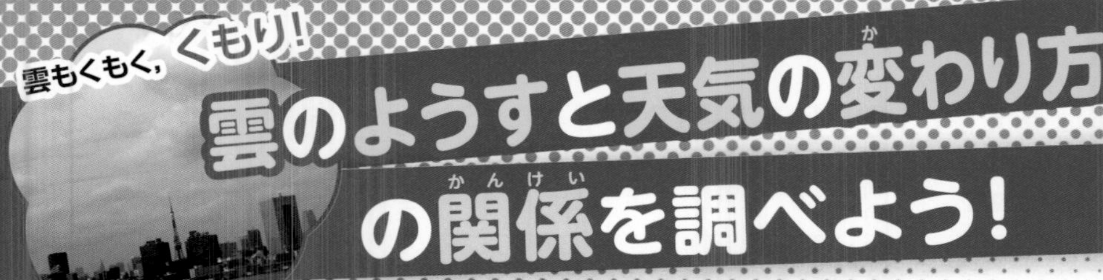
雲もくもく，くもり!

雲のようすと天気の変わり方の関係を調べよう!

天気予報を見て，天気が変わりそうな日を選んで，空を観察してみよう。

午前９時

雲は西から東へ動いているように見えます。

正午

空のようすは，スケッチしたりカメラでうつしたりしておいてもよいですね。

午後３時

時刻	雲の色や形	雲の動き
午前９時	白い雲がいくつかあった。	ゆっくり西から東へ動いている。
正午	厚くて黒っぽい雲が空全体に広がっている。	午前９時よりもさらにゆっくり動いている。（南西→北東）
午後３時	空一面真っ黒な雲でおおわれている。	ほとんど動かない。

天気のマークと天気図記号

天気のマークは日本と外国で異なっているものがあります。

▼日本の例

▼外国の例

天気図記号も日本式と国際式で異なっています。

▼日本式

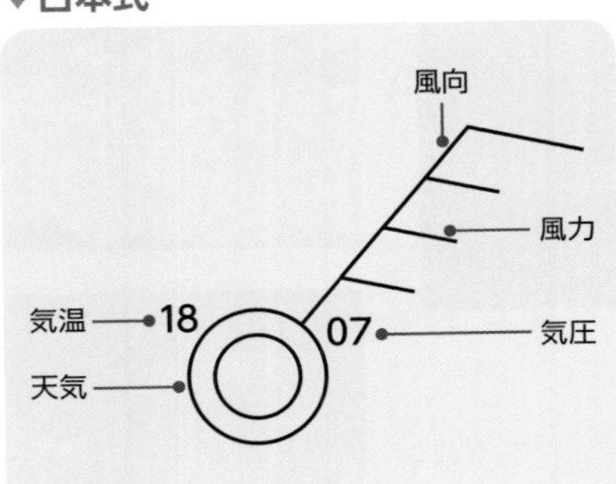
風向
風力
気温
18
07
気圧
天気

▼国際式

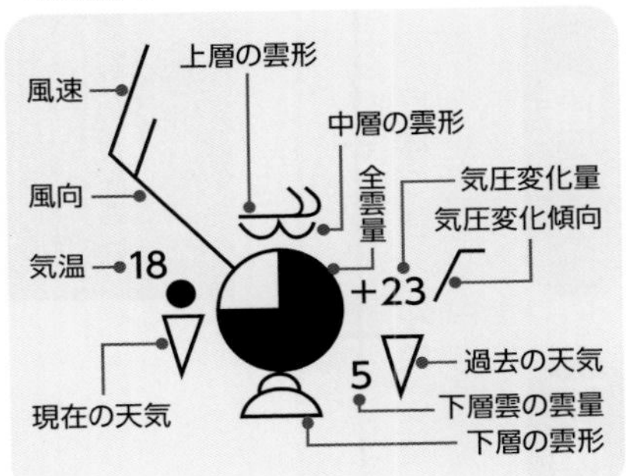
上層の雲形
風速
中層の雲形
全雲量
気圧変化量
気圧変化傾向
風向
気温
18
+23
5
過去の天気
下層雲の雲量
下層の雲形
現在の天気

雲の種類は
多くも少なくもない!

雲にはどんな種類があるの？

雲には，いろいろな種類があるのですか？

雲は，その形や見られる高さによって，いろいろな種類に分けられているんだ。

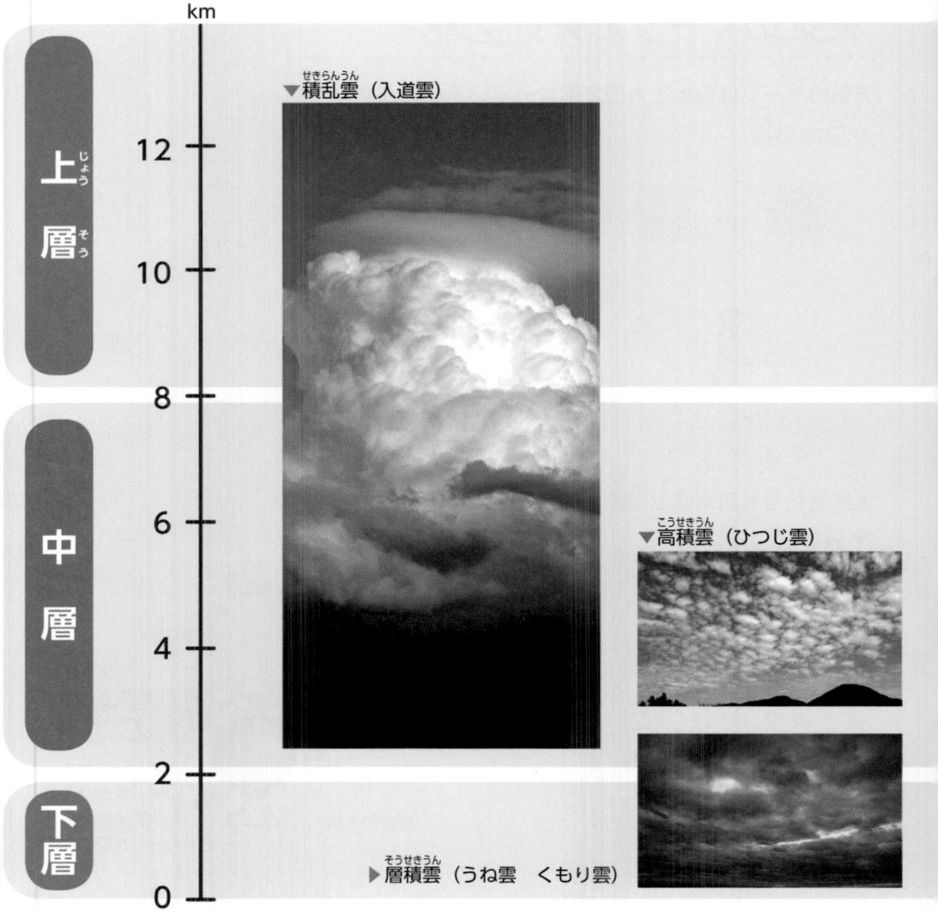

km

上層

中層

下層

12

10

8

6

4

2

0

▼積乱雲（入道雲）

▼高積雲（ひつじ雲）

▶層積雲（うね雲　くもり雲）

雲は種類によってできる高さが
だいたい決まっています。
雲の種類は国際的（こくさいてき）に 10 種類に分けられています。
これを「**十種雲形**（じゅっしゅうんけい）」といいます。

▼巻雲（けんうん）（すじ雲）

▼巻積雲（けんせきうん）(うろこ雲　いわし雲)

▼巻層雲（けんそううん）（うす雲）

▼高層雲（こうそううん）（おぼろ雲）

▼積雲（せきうん）（わた雲）

▼乱層雲（らんそううん）（雨雲）

◀層雲（そううん）（きり雲）

水蒸気(すいじょうき)は上きげん♪

雲はどうやってできるの？

雲はどうやってできるのでしょうか？

雲のできるようすを見てみよう！

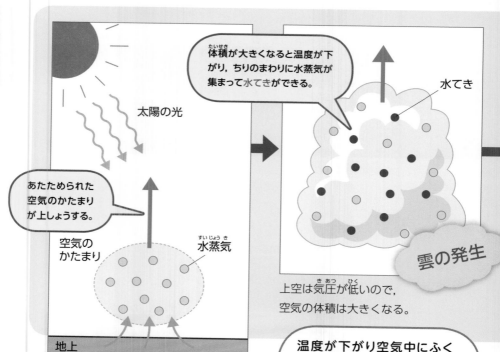

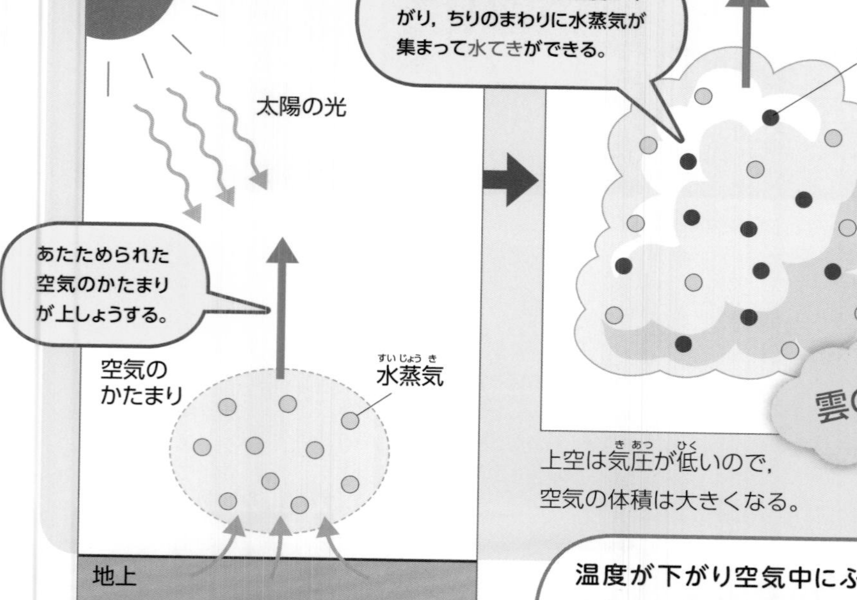

太陽の光
あたためられた空気のかたまりが上しょうする。
空気のかたまり
水蒸気(すいじょうき)
地上
体積(たいせき)が大きくなると温度が下がり，ちりのまわりに水蒸気が集まって水てきができる。
水てき
雲の発生

地面が太陽であたためられ，地表の空気をあたためる。

上空は気圧(きあつ)が低(ひく)いので，空気の体積は大きくなる。

温度が下がり空気中にふくみきれなくなった水蒸気が水てきになり，雲ができました。

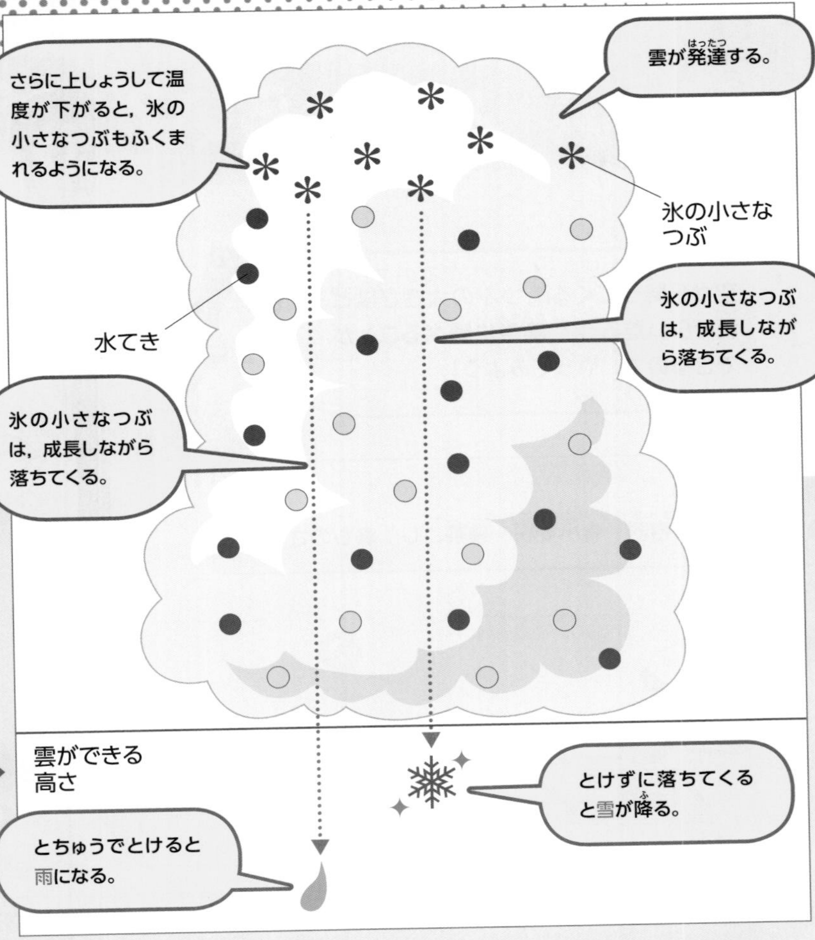

雲が発達する。

さらに上しょうして温度が下がると，氷の小さなつぶもふくまれるようになる。

氷の小さなつぶ

氷の小さなつぶは，成長しながら落ちてくる。

水てき

氷の小さなつぶは，成長しながら落ちてくる。

雲ができる高さ

とけずに落ちてくると雪が降る。

とちゅうでとけると雨になる。

雲は，空気が地面の熱であたためられて上しょうし，空気にふくまれていた水蒸気が上空で冷やされて水てきとなったものなんだよ。

水蒸気 ➡ 見えない

水てきになったもの ➡ 雲 ➡ 見える

ということですね。

粉をふるってこな!

雨つぶの大きさはどれぐらい?

空から降ってくる雨つぶの大きさはどれぐらいだろう? 簡単に調べることができるので,やってみよう!

用意するもの

●プラスチック容器　●小麦粉　●茶こし　●ものさし

1
茶こし

小麦粉を茶こしでふるう。

2

雨の中に数秒間置いておく。

粉のかたまりをとりのぞくために茶こしでふるうんだ。

雨つぶに小麦粉をかけるために,容器のふたを閉めて軽くゆするんですね。

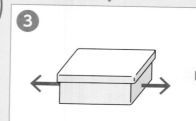

3

ふたを閉めて容器を軽くゆする。

★雨つぶができるまで

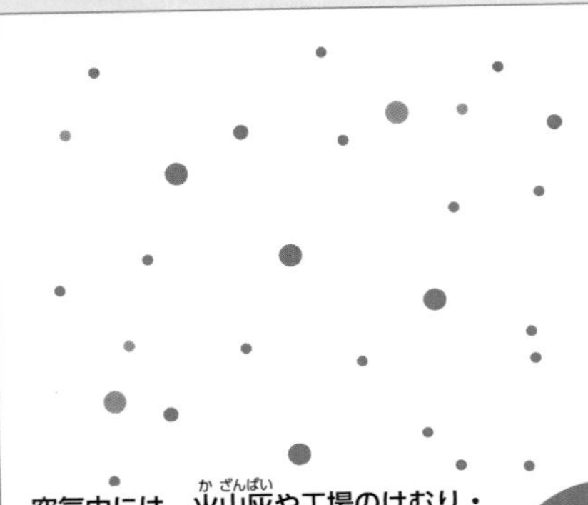

空気中には，火山灰(かざんばい)や工場のけむり・土などの「ちり」がただよっている…。

1 2 3 4

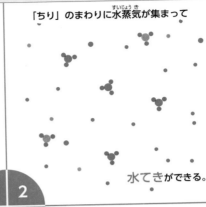

「ちり」のまわりに水蒸気(すいじょうき)が集まって

水てきができる。

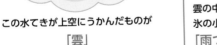

この水てきが上空にうかんだものが

「雲」

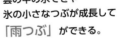

雲の中の水てきや氷の小さなつぶが成長して

「雨つぶ」ができる。

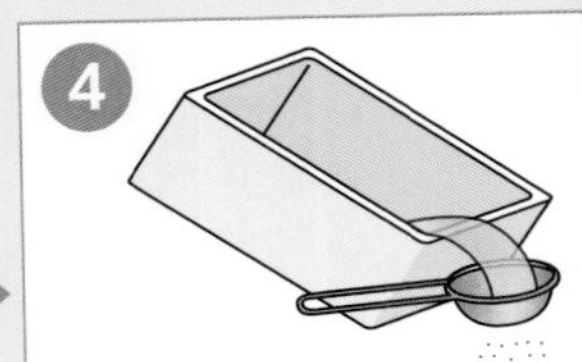
4

1つ1つの雨つぶのまわりを小麦粉で包(つつ)むので，雨つぶとほぼ同じ大きさの小麦粉の玉ができる。

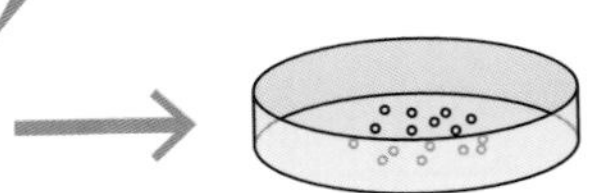

容器の中の小麦粉をふるい，茶こしに残(のこ)った雨つぶのかたまりをとり出してはかってみよう。雨つぶの大きさは，だいたい半径(はんけい) 2mm くらいだよ。

予想するのはよそうかな。

天気を予想してみよう！

気象衛星から送られる雲のようすや動きを表したものが「雲画像」だよ。

日本の西のほうに雲がある。

日本の多くが雲でおおわれている。

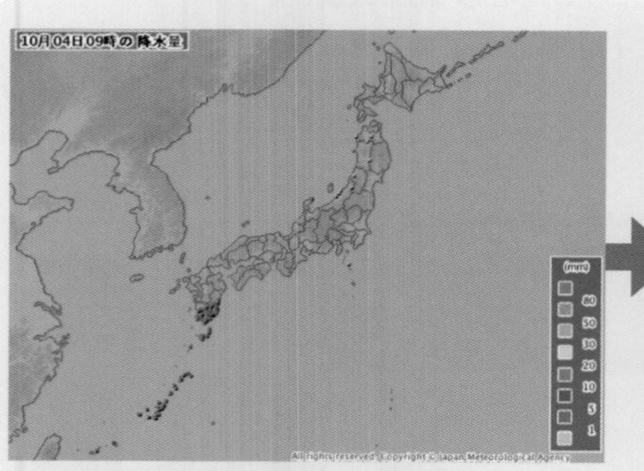
10月04日09時の降水量

九州・沖縄の一部で雨が降っている。

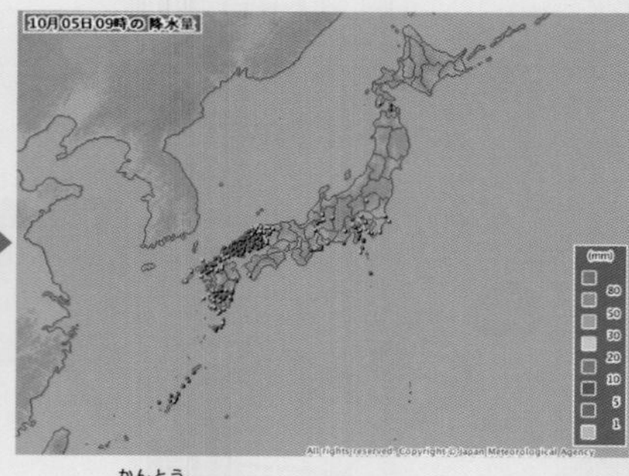
10月05日09時の降水量

中国・関東地方などで雨が降っている。

全国の約 1300 ヶ所の雨量や風向，風速，気温などのデータを自動的に計測し，そのデータをまとめるシステムを「アメダス」というよ。

雲が西から東へ動く理由

日本付近の上空に強い西よりの風（へん西風）がふいているため，雲は西から東へ動きます。それによって，天気も西のほうから変わっていきます。

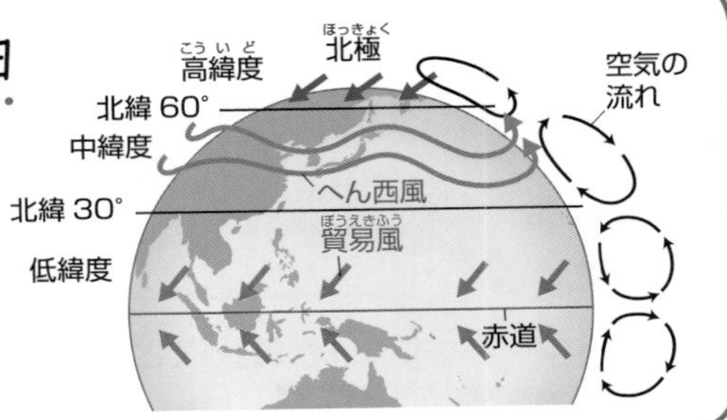
高緯度
北極
空気の流れ
北緯 60°
中緯度
へん西風
北緯 30°
貿易風
低緯度
赤道

雲画像を見ると，雲は「西から東へ」動いていることがわかりますね。

雲が日本の東のほうに動いていった。
（気象庁提供）

（気象庁提供）

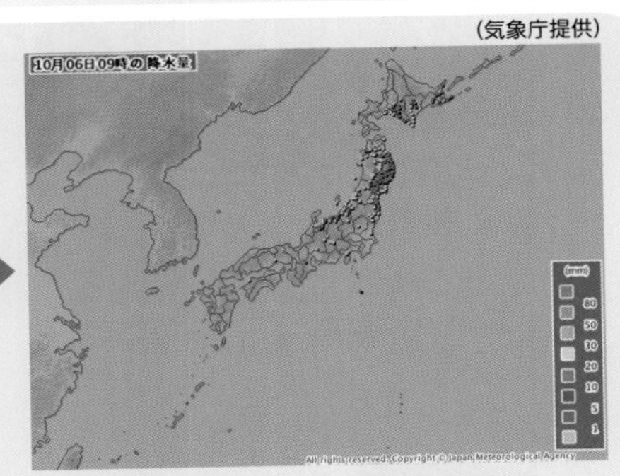
10月06日09時の降水量
(mm)
80
50
30
20
10
5
1
All rights reserved. Copyright © Japan Meteorological Agency

北海道・東北地方で雨が降っている。

雲の動きにあわせて，天気も「西から東へ」変わっています！

天気の言い習わし

夕焼けの次の日は晴れ

夕焼けは西の空が晴れているときに見られる。天気は西から変わるので，次の日は晴れることが多い。

山の上に雲（かさ）がかかると雨

低気圧が近づくと，しめった空気が山にそって上しょうし，頂上付近にかさ雲ができる。低気圧がやってきているので，しだいに天気が悪くなる。

日がさ・月がさは雨

太陽や月がうす雲におおわれたときに見られる。この雲の西には雨を降らせる乱層雲が広がっていることが多い。

台風をさけたい!
フーッ!

台風が近づくと天気はどうなる?

「台風」ってどういうものですか?

台風のようす

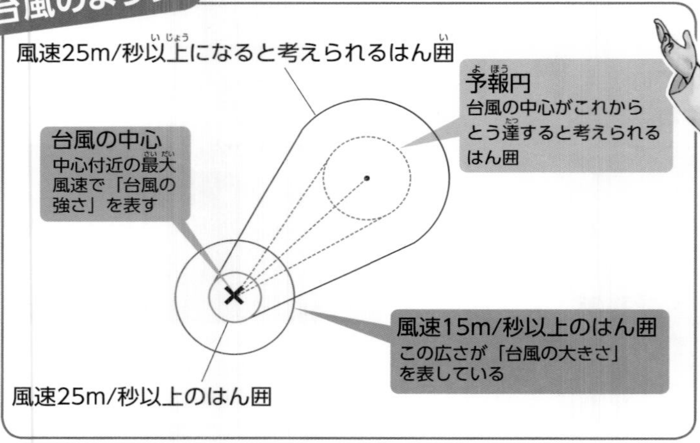

風速25m/秒以上になると考えられるはん囲

予報円
台風の中心がこれからとう達すると考えられるはん囲

台風の中心
中心付近の最大風速で「台風の強さ」を表す

風速15m/秒以上のはん囲
この広さが「台風の大きさ」を表している

風速25m/秒以上のはん囲

台風の大きさ	風速 15m/ 秒以上のはん囲
超大型	800km 以上
大型	500km 以上 800km 未満
ー	500km 未満

台風の強さ	最大風速
もうれつな	54m/ 秒以上
非常に強い	44m/ 秒以上 54m/ 秒未満
強い	33m/ 秒以上 44m/ 秒未満
ー	33m/ 秒未満

台風が過ぎ去ると,雨や風がおさまって晴れることが多い。これを「台風一過」といいます。

注意!

- 台風が近づくと,強い風がふいたり,短時間に大雨が降ったりすることが多い。
- 海では,波が高くなりやすいので近づかないようにする。

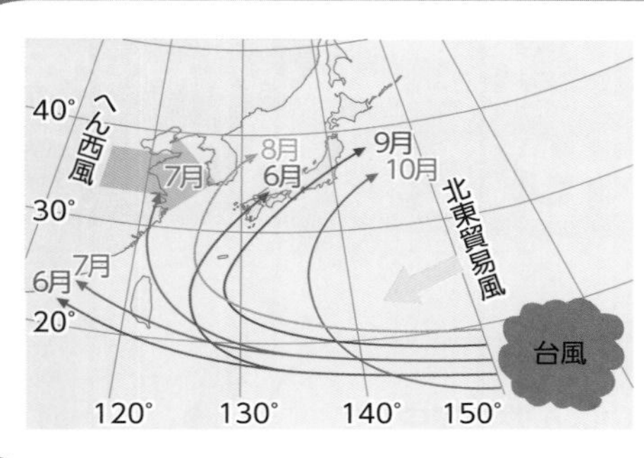
へん西風
40°
30°
20°
8月
7月
6月
9月
10月
7月
6月
北東貿易風
台風
120°
130°
140°
150°

日本のはるか南の海上で発生した熱帯低気圧のうち，中心付近の最大風速が 17.2m/秒以上のものを台風というよ。台風は1年に 20 ～ 30 個発生し，日本にはおもに夏から秋にかけて近づくんだ。

風速 1～3m/秒

風速 15～20m/秒

風速 25m/秒

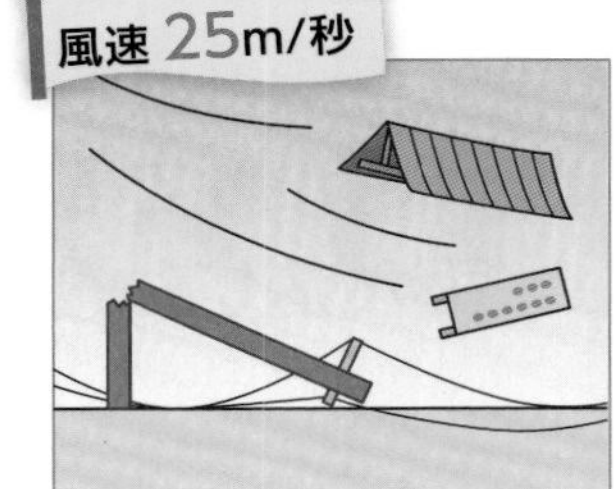

台風のひ害

▼こう水

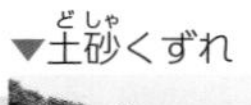

▼土砂くずれ

落ちたりんご▶

▼強風でたおれた鉄とう

注意! 台風の東側で特に風が強くなるので進路に気をつける。

災害から命を守るために，テレビやインターネットで最新の情報を手に入れて，早めにひ難しよう!!

ゴリラ級のゲリラごう雨!!

ゲリラごう雨はなぜこわい?!

予測が難しく，短い時間に，せまいはん囲に集中して大雨が降る現象を「ゲリラごう雨」というよ。

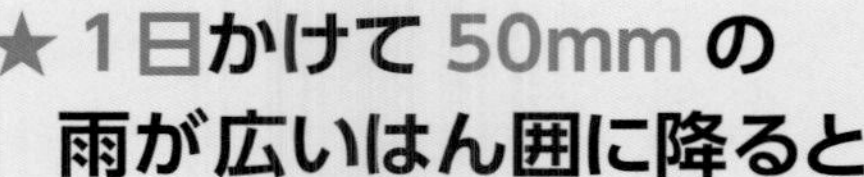

★1日かけて 50mm の雨が広いはん囲に降ると

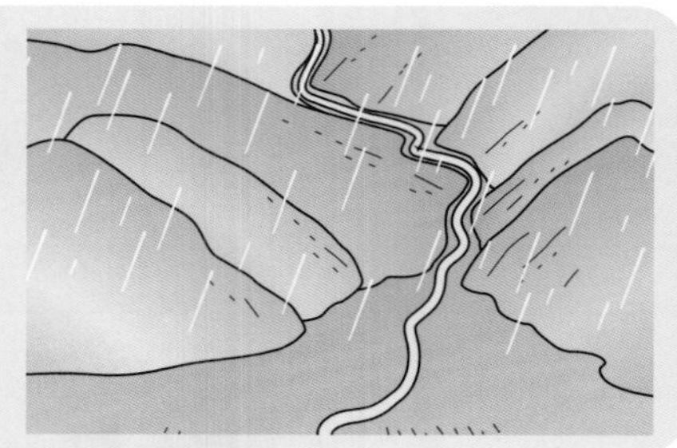

降った雨は地面にしみこみ，ゆるやかに川に流れこむため問題ない。

★1時間に 50mm の雨が $1km^2$ のせまいはん囲に降ると

1時間に 50mm の雨が $1km^2$ のはん囲に降ると，$50000m^3$ もの水が一気に川に流れこむことになり，小さな川ではこう水になる。

同じ 50mm でも，短い間にせまいはん囲で降ると危ないのですね。

★ひ害のようすを見てみよう

都市部と，そうでない所ではひ害のようすもちがいますね。

山間部

平野部

たった 10 分で 1m 以上も川の水位が上しょうすることもあるのですね。

都市部

都市部では降った雨が地面にしみこまず，一気に雨水管へ流れこむので，処理能力をこえて水があふれ出すこともあるよ。高さが低いところでは，集まった水で道路が水につかることも多いんだ。

結晶でけしょうしよう!

雪の結晶を作ろう!

用意するもの

- ペットボトル
- カッターナイフ
- ドライアイス
- ステープラー
- ゴムせん
- つり糸（0.3号）
- 消しごむ
- 軍手
- 水
- 発ぽうポリスチレンの箱（ふた付き）

雪の結晶の形は，
温度と水蒸気の量によって決まります。

水蒸気の量  多 → 樹枝状
 少 → 角板状

1

発ぽうポリスチレンの箱のふたにペットボトルが通るぎりぎりの大きさの穴を開ける。

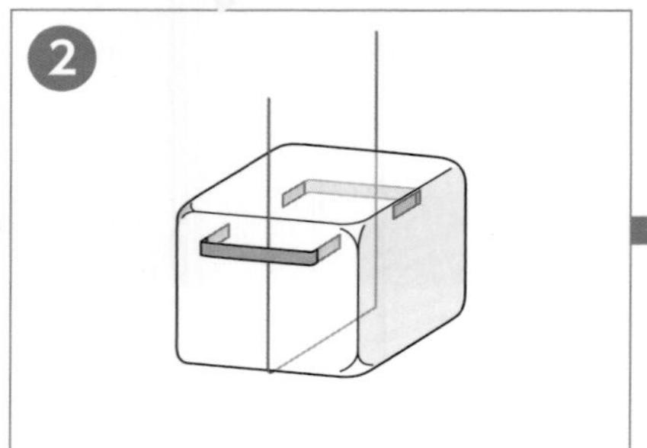
2

消しごむをペットボトルの口に入るように切ってステープラーでつり糸を止める。

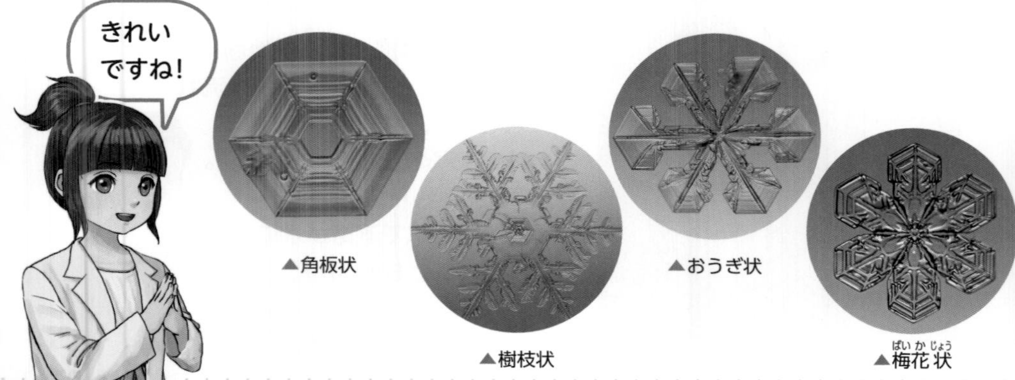
きれいですね!

▲角板状

▲樹枝状

▲おうぎ状

▲梅花状

注意! ドライアイスは軍手をつけてさわる。

「平松式人工雪発生装置(ひらまつしきじんこうゆきはっせいそうち)」という。

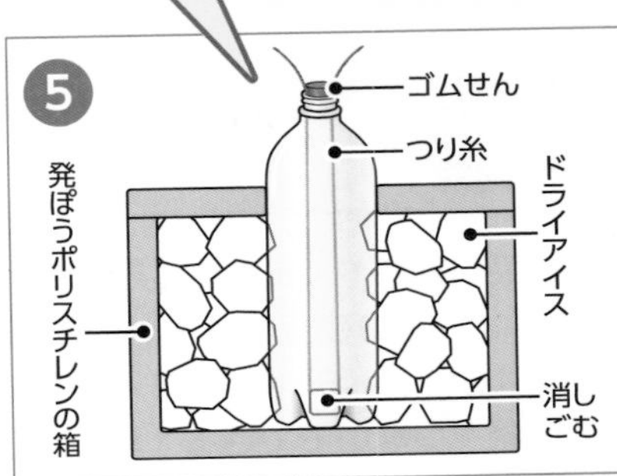
5
ゴムせん
つり糸
ドライアイス
消しごむ
発ぽうポリスチレンの箱

❷で作った消しごむをペットボトルの下のほうにつるして，つり糸がまっすぐピンとはるようにゴムせんをする。

3

ペットボトルに水を入れてよくふり，水を捨(す)てる。

4

息をふきこむ。

ペットボトル全体をしめらせるために，水の入ったペットボトルをよくふって，水は捨てるんですね。

「ハァ〜」っと７〜８回息をふきこんで水蒸気をためるんだよ。このときの水蒸気の量が結晶の形を決めるよ!

エネルギー編 物質編 生命編 地球編

明るさいろいろ
色もいろいろ☆

星によって明るさや色がちがうのはなぜ？

夜空にかがやく星を見てみよう！これは，夏の夜空にかがやく，ベガ，アルタイル，デネブの３つの明るい星をつないでできる「夏の大三角」だよ。こと座のベガはおりひめ星，わし座のアルタイルはひこ星ともよばれているんだ。

明るい星もあるけど，まわりには暗い星もたくさんあるんですね。

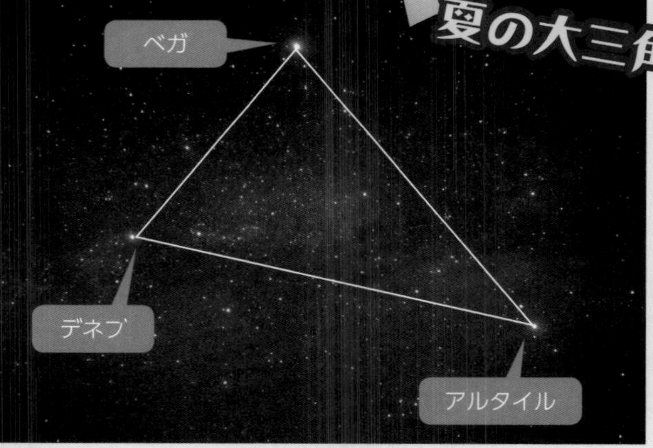
夏の大三角
ベガ
デネブ
アルタイル

オリオン座

ベテルギウス

リゲル

星の明るさは，明るいものから順に１等星，２等星，…，と分けられ，肉眼で見えるもっとも暗い星を６等星としています。夏の大三角をつくるベガ，アルタイル，デネブのほかにも，冬のオリオン座のリゲルやベテルギウスも１等星です。

星によって，大きさや明るさにちがいがあり，同じ明るさなら，地球に近い星ほど明るく見えるよ。

白い星が多いけど，赤い星やだいだい色の星もあるんですね。

星の色は**表面の温度**によってちがっているよ。

表面温度	高い　11000	7500	5000	3500(℃)	低い
色	青白	白	黄	だいだい	赤
代表的な星	レグルス(しし座)	ベガ(こと座)	北極星	アークトゥルス(うしかい座)	アンタレス(さそり座) ベテルギウス(オリオン座)

小さい王
という意味。

▲レグルス

白い帯をした羊のわきの下
という意味。

▲ベテルギウス

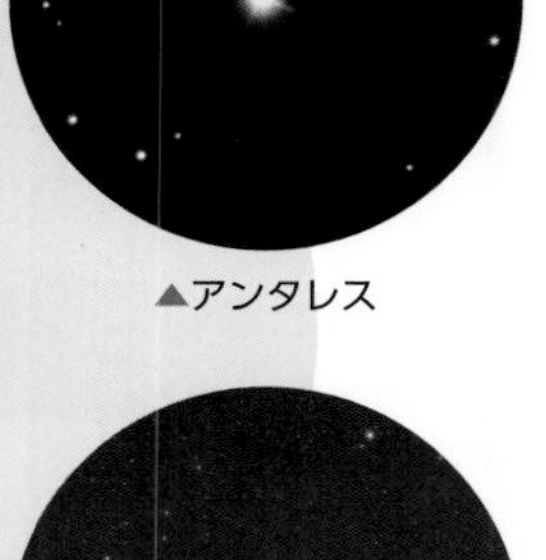
火星に対こうするもの
という意味。

▲アンタレス

青白い星ほど表面温度が高いんですね。

落ちるわし
という意味。

▲ベガ

▲北極星

熊の番人
という意味。

▲アークトゥルス

位置はいちいち変わる?

星の位置や並び方は決まっているの?

冬のある日の空を時間を追って見てみよう。
星の位置や並び方はどうなっているかな?

あっ! 冬の代表的な星座,
オリオン座が見えます。

▼ 12月27日～28日の空を2時間ごとにさつえい

東
南

時間がたつと,星の位置は変わるけど,
星の並びは変わらないですね。

月や星の動きを調べるには
❶ビデオカメラを固定(こてい)して，月や明るい星をさつえいする。
❷さつえいした映像(えいぞう)を早送りしながら見る。
という方法(ほうほう)がわかりやすい。

さそり座とオリオン座は仲(なか)が悪い!?

うでのよいりょうしであったオリオンは，自分がいちばん強いとじまんをしていました。それに腹(はら)を立てた女神ヘラがサソリをオリオンのもとに送りこみ，オリオンは命を落としてしまいます。それで，オリオンは今でもサソリをおそれ，さそり座が空にある間はオリオン座は上がってこないといわれています。

西

▼オリオン座

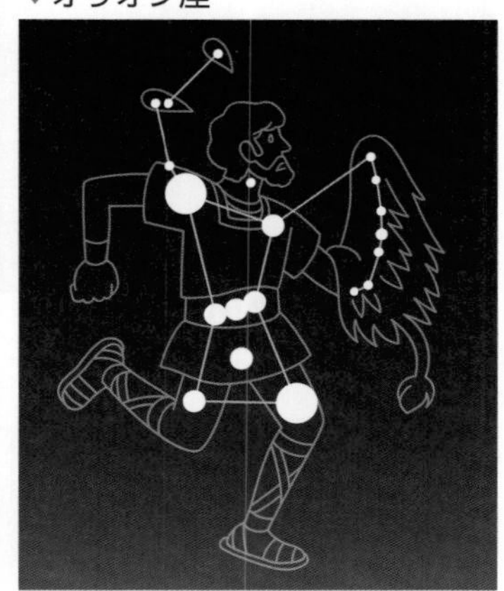

▼さそり座

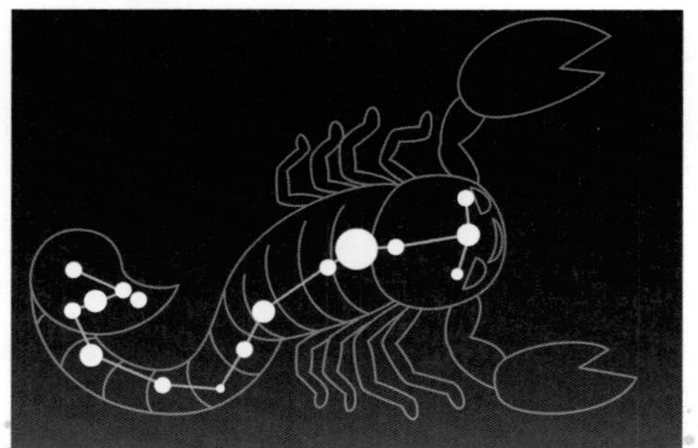

星の動きを教えてほしい!

星はどのように動くの?

北の空の星は，北極星を中心として円をえがくように動いているんだ。

星座早見
WATANABE
KYOGU CO., LTD.
北
南
星座早見▶

北の空

東の空

北の空の星は，1日たつともとの位置にもどってきますね。つまり，
24時間→360°
1時間→15°
時計の針と反対向きに回っています。

★北極星を見つけよう!

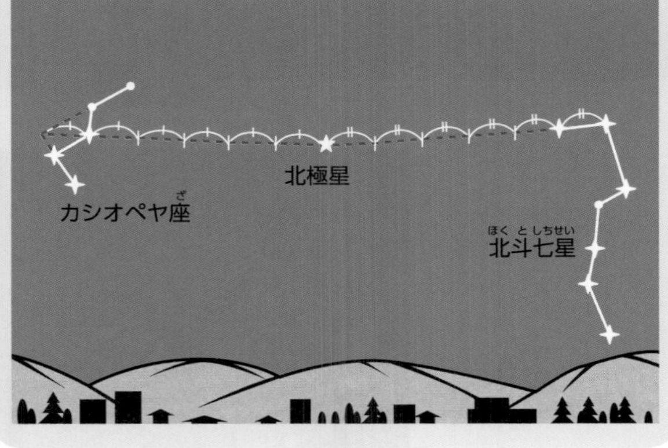
北極星
カシオペヤ座
北斗七星

星座早見は，いつ，どの方位にどんな星座が見られるのかを調べる道具だよ。

星座のさがし方

❶観察する時刻の目もりと，月日の目もりを合わせる。

❷調べたい方位を下にして，星座早見を頭の上にかざす。

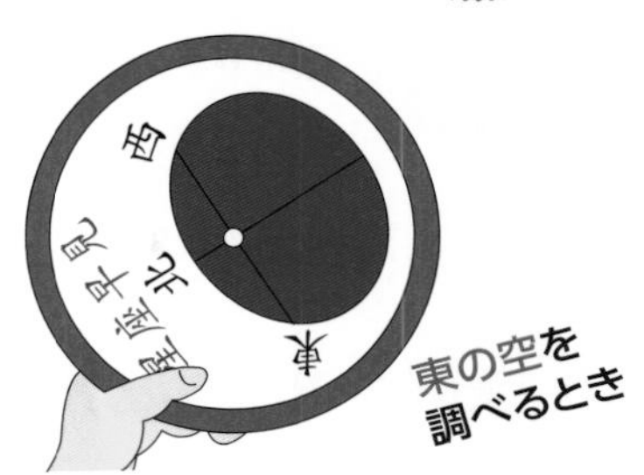
西
北
星座早見
東

東の空を調べるとき

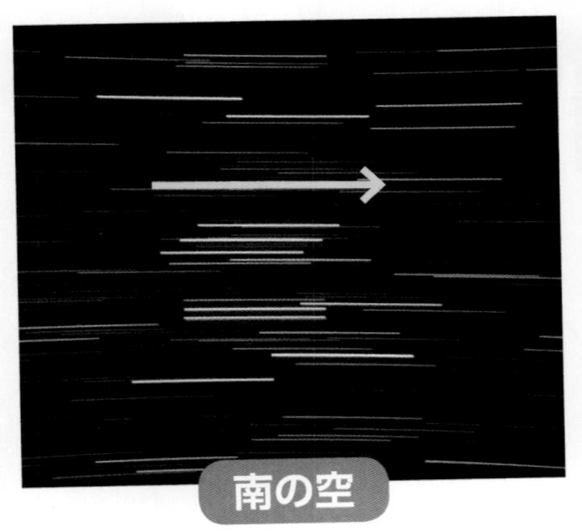

南の空

西の空

北の空以外の星は，太陽や月と同じように東から出て南の空を通り，西へしずむように大きなこをえがいていて動いているよ。

▼太陽の動き

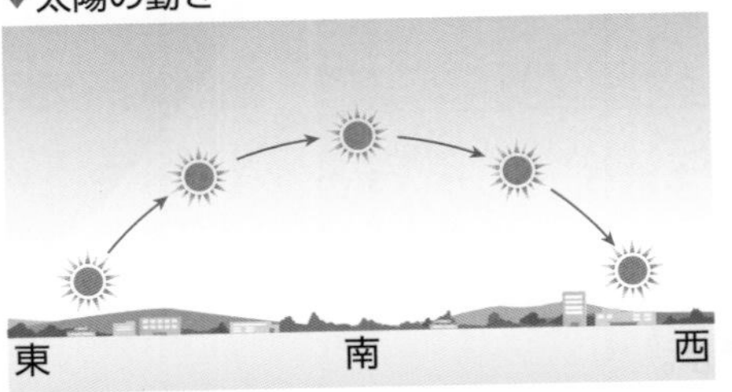
東
南
西

▼月の動き

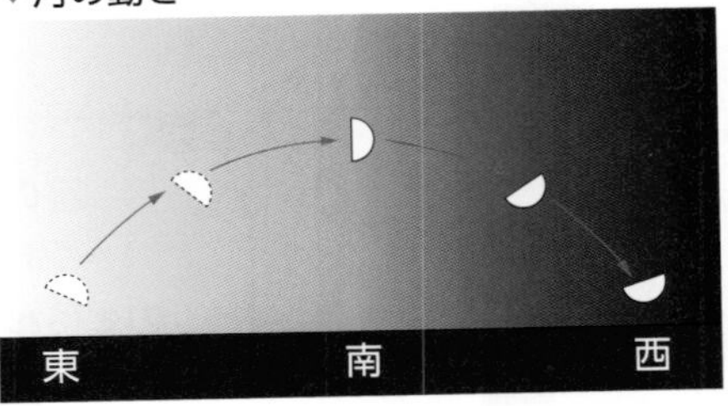
東
南
西

おとめなししは
牛かい!

春の夜空を見てみよう

春の代表的な星座

★しし座
★うしかい座
★おとめ座

アークトゥルス

▲うしかい座

だいだい色に光るアークトゥルスは，春の南の空に観察できる。

ヘルクレス座
うしかい座
アークトゥルス
東
春の大曲線
春の大三角
おとめ座
スピカ

しし座のデネボラ，うしかい座のアークトゥルス，おとめ座のスピカを結んでできる三角形を春の大三角というよ。

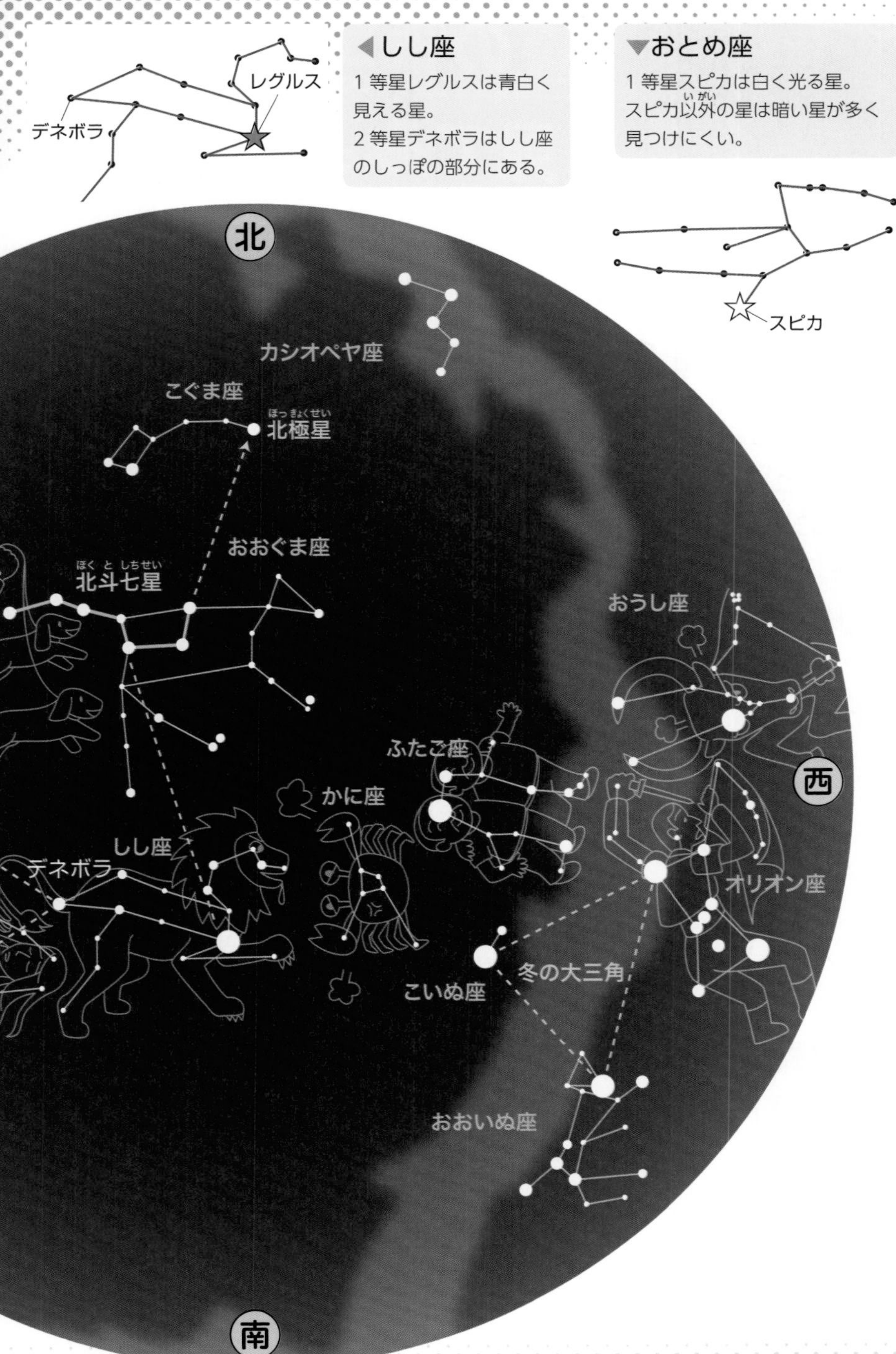
◀しし座
1 等星レグルスは青白く見える星。
2 等星デネボラはしし座のしっぽの部分にある。
レグルス
デネボラ
▼おとめ座
1 等星スピカは白く光る星。スピカ以外の星は暗い星が多く見つけにくい。
スピカ
北
カシオペヤ座
こぐま座
北極星
おおぐま座
北斗七星
おうし座
ふたご座
かに座
西
しし座
デネボラ
オリオン座
冬の大三角
こいぬ座
おおいぬ座
南

わしもおるで!!

夏の夜空を見てみよう

夏の代表的な星座

★はくちょう座
★こと座
★わし座
★さそり座

デネブ
アルビレオ

▲はくちょう座

大きな十字かの形をしていて，北十字ともよばれている。1等星のデネブは白く光る星。

▼わし座

1等星のアルタイルは，七夕のひこ星としても有名。

アンタレス

アルタイル

▲さそり座

南の空の低いところに見られる。1等星のアンタレスは赤く光る星で，さそりの心臓ともよばれている。

はくちょう座
東
みずがめ座
わし座
やぎ座

はくちょう座のデネブ，こと座のベガ，わし座のアルタイルを結んでできる三角形を夏の大三角というよ。

こと座▶

白くかがやくベガは，おりひめ星としても知られるとても明るい星。

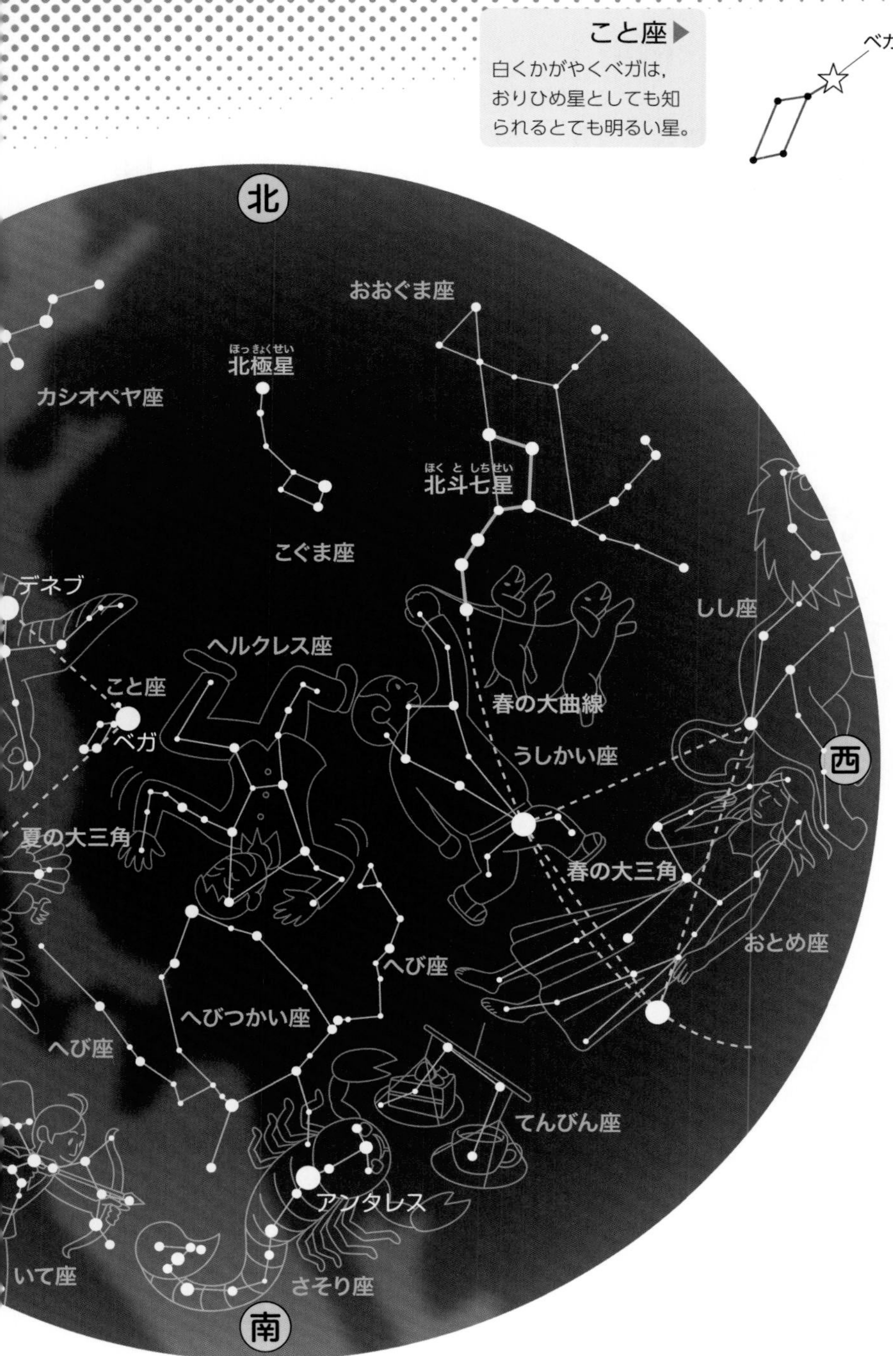

ベガ
北
おおぐま座
北極星
カシオペヤ座
北斗七星
こぐま座
デネブ
しし座
ヘルクレス座
こと座
春の大曲線
ベガ
うしかい座
西
夏の大三角
春の大三角
おとめ座
へび座
へびつかい座
へび座
てんびん座
アンタレス
いて座
さそり座
南

秋の夜空は
あきない!

秋の夜空を見てみよう

ペガスス座の３つの星（マルカブ，シェアト，アルゲニブ）とアンドロメダ座のアルフェラッツを結んでできる四角形をペガススの四辺形または秋の四辺形というよ。

秋の代表的な星座

★ペガスス座
★アンドロメダ座
★みなみのうお座

おうし座

おひつじ座

東

うお座

アルフェラッツ
シェアト
マルカブ
アルゲニブ

◀ペガスス座

マルカブ，シェアト，アルゲニブは，秋の南の空に観察できる。

▶みなみのうお座

秋の星空でゆいいつ１等星のフォーマルハウトが白くかがやく。

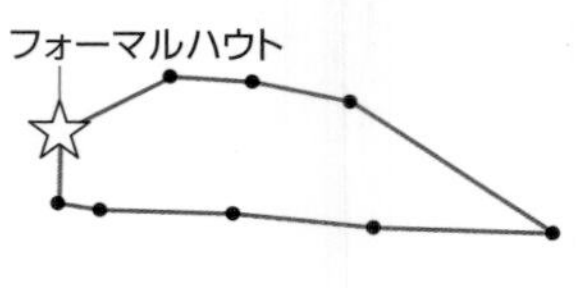
フォーマルハウト

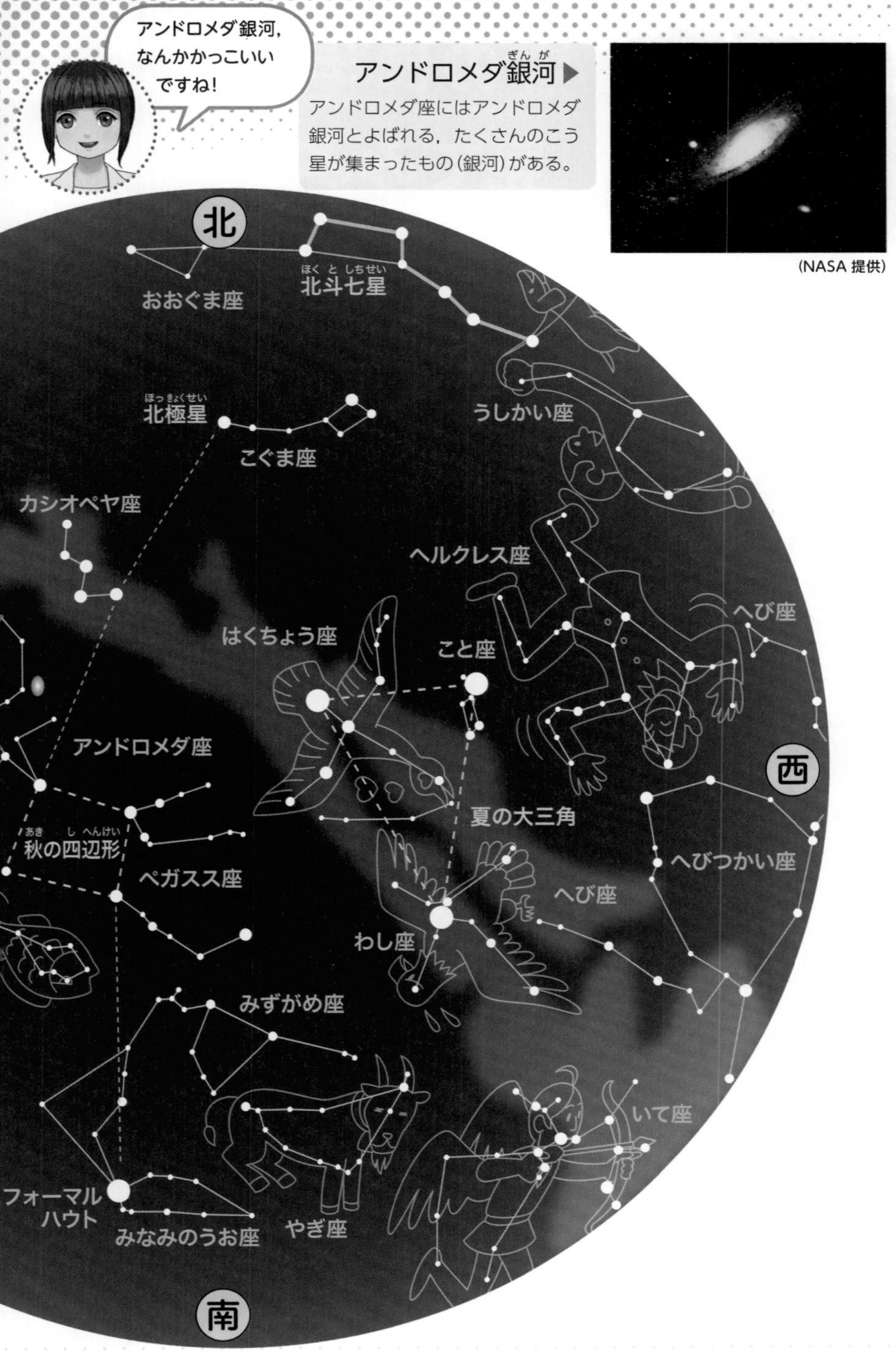
アンドロメダ銀河，
なんかかっこいい
ですね！
北
おおぐま座
北斗七星
うしかい座
北極星
こぐま座
カシオペヤ座
ヘルクレス座
へび座
はくちょう座
こと座
アンドロメダ座
西
夏の大三角
秋の四辺形
ペガスス座
へびつかい座
へび座
わし座
みずがめ座
いて座
フォーマルハウト
みなみのうお座
やぎ座
南

アンドロメダ銀河▶

アンドロメダ座にはアンドロメダ銀河とよばれる，たくさんのこう星が集まったもの（銀河）がある。

(NASA 提供)

オリオンが折り紙を折りおん!

冬の夜空を見てみよう

プロキオン

▲こいぬ座

1等星のプロキオンは黄色く光る星。

2つの星で表されている星座なのですね。

▼おおいぬ座

青白くかがやくシリウスは，夜空の中でいちばん明るい星。

シリウス

北
おおぐま座
北斗七星
こぐま座
北極星
しし座
ポルックス
ふたご座
東
アルデバラン
おうし座
かに座
こいぬ座
プロキオン
ベテルギウス
冬の大三角
リゲル
シリウス
オリオン座
おおいぬ座
南

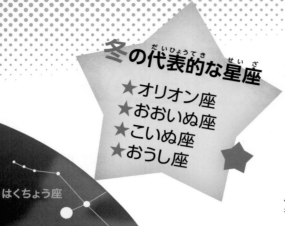

冬の代表的な星座

★オリオン座
★おおいぬ座
★こいぬ座
★おうし座

はくちょう座
カシオペヤ座
アンドロメダ座
ペガスス座
秋の四辺形
西
うお座
おひつじ座
みずがめ座

オリオン座は
有名ですね！

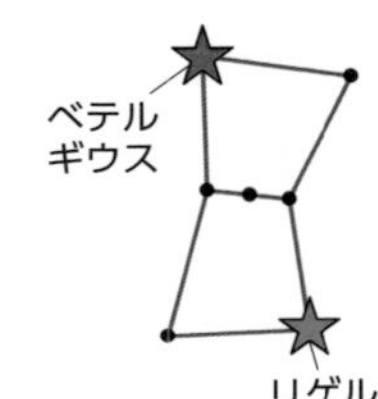

ベテル
ギウス
リゲル

▲オリオン座
中央の3つの星をはさんで，東に赤いベテルギウス，西に青白いリゲルという2つの1等星をもつ。

オリオン座のベテルギウス，おおいぬ座のシリウス，こいぬ座のプロキオンを結んでできる三角形を冬の大三角というよ。

季節のせいさ!

なぜ，季節によって見える星座がちがうの?

▲夏に見られる代表的な星座

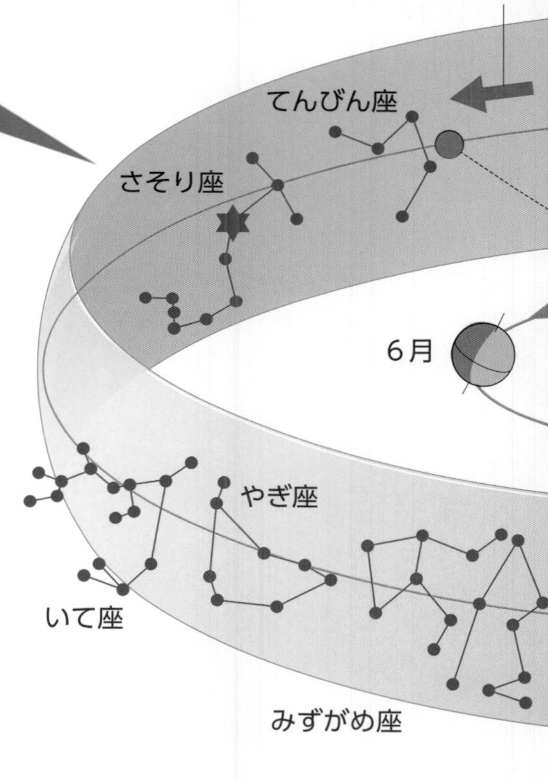
地球から見た太陽の動き
てんびん座
さそり座
6月
やぎ座
いて座
みずがめ座

地球は太陽のまわりを１年かけて１回転するよ(公転)。このため，わたしたちが夜に見ることのできる星座も季節によってちがうんだ。

てんびん座やさそり座のような夏の星座は太陽の方向にあり，昼間に空にのぼっているので，冬には見えないよ。

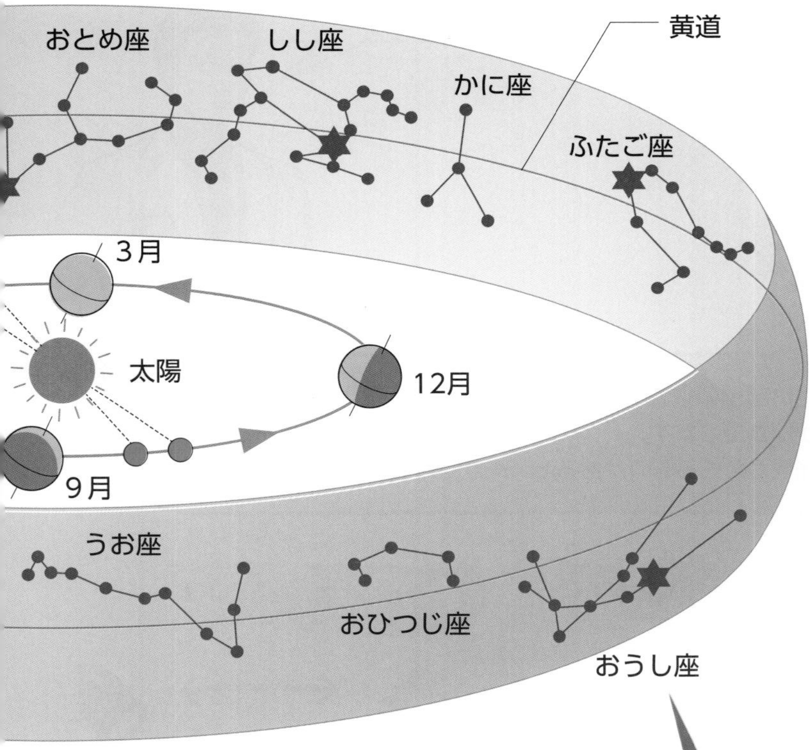

おとめ座
しし座
黄道
かに座
ふたご座
3月
太陽
12月
9月
うお座
おひつじ座
おうし座

冬に見られる▶
代表的な星座

星座をつくる星の位置(いち)は１年を通して変(か)わらないんですね!!

かげのおかげ♥

太陽の向きと かげの向き

かげはどんなときにできるかな？

暗い部屋の中で，物体にかい中電灯の光を当ててみると，かげができます。
光をさえぎるものがあると，光の反対側にかげができます。

かい中電灯を上下に動かすと・・・

かげは長くなったり短くなったり…

かい中電灯を左右に動かすと・・・

かげは右にできたり左にできたり…

太陽の向きとかげの向きを
それぞれ指でさしてみよう。

注意! 太陽を直接見てはいけない。

太陽の向きと反対側に
かげができています!

しゃ光板の使い方

太陽を見るときには，目を痛めないように，しゃ光板を使います。
下を向いて，しゃ光板を目に当ててから太陽を見ます。しゃ光板を使うと，ふだんの太陽も見ることができますが，日食のときの太陽もよく見ることができます。

日時計を見とけい!

時間がたつとかげは動くの?

太陽の位置が変わると，かげの向きや形は変わるのですか?

太陽の位置が変わると，かげの向きも形も変わるよ。そのことを利用した時計（日時計）を作ってみよう。

日時計

かげの長さは，太陽の高さが高いほど短くなります。棒の先たんと棒のかげの先たんを結んだ直線と地面との間の角度が太陽の高さになります。日時計は棒のかげの位置によって時刻を知ることができる時計です。

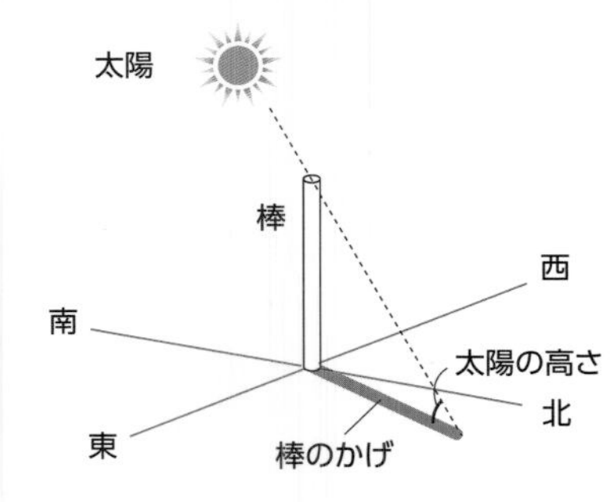
太陽
棒
西
南
太陽の高さ
北
東
棒のかげ

▼日時計

西
南

用意するもの

●厚紙　●コンパス　●ものさし　●分度器　●ボールペン　●きり　●段ボール
●はさみ　●ガムテープ　●竹ひご　●方位磁針　●時計

コンパスで円をかき，15° ごとに印をつける。

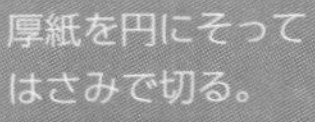
厚紙を円にそって
はさみで切る。

段ボール2枚をガムテープではり合わせる。

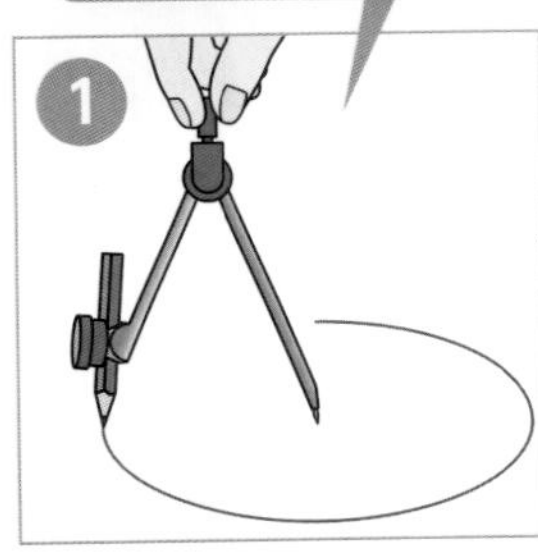
1

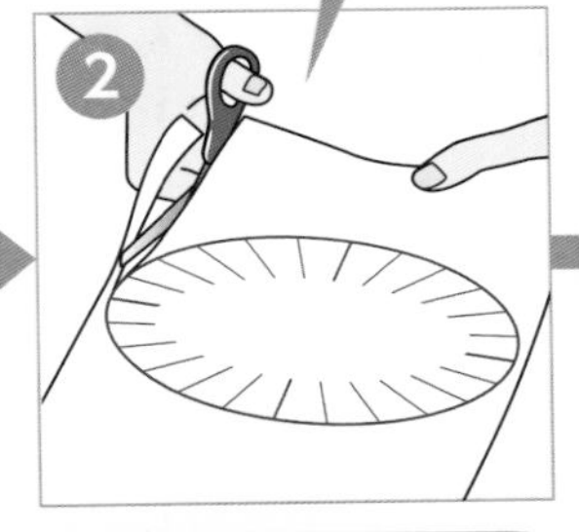
2

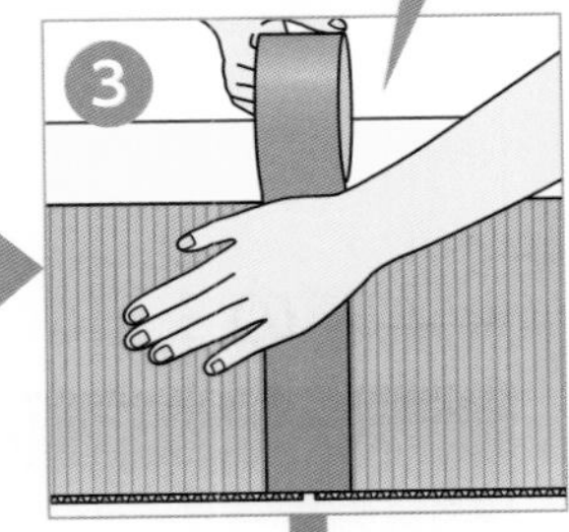
3

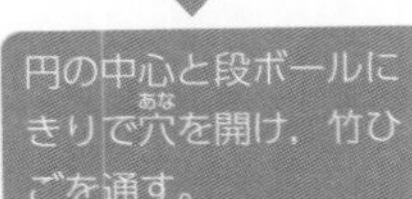
円の中心と段ボールに
きりで穴を開け，竹ひ
ごを通す。

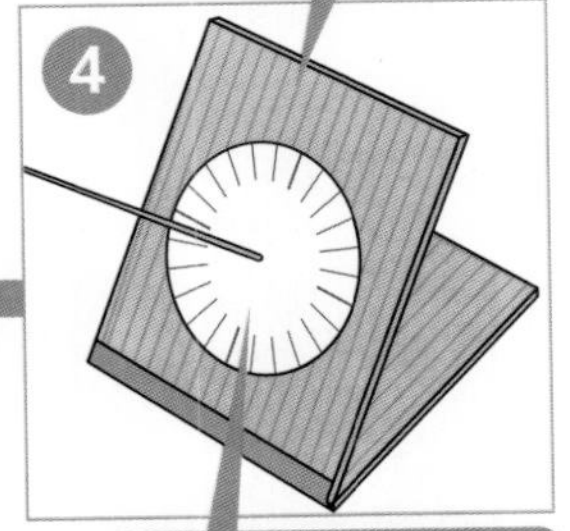
4

厚紙と竹ひごが正確に直角になるようにする。

竹ひごと下の段ボールがつくる角度は，東京 35°，大阪 34°，札幌 43°，鹿児島 32°になるようにする。

5

竹ひごと段ボールを固定する。

水平な台の上で，方位磁針を使って厚紙が北を向くようにする。

6

7
完成!!

10時などきりのよい時
刻になったら厚紙を回
してかげの位置を調節
する。

穴を開けるときにけがをしないように気をつけよう。

太陽の動き

東から西へ動きたいよう！

太陽は夜になるとしずんでいますが，昼はどんなふうに動いているのでしょうか？

★太陽の１日の動きを調べよう！

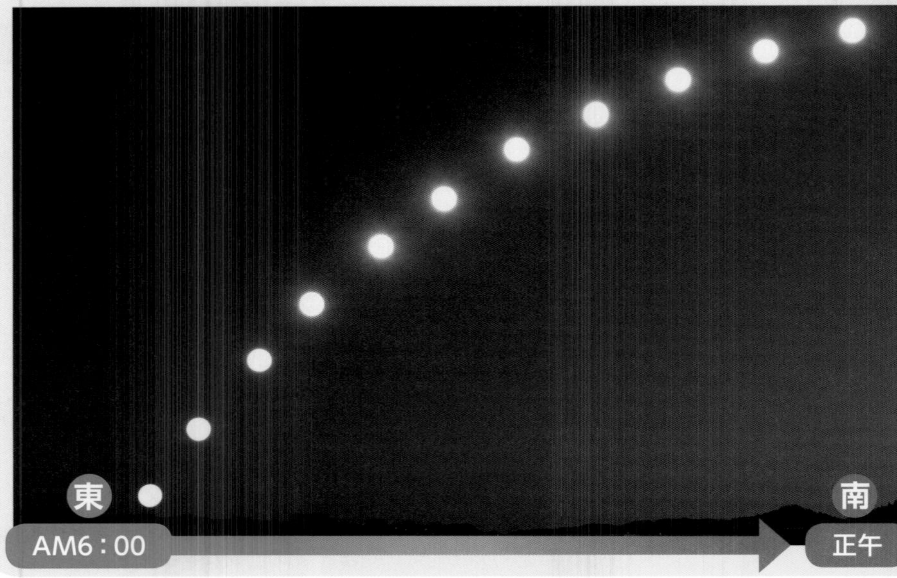
東
南
AM6：00
正午

太陽は東のほうから出て南の空の高いところを通って西のほうへしずむんだ。
太陽が真南にくることを，「南中」というよ。

方位磁針(ほういじしん)の使い方

北
北東
東
南東
南
南西
西
北西

1. 方位磁針を水平に持ち，太陽など調べたいものの方向を向く。
2. 針(はり)が止まったら，文字ばんを回して，「北」を色のついた針にあわせる。
3. 調べたいものの方位を読みとる。

南
西
正午
PM5：40

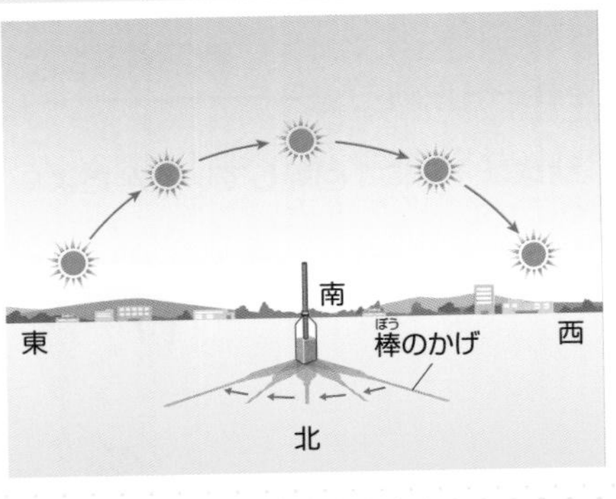
南
東
棒(ぼう)のかげ
西
北

太陽は東→南→西，
かげは西→北→東
と動くのですね。

地球って動いているの?

自転のことって辞典(じてん)でわかる?

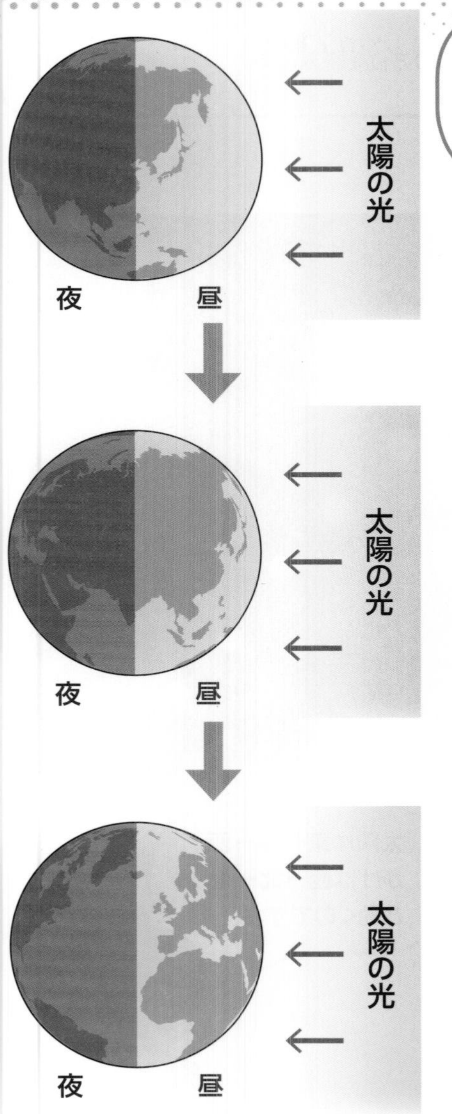
太陽の光
夜
昼
太陽の光
夜
昼
太陽の光
夜
昼

地球上では，太陽の光が当たっている部分が昼，太陽の光が当たっていない部分が夜になるよ。

日本の場所が少しずつ動いていますね。
ということは，地球は動いているのですね!

地球は１日に１回転しているんだよ!

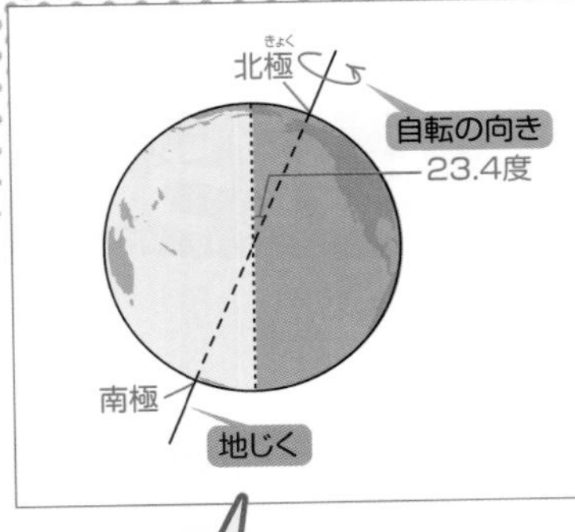
北極
自転の向き
23.4度
南極
地じく

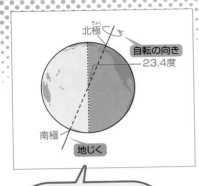

北極と南極を結ぶじくを地じくという。

地球の自転の速さ

地球の円周→**約 40000km**
地球は 1 日 (**24 時間**) で 1 回転するので，
自転の速さは，
40000 ÷ 24 = 1666.6…より，
約 1700km / 時 !!

赤道上の自転の速さは，こんなに速いのですね！

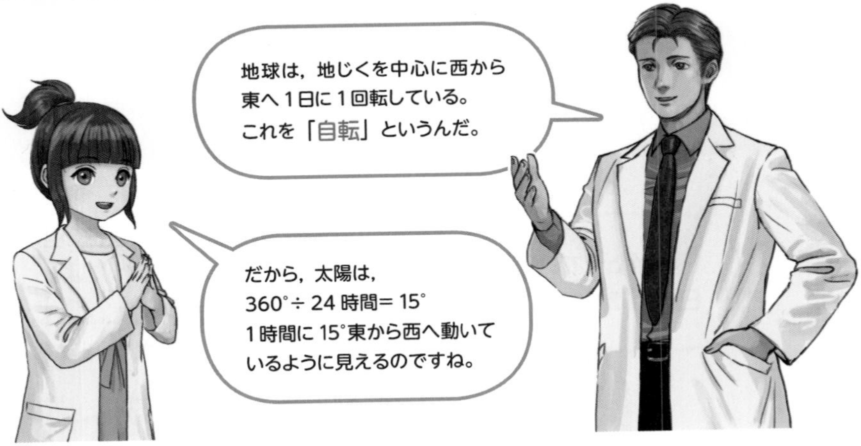

地球は，地じくを中心に西から東へ 1 日に 1 回転している。これを「自転」というんだ。

だから，太陽は，
360°÷ 24 時間= 15°
1 時間に 15°東から西へ動いているように見えるのですね。

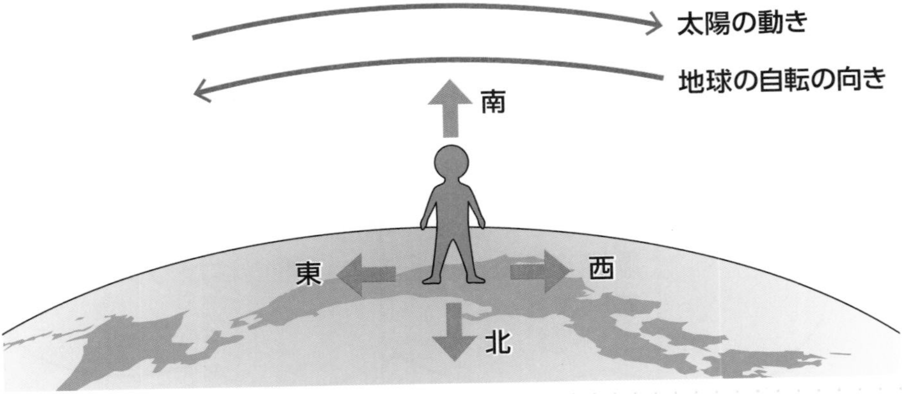

太陽の動き
地球の自転の向き
南
東
西
北

日なたと日かげの地面のようすはどうちがうの？

ひなたに，鳥のヒナ，たくさん

日なた

日かげ

日の当たっているところが日なたですね。

もののかげになって，日の当たらないところが日かげだよ。

太陽の光が当たると，地面はあたためられます。また，地面にあった水分は蒸発(じょうはつ)するため，日なたの地面はかわいています。

植物を育てるときは日なたのほうがよく育つけど，土がかわきやすいから水やりを忘れてはいけないよ。

日なたの地面のようす

日なたはやっぱりあたたかそうですね。

明るい

あたたかい

かわいている

暗い

冷たい

しめっている

「日なた」と「日かげ」で地面のようすにちがいがあるのですね。

日かげの地面のようす

日なたと日かげの地面の温度はどうちがうの？

温度計ではかっとけい！

「日なた」と「日かげ」では日なたのほうがあたたかかったね。じゃあ，温度をはかって比(くら)べてみよう。

どのくらいあたたかいのでしょうか？

用意するもの
●温度計　●温度計のカバー（厚紙(あつがみ)）

▼ 10時

日なた

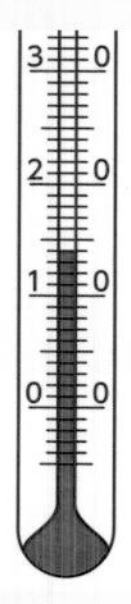

30
20
10
0

14℃

同じ時刻(じこく)では日なたのほうが日かげよりあたたかいです。

日かげ

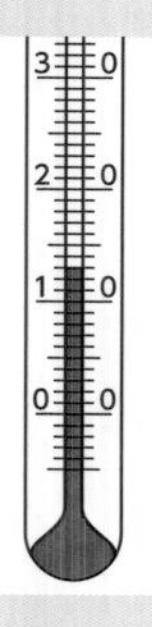

30
20
10
0

13℃

温度計の使い方

1
温度計に直接日光が当たらないように日かげをつくる。
液だめに土をかぶせる。

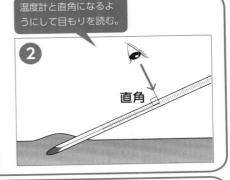

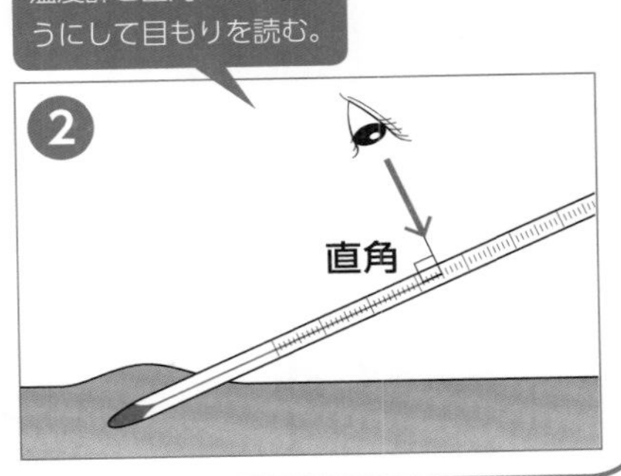
温度計と直角になるようにして目もりを読む。
2
直角

アスファルトの温度

アスファルトは熱を吸収しやすいため，太陽の光を吸収して熱くなります。真夏のアスファルトの温度は，昼間で50～60℃くらいになることがあります。

▼ 正午

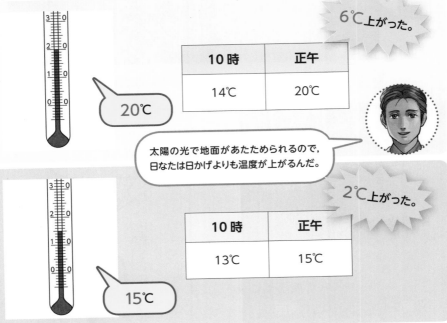

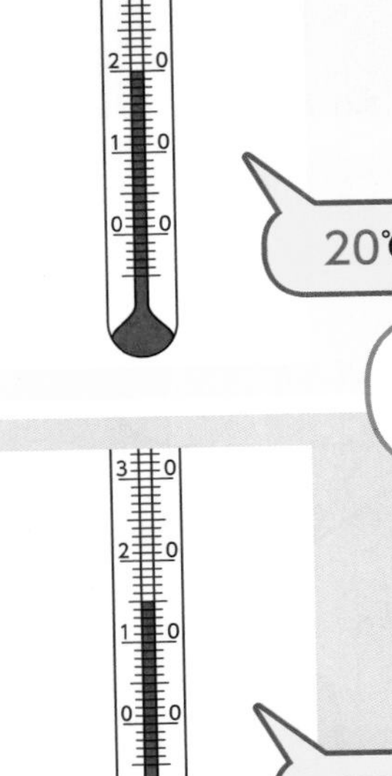
20℃
15℃

6℃上がった。

10時	正午
14℃	20℃

太陽の光で地面があたためられるので，日なたは日かげよりも温度が上がるんだ。

2℃上がった。

10時	正午
13℃	15℃

月を見ると
なごむ〜ん♪

月の動き方

太陽は，東から西に動いているように見えましたね。
月も同じように動いているのでしょうか？

★半月の動き方を調べよう！

南
西
午後6時
午後 10 時

午後6時
午後7時
南
南西

半月は，西のほうへ低くなりながら動くんだ。

時間がたつと太陽が動いて見えるのは，地球が自転しているからだったね。
月も地球が自転しているから，時間とともに動いているように見えるよ。

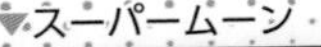
▼スーパームーン

月が地球にもっとも近づいたときの満月(まんげつ)のようすです。これをスーパームーンという。

エネルギー編
物質編
生命編
地球編

★満月(まんげつ)の動き方を調べよう！

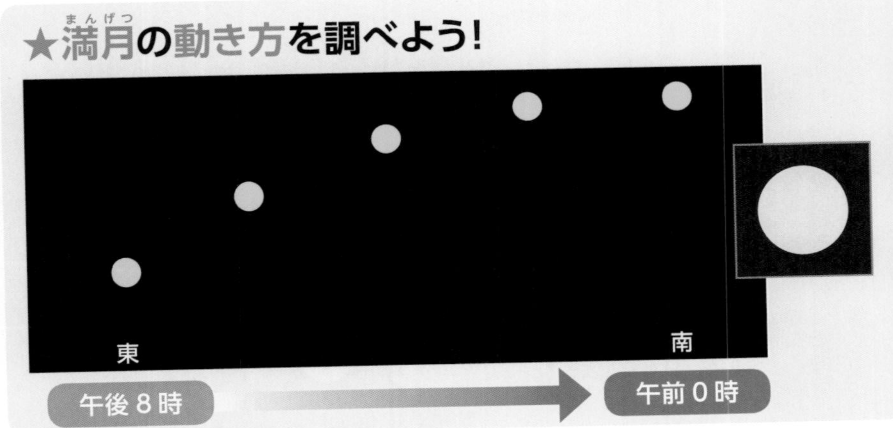
東
南
午後8時
午前0時

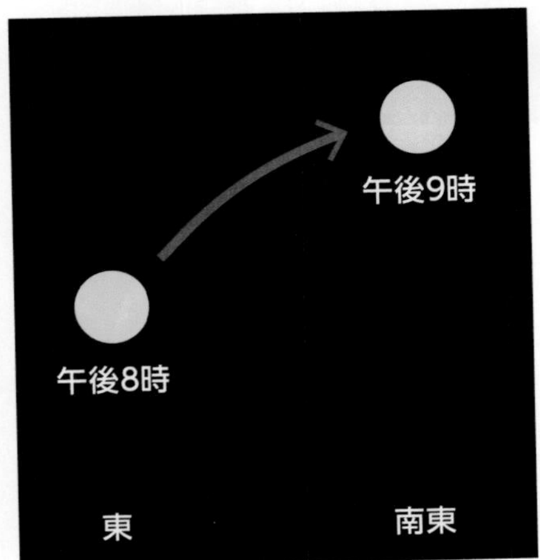
午後9時
午後8時
東
南東

満月は東から南のほうへ高くなりながら動いていますね。

月も太陽と同じように東から出て南の空の高いところを通り，西のほうへしずんでいるね。

月食だって!?
げっショック!!

月と太陽の位置関係はどうなっているの?

(NASA 提供)

月は地球の約$\frac{1}{4}$の大きさ。
自ら光は出さず，太陽の光に照らされた部分だけ明るく光って見えるんだよ。

月は約１か月かけて地球の周りを１周する。

1

月食

太陽−地球−月の順に一直線に並ぶと，地球によって太陽の光がさえぎられ，月に太陽の光が当たらなくなり，月が見えなくなる。これを月食という。

月が全部見えない→かいき月食

月が一部見えない→部分月食

▼部分月食

日食

太陽－月－地球－の順(じゅん)に一直線に並(なら)ぶと，月が太陽の光をさえぎって，太陽が見えなくなる。これを日食という。

太陽が全部見えない→かいき日食

太陽が一部見えない→部分日食

▼かいき日食

（NASA 提供）

太陽が黒くなっています！

地球から太陽までのきょりは，地球から月までのきょりの約 400 倍。時速 40km の車で移動(いどう)すると約 428 年かかる。

400

太陽は，月の約 400 倍の大きさで，自ら強い光を出しているんですね。

上げんの月 上きげん♪

月の形はどう変わるの？

夜空を見上げて月を観察してみよう。

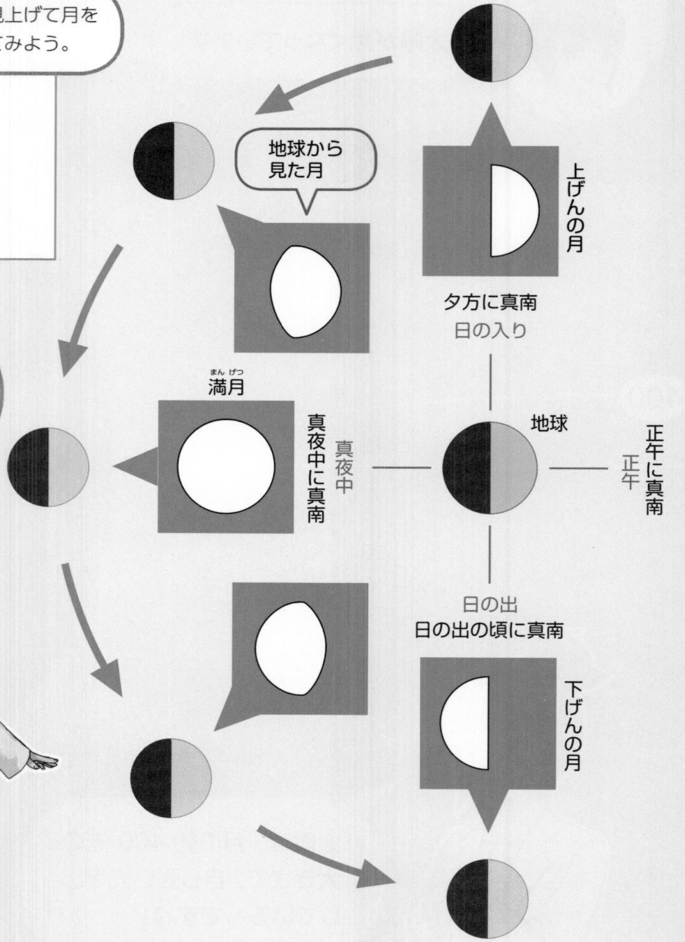

太陽がある側だけが光っています。

地球から見た月

上げんの月

夕方に真南

日の入り

満月

真夜中に真南

真夜中

地球

正午に真南

正午

日の出

日の出の頃に真南

下げんの月

月は「新月→三日月→上げんの月（半月）→満月→下げんの月(半月)→新月」と,約1か月かけて形が変わって見えるよ。

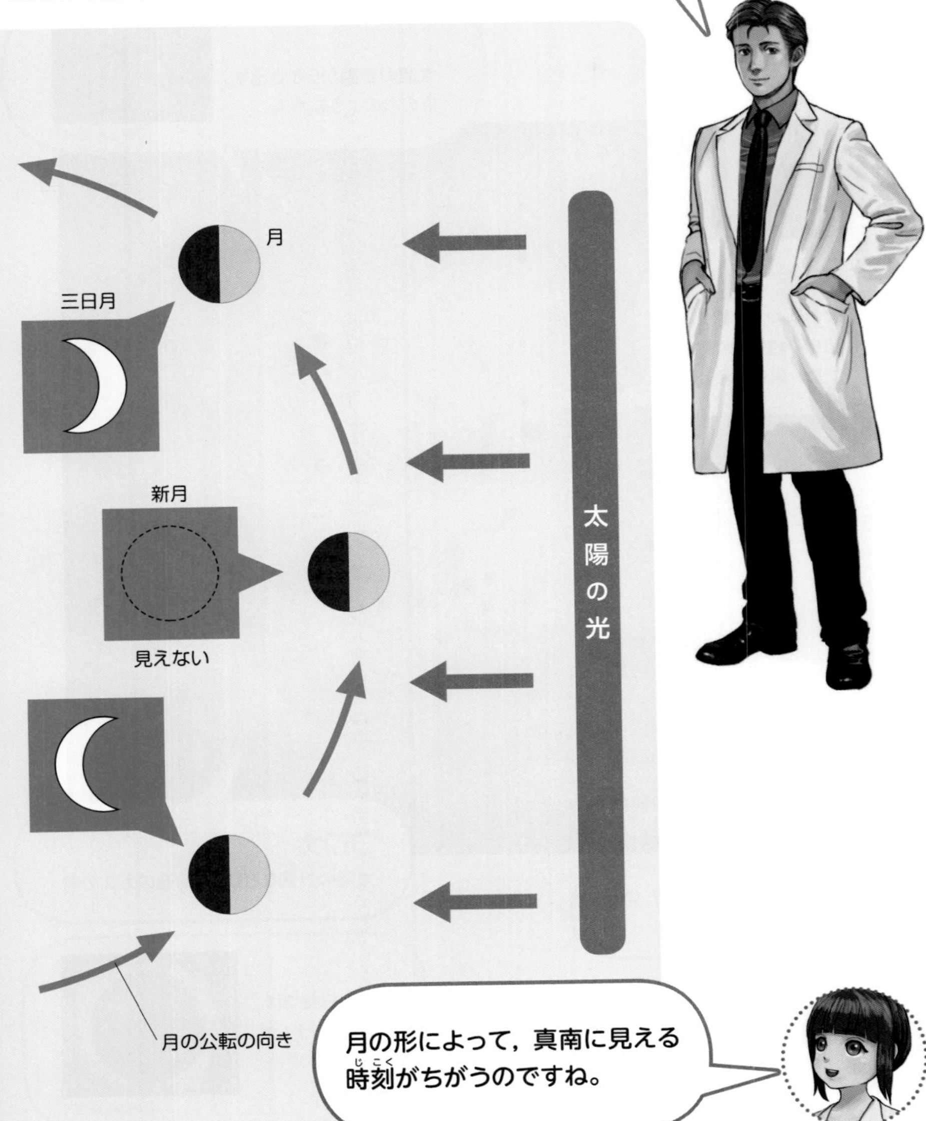
月
三日月
新月
見えない
太陽の光
月の公転の向き

月の形によって，真南に見える時刻がちがうのですね。

プロミネンスを
見ねえっす!

太陽と月の表面はどうなっているの?

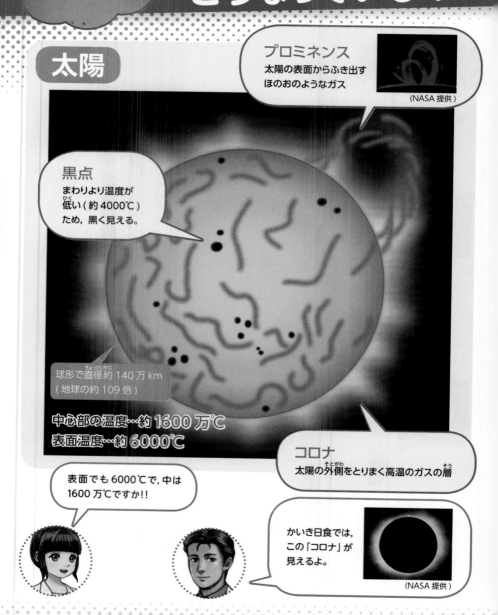

太陽

プロミネンス
太陽の表面からふき出すほのおのようなガス

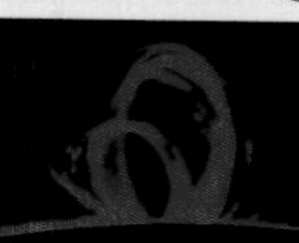
(NASA 提供)

黒点
まわりより温度が低い(約 4000℃)ため,黒く見える。

球形で直径約 140 万 km
(地球の約 109 倍)

中心部の温度…約 1600 万℃
表面温度…約 6000℃

コロナ
太陽の外側をとりまく高温のガスの層

表面でも 6000℃で,中は 1600 万℃ですか!!

かいき日食では,この「コロナ」が見えるよ。

(NASA 提供)

月

月には，空気も水もなく，表面は岩石や砂でおおわれている。いん石のしょうとつによってできた「クレーター」とよばれる丸いくぼみがある。

(NASA 提供)

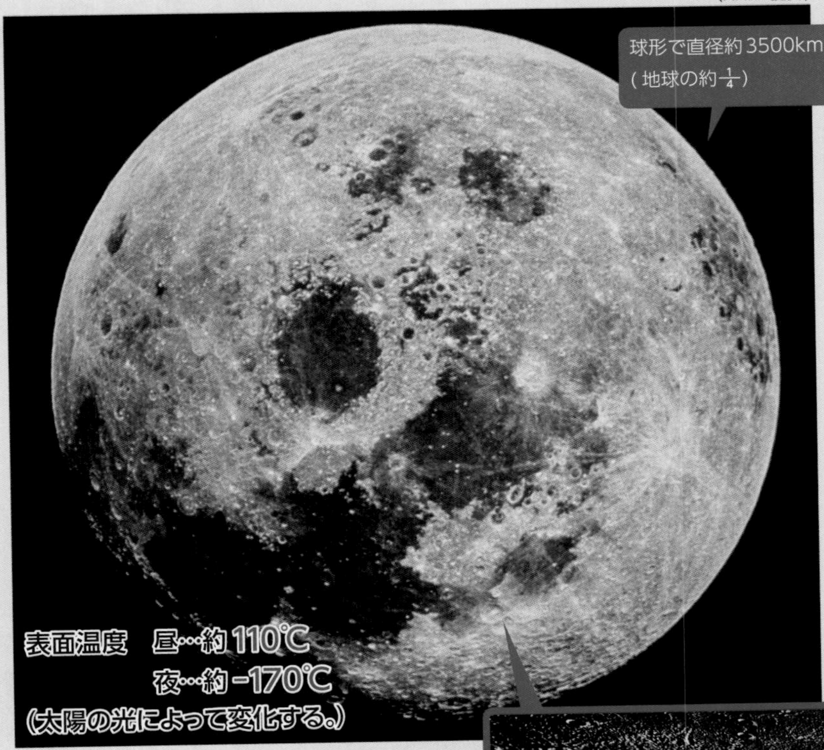

球形で直径約 3500km（地球の約$\frac{1}{4}$）

表面温度　昼…約 110℃
夜…約 −170℃
(太陽の光によって変化する。)

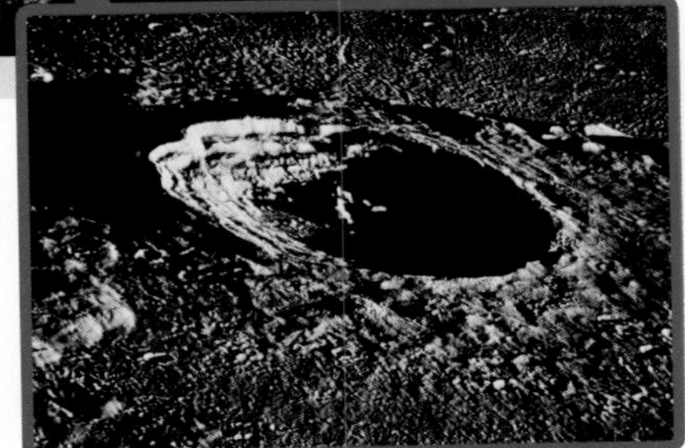

▲クレーター　(NASA 提供)

(NASA 提供)

1969 年　アポロ 11 号に乗った宇宙飛行士が人類で初めて月面に降り立った。

空気や水がないから，温度差が地球に比べてとても大きいんだ。

たい積する前に退席するよ!

流れる水にはどんなはたらきがあるの?

しん食

流れる水が地面をけずりとるはたらき。
水の流れが速いところでは，しん食のはたらきが大きい。

運ぱん

しん食によってけずられた土や石を運ぶはたらき。
水の流れが速いところでは，運ぱんのはたらきが大きい。

たい積

土や石を積もらせるはたらき。
水の流れがおそいところでは，たい積のはたらきが大きい。

砂で山をつくって上から水を流してみよう。

チョークの粉を砂山の上のほうにおいて水を流すと，下のほうへ運ばれていきました。

かたむきが急なところ

流れが速く，土がけずられている。

かたむきが小さいところ

流れがおそく，土がたまっている。

よっ! はたらき者!

水の量と流れる水のはたらき

川の水の量が増えると，流れる水のはたらきはどうなるのかな?

ふだんのとき

大雨のとき

大雨のときは川の水の量が多くなり，水もにごっています。
また，水の流れが速くなっています。

大雨の前後でようすが変わったね。

ふだんのとき

大雨のとき

用意するもの
●バット　●土　●洗じょうびん　●水

流れる水の量が増えるとどうなるか実験してみよう。

バットに土を入れ洗じょうびんに入れた水を流す。

▼洗じょうびん 1 本　　▼洗じょうびん 2 本

けずられ方

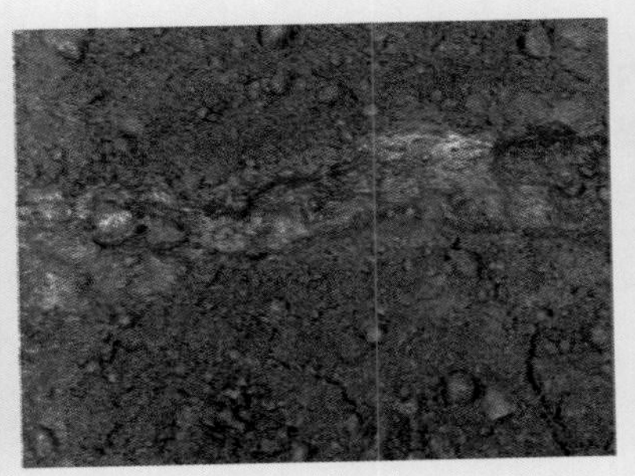

運ばれる土の量

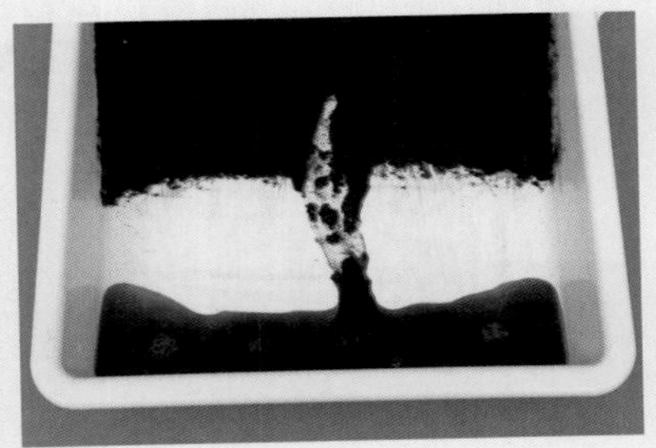

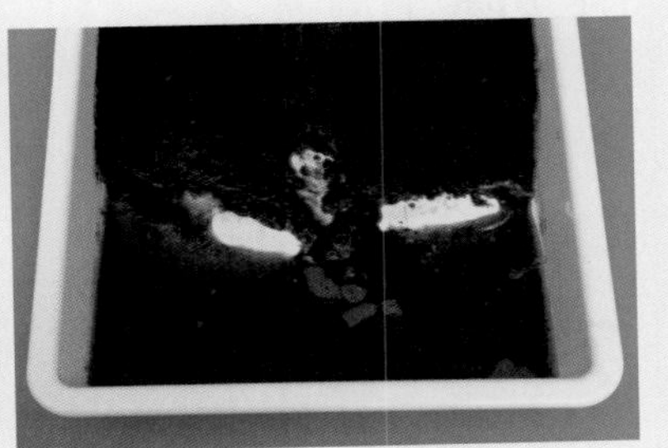

水の量が増えるとしん食・運ぱんのはたらきが大きくなる!

川原や川岸のようす

川原のようすは変わらない!?

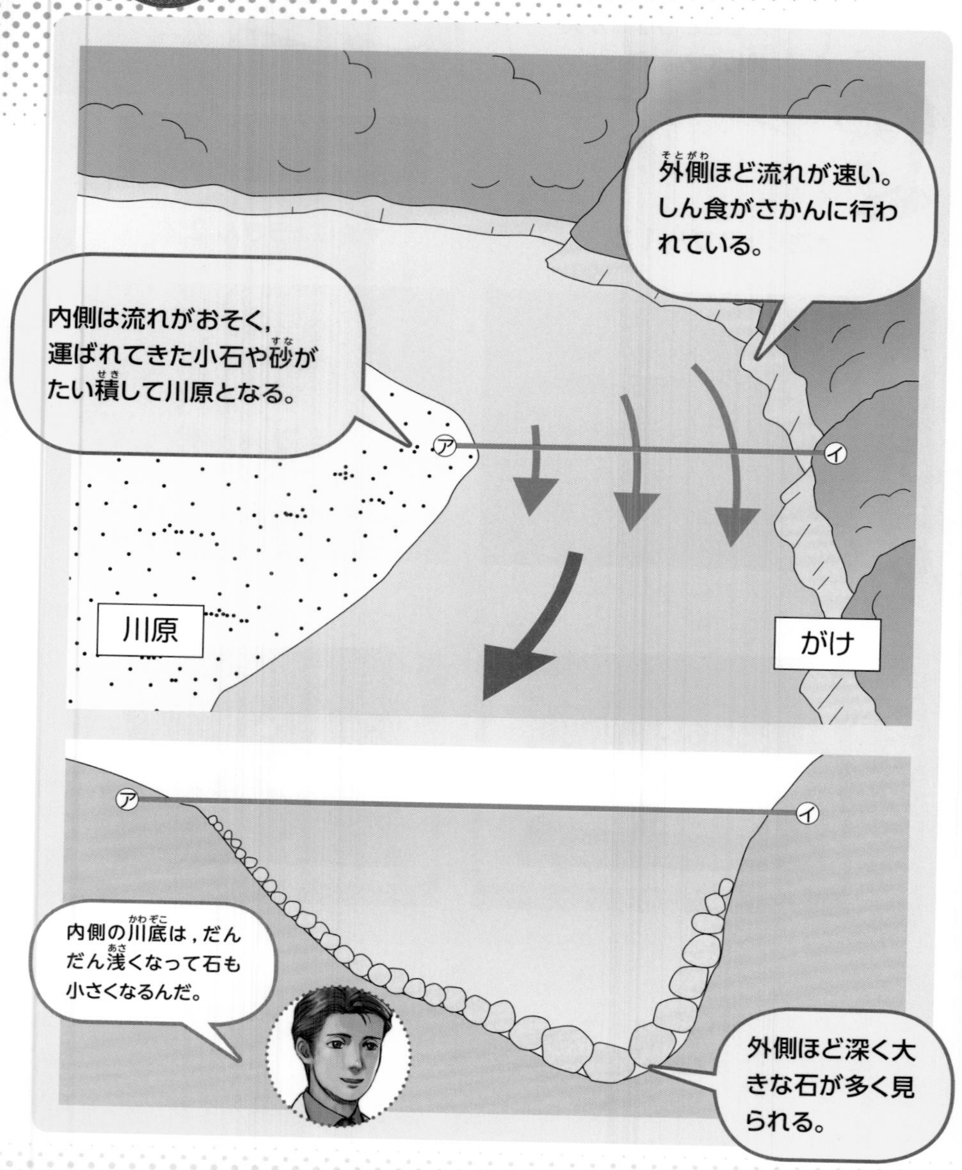

外側ほど流れが速い。しん食がさかんに行われている。
内側は流れがおそく,運ばれてきた小石や砂がたい積して川原となる。
ア
イ
川原
がけ
ア
イ
内側の川底は,だんだん浅くなって石も小さくなるんだ。
外側ほど深く大きな石が多く見られる。

曲がって流れているところの両側に旗を立てて，水の流れる速さ，土のけずられ方，土の積もり方を調べてみよう。

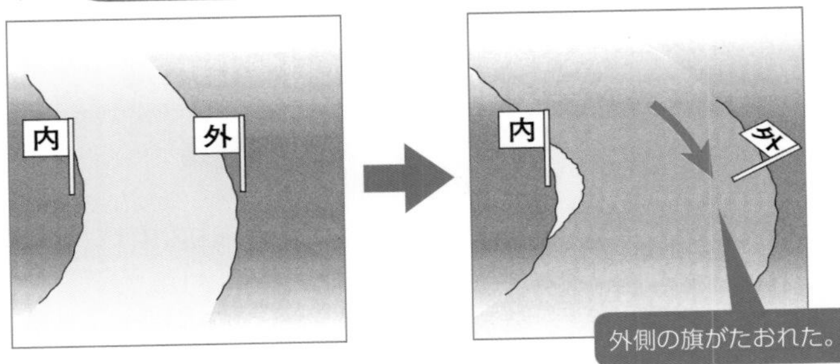
内
外
内
外
外側の旗がたおれた。

まっすぐ流れているところではどうなるのかな？

川の真ん中のほうが流れが速く深くなっているんですね。

▲てい防

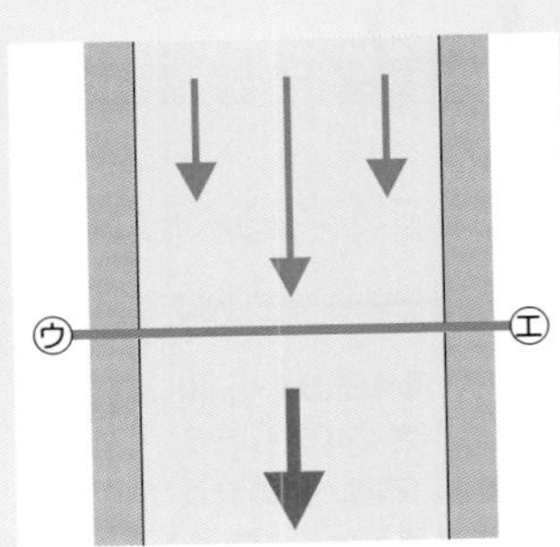
ウ
エ

▲護岸ブロック

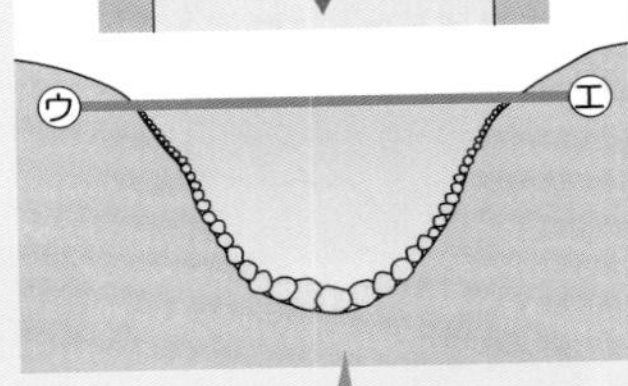
ウ
エ

真ん中のほうが流れが速いので川底は真ん中あたりが深くなる。

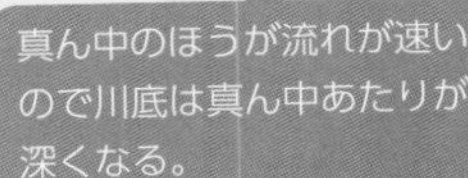

川には災害を防ぐためにいろいろなくふうがされているんだよ。

地形が近えよ!

川の流れと地形

川の上流では，流れが速く，川原の石は，大きくてゴツゴツしたものが多いですね。

V字谷

➡山の中で，土地のかたむきが大きい。
➡流れが速く，しん食のはたらきが大きい。
➡川底が大きくけずられ，深い谷ができる。

せん状地

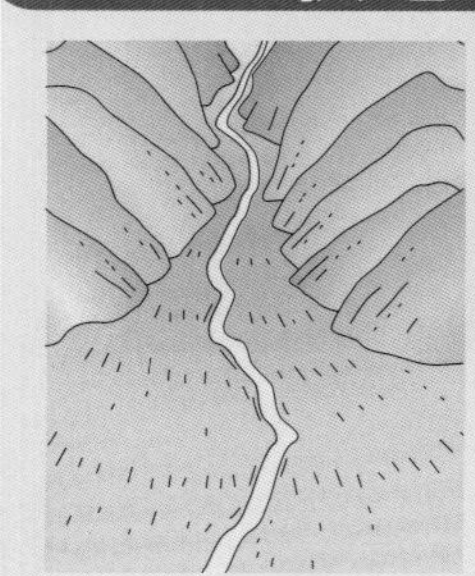

➡山地から平野に出たところ
➡流れが急におそくなり，たい積のはたらきが大きい。
➡運ばれてきた石や砂が積もり，おうぎ形の地形ができる。

下流では，流れがおそく，川原の石は小さく丸いものが多くなるよ。石は，川の流れによって運ばれてくる間に，角がとれて丸くなるんだ。

三角州

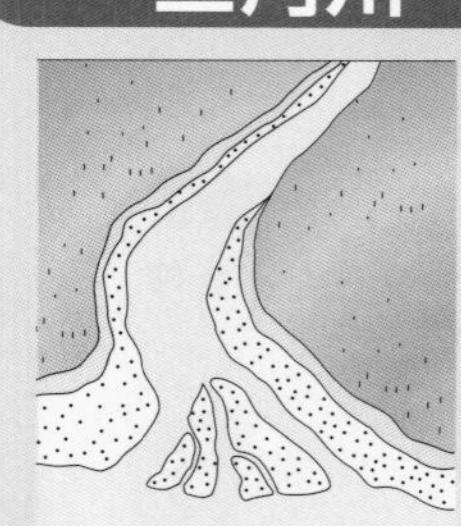

➡大きな川の河口近く
➡流れがとてもおそく，たい積のはたらきが大きい。
➡細かい砂や土が積もり，三角形の土地ができる。

土地は，川の水のはたらきによって，長い年月をかけて少しずつすがたを変(か)えています。

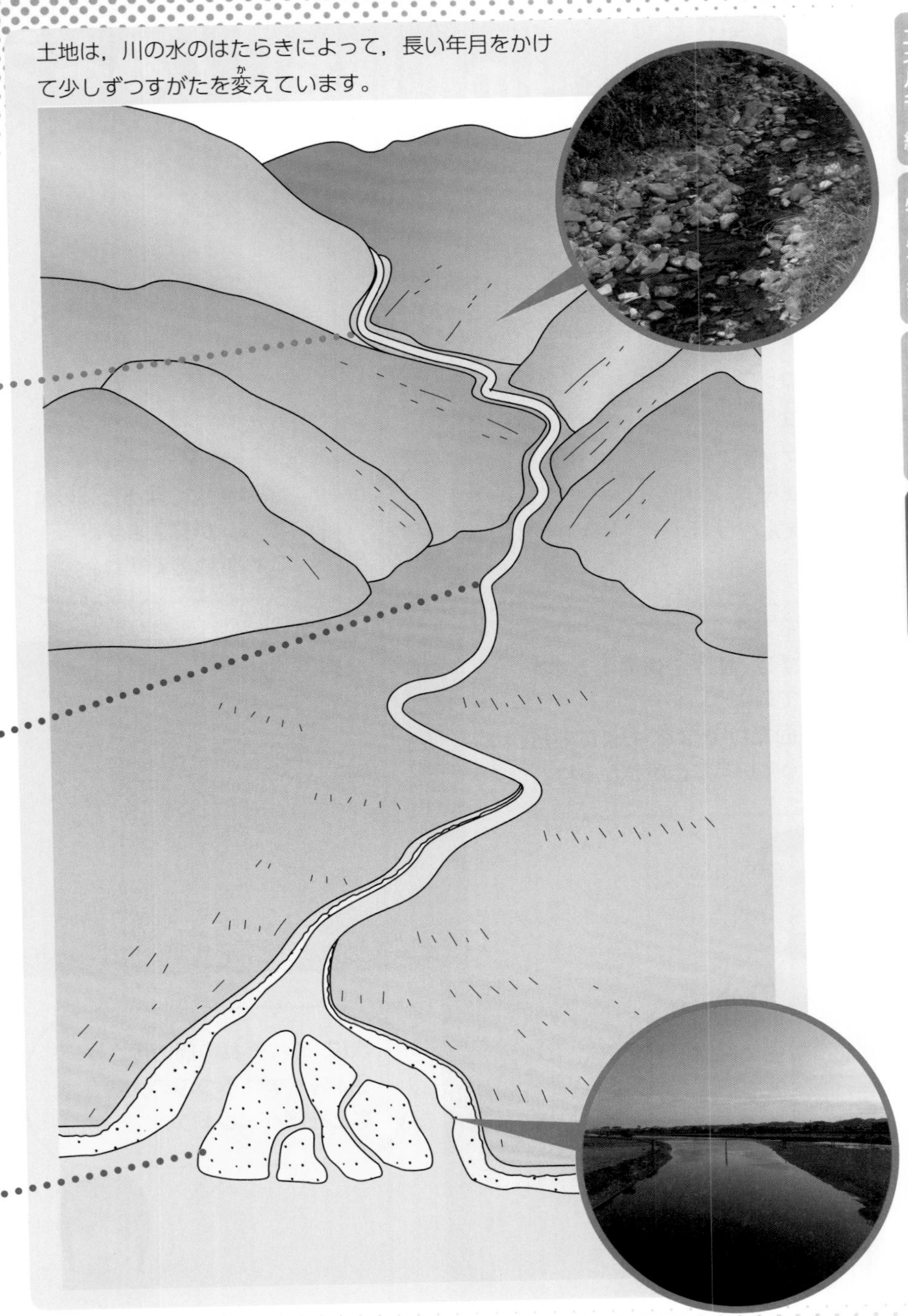

地層を見てたら落っこちそう!!

がけの観察をしてみよう！

用意するもの

- ●ビニルぶくろ
- ●カメラ
- ●スコップ
- ●油性ペン
- ●スケッチブック
- ●巻き尺
- ●色えんぴつ

ぼうし
リュック
長そで
作業用手ぶくろ
動きやすいくつ
長ズボン

がけをよく見ると「しま模様」が見えます。これが地層ですね。

まずは，がけ全体のようすを見てみよう。
表面だけでなく，おくにも広がっていることがわかるね。

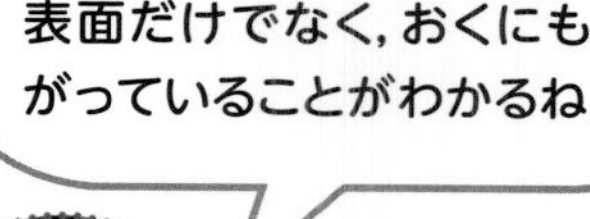

次に，それぞれの層の厚さや色，ふくまれるつぶの大きさなどを調べましょう。

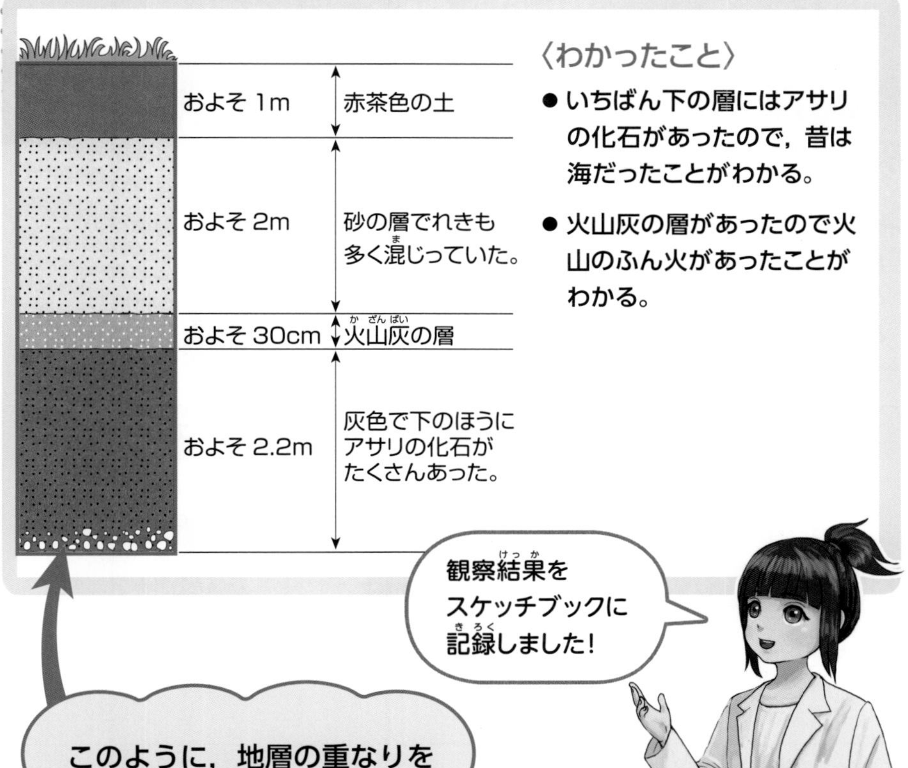
およそ 1m
赤茶色の土
およそ 2m
砂の層でれきも多く混じっていた。
およそ 30cm
火山灰の層
およそ 2.2m
灰色で下のほうにアサリの化石がたくさんあった。
〈わかったこと〉
● いちばん下の層にはアサリの化石があったので，昔は海だったことがわかる。
● 火山灰の層があったので火山のふん火があったことがわかる。
観察結果をスケッチブックに記録しました！

このように，地層の重なりを柱のように表したものを**「柱状図」**という。

〇〇〇年〇月
場所
いちばん上の地層より採取

試料を採取して持ち帰るときには，油性ペンでビニルぶくろに情報を記入しておくとよい。

注意！ 試料の採取は必要な分だけにする。

地層をつくっているものは？

石灰岩はおせっかい!?

地層をつくっている岩石を「たい積岩」というよ。
どのようなものがあるのか見ていこう。

れき岩	砂岩	でい岩
・れき（直径 2mm 以上）が砂などといっしょにおし固められてできている。 ・ふくまれるれきは，丸みを帯びている。	・砂（直径 0.06mm～2mm）が固まってできている。 ・つぶの大きさがそろったものが多い。	・どろ（直径 0.06mm 以下）が固まってできている。 ・やわらかく，けずると粉のようになる。

れき，砂，どろはつぶの大きさによって区別するよ。これらのつぶは，流れる水のはたらきによって運ぱんされる間に角がとれて，丸みを帯びているんだ。

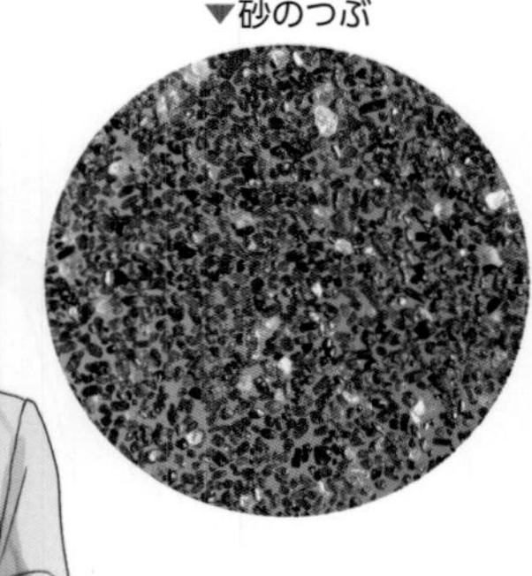
▼砂のつぶ

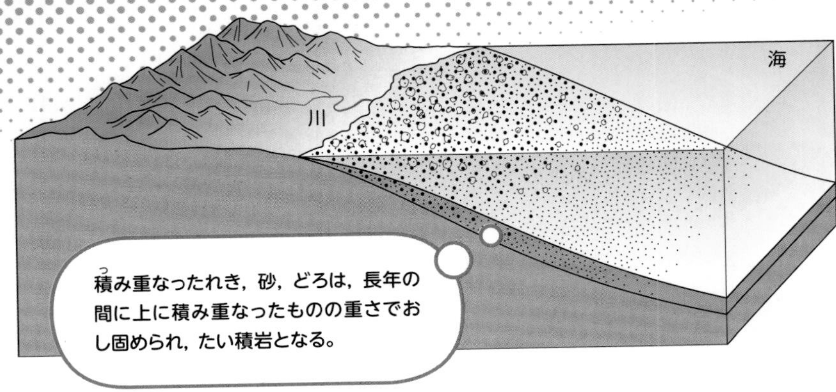
海
川
積み重なったれき，砂，どろは，長年の間に上に積み重なったものの重さでおし固められ，たい積岩となる。

石灰岩	チャート	ぎょう灰岩
・生物の死がいなどでできている。 ・うすい塩酸をかけると二酸化炭素が発生する。 ・やわらかい。	・生物の死がいなどでできている。 ・うすい塩酸をかけても変化しない。 ・かたい。	・火山灰などでできている。 ・岩石にふくまれるつぶは角ばっている。

▼火山灰のつぶ

ぎょう灰岩にふくまれるつぶが角ばっているのは，火山のふん火によって火山灰などが空から降ってきて，直接積もったからなんですね。

地層のごちそう!?

火山灰ってなに？

火山灰
火山のふん火でふき出されたものの中で直径 2mm 以下のもの

よう岩
マグマが地表に流れ出したもの
マグマ

火山灰はとても軽いので，風にのって広いはん囲に降り積もるよ。風下へ 2000km ～ 3000km 飛んだこともあるんだ。火山灰のふくまれる地層を調べると，はなれた土地の地層を比べる手がかりとなるよ。

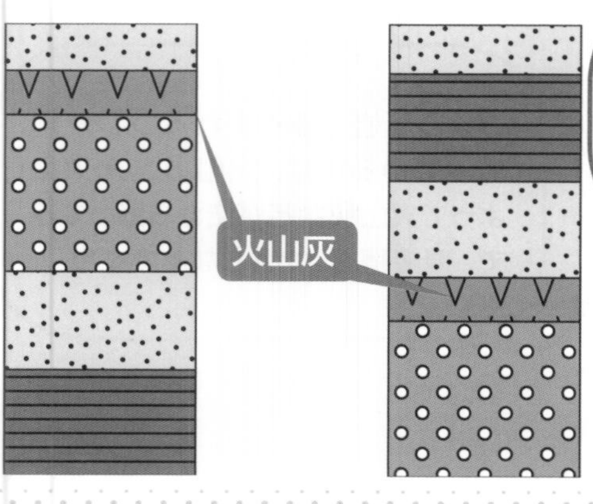

火山灰

同じ火山のふん火でできた火山灰の層をもとに，地層の広がりを知ることができます。

火山灰にふくまれるものを調べてみよう。

用意するもの

●火山灰　●ペトリ皿　●水
●蒸発皿　●そう眼実体けんび鏡

1
火山灰
2
親指の腹でよくこする。
3

水がきれいになるまでくり返そう。

にごった水を捨てる。

▼そう眼実体けんび鏡

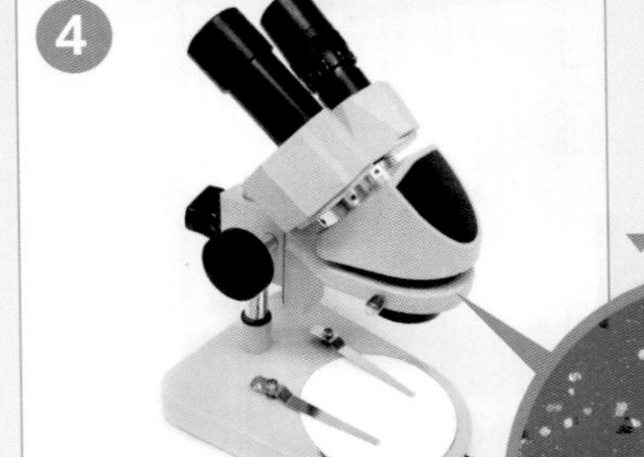
4

▼火山灰のつぶ

ペトリ皿に移してかわかし，そう眼実体けんび鏡で観察してみよう。角ばったものが多く，ガラスのようなとう明なものもあるね。

化石を貸せ!

化石から何がわかるの?

地層の中にアンモナイトやきょうりゅうの化石があるとどのような事がわかりますか?

その地層ができた年代や地層ができた当時の環境を知る手がかりとなるよ。

地層がいつできたかを知る手がかりとなる化石

▼古生代(約5億4000万年前～約2億5000万年前)

▲サンヨウチュウ

▲フズリナ

▼中生代(約2億5000万年前～約6600万年前)

▲ティラノサウルス

▲アンモナイト

▼新生代(約6600万年前～現在)

▲ビカリア

▲ナウマンゾウ

松花江猛犸象
▲マンモス

地層がいつできたかを知る手がかりとなる化石を「示準化石」というよ。

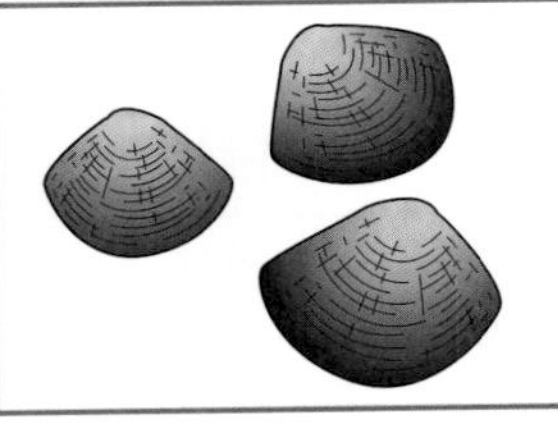

地層ができたときの環境を知る手がかりとなる化石を「示相化石」というよ。

▲サンゴ

サンゴは，あたたかくて浅い海でよく見られます。

地層ができたとき，どんな環境だったかを知る手がかりとなる化石

▲ブナ

▲シジミ

ブナは，少し寒い気候の土地でよく見られるよ。

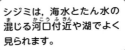

シジミは，海水とたん水の混じる河口付近や湖でよく見られます。

地層(ちそう)はどうやってできるの？

積(つ)もる話もありますが…。

用意するもの　●ホース　●水そう　●アクリル板　●とい
●れき，砂(すな)，どろの混(ま)じった土　●水

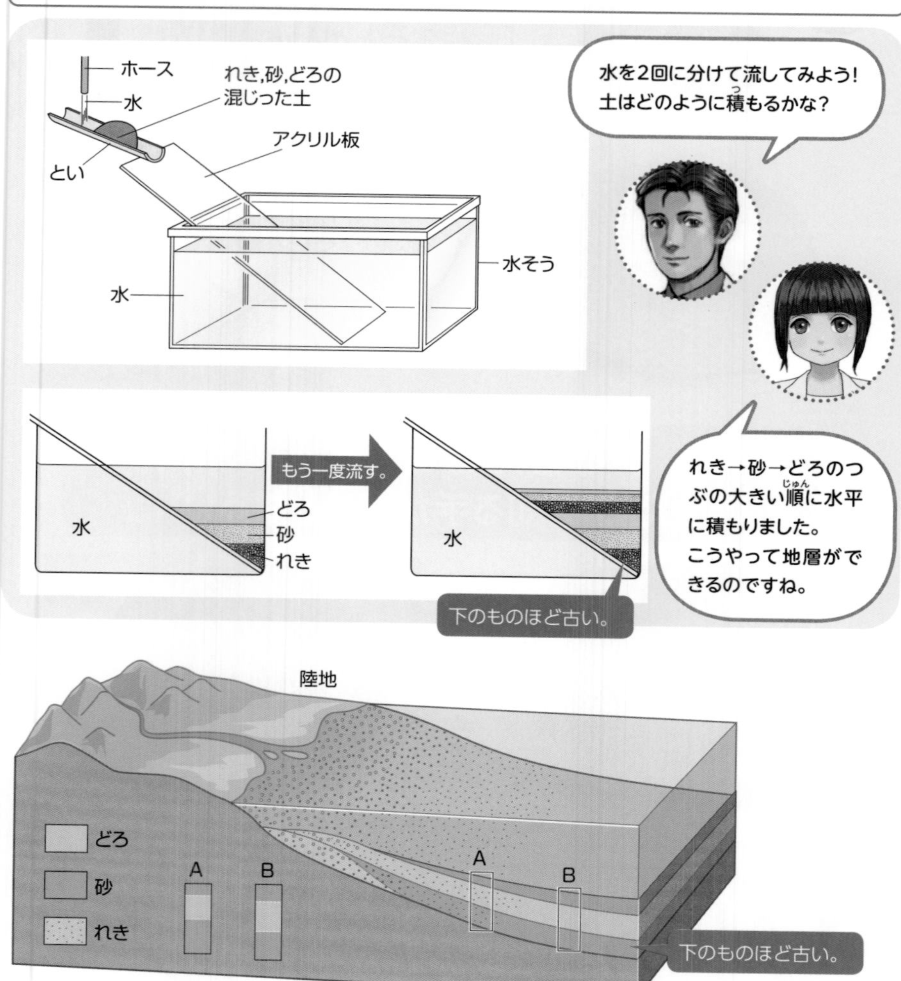

ホース
水
れき,砂,どろの
混じった土
とい
アクリル板
水そう
水
水を2回に分けて流してみよう！
土はどのように積(つ)もるかな？
もう一度流す。
水
どろ
砂
れき
水
下のものほど古い。
れき→砂→どろのつぶの大きい順(じゅん)に水平に積もりました。
こうやって地層ができるのですね。
陸地
どろ
砂
れき
A
B
A
B
下のものほど古い。

★どろ水を入れてびんをふってようすを見よう!

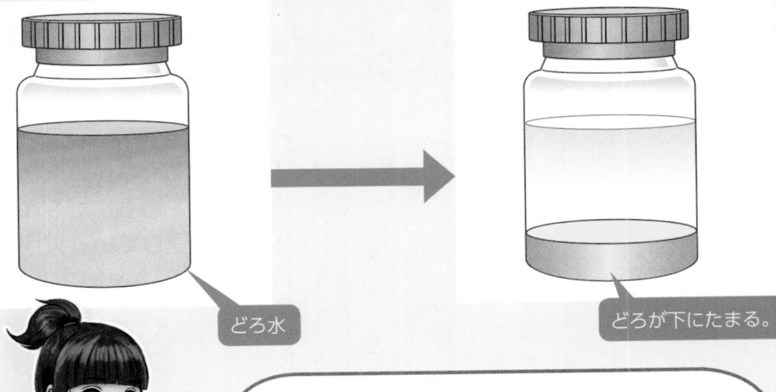
どろ水
どろが下にたまる。

どろがしずみました!
つぶの大きさによって分かれ，水平な層になってたい積し，それが何度かくり返されて地層ができるのですね。

みそしるをしばらく置いておいたら，みそがしずんでいました。これはなぜですか?

みそしるは，みそが水に完全にとけて水よう液になったわけではないから，しばらく置いておくとみそがしずむんだよ。どろ水をしばらく置いておくとどろがしずむように，つぶの大きいものからしずむんだね。

ふん火するのは何分か？

火山のふん火が起きると？

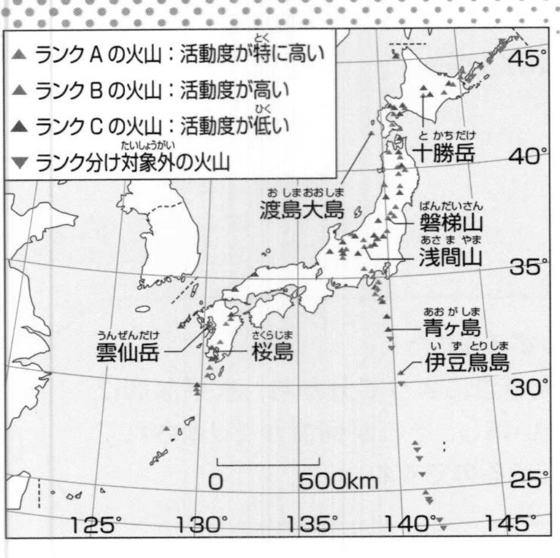

▲ ランクAの火山：活動度が特に高い
▲ ランクBの火山：活動度が高い
▲ ランクCの火山：活動度が低い
▼ ランク分け対象外の火山
十勝岳
渡島大島
磐梯山
浅間山
青ヶ島
雲仙岳
桜島
伊豆鳥島
45°
40°
35°
30°
25°
0
500km
125°
130°
135°
140°
145°

日本にはたくさんの火山があるよ。今もまだふん火をくり返している火山も多いんだ。

火山がふん火すると，どんな災害が起こるのかな？

▼よう岩

火さい流やよう岩流が山のしゃ面を流れ下り，火災を起こすこともある。

▼火山のふん火

火山灰は風によって運ばれ，広い地域に降り積もる。
火山灰でできた地層として，関東ローム層やシラス台地が有名である。

▼雲仙普賢岳のふん火

▼雲仙普賢岳のふん火後

火山のふん火によって，山や島，湖などが新しくできることもあるんですね。

▼昭和新山

▼桜島

▼中禅寺湖

▼阿蘇山

変化するのはへんか?

地震はどうやって起きるの?

日本の付近には，いくつかのプレート（岩石の板）の境界があるよ。地震や火山のふん火は，プレートの動きによって起こるんだ。

ユーラシアプレート
北アメリカプレート
太平洋プレート
フィリピン海プレート

海のプレート
しずみこむ境界
しょうとつする境界
プレートの動く向き

▼地震の起こるしくみ

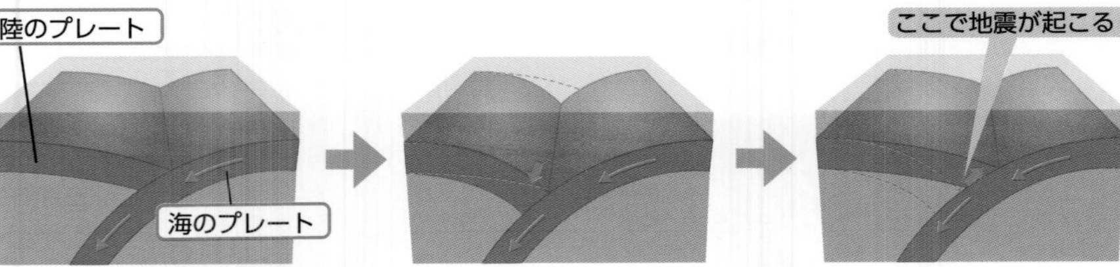
陸のプレート
海のプレート
ここで地震が起こる!

陸のプレートが海のプレートにひきずりこまれる

陸のプレートがもとにもどろうとする

陸のプレートがゆがみにたえきれなくなってもとにもどろうとして，急にりゅう起したり，プレートがこわれたりして大きな地震が起こるんですね。

建物のとうかい

地震が起きると，地割れや山くずれが生じたり，津波がくることもあるよ。
大きな地震になるとひ害も大きくなるんだ。

高速道路のとうかい

地割れ

火災

津波

山くずれ

日本はとても地震が多い国だから，日ごろからの備えが大切ですね。

アンモナイト
あーもうないの？

世界の地形

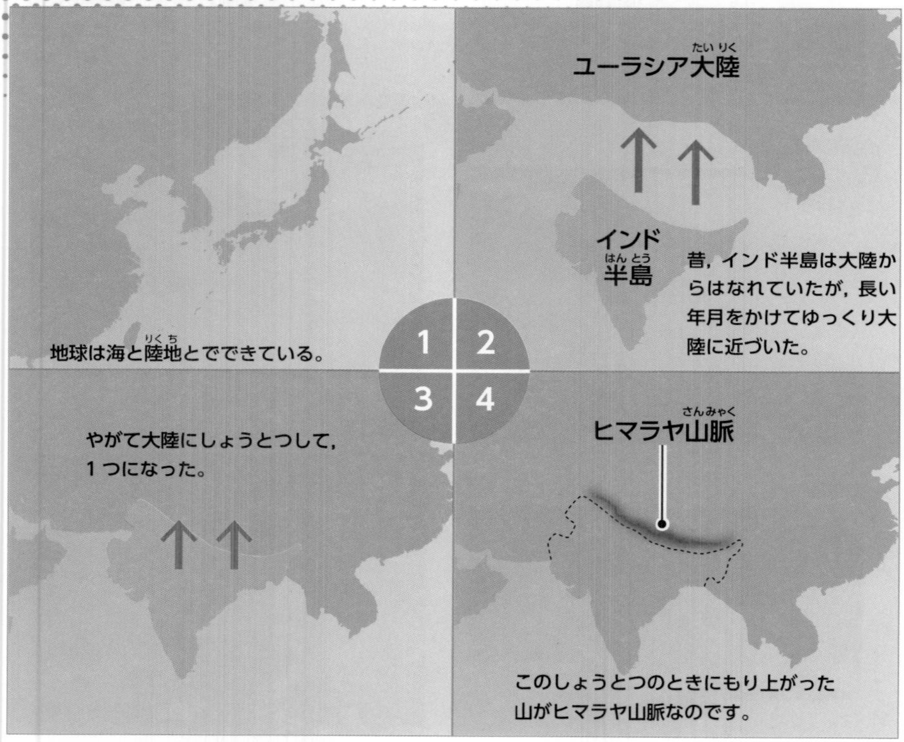

ユーラシア大陸

インド半島

地球は海と陸地とでできている。

昔，インド半島は大陸からはなれていたが，長い年月をかけてゆっくり大陸に近づいた。

1 2 3 4

やがて大陸にしょうとつして，1つになった。

ヒマラヤ山脈

このしょうとつのときにもり上がった山がヒマラヤ山脈なのです。

陸地どうしがしょうとつすると山脈ができるよ。世界には，アルプスからヒマラヤに続く，アルプス・ヒマラヤ造山帯と，太平洋を囲むように続く環太平洋造山帯という山脈があるんだ。

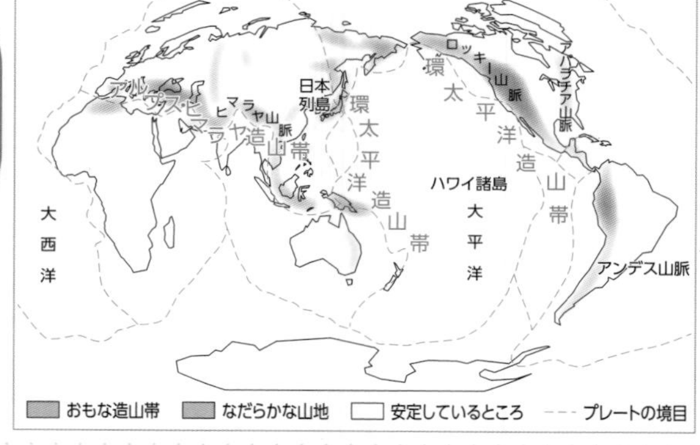

アルプス山脈
ヒマラヤ山脈
アルプス・ヒマラヤ造山帯
日本列島
環太平洋造山帯
ロッキー山脈
アパラチア山脈
ハワイ諸島
大西洋
太平洋
アンデス山脈
おもな造山帯
なだらかな山地
安定しているところ
プレートの境目

ヒマラヤ山脈にアンモナイトの化石 ?!

▼ヒマラヤ山脈

▼アンモナイト

標高 8000m をこえる山が連なるヒマラヤ山脈で，アンモナイトなど海の生物の化石が見つかっています。これは，ヒマラヤ山脈がかつて海底でたい積した地層でできているということなのです。

山の上でこうやって生きていたわけではないんですね!

大地はゆっくりとした速さで少しずつ動き続けているのですね。

海底でたい積した地層は何万年，何億年という時間をかけておし上げられて，私たちが目にすることができるところまでやってくるんだ。

巻末資料編

自由研究のまとめ方▶▶▶p.430

自由研究
自由研究って，どうやってまとめればいいかわかりづらいよね。ここにある自由研究のすすめ方やまとめ方を読んで，まずは簡単なテーマでもいいから，実際に自分で実験などをしてまとめてみましょう。

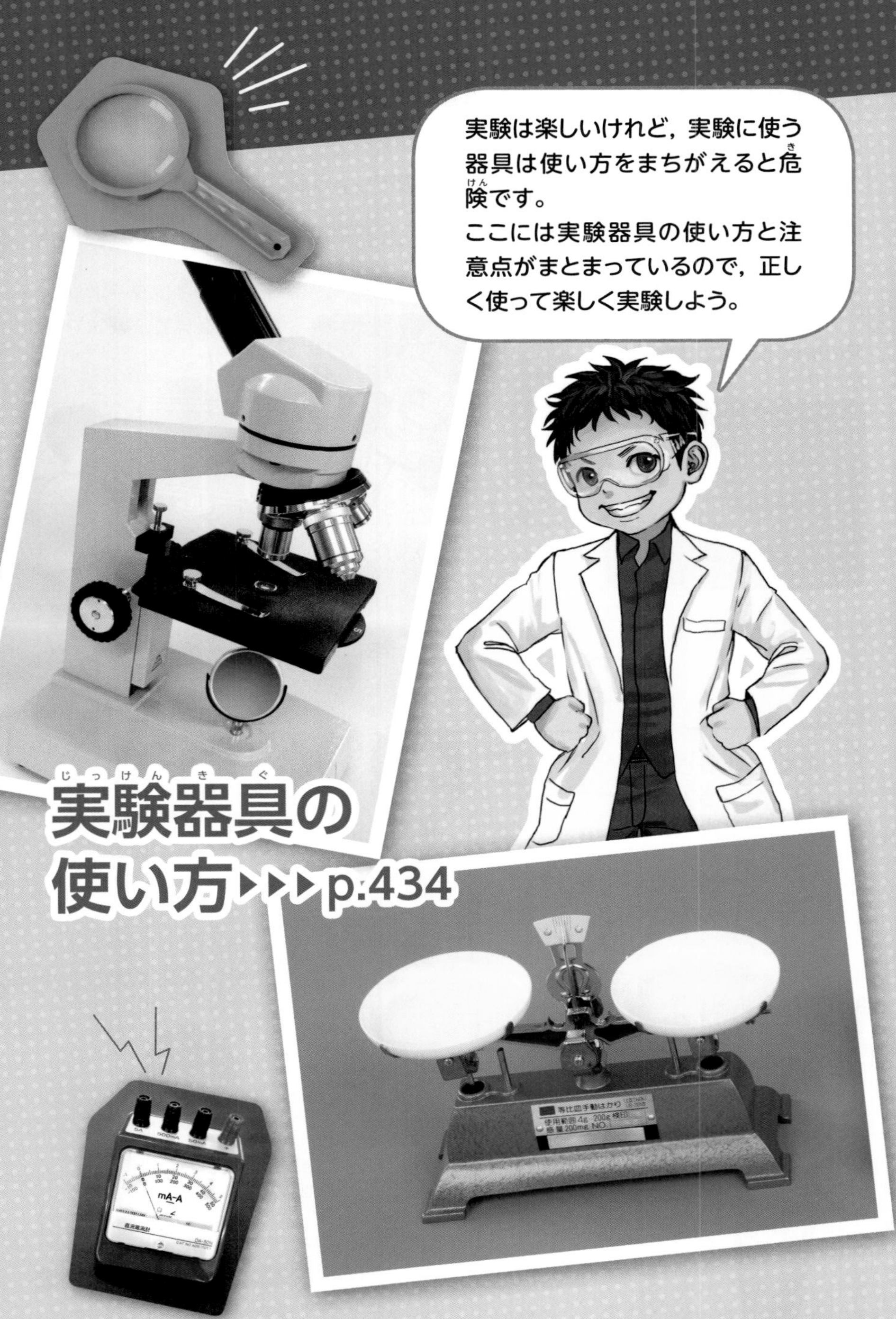
実験は楽しいけれど，実験に使う器具は使い方をまちがえると危険です。
ここには実験器具の使い方と注意点がまとまっているので，正しく使って楽しく実験しよう。
実験器具の使い方▶▶▶p.434
mA-A

自由研究(じゆうけんきゅう)のまとめ方

夏休みの自由研究は何から始めればよいのでしょうか。

1 テーマを決めよう！

月の形はどうして変(か)わるのかな？

うちゅうでからだがうくのはなぜかな？

テレビやインターネットや本などを見て，興味(きょうみ)や疑問(ぎもん)がわいた。

2 計画を立てよう！

どうやって調べよう?
何を準備(じゅんび)したらよいのだろう?
いつ調べればよいのかな?
注意することや危険(きけん)なポイントはあるのかな?

3 やってみよう！

計画を実行してみよう!
失敗(しっぱい)してしまったらその原因(げんいん)も考えて記録(きろく)しよう。

メモやカメラで記録を残(のこ)そう。

4 まとめよう！

まとめるときのポイント

❶テーマときっかけ
➡どんな研究をしたか。なぜそのテーマを選んだのか。

❷結果の予想

❸用意したもの・方法
➡何を用意したか。どのように研究を進めたか。
手順など。

❹結果
➡具体的に事実だけを書く。自分の考えは入れない。

❺結論
➡結果からわかったこと，考えたことを書く。

❻感想
➡思ったことや反省などを書く。

5 発表しよう！

自由研究

まとめた紙やノートなどをもとに手順よく説明できるように，メモや文章を作っておこう。

作品・グラフ・写真などを見せながら発表すると，聞いている人にもわかりやすいよ。

●観察・実験・調査のまとめ方の例

メダカの産卵と水温の関係

○年○組　○○○○

1　研究のきっかけ

授業で，おすとめすのメダカを飼うと卵を産むことを学習した。あたたかい日にメダカは卵を産むのではないかと思った。そこで，水温と産卵は関係しているか調べてみたくなった。

2　予想

気温が高いほうが産卵するのではないか。

3　研究の方法

メダカのおすとめすを入れた水そうを用意し，毎日決められた時刻に気温と卵を産んだ数を観察して記録する。

4　結果

日付	天気	水温	卵の数	ふ化までの日数
8/2	晴れ	25	18	8
8/3	くもり	23	9	7
8/4	雨	22	2	8
8/5	晴れ	26	20	7
8/6	くもり	25	16	7

5　わかったこと

水温が22℃から26℃の間では毎日卵を産んでいたが，22℃では産む卵の数は少なかった。

6　感想・疑問

10℃や30℃などの水温では，卵は産む数にちがいがあるのだろうか。日かげに置いたりして，水温を調節して実験してみたい。

●工作のまとめ方の例

磁石で動く車

○年○組　○○○○

1　研究のきっかけ

授業で，磁石は同じ極どうしを近づけるとしりぞけ合い，ちがう極どうしを近づけると引きつけ合うことを学習した。そこで，磁石の力で動く車を作ってみようと思った。

2　作りたいもの

車に磁石をつけて，磁石の力で動く車を作りたい。

3　用意するもの

●段ボールの板　●タイヤ　●車じく　●セロハンテープ
●磁石

4　作り方と動かし方

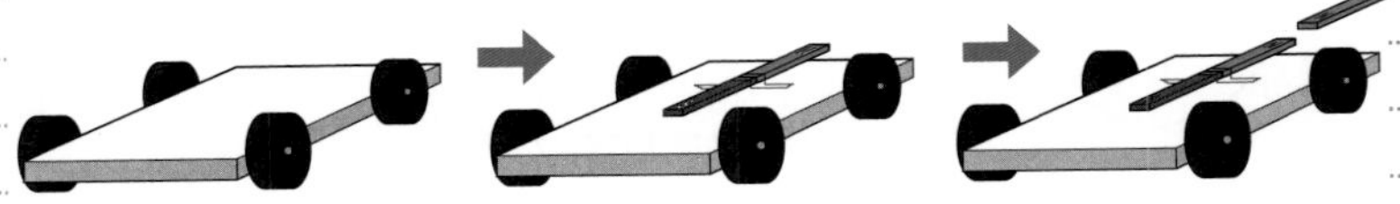

段ボールの穴に車じくを通し，両側にタイヤをつける。

車の上に磁石をセロハンテープでとめる。

磁石の同じ極を近づけて，車を動かす。

5　くふうしたこと

磁石を近づけやすいように，車から少し出してセロハンテープでとめた。

6　感想

強い磁石を使うと，遠くまで動くのだろうか。強い磁石を使って実験してみたい。

実験器具の使い方

小さいものを見る！

けんび鏡の使い方

❶接眼レンズ→対物レンズの順につける。
❷対物レンズをいちばん低い倍率のものにする。
❸接眼レンズをのぞき，反射鏡を動かして明るく見えるようにする。
❹プレパラートをステージにのせる。
❺横から見ながら，対物レンズにプレパラートを近づける。
❻調節ねじを回しながら，プレパラートを遠ざけてピントを合わせる。

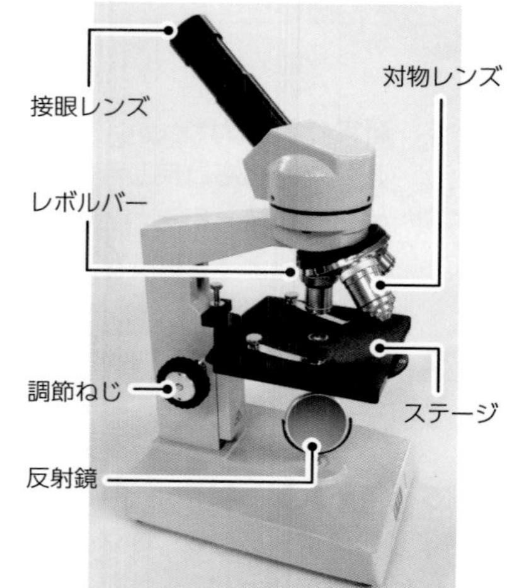
接眼レンズ
対物レンズ
レボルバー
調節ねじ
ステージ
反射鏡

●見たいものを中央に動かすには？

視野内で
動かしたい方向

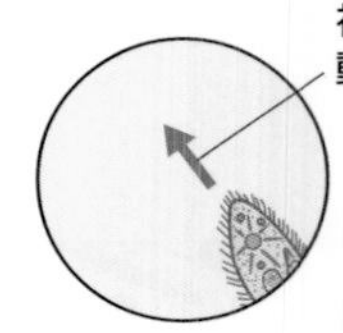

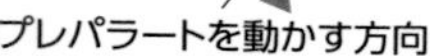
プレパラートを動かす方向

ふつう，けんび鏡は上下左右が逆に見えるので，動かす向きは視野の中で動かしたい方向と逆向きになるよ。

重さをはかる！

電子てんびんの使い方

❶水平なところに置いてスイッチを入れる。
※ 表示が「0.0」g であることを確認しよう。
❷はかるものを静かに皿の上にのせる。
❸表示が止まったら表示を読む。

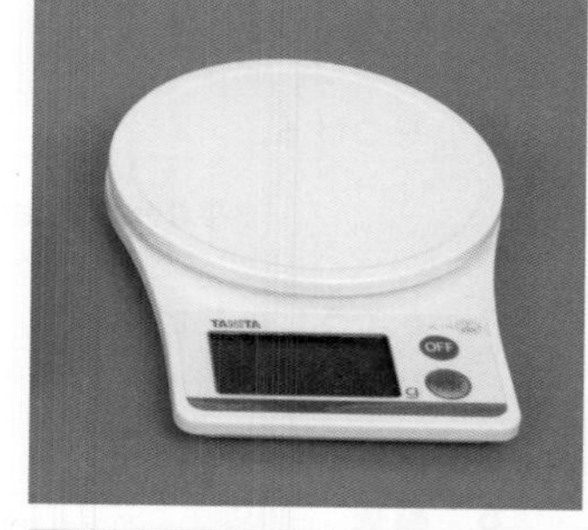
156.0g

はかるものの重さをデジタル表示してくれますね。

虫めがね(ルーペ)の使い方

小さなものを大きく拡大して観察することができますね。

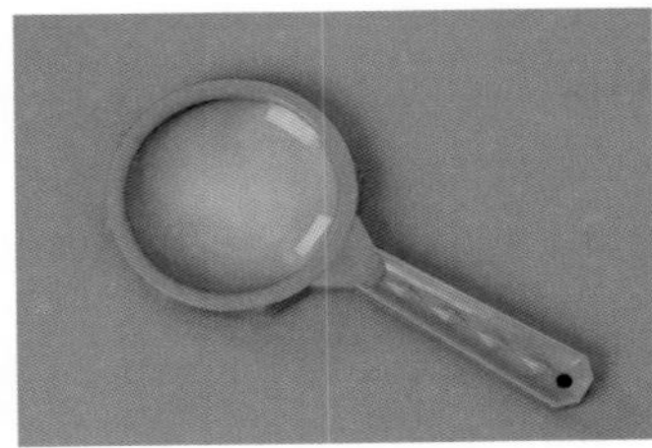

●観察するものが動かせるとき

❶目の近くで虫めがね(ルーペ)を支える。

❷見たいものを前後に動かし，はっきり見えるところで止める。

●観察するものが動かせないとき

❶目の近くで虫めがね(ルーペ)を支える。

❷自分が動いてはっきり見えるところで止まる。

注意! 目を痛めるので，絶対に虫めがねで太陽を見てはいけない。

上皿てんびんの使い方

水平な台の上に置いて針が左右に等しくふれるように調節しておこう。

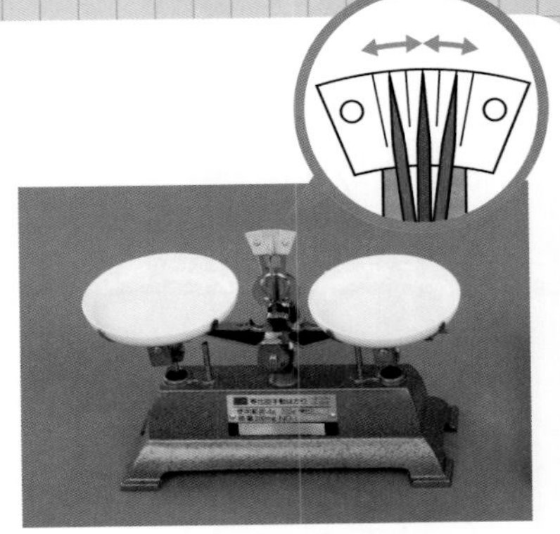

●重さをはかるとき（右ききの人の場合）

❶はかりたいものを左の皿にのせる。

❷右の皿に，はかるものより少し重い分銅をのせる。

❸分銅を軽いものにしながら，左右をつり合わせる。

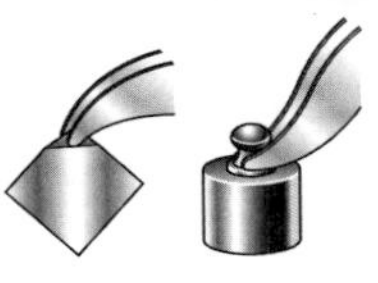

分銅はピンセットを使って持つ。

電気を調べる!

検流計の使い方

❶切りかえスイッチを [5A] 側にたおす。
❷回路につなぐ。
❸電流を流して，針のふれる向きと，
針が示す目もりを読む。

電流が流れる方向と大きさがわかりますね。

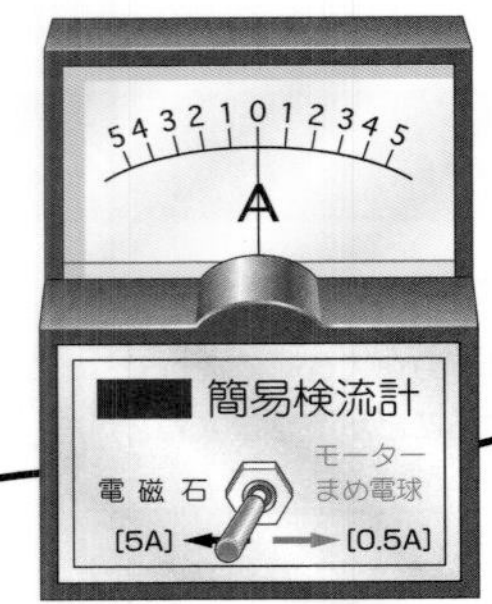

5 4 3 2 1 0 1 2 3 4 5
A
簡易検流計
電磁石
モーター
まめ電球
[5A]
[0.5A]

電流計の使い方

回路に流れる電流の大きさを調べることができるのよ。

❶測定する場所に対して直列につなぐ。
❷電流計の＋たんしを電池の＋極側，
－たんしを－極側につなぐ。－たんしは，
いちばん大きい 5A の－たんしにつなぐ。
❸電流を流して，針が示す目もりを読む。

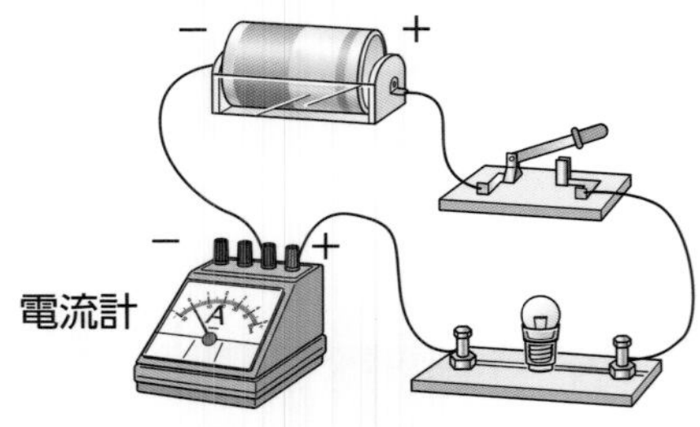

－
＋
－
＋
電流計

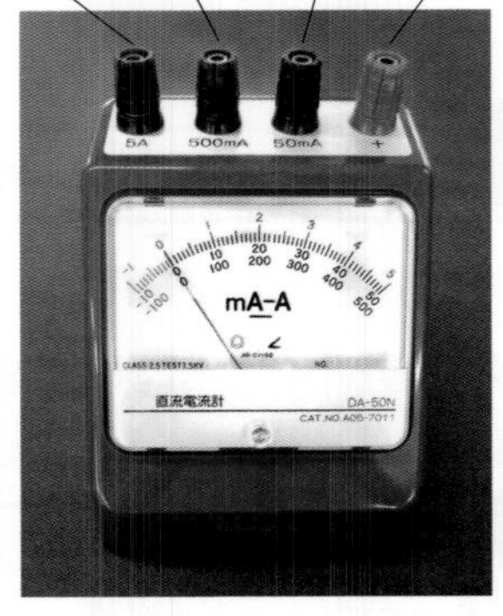

－たんし
5A
500mA
50mA
＋たんし
mA-A
直流電流計
DA-50N

注意!

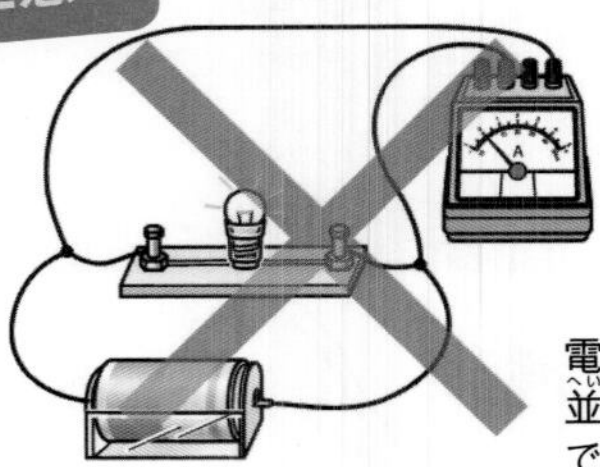

電流計は回路に並列につないではいけない。

電流計を直接電源につながないこと。

気体検知管の使い方

空気を調べる！

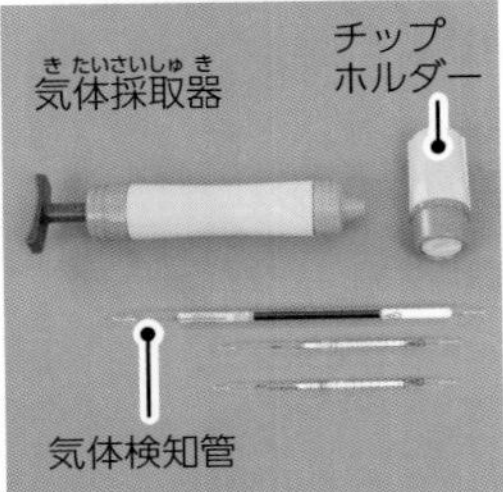
気体採取器
チップホルダー
気体検知管

気体の濃度を測定することができる。

①チップホルダーに気体検知管の先を入れる。

②気体検知管の先たんを折ってカバーゴムをつける。

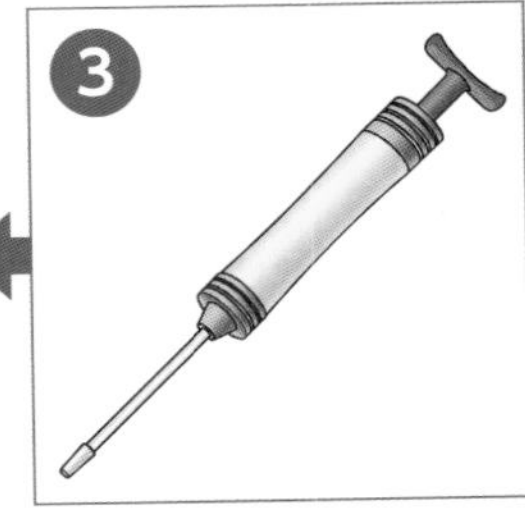

③もう一方も折って，気体採取器にさしこむ。

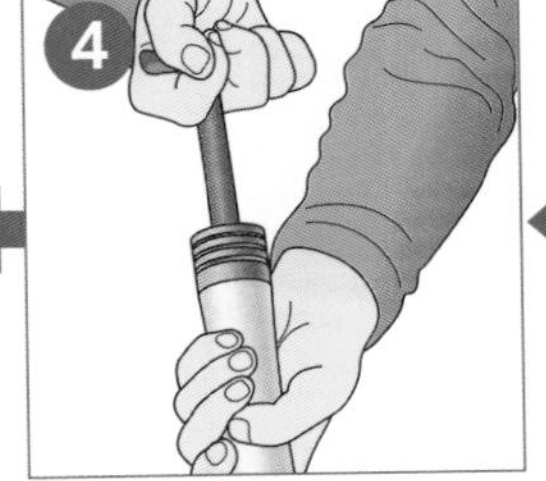

④ハンドルを引いて気体検知管に気体をとりこむ。

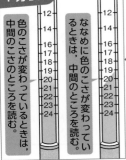

1分後

色のこさが変わっているときは，中間のこさのところを読む。
ななめに色のこさが変わっているときは，中間のところを読む。

気体検知管をはずして，目もりを読む。

つないだ－たんしの値と，針が目もりいっぱいまでふれたときの値が同じになるわ。

●電流計の目もりの読み方

5Aにつないだとき

3.5A

500mAにつないだとき

A

350mA

50mAにつないだとき

A

35mA

もの を あたためる！

実験用ガスコンロの使い方

❶安定した場所に置く。
❷火をつける。
❸火力を調節する。

ガスボンベは正しい位置に「カチッ」と音がするまでさしこむ。

注意！

燃えやすいものを近くに置かないこと。

火をつけたまま動かさないこと。

GAS

ガスボンベを落としたりたたいたりしないこと。

薬品をあつかう！

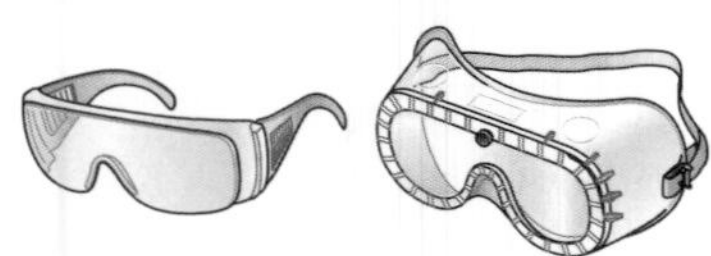

薬品をあつかったり，液体を加熱したりするときは，保護めがねを使って目を守ろう。

入れる液体の量は $\frac{1}{2}$ までにする

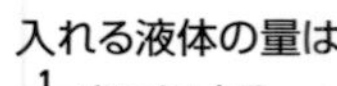

水
食塩水
塩酸
ラベル

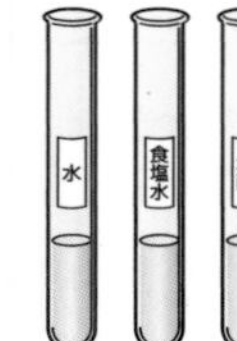
水
食塩水
塩酸
ラベル

入れる液体の量は $\frac{1}{3}$ までにする

ビーカーや試験管にはラベルをはって，中に入っている液体をまちがえないようにする。また，こぼさないようたくさん入れすぎないようにする。

液体を調べる!

リトマス紙の使い方

❶ピンセットを使って，リトマス紙をとり出す。
❷ガラス棒(ぼう)を使って，調べたい水よう液をリトマス紙につける。

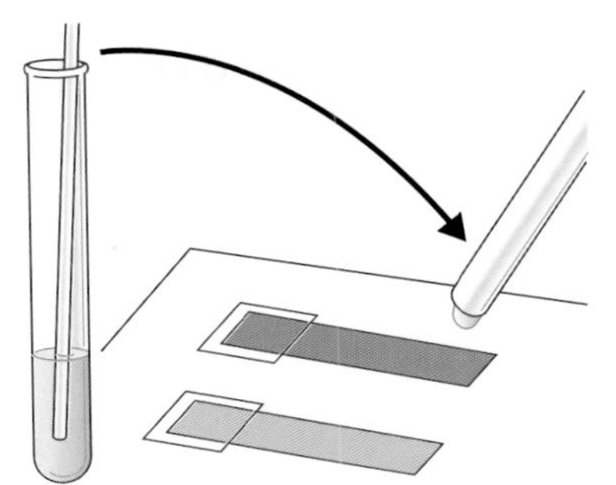

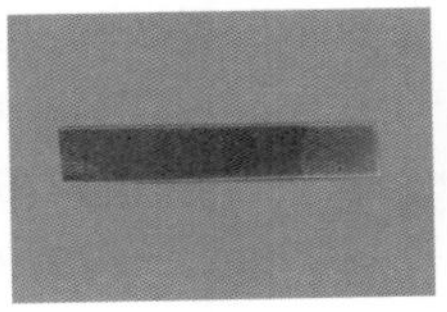

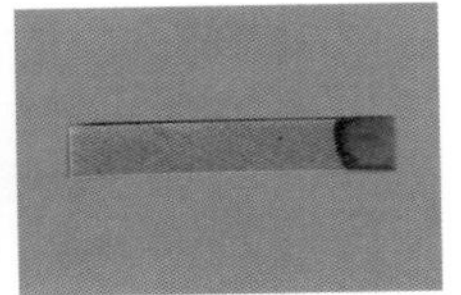

液体の酸性(さんせい)・中性・アルカリ性を調べられるよ。

ＢＴＢよう液の使い方

調べたい水よう液にＢＴＢよう液を数てき落とす。

●酸性のとき
黄色になる

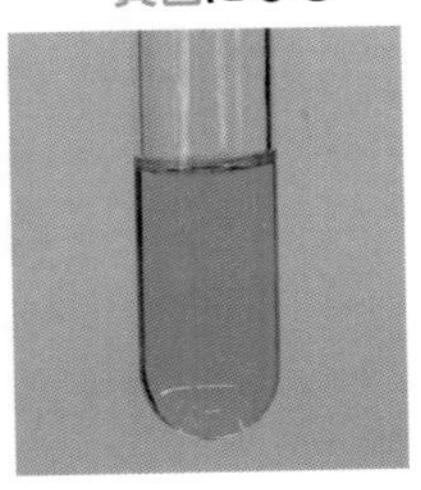

●中性のとき
緑色になる

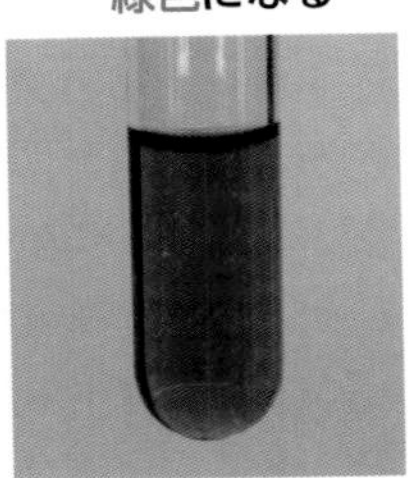

●アルカリ性のとき
青色になる

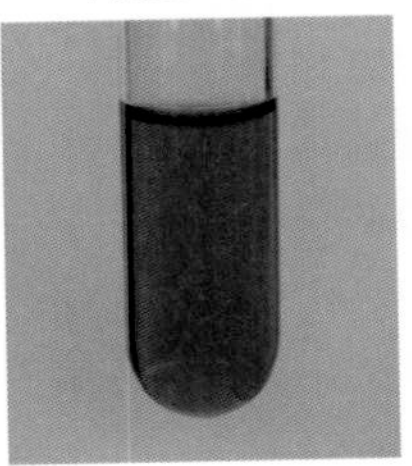

▶においをかぐとき

手であおぐようにしてかぐ。
直接(ちょくせつ)かいだり，深く吸(す)いこんだりしない。

▶薬品が目に入ったとき

すぐに大量(たいりょう)の水で洗(あら)い流す。

さくいん

工はエネルギー編，物は物質編，生は生命編，地は地球編，資は資料編です。
項目のタイトルにその用語が入っているときは，ページ数が赤くなっています。

あ

い

う

え

お

か

き

く

け

こ

さ

し

す

せ

そ

た

ち

つ

て

と

な

に

ね

は

ひ

ふ

へ

ほ

ま

み

む

め

も

や

ゆ

よ

ら

り

れ

ろ

わ

A～Z